学术引领系列

国家科学思想库

中国学科发展战略

电化学

中国科学院

科学出版社
北京

内 容 简 介

电化学学科作为一门横跨基础科学和应用科学的重要学科，应用领域涉及国家发展战略规划中的重要行业，呈现多领域跨学科交叉的独特风格。《中国学科发展战略·电化学》一书通过调研国内外电化学学科现状，梳理分析学科发展的总体态势和一般规律，凝练了电化学应用领域中的关键科学问题和瓶颈技术难题，内容涵盖我国电化学学科的基础研究前沿、工程应用技术发展和人力资源规划等全方位的战略发展研究，为我国电化学学科的持续、协调、健康发展提出有针对性的政策建议。

本书适合高层次的战略和管理专家、相关领域的高等院校师生、研究机构的研究人员以及电化学相关企业的从业人员阅读，是科技工作者洞悉学科发展规律、把握前沿领域和重点方向的重要指南，也是科技管理部门重要的决策参考，同时还是社会公众了解电化学学科研究现状与趋势的权威读本。

图书在版编目（CIP）数据

电化学 / 中国科学院编. —北京：科学出版社，2021.7
（中国学科发展战略）
ISBN 978-7-03-068402-8

Ⅰ. ①电…　Ⅱ. ①中…　Ⅲ. ①电化学　Ⅳ. ①O646

中国版本图书馆 CIP 数据核字（2021）第 048037 号

丛书策划：侯俊琳　牛　玲
责任编辑：朱萍萍　李丽娇 / 责任校对：郑金红
责任印制：赵　博 / 封面设计：黄华斌　陈　敬

科学出版社 出版
北京东黄城根北街 16 号
邮政编码：100717
http://www.sciencep.com

北京市金木堂数码科技有限公司印刷
科学出版社发行　各地新华书店经销
*
2021 年 7 月第　一　版　开本：720×1000　1/16
2025 年 2 月第四次印刷　印张：26
字数：480 000

定价：198.00 元

（如有印装质量问题，我社负责调换）

中国学科发展战略

指 导 组

组　　长：侯建国

副 组 长：高鸿钧　秦大河

成　　员：王恩哥　朱道本　傅伯杰
　　　　　陈宜瑜　李树深　杨　卫

工 作 组

组　　长：王笃金

副 组 长：苏荣辉

成　　员：钱莹洁　赵剑峰　薛　淮
　　　　　王　勇　冯　霞　陈　光
　　　　　李鹏飞　马新勇

中国学科发展战略·电化学

项　目　组

顾　问（以姓氏笔画为序）：

万立骏　田中群　包信和　成会明　刘忠范　衣宝廉
李　灿　李永舫　杨秀荣　杨裕生　汪尔康　陈建峰
陈洪渊　欧阳明高　南策文　彭苏萍　董绍俊

组　长：孙世刚

成　员：陈　军　庄　林　夏永姚　邢　巍　朱俊杰　林海波
姜艳霞

秘　书：黄　蕊　甄春花　田　娜　彭晴晴　高洁雯

编　写　组

组　长：孙世刚

成　员（以姓氏笔画为序）：

于　萍　马於光　王　伟　王　翀　王　鹏　毛兰群
毛秉伟　尹鸽平　卢小泉　乔锦丽　向　云　刘　江
刘　志　闫常峰　江德臣　安茂忠　严川伟　李　明
李文翠　李伟善　吴祖成　余　毅　张　强　张华民
张校刚　张新胜　陆安慧　陆嘉星　陈　卫　陈立桅
陈胜利　陈艳霞　林昌健　周　明　周志有　周明华
周恒辉　郑洪河　赵国华　赵金保　夏兴华　徐国宝
徐维林　郭玉国　郭忠诚　黄　蕊　黄卫华　彭章泉
韩　永　程　俊　程方益　程新兵　曾程初　詹东平
褚有群　魏子栋

总　序

九层之台，起于累土①

白春礼

近代科学诞生以来，科学的光辉引领和促进了人类文明的进步，在人类不断深化对自然和社会认识的过程中，形成了以学科为重要标志的、丰富的科学知识体系。学科不但是科学知识的基本的单元，同时也是科学活动的基本单元：每一学科都有其特定的问题域、研究方法、学术传统乃至学术共同体，都有其独特的历史发展轨迹；学科内和学科间的思想互动，为科学创新提供了原动力。因此，发展科技，必须研究并把握学科内部运作及其与社会相互作用的机制及规律。

中国科学院学部作为我国自然科学的最高学术机构和国家在科学技术方面的最高咨询机构，历来十分重视研究学科发展战略。2009 年 4 月与国家自然科学基金委员会联合启动了“2011～2020 年我国学科发展战略研究”19 个专题咨询研究，并组建了总体报告研究组。在此工作基础上，为持续深入开展有关研究，学部于 2010 年底，在一些特定的领域和方向上重点部署了学科发展战略研究项目，研究成果现以“中国学科发展战略”丛书形式系列出版，供大家交流讨论，希望起到引导之效。

根据学科发展战略研究总体研究工作成果，我们特别注意到学

① 题注：李耳《老子》第 64 章：“合抱之木，生于毫末；九层之台，起于累土；千里之行，始于足下。”

科发展的以下几方面的特征和趋势。

一是学科发展已越出单一学科的范围，呈现出集群化发展的态势，呈现出多学科互动共同导致学科分化整合的机制。学科间交叉和融合、重点突破和“整体统一”，成为许多相关学科得以实现集群式发展的重要方式，一些学科的边界更加模糊。

二是学科发展体现了一定的周期性，一般要经历源头创新期、创新密集区、完善与扩散期，并在科学革命性突破的基础上螺旋上升式发展，进入新一轮发展周期。根据不同阶段的学科发展特点，实现学科均衡与协调发展成为了学科整体发展的必然要求。

三是学科发展的驱动因素、研究方式和表征方式发生了相应的变化。学科的发展以好奇心牵引下的问题驱动为主，逐渐向社会需求牵引下的问题驱动转变；计算成为了理论、实验之外的第三种研究方式；基于动态模拟和图像显示等信息技术，为各学科纯粹的抽象数学语言提供了更加生动、直观的辅助表征手段。

四是科学方法和工具的突破与学科发展互相促进作用更加显著。技术科学的进步为激发新现象并揭示物质多尺度、极端条件下的本质和规律提供了积极有效手段。同时，学科的进步也为技术科学的发展和催生战略新兴产业奠定了重要基础。

五是文化、制度成为了促进学科发展的重要前提。崇尚科学精神的文化环境、避免过多行政干预和利益博弈的制度建设、追求可持续发展的目标和思想，将不仅极大促进传统学科和当代新兴学科的快速发展，而且也为人才成长并进而促进学科创新提供了必要条件。

我国学科体系系由西方移植而来，学科制度的跨文化移植及其在中国文化中的本土化进程，延续已达百年之久，至今仍未结束。

鸦片战争之后，代数学、微积分、三角学、概率论、解析几何、力学、声学、光学、电学、化学、生物学和工程科学等的近代科学知识被介绍到中国，其中有些知识成为一些学堂和书院的教学内容。1904 年清政府颁布“癸卯学制”，该学制将科学技术分为格致科（自然科学）、农业科、工艺科和医术科，各科又分为诸多学科。1905 年清朝废除科举，此后中国传统学科体系逐步被来自西方的新学科体系取代。

民国时期现代教育发展较快，科学社团与科研机构纷纷创建，现代学科体系的框架基础成型，一些重要学科实现了制度化。大学引进欧美的通才教育模式，培育各学科的人才。1912 年詹天佑发起成立中华工程师会，该会后来与类似团体合为中国工程师学会。1914 年留学美国的学者创办中国科学社。1922 年中国地质学会成立，此后，生理、地理、气象、天文、植物、动物、物理、化学、机械、水利、统计、航空、药学、医学、农学、数学等学科的学会相继创建。这些学会及其创办的《科学》《工程》等期刊加速了现代学科体系在中国的构建和本土化。1928 年国民政府创建中央研究院，这标志着现代科学技术研究在中国的制度化。中央研究院主要开展数学、天文学与气象学、物理学、化学、地质与地理学、生物科学、人类学与考古学、社会科学、工程科学、农林学、医学等学科的研究，将现代学科在中国的建设提升到了研究层次。

中华人民共和国成立之后，学科建设进入了一个新阶段，逐步形成了比较完整的体系。1949 年 11 月中华人民共和国组建了中国科学院，建设以学科为基础的各类研究所。1952 年，教育部对全国高等学校进行院系调整，推行苏联式的专业教育模式，学科体系不断细化。1956 年，国家制定出《十二年科学技术发展远景规划纲要》，该规划包括 57 项任务和 12 个重点项目。规划制定过程中形成的“以任务带学科”的理念主导了以后全国科技发展的模式。1978 年召开全国科学大会之后，科学技术事业从国防动力向经济动力的转变，推进了科学技术转化为生产力的进程。

科技规划和“任务带学科”模式都加速了我国科研的尖端研究，有力带动了核技术、航天技术、电子学、半导体、计算技术、自动化等前沿学科建设与新方向的开辟，填补了学科和领域的空白，不断奠定工业化建设与国防建设的科学技术基础。不过，这种模式在某些时期或多或少地弱化了学科的基础建设、前瞻发展与创新活力。比如，发展尖端技术的任务直接带动了计算机技术的兴起与计算机的研制，但科研力量长期跟着任务走，而对学科建设着力不够，已成为制约我国计算机科学技术发展的“短板”。面对建设创新型国家的历史使命，我国亟待夯实学科基础，为科学技术的持续发展与创新能力的提升而开辟知识源泉。

反思现代科学学科制度在我国移植与本土化的进程，应该看到，20世纪上半叶，由于西方列强和日本入侵，再加上频繁的内战，科学与救亡结下了不解之缘，中华人民共和国成立以来，更是长期面临着经济建设和国家安全的紧迫任务。中国科学家、政治家、思想家乃至一般民众均不得不以实用的心态考虑科学及学科发展问题，我国科学体制缺乏应有的学科独立发展空间和学术自主意识。改革开放以来，中国取得了卓越的经济建设成就，今天我们可以也应该静下心来思考“任务”与学科的相互关系，重审学科发展战略。

现代科学不仅表现为其最终成果的科学知识，还包括这些知识背后的科学方法、科学思想和科学精神，以及让科学得以运行的科学体制，科学家的行为规范和科学价值观。相对于我国的传统文化，现代科学是一个“陌生的”“移植的”东西。尽管西方科学传入我国已有一百多年的历史，但我们更多地还是关注器物层面，强调科学之实用价值，而较少触及科学的文化层面，未能有效而普遍地触及到整个科学文化的移植和本土化问题。中国传统文化以及当今的社会文化仍在深刻地影响着中国科学的灵魂。可以说，迄20世纪结束，我国移植了现代科学及其学科体制，却在很大程度上拒斥与之相关的科学文化及相应制度安排。

科学是一项探索真理的事业，学科发展也有其内在的目标，探求真理的目标。在科技政策制定过程中，以外在的目标替代学科发展的内在目标，或是只看到外在目标而未能看到内在目标，均是不适当的。现代科学制度化进程的含义就在于：探索真理对于人类发展来说是必要的和有至上价值的，因而现代社会和国家须为探索真理的事业和人们提供制度性的支持和保护，须为之提供稳定的经费支持，更须为之提供基本的学术自由。

20世纪以来，科学与国家的目的不可分割地联系在一起，科学事业的发展不可避免地要接受来自政府的直接或间接的支持、监督或干预，但这并不意味着，从此便不再谈科学自主和自由。事实上，在现当代条件下，在制定国家科技政策时充分考虑“任务”和学科的平衡，不但是最大限度实现学术自由、提升科学创造活力的有效路径，同时也是让科学服务于国家和社会需要的最有效的做法。这里存在着这样一种辩证法：科学技术系统只有在具有高度创造活力的情形下，才能在创新型国家建设过程中发挥最大作用。

在全社会范围内创造一种允许失败、自由探讨的科研氛围；尊重学科发展的内在规律，让科研人员充分发挥自己的创造潜能；充分尊重科学家的个人自由，不以“任务”作为学科发展的目标，让科学共同体自主地来决定学科的发展方向。这样做的结果往往比事先规划要更加激动人心。比如，19世纪末德国化学学科的发展史就充分说明了这一点。从内部条件上讲，首先是由于洪堡兄弟所创办的新型大学模式，主张教与学的自由、教学与研究相结合，使得自由创新成为德国的主流学术生态。从外部环境来看，德国是一个后发国家，不像英、法等国拥有大量的海外殖民地，只有依赖技术创新弥补资源的稀缺。在强大爱国热情的感召下，德国化学家的创新激情迸发，与市场开发相结合，在染料工业、化学制药工业方面进步神速，十余年间便领先于世界。

中国科学院作为国家科技事业“火车头”，有责任提升我国原始创新能力，有责任解决关系国家全局和长远发展的基础性、前瞻性、战略性重大科技问题，有责任引领中国科学走自主创新之路。中国科学院学部汇聚了我国优秀科学家的代表，更要责无旁贷地承担起引领中国科技进步和创新的重任，系统、深入地对自然科学各学科进行前瞻性战略研究。这一研究工作，旨在系统梳理世界自然科学各学科的发展历程，总结各学科的发展规律和内在逻辑，前瞻各学科中长期发展趋势，从而提炼出学科前沿的重大科学问题，提出学科发展的新概念和新思路。开展学科发展战略研究，也要面向我国现代化建设的长远战略需求，系统分析科技创新对人类社会发展和我国现代化进程的影响，注重新技术、新方法和新手段研究，提炼出符合中国发展需求的新问题和重大战略方向。开展学科发展战略研究，还要从支撑学科发展的软、硬件环境和建设国家创新体系的整体要求出发，重点关注学科政策、重点领域、人才培养、经费投入、基础平台、管理体制等核心要素，为学科的均衡、持续、健康发展出谋划策。

2010 年，在中国科学院各学部常委会的领导下，各学部依托国内高水平科研教育等单位，积极酝酿和组建了以院士为主体、众多专家参与的学科发展战略研究组。经过各研究组的深入调查和广泛研讨，形成了“中国学科发展战略”丛书，纳入“国家科学思想库—学术引领系列”陆续出版。学部诚挚感谢为学科发展战略研究付出心血的院士、专家们！

按照学部“十二五”工作规划部署，学科发展战略研究将持续开展，希望学科发展战略系列研究报告持续关注前沿，不断推陈出新，引导广大科学家与中国科学院学部一起，把握世界科学发展动态，夯实中国科学发展的基础，共同推动中国科学早日实现创新跨越！

前 言

电化学是研究电能与化学能以及电能与物质之间相互转换及其规律的学科。电化学学科既是基础学科又是应用学科，在能源、新材料、环境保护、信息技术和生物医学技术等方面具有独到的应用优势。特别是在化石能源日趋减少、环境污染日益严重的今天，电化学能源以其高效率、无污染的特点，在化石能源优化清洁利用、可再生能源开发、电动交通、节能减排等人类社会可持续发展的重大领域中发挥着越来越重要的作用。在这样的大背景下，电化学学科遇到了前所未有的发展机遇，但同时也面临着巨大的挑战。

随着全球范围内材料科学和能源科学的蓬勃发展，国际上对电化学学科的认识不断深入和重塑。当前，电化学学科不仅与无机化学、有机化学、分析化学和化学工程等学科密切相关，还在环境科学、能源科学、生物医学、信息技术、现代工业等领域中居重要地位，呈现不同领域专家通力协作研究开创的多领域、跨学科交叉的独特风格，逐渐发展成为横跨基础科学（理学）和应用科学（工程、技术）两大方面的重要学科。

电化学学科研究的具体体系不断拓展，研究电极从本体电极拓展到众多新材料电极（纳米材料、有机聚合物导体、生物膜、酶等），研究介质从水溶液介质拓展到非水溶液介质（有机溶剂、熔盐、固体电解质等），研究界面从简单的固/液界面拓展到复杂多相界面（固/固、固/气、固/液/气等），研究尺度和理论模型也已深入分子乃至原子尺度。同时，电化学学科的应用领域涉及国家发展战略规划中的重要行业，传统的电化学理论和技术已不足以支撑日益扩大的重大需求，急需创新电化学基础理论和发展先进的研究方法。

厦门大学发起并主持了中国科学院学部学科发展战略研究项目——“电化学学科发展战略研究”。该项目在中国科学院学部支持下，依托中国化学会电化学专业委员会、厦门大学固体表面物理化学国家重点实验室、能源材料化学协同创新中心，以及国家自然科学基金委员会“界面电化学”创新研究群体，汇集电化学基础研究领域和企业界的知名专家学者，共同谋划电化学学科发展战略。本项目旨在梳理电化学学科发展的历史脉络，分析学科发展总体态势和一般规律，凝练电化学应用领域中的关键科学问题和瓶颈技术难题，探讨未来电化学学科发展的重要方向。在此基础上，为我国电化学学科的持续、协调、健康发展提出有针对性的政策建议，为国家高新技术产业战略的实施提供有效策略、技术支撑和人才保证。

本书由厦门大学孙世刚总负责，南开大学陈军、武汉大学庄林、复旦大学夏永姚、中国科学院长春应用化学研究所邢巍、南京大学朱俊杰、吉林大学林海波、厦门大学姜艳霞分别为各专题负责人，组织相关专题研究。参与撰写的还有厦门大学毛秉伟、程俊、詹东平、林昌健、赵金保、周志有、黄蕊，武汉大学陈胜利、黄卫华、于萍，中国科学院长春应用化学研究所彭章泉、徐国宝、徐维林、陈卫，中国科学技术大学陈艳霞，上海科技大学刘志、余毅、韩永，中国科学院苏州纳米技术与纳米仿生研究所陈立桅，清华大学张强、程新兵，大连理工大学陆安慧、李文翠，东华大学乔锦丽，哈尔滨工业大学安茂忠、尹鸽平，南开大学程方益、周明华，东北师范大学周明，中国科学院化学研究所郭玉国、毛兰群，华南理工大学刘江、李伟善、马於光，苏州大学郑洪河，北京大学周恒辉，中国科学院大连化学物理研究所张华民，南京航空航天大学张校刚，重庆大学魏子栋，中国科学院广州能源研究所闫常峰，浙江大学褚有群、吴祖成、王鹏，西南大学向云，南京大学江德臣、夏兴华、王伟，昆明理工大学郭忠诚，北京工业大学曾程初，天津大学卢小泉，华东理工大学张新胜，同济大学赵国华，中国科学院金属研究所严川伟，华东师范大学陆嘉星，上海交通大学李明，成都电子科技大学王翀，以及项目组各成员课题组的部分老师和研究生。项目组秘书为厦门大学黄蕊、甄春花、田娜，中国科学院学部工作局彭晴晴、高洁雯。

“电化学学科发展战略研究”项目实施期间，组织承办了多次学术研讨会，邀请了国内外知名专家共同研讨，广泛征求意见。其中，代表性的研讨会有2017年6月在厦门大学召开的“电化学学科发展战略研讨会”、2018年6月在北京召开的中国科学院学部“电化学科学与技术前沿论坛”、2018年12月在厦门召开的国家自然科学基金委员会第218期双清论坛——“电化学能源”和2019年10月在长沙召开的国家自然科学基金委员会电化学学科“十四五”规划研讨会。我们对与会专家为项目的实施和本书撰写提出的宝贵意见和建议表示衷心的感谢！

由于编者水平和编写时间的限制，文中难免存在不当之处，敬请广大读者批评指正。

孙世刚

2020年7月于厦门大学芙蓉园

摘　要

电化学是研究电能与化学能和电能与物质之间相互转换及其规律的学科。在世界能源需求日益突出、环境保护意识不断强化、信息技术变革日新月异的时代大背景下，电化学学科正处于发展的黄金时期。随着电化学科学与技术在国民经济发展重要领域中的广泛应用，电化学学科的重要地位日益凸显，并逐渐发展成为横跨基础科学（理学）和应用科学（工程、技术）的重要学科。与此同时，电化学学科与材料科学、能源科学、环境科学、生命科学、生物医学等学科领域的融合不断深化，呈现多领域跨学科交叉的独特风格。新时代电化学学科的发展需要进一步完善全面和系统的知识理论体系，解决技术应用中的关键瓶颈问题，为下一代电化学科学技术的发展提供有力的支撑。本书通过调研国内外电化学学科现状（包括高校和研究机构、产业和有关管理部门），梳理和分析电化学学科的内涵与战略地位、学科发展规律与特点，总结电化学科学技术应用中的瓶颈问题，凝练电化学学科的前沿发展方向，形成涵盖我国电化学学科的基础研究前沿、工程应用技术发展和人力资源规划等全方位的战略发展研究报告，为我国电化学学科的未来发展提供有效的参考。

一、定义、内涵与战略地位

电化学的核心是研究电能与化学能和电能与物质之间相互转换及其规律的学科，是物理化学的重要组成部分。近年来，电化学科学与技术的发展及其与各学科领域的交叉，催生了量子电化学、光电化学、固态电化学、纳米电化学、能源电化学、生物电化学等众多新的研究领域。电化学的定义拓展为研究电子导体与离子导体形成的带电界面性质及在其上所发生变化的科学。随着国际上对电化学认识的不断重塑，在不同领域专家通力协作研究下，电化学开创出多领域跨学科的独特风格，发展为横跨基础与应用的重要学科领域。

当前，世界各国对能源危机、环境保护与防治、生命起源与规律探究、信息技术变革等新兴研究领域的关注日益增强，全球经济、贸易、科技实力的竞争日趋激烈，电化学科学与能源科学、材料科学、环境科学、生命科学等紧密联系，为人类社会的可持续发展发挥重要作用。电化学科学与技术的应用贯穿我国众多新兴产业的发展过程，是国家创新发展战略的重要支撑。最具代表性的是以二次电池、超级电容器、燃料电池为代表的电化学能量存储与转换体系，在我国新能源开发利用和新能源汽车产业发展中发挥重要作用，促进了电池产业和产业链的完善与快速发展，带动了一批储能型电池技术与产业的逐步形成与发展。此外，“中国制造 2025”规划的十大领域中，电化学学科在新一代信息技术产业、航空航天装备、节能与新能源汽车、新材料、生物医药等重要领域均有巨大的应用潜能。电化学学科的持续、协调、健康发展将对国家能源安全、国家科技实力提升、国民经济发展和人民生活改善产生积极的影响。

二、学科特点和发展趋势

电化学学科的发展历时两个多世纪，现已成为国民经济与工业中不可缺少的一部分，是一门历史悠久又不断焕发生机的学科。

（一）电化学学科发展的基本特征

当前，电化学学科的发展具有以下几个方面的基本特征。

（1）电化学的研究体系和研究对象不断拓展。研究电极从本体电极拓展到众多新材料电极（纳米材料、有机聚合物导体、生物膜、酶等）；研究介质从水溶液介质拓展到非水溶液介质（有机溶剂、熔盐、固体电解质等）；研究界面从简单的固 / 液界面拓展到复杂多相界面（固/固、固/气、固/液/气等）；研究条件从常温、常压扩大到高温、高压及超临界状态等极端条件。

（2）电化学与其他学科的交叉融合不断凸显。电化学与能源科学、生命科学、环境科学、材料科学、信息科学、物理科学、生物医学等诸多学科的交叉不断加深，衍生出众多新型电化学分支学科，如固态电化学、生物电化学、化学修饰电极学、纳米电化学等。

（3）电化学的研究方法不断创新、理论模型不断完善。随着研究方法的能量、时间和空间分辨率以及检测灵敏度不断提升，电化学基础理论研究向微观（亚微观）、分子以及原子水平飞跃，推动电化学理论创新和技术创新。

（4）国民经济与社会发展对电化学科学与技术的需求越来越大。电化学科学与技术在国防、能源、环保、交通、信息、生命医学等领域起到关键作用，为人类生存质量的提高提供有力保障，为满足国家战略需求和安全发挥着不可取代的作用。

（5）电化学学科的从业人员队伍不断壮大。越来越多的跨学科学者参与到电化学研究中，其中大部分学者是从材料、物理、化工等进入电化学研究领域的。

（二）电化学学科的发展趋势

根据电化学学科的发展现状与态势，预测未来10年内我国电化学学科的发展趋势如下。

（1）为适应新时代电化学科学的新需求，电化学领域的新概念、新方法、新理论不断涌现，对电化学科学基础的认识将不断深入和重塑。

（2）在与不同学科的交叉融合中，电化学理论框架和知识体系将逐步统一和完善，电化学研究方法和技术更加先进，电化学基础研究中的部分重要科学问题将获得有效的解决途径。

（3）基础前沿探索研究和创新技术开发同步开展，基础与应用、科学与工业的联系更加紧密。学科发展越来越重视并参与电化学产业的创新，电化学科学与技术将渗透到各类新兴产业发展中，为下一代技术革新提供新思路。

三、平台建设和人才培养

（一）平台建设

从源头上推动电化学科学与技术发展，需要规划不同层次和目标的电化学研究平台，如重点实验室、工程实验室、工程中心、产业集群、企业群等。电化学重点实验室以基础研究和应用研究为宗旨，承担国家重大科研任务，产出高水平、有影响的科研成果，为产业发展提供重要的技术源头。电化学工程中心或电化学工程实验室聚焦有较大市场价值的重要科研成果及其后续的工程化研究和系统集成，着力于开发科研成果的转化，探索适应规模生产需要的共性技术、关键技术。这样的平台需要高校或科研机构与企业密切合作，做好沟通市场的桥梁和纽带，是集科学研究、工程技术研究、技术成果有效转化于一体的创新合作平台。围绕电化学产业发达地区，引导建设相应的产业集群和企业群，突出企业主体地位和作用，大力扶植核心企业和创新核心技术，推动产业链横向集聚、纵向延伸，提升电化学产业集群的整体竞争力。

（二）人才培养

电化学学科涉及多学科交叉、跨领域合作的发展趋势对未来电化学人才队伍的建设提出更高的要求，亟须做好复合型高层次人才的储备。在研究生培养过程中，需要加强电化学基础理论和相关知识的学习，加强外语撰写能力和交流能力，特别加强在实践中分析问题和解决问题的能力。此外，还需要制定相关的政策，吸引计算机、数学、材料、物理等专业的人才进入电化学学科的相关研究工作，培养跨学科的创新型人才。

四、重点发展的研究领域

根据我国电化学学科和电化学工业的发展现状，结合国际研究动向和我国战略规划，针对电化学学科需要解决的重大科学问题，未来10年内电化学学科重点发展的研究领域建议如下。

（一）电化学基础理论与研究方法

适用于新型电化学界面结构和过程的电化学理论构筑、概念创新和反应机制探究；依托人工智能和大数据的电化学表界面理论模拟和计算方法；工况下高能量、高空间和时间分辨及无侵扰的电化学研究表征方法。

（二）电化学材料领域

材料结构、表面和界面等与电化学性能的关联与规律；高性能、长寿命、低成本的电化学材料的理性设计；结构可控的电化学材料的规模合成方法；电化学沉积技术在材料表面改性特别是功能材料制备中的应用。

（三）电化学能量存储领域

高比能量动力锂电池材料体系研发及其应用过程中的容量衰减、安全性等问题研究；低价格的二次电池（钠、钾基）、多电子反应的变革性电池（镁、铝、锌、铁等体系）、水性二次电池等新型储能体系的开发；锂–硫、锂–空、固态金属锂电池等下一代高比能电池体系及相关材料的开发；高安全性和高性能的新型锂离子电池电解质系统；超级电容储能机制和高功率、高能量超电容关键技术；新一代高性能、低成本液流电池关键材料技术与智能控制管理技术。

（四）电化学能量转换领域

质子交换膜燃料电池关键材料开发、膜电极功能化构筑和工况环境协同催化与长稳服役机制研究；固态氧化物燃料电池在大规模储能、燃料电池汽车、小型家用/商用以及大型商用方面的系统开发与研究；水电解技术中的催化剂开发与有效调控策略；发展高效、低能耗、环境友好的关键光伏材料体系和新型光伏器件中光电转换过程的相关机理。

（五）电化学分析和生物科学领域

电化学生物传感器的放大策略开发；电化学分析在现代大健康中的应用；单分子精准动态测量；可穿戴式电化学生物传感器开发；结合人工智能发展以大数据为应用平台的电分析技术；发展电化学分析技术用于电化学过程的理论研究。

（六）电化学工业领域

电化学工程基础研究；电极材料和电化学反应器；电化学合成技术；环境电化学；电化学表面修饰与加工；高端电子制造（芯片、封装、集成）中的电子电镀技术与电子化学品。

五、发展机制与政策建议

未来的10～20年是电化学学科快速发展的新的黄金时期，把握历史机遇，挑战瓶颈难题，以“超越传统，引领未来”为学科发展总体目标，要求我国电化学学科必须做好顶层设计和科学规划，立足于我国电化学学科发展现状和国家战略需求，充分利用人力、物力、财力等各项资源。本书提出的发展机制和政策建议如下。

（1）全面细致地做好学科规划，科学合理地布局发展方向，加快电化学学科引领国际发展的步伐。

（2）加强电化学学科建设和人才培养的高度和力度，为学科的未来发展储备力量。

（3）推动跨学科交叉研究，鼓励相关领域的人才队伍切入电化学学科，重视有颠覆性可能的创新技术。

（4）促进电化学科技成果转化和技术转移，健全电化学产业链，加速急需产业技术孵化。

（5）设立电化学科学与技术专项研究基金，如重大研究计划、重点项目等。

（6）提升政府管理机构、研究出资机构与研究主体之间的统筹协调能力，减少研究主体的事务性工作，提高研究成果产出效率。

（7）改进科研评价体制，营造健康学术生态和科学研究文化，改善科研工作者生活与工作环境，促进产学研融合发展。

Abstract

Electrochemistry is a discipline that studies the principles governing electrochemical processes during energy conversion and chemical transformation. Electrochemical science and technology have a plethora of extremely important applications in both nature and industries, including energy, environmental remediation, electronics, health and medicine, which are closely related to the national economy. Therefore, electrochemistry plays an increasingly important role in science and technology, and has gradually developed into a broad discipline spanning both natural sciences and engineering sciences. Electrochemistry has been continuously integrated with materials science, energy science, environmental science, life science, biomedicine and other disciplines, showing a unique interdisciplinary feature crossing the boundaries of many research areas. Nowadays, electrochemistry enters a golden era under the background of the increasing world energy demand, the strengthened environmental protection consciousness and the emerging information technologies. In the new era, electrochemistry needs to further establish the comprehensive and systematic theoretical foundation and knowledge system to help solve the key bottlenecks in the technological applications and provide strong supports for the next generation of electrochemical science and technology.

In this book, the characteristics of electrochemistry including the definition, strategic position and discipline development are analyzed firstly based on the investigation of the current situation of electrochemistry in China and abroad. Then the bottlenecks in the applications of electrochemical science and technology are summarized according to the feedback from related research institutions and industries. The efficient path to solve the bottleneck technologies is to fully understand the key scientific problems behind the technologies and further create new electrochemical systems to meet the needs of the market. In view of the current situation and industrial bottleneck problems, the frontiers of the development of electrochemistry in the next decade are also summarized. This is a comprehensive research book of electrochemistry for the strategic development as it covers the fundamental research areas, applications and technological development, and human resource planning of electrochemistry in China.

1. Definition and Strategic Position of Electrochemistry

Electrochemistry is an important branch of physical chemistry that studies the relationship and interaction between electrical energy and chemical change, with either electricity considered an outcome of a particular chemical change or vice versa. In recent years, with the development of electrochemical science and technology and its interconnection with a variety of fields, many interdisciplinary areas such as quantum electrochemistry, photo-electrochemistry, solid-state electrochemistry, energy electrochemistry, and biological electrochemistry have emerged. With the collaboration of experts in different fields, the international understanding of electrochemistry has been constantly reshaped. The definition of electrochemistry is extended to the science for studying the characteristics and change rules of the charged interfaces between electronic conductors and ionic conductors.

At present, many countries around the world pay increasingly close attention to the energy crisis, environmental protection, life origin and law exploration, information technology and other emerging research fields, because of the increasing competition of national power, economic power and science-technology strength. Under this background, electrochemical science and technology have promoted the development of traditional industries and emerging industries, and become an important support for the national innovation and development strategies. Electrochemistry will play an important role in the development of the sustainable society. The most representative is the electrochemical energy storage and conversion systems including secondary batteries, supercapacitors and fuel cells, which are crucial in the development and utilization of renewable energy and the development of new energy automobile industries in China. Moreover, electrochemistry has great potential in many applications mentioned in the "Made in China 2025" program including new information technology industries, aerospace equipments, energy-saving and new-energy vehicles, new materials, biomedicine. Sustainable, coordinated and healthy development of electrochemistry discipline will have a positive impact on national energy security, national scientific and technological strength, national economy development and the improvement of people's living standards.

2. Characteristics and Development Trend in Electrochemistry

Electrochemistry as a discipline with a long history but constantly evolving has become an indispensable part of national economies and industries after the development of more than two centuries. At present, the development of electrochemistry has the following basic characteristics.

(1) The research systems and subjects of electrochemistry are expanding. The studied electrodes are extended from the bulk electrodes to electrodes made of many new materials, the electrolyte solutions from aqueous media to non-aqueous media, the studied interfaces from solid/liquid interfaces to complex multi-phase interfaces, and the working conditions from room/mild temperature and pressure to extreme conditions such as high temperature, high pressure and supercritical states.

（2）The cross-connection of electrochemistry and other disciplines are increasingly prominent. The intersection of electrochemistry and energy science, life science, environmental science, materials science, information science, physical science, biomedicine, engineering science and many other disciplines is deepening, giving rise to many new electrochemical sub-disciplines.

（3）The research methods of electrochemistry are being innovated and the theoretical models are being deepened. With the continuous improvement of the temporal and spatial resolution and detection sensitivity of the research methods, the studies of fundamental electrochemistry have made a leap to the (sub-)micrometer, molecular and atomic levels, promoting the innovation of electrochemical theories and technologies.

（4）The development of national economy and society relies more and more on electrochemical science and technology. Electrochemical science and technology play a key role in national defense, energy, environmental protection, transportation, information, medicine and other fields, ensuring the improvement of quality of life, and helping to meet the national strategic needs and security.

（5）The number of electrochemical practitioners has been increasing substantially, and some of them entered the field from other fields such as materials, physics and chemical engineering.

According to the current status and trend of electrochemistry, the development trends of electrochemistry in China in the next ten years are predicted as follows.

（1）In order to meet the new demands of electrochemical science in the new era, new concepts, new methods and new theories will emerge constantly, and the understanding of the basis of electrochemical science will be deepened and reshaped continuously.

（2）In the cross-integration with different disciplines, the theoretical framework and knowledge system of electrochemistry will be gradually unified and improved, the research methods and tools of electrochemistry will become more advanced, and some important scientific problems in fundamental electrochemistry research will be effectively resolved.

(3) Frontier exploration and development of innovative technologies will be carried out simultaneously, and the links between basic science and applications will become stronger. The development of the discipline will pay more and more attention to the innovation of the electrochemical industries. Electrochemical science and technology will promote the development of various emerging industries, providing new ideas for the next generation of technological innovation.

3. Platform Construction and Talent Cultivation

It is necessary to build electrochemical research platforms with different levels and objectives in order to promote the development of electrochemical science and technology. Research platforms should be laid out with clear objectives and strong supports on policies and finances. The main laboratories of electrochemistry with the focus on both fundamental and applied research will undertake major national scientific research tasks and produce high-level and influential scientific research outcomes. The electrochemical engineering centers or laboratories should focus on transformation of scientific achievements to market value and exploration on emerging technologies suitable for large-scale production. Such platforms require close cooperation across universities, research institutions and enterprises, so as to serve as links bridging fundamental research and market applications. They are innovative cooperation platforms integrating scientific research and engineering research and facilitating effective transformation of technological achievements.

The development trend of electrochemistry involves the cross-disciplinary and cross-field cooperation, which puts forward higher requirements for the construction of future electrochemistry talent team, and thus it is urgent to make a good reserve of highly talented researchers. In educating research talents, we should pay attention to building up talent teams with diversity of research backgrounds and research experiences, and laying out policies for attracting talented researchers from other research fields to bring in new perspectives and different knowledge and skills.

4. Key Research Areas in Electrochemistry

Based on the analyses of the development status of electrochemical science and electrochemical industries in China, combined with the international research trend and China's strategic planning, aiming at the major scientific problems that need to be solved in the field, the key research areas for the development of electrochemical science in the next ten years are proposed as follows.

（1）Fundamental theories and research methods of electrochemistry: fundamental electrochemistry theories, concept innovation and reaction mechanisms for understanding structures of novel electrochemical materials and interfaces and electrochemical processes; first principles and multi-scale modeling methods for electrochemical systems, incorporated with the new technology of artificial intelligence and big data; electrochemical characterization methods with high energy, high spatial and high temporal resolution and without intrusion under working conditions.

（2）Electrochemical materials: The relationships between the material structures and electrochemical properties, surfaces and interfaces of materials; rational design of electrochemical materials with high performance, long life and low cost; scale-up synthetic methods of electrochemical materials with controlled structures; applications of electrochemical technologies in surface modification of materials, especially in preparation of functional materials.

(3) Electrochemical energy storage: Development of lithium battery systems with high specific energy power and understanding of the mechanisms behind capacity fading, safety and other issues; new energy storage systems, such as low price secondary batteries, transformative batteries with multi-electron reactions, and water-based secondary batteries; next generation of high specific energy battery systems and related materials for Li-S, Li-air and solid metal lithium batteries; new lithium ion battery electrolyte system with high performance and safety; ultracapacitor with high power and high energy and new mechanisms for energy storage; key material technologies and intelligent control management technologies of liquid flow batteries with high performance and low cost.

(4) Electrochemical energy conversion: Key materials for proton exchange membrane fuel cells including electrochemical catalysts, electrolyte membranes; functionalization of membrane electrodes and their assembly technologies; the mechanisms of collaborative catalysis and long, stable operation in working environments; system development and research of solid oxide fuel cells and their applications in large-scale energy storage and fuel cell vehicles; catalyst development and effective control strategies in water-electrolysis technology; photovoltaic material systems with high efficiencies, low energy consumption and environmental friendliness and new conversion mechanisms.

(5) Electrochemical analysis and biological sciences: Development of amplification strategies for electrochemical biosensors; applications of electrochemical analysis in modern health managements; development of wearable electrochemical biosensors; electrochemical analysis technologies combined with artificial intelligence and big data; development of electrochemical analysis techniques for fundamental studies of electrochemical processes.

(6) Electrochemical industries: Fundamental research on electrochemical engineering; electrode materials and electrochemical reactors; green electrochemical synthesis technologies; electrochemical surface modification and surface engineering; electroplating technologies and electronic chemicals in high-end electronic manufacturing.

5. Development Planning and Policy Recommendation

The next ten to twenty years will be a new golden period for rapid development of electrochemistry. Electrochemistry communities should grasp this historical opportunity, challenge the bottleneck problems, and set the goal of "overstep the tradition and lead the future". It is important that the top-level design and scientific planning of the electrochemical discipline of China are carried out appropriately, based on the development status of China and national strategic needs, and make full use of human resources, materials and financial resources available. The development planning and policy recommendation of the present report are listed as follows.

(1) Comprehensive and meticulous discipline planning and strategic layout of development direction, accelerating the step to promote Chinese electrochemistry into international leading position.

(2) Strengthening electrochemical discipline construction and increasing investment in education to improve the competence of personnel for future development of the discipline.

(3) Promoting cross-disciplinary research, encouraging talents in related fields to enter the field of electrochemistry, and emphasizing potentially revolutionary innovative technologies.

(4) Promoting the transformation of the scientific and technological achievements in electrochemistry into all-round electrochemical industrial chains, and accelerating the incubation of industrial technologies with urgent needs.

(5) Establishing special research funds for electrochemical science and technology, such as major research projects and key projects, to maintain a sustainable investment to the research.

(6) Improving the coordination capabilities between government management agencies, research funding agencies and researchers, to reduce the administrative affairs for researchers and to improve the productive efficiency of scientific research.

(7) Improving the evaluation system, building-up health academia ecology and scientific research culture, improving the living and working conditions of scientific workers, and promoting the integration of industry, education and research.

目录

第一章 电化学学科概述

第一节 电化学学科的内涵与战略地位

一、电化学学科的内涵

电化学是研究电能与化学能和电能与物质之间相互转换及其规律的学科。电化学的起源可以追溯到两位意大利科学家——路易吉·加尔瓦尼（Luigi Galvani，1737—1798）和亚历山德罗·伏打（Alessandro Volta，1745—1827），他们分别于1780年发现“生物电”现象和1800年发明世界上首个可连续供电的化学电源“伏打电堆”（voltaic pile）。作为一门涉及氧化还原化学反应、具有广泛应用的学科，两百多年来，电化学学科为推动人类社会发展和世界文明进步做出了重要贡献。电化学最初被描述为“是化学的一部分，是研究物质的化学性质或化学反应与电的关系的科学”，后又被定义为“电化学就是研究带电界面上所发生现象的科学”。经典电化学的主要理论支柱是电化学热力学、界面双电层模型和电极过程动力学。电化学热力学适用于平衡电化学体系，电极过程动力学适用于非平衡电化学体系，双电层则为二者变化的桥梁。现代电化学又将统计力学和量子力学引入电化学的理论体系，开辟了在微观水平研究电化学的新领域。

电化学最早的研究对象是电池、电解、电镀过程，所以最初把电化学看作是研究电能与化学能相互转换的科学。但随着研究的深入，出现了电渗析、电泳涂装、化学镀、电化学腐蚀、电化学合成等新的研究对象，电化学的定义拓展为研究电子导体与离子导体形成的带电界面性质及其上所发生变化的科学。近年来，随着电化学理论的发展及其与各学科领域的交叉，出现了量子电化学、光电化学、固态电化学、纳米电化学、能源电化学、绿色合成电化学等许多新的研究领域，研究方法和理论模型开始深入到分子水平，建立和发展了在分子水平上检测电化学界面的电化学原位谱学技术。可以说，电化学已经发展成为控制离子导体、电子导体、半导体、量子半导体、介电体的本体及界面间荷电粒子状态与传输的科学。电化学的实验技术也成为表界面、能源、环境以及生物医学等领域的重要研究方法。

二、电化学学科在国家总体学科发展布局中的地位

电化学是化学学科的一个重要组成部分。随着对电化学的重新认识和不断发展，电化学在多个学科之间占有重要地位，并作为不同领域专家通力协作研究开创的多领域跨学科科学而展现出独特风格。传统上把电化学归属于物理化学的一个分支。当前，电化学不仅与无机化学、有机化学、分析化学和化学工程等学科密切相关，还渗透到环境科学、能源科学、生物科学和现代工业等领域。电化学逐渐发展成为横跨基础科学（理学）和应用科学（工程、技术）两大领域的重要学科。

三、电化学学科在推动其他学科和相关技术发展中的作用

电化学学科的发展非常迅速，与其他学科的联系越来越紧密，并不断与各学科前沿领域相结合，形成了众多交叉学科分支，如熔盐电化学、有机电化学、生物电化学、光电化学、界面电化学、固态电化学、腐蚀电化学、催化电化学、电分析化学、化学修饰电极、超微电极电化学、量子电化学、纳米电化学、谱学电化学等。这些分支学科都有各自的研究领域，但又都建立在电化学基础理论之上。

（一）经典应用领域

随着科技的进步，电化学的应用领域不断拓展，已广泛应用于化工、冶金、机械、电子、航空、航天、轻工、仪表、医学、材料、能源、环保等各

工程技术领域中。主要的经典应用领域包括如下几个方面。

1. 化学电源

化学电源含原电池、蓄电池及燃料电池，如锌锰电池、铅蓄电池、镉镍电池、氢镍电池、金属锂及锂离子电池、空气电池、质子交换膜燃料电池、固体氧化物燃料电池、熔融碳酸盐燃料电池、直接醇燃料电池等。化学电源是电化学研究的核心内容之一，主要涉及电化学的能源储存和转换，不仅可以是一种大规模能源的提供装置，同时也是易于携带的能源系统，因此在电气、信息、运输、通信、电力、航空航天、军事等与日常生活密切相关领域和国防领域中得到广泛的应用，尤其在自移动信息系统、绿色能源交通工具及可再生能源利用方面起到关键作用。

2. 表面处理及精饰

表面处理及精饰包括各种电镀、化学镀、阳极氧化、电泳涂装、电铸等。表面处理能为基体提供各种防护性、装饰性或功能性涂镀层，应用极其广泛。电镀可分为装饰/功能性电镀（表面防护、修饰、功能材料等）及电子电镀，主要用于各种功能性镀层（导电性镀层、钎焊性镀层、信息载体镀层、电磁屏蔽镀层等），芯片制造、封装和集成。在当前国际竞争日趋激烈的电子信息产业微型化过程中，电子电镀是芯片制作、微机电系统等发展中的关键技术之一。

3. 电化学合成

电化学合成包括金属的电解提取与精炼（如电解精炼提纯锌、铜、银、金；电解熔融电解质制取铝、镁、钙、锂等轻金属）、电合成无机化合物和有机化合物（如氯碱工业、己二腈电合成，以及高锰酸钾、三碘甲烷、四乙基铅的电合成等），为绿色化学工业开辟了一个具有重要价值的领域。

4. 电解加工

电化学加工是在高电流密度下，于流动的电解液中，以被加工的金属工件作为阳极，利用阳极溶解原理进行金属加工的方法。与普通机械加工相比，此类电解切削、电解研磨等方法特别适合形状复杂的零件和硬质合金材料的加工。

5. 金属腐蚀与防护

金属腐蚀学中的大气腐蚀、海洋腐蚀、土壤腐蚀等都需要用电化学解释机理，由此催生了以金属腐蚀电极为研究对象的腐蚀电化学。金属腐蚀的方法与电化学密切相关，如采用缓蚀剂、防腐涂层、电化学阴极保护与阳极钝化等方法进行金属的电化学保护以及腐蚀监控传感技术等。

6. 电分析化学

电化学在分析化学中的应用历史悠久，从早期广泛应用的电导滴定、电位滴定、极谱法、pH 计等发展到近些年的伏安法、离子选择电极、传感器等，大大丰富了仪器分析的内容和手段。

（二）代表性的新领域

随着世界各国对能源危机、环境保护与防治、生命起源与规律探究等新型研究领域的日益关注，全球经济、贸易、科技实力的竞争日趋激烈，电化学科学与能源科学、材料科学、环境科学、生命科学等紧密联系，不断涌现出一些与电化学交叉的新学科，发展出新的研究和应用领域。下面介绍几个代表性的新领域。

1. 新能源体系的开发和利用

利用半导体电极组成的光电化学电池将太阳能转变为电能或构成光解水制氢的光解池，成为太阳能利用的途径之一；可实现连续工作的燃料电池在建立小型发电站和迅速兴起的电动汽车中的应用；电化学储能技术在峰谷电价套利、新能源并网及电力系统辅助服务领域的不断推广。

2. 新型功能材料的电化学制备

金属电沉积制备各种表层功能材料（导电镀层、耐磨镀层、高温抗氧化镀层等）和金属基复合材料（如碳纤维增强的铝基或镍基复合材料）；电化学制备具有独特化学、光学、电磁学、力学性能的纳米新材料和应用于航天工业的梯度功能材料等。

3. 环境污染的监测、处理与防治

采用离子选择电极或气体电极制成的传感器用于痕量污染监测；应用于工业生产或废水处理中的电渗析法、电凝聚法、电氧化、电还原等分离技术。

4. 生命科学和医学密切相关的生物电化学

电化学传感器在生物学与医学的科研及诊断方面的应用；电化学技术和原理在探究生物机体生长和恢复的细胞过程机理中的应用。

5. 谱学电化学

将光谱技术引入电化学领域，在电化学传统优势的基础上结合了光谱实验技术的灵敏度高、检测速度快、体系扰动小、实时检测等优点。例如，利用红外光谱和拉曼光谱电化学技术，研究电极表面分子的吸附状态随电极电势的变化情况，在分子水平系统研究电化学反应过程；电化学表面等离子体共振谱可以提供精确的表面厚度和介电常数信息；电化学椭圆偏振光谱能够现场观察不同电化学条件下电极表面膜层的形成和发展过程；电化学原位透射电子显微镜实时动态观察电极微观结构及其变化；等等。

四、电化学学科在国民经济和社会发展中的战略地位

（一）“十二五”期间（2011～2015年）

我国节能环保、新一代信息技术、生物、高端装备制造、新能源、新材料和新能源汽车等战略性新兴产业快速发展，电化学学科贯穿其中众多的产业发展过程。其中最具代表性的是，以二次电池、超级电容器、燃料电池为代表的电化学能源在新能源和新能源汽车产业发展中发挥重要作用，促进了电池产业和产业链的完善与快速发展，带动了一批储能型电池技术与产业的逐步形成与发展。

（二）“十三五”规划以来（2016～2020年）

在未来世界再生能源与新能源持续保持强劲发展势头以及我国政府将新材料、新能源、新能源汽车作为战略性新兴产业的推动下，电化学迎来了更大的发展机遇。推动新能源汽车、新能源和节能环保产业快速壮大，构建可持续发展新模式，是“十三五”规划确定的重要发展任务之一，也是电化学学科发挥能动作用的主要领域。

此外，“中国制造2025”规划的十大领域中，电化学学科在新一代信息

技术产业、航空航天装备、节能与新能源汽车、新材料、生物医药等重要领域均具有巨大的应用潜能。

第二节 电化学学科的发展趋势和现状

一、电化学学科的发展趋势

电化学学科的发展历时两个多世纪，现在已经成为国民经济与工业中不可缺少的部分，是一门历史悠久又不断焕发新生命力的学科。当前，电化学学科的发展趋势可以归纳为以下几个方面。

（一）电化学的研究体系和研究对象不断拓展

研究电极从局限于汞、固体金属和碳电极，扩大到许多新材料（如氧化物、有机聚合物导体、半导体、固相嵌入型材料、酶、膜、生物膜等），并以各种分子、离子、基团对电极表面进行修饰，对其内部进行嵌入或掺杂；研究介质从水溶液介质，扩大到非水介质（有机溶剂、熔盐、固体电解质等）；研究条件从常温、常压扩大到高温、高压及超临界状态等极端条件。

（二）电化学与其他学科的交叉综合不断凸显

电化学与能源科学、生命科学、环境科学、材料科学、信息科学、物理科学、工程科学等诸多学科的交叉不断加深，衍生出众多新型电化学分支学科，如固态电化学、生物电化学、化学修饰电极学、纳米电化学等。

（三）电化学的研究方法不断发展和理论研究日趋深入

随着研究方法的时空分辨率和检测灵敏度不断提升，电化学基础理论研究向微观（亚微观）、分子及原子水平飞跃，更加注重电化学界面的结构细节和电化学过程的单分子事件，促进电化学界面微观结构模型的建立，推动电化学理论创新和技术创新，如原子、离子、分子、电子等的排布，界面电场的形成，界面电位的分布，界面区粒子间的相互作用，电极表面的微结构和表面重建，表面态等的建立。

（四）国民经济与社会发展对电化学科学与技术的需求越来越大

电化学科学与技术在国防、能源、环保、交通、信息、生命医学等领域起到关键作用，为人类生存质量的提高提供有力保障，为满足国家战略需求和安全发挥着不可取代的作用，为根本解决环境问题和人类社会可持续发展提供新思想和新方法。

（五）电化学学科的从业人员队伍不断壮大

近 12 年来，参加全国电化学年会的人数逐届递增，2007 年召开的第 14 届全国电化学年会的参会人数为 1031 人，2019 年召开的第 20 届全国电化学年会的参会人数超过 4200 人。12 年间参会人数增加超 3 倍，表明有越来越多的科技工作者加入电化学研究队伍中，其中部分人员是从材料、物理等领域跨学科进入电化学研究领域的。

二、电化学学科的发展现状

在化石能源日趋减少、环境污染备受关注、世界大国贸易竞争日趋激烈、国际政治格局不断调整的时代背景下，电化学学科的发展正处于新的历史时期，电化学学科遇到前所未有的发展机遇，同时也面临严峻的挑战。当前，我国电化学学科的基础研究逐渐与世界前沿接轨，研究水平不断提升，国际影响力日益增强，电化学产业日趋完善，已形成一支规模较大且素质良好的研究队伍，具备了从事重大科学问题研究的条件和基础。

（一）电化学学科学术论文发表情况分析

2008～2017 年 10 年间，世界电化学学科相关领域累计发表的科学引文索引（Science Citation Index，SCI）学术论文总量为 618 568 篇（基于 WoS 数据库，按电化学期刊加上相关研究方向关键词查询，见表 1-1），并呈现逐年上升的趋势（图 1-1）。10 年间，中国在电化学研究领域累计发表的 SCI 学术论文总量为 152 477 篇，占世界论文总量的 26.16%，赶超美国、日本等发达国家，居世界第一位（图 1-2）。

横向对比中、美两国在电化学学科领域发表论文情况，可以看到，中国发表 SCI 论文总数呈逐年上升的趋势，而美国发表论文总数在近几年基本保持平稳的发展态势。中国 SCI 论文总数于 2011 年开始超越美国，中、美两国论文总量的比值保持上升趋势，2017 年中国论文总数已超过美国的 2 倍（图 1-3）。

表 1-1　SCI 论文数据检索关键词列表

重要方向	检索关键词
电化学基础理论和研究方法	interfacial electrochemistry, physical electrochemistry, electron transfer, spectroscopic electrochemistry, electrochemical systems, molecular electrochemistry
电化学材料科学与技术	electrochemical synthesis, electroactive, electrochemically active materials, electrochemical corrosion, electrochemical modification
电化学能源科学与技术——1. 能量储存	energy storage, electrochemical capacitors, batteries, lithium ion battery, flow batteries
电化学能源科学与技术——2. 能量转换	energy conversion, fuel cell, solar cells, photoelectrochemistry, electrolyzers
分析和生物科学与技术	analytical electrochemistry, electroanalytical chemistry, microbial electrochemical, bioelectrochemistry
工业发展	electrochemical industry, electrochemical engineering, electrochemical technology

注：选自近 3 届国际电化学会议分会主题名称。

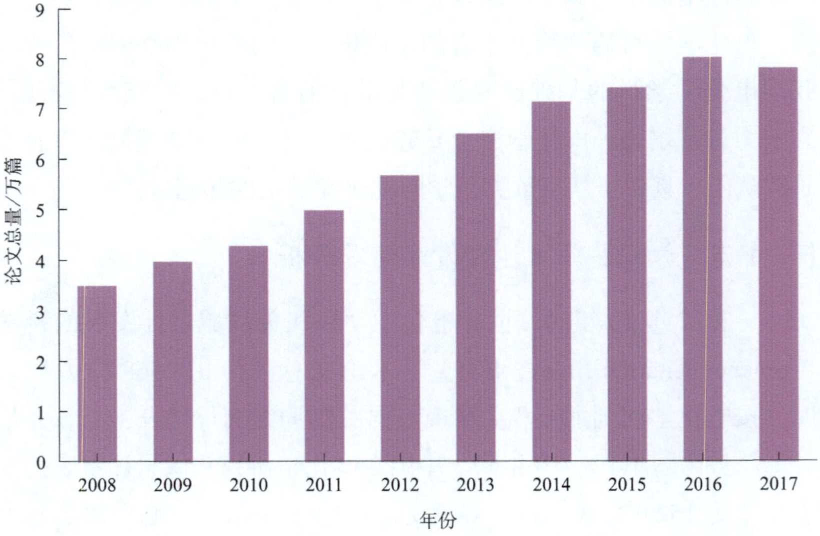

图 1-1　2008～2017 年世界电化学学科相关领域发表论文总量

基于 WoS 数据库检索结果

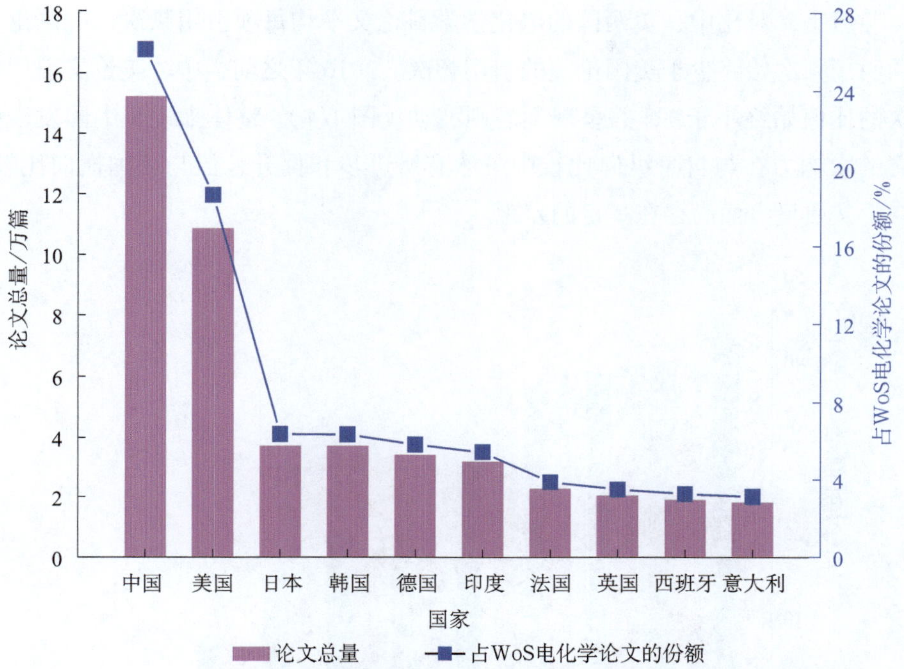

图 1-2 2008～2017 年电化学学科发表论文总量 Top10 国家及其论文总量占 WoS 世界电化学论文份额

基于 WoS 数据库检索结果

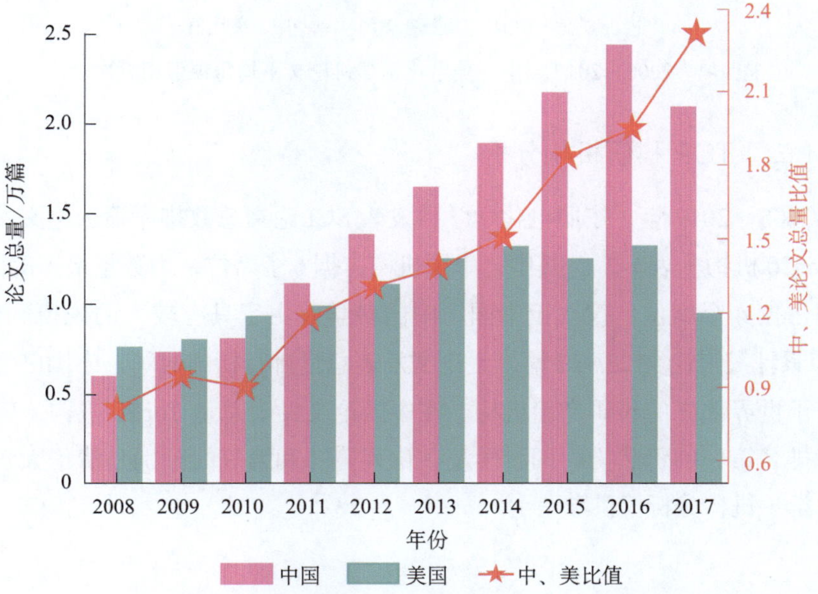

图 1-3 2008～2017 年中、美电化学学科论文总量对比

但是，对比中、美两国的电化学学科论文平均每项引用频次，中国论文的引用频次始终少于美国论文的引用频次。2016年之前，中、美论文引用频次的比值始终小于1，并呈现不规则波动（图1-4）。整体来说，中国发表论文的影响力在与自身纵向比较中虽然有所进步和提升，但与美国横向比较，在论文质量方面尚存在一定的差距。

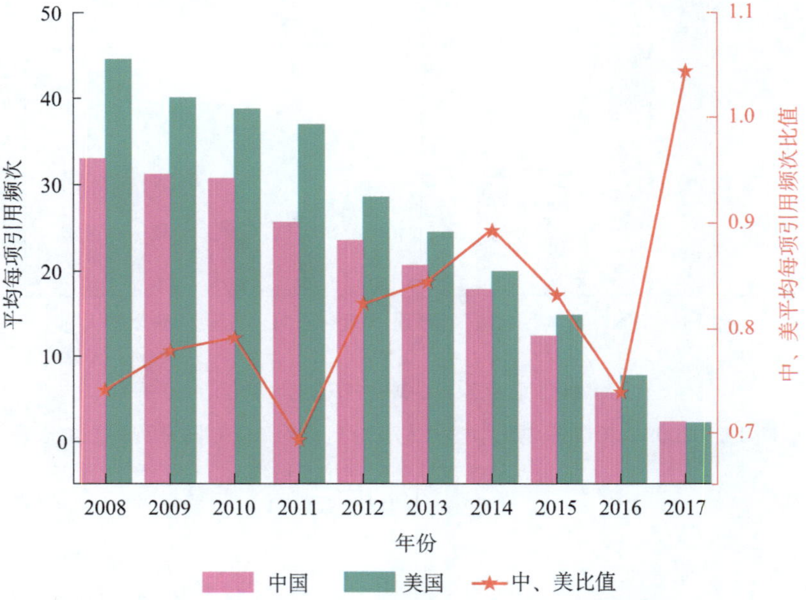

图1-4　2008～2017年中、美电化学学科论文平均每项引用频次对比

（二）TOP科研机构分析

2008～2017年，按照电化学学科发表SCI论文总数排序筛选论文发表总量Top20机构（表1-2）。其中，中国机构占据6个席位，为数量最多的国家；美国占据4个席位，仅次于中国。中国科学院由于具有较大的规模和体量，10年累计发表论文22 952篇，是论文发表总量排行榜的冠军。中国已经形成了若干世界领先的科研产出机构。在中国论文发表总量Top20机构（表1-3）中，排名第一的仍然为中国科学院，位列第二和第三的分别是清华大学和浙江大学（机构分析仅供参考）。

表 1-2　世界电化学学科发表论文总量 Top 20 机构

序号	机构	国家	记录数
1	中国科学院	中国	22 952
2	法国国家科学研究中心	法国	13 314
3	美国能源部	美国	13 012
4	美国加利福尼亚大学	美国	9 686
5	印度理工学院	印度	6 446
6	韩国科学技术联合大学院大学	韩国	6 430
7	德国亥姆霍兹国家研究中心联合会	德国	6 263
8	俄罗斯科学院	俄罗斯	5 851
9	清华大学	中国	5 698
10	印度科学与工业研究理事会	印度	4 453
11	南洋理工大学	新加坡	4 421
12	浙江大学	中国	4 235
13	美国得克萨斯大学	美国	4 100
14	哈尔滨工业大学	中国	3 907
15	宾夕法尼亚州立高等教育系统	美国	3 731
16	西班牙高等科学研究理事会	西班牙	3 697
17	上海交通大学	中国	3 603
18	意大利国际高等研究院	意大利	3 538
19	中国科学技术大学	中国	3 458
20	首尔大学	韩国	3 425

注：按 2008～2017 年发表论文数量排序。

表 1-3　中国电化学学科发表论文总量 Top 20 机构

序号	机构	记录数
1	中国科学院	22 952
2	清华大学	5 698
3	浙江大学	4 235
4	哈尔滨工业大学	3 907
5	上海交通大学	3 603
6	中国科学技术大学	3 458

续表

序号	机构	记录数
7	中南大学	3 269
8	吉林大学	3 266
9	华中科技大学	3 126
10	华南理工大学	3 059
11	天津大学	3 030
12	西安交通大学	2 911
13	南京大学	2 692
14	北京大学	2 688
15	复旦大学	2 448
16	大连理工大学	2 403
17	山东大学	2 289
18	苏州大学	2 205
19	北京科技大学	2 197
20	厦门大学	2 106

注：按 2008～2017 年发表论文数量排序。

（三）电化学学科的国际合作与交流

在电化学研究领域，我国学者与国际上的主流电化学研究团队有很多的交流与合作，交流的方式主要有如下几种。

（1）高校和科研院所之间的学术互访，包括邀请国际知名教授开设讲座、选派学生或访问学者短期交流、联合申请国际合作项目等。通过优势互补与强强联合，中外科学家已开展实质性国际合作研究，建立了长期稳定的科研战略合作伙伴关系。近年来，陆续有国内优秀学生到国外领先的研究课题组深造，学成归国投身我国的电化学事业。

（2）积极参加或承办电化学领域的国际会议，如国际电化学学会年会、美国电化学学会年会、国际锂电池会议（International Meeting on Lithium Batteries，IMLB）、世界表面精饰大会等国际前沿学术会议，举办电化学国际暑期学校等。国内相关领域科学家已多次在这些会议上做邀请报告、担任大会主席或分会主席等职务，获得国际电化学界的广泛认可。

（3）担任电化学学科领域国家组织领导，如田中群院士担任国际电化学会主席和国际著名期刊的主编、副主编或国际顾问编委。具体地，有万立骏院士担任 *Acc. Chem. Res.*、*JACS*、*Adv. Mater.*、*Chem. Mater.*、*Chem. Comm.* 和 *PCCP* 等期刊的主编、编委或顾问编委；田中群院士担任 *Chem. Soc. Rev.*、*J. Raman Spectrosc.* 等期刊的副主编；陈军院士担任 *Mater. Horiz.*、*Inorg. Chem. Front.*、*Solid State Sci.*、*ACS Sus. Chem. Eng.*、*ACS Energy Lett.*、*Nano Res.*、*J. Energy Chem.* 等期刊的副主编或国际顾问编委；孙世刚院士担任 *Electrochim. Acta* 副主编、*J. Electroanal. Chem.*、*ACS Energy Lett.*、*Funct. Mater. Lett.*、*Electrochem Energy Rev.*、*J. Solid State Electrochem.* 等期刊的编委或顾问编委等；夏兴华担任 *J. Electroanal. Chem.* 主编；杨勇教授和夏永姚教授担任 *J. Power Sources* 副主编等。

（4）电化学产业界的国际合作与交流也获得了极大改善，但是相对于学术界的交流，企业略为封闭，国际技术交流较少，尤其涉及知识产权的保护和行业竞争的问题，产业界研究成果公开交流程度有限。

第三节　电化学学科相关产业的发展现状和瓶颈技术分析

一、二次电池

以锂离子电池为代表的二次电池产业的发展为未来智能汽车、智能电网等关键产业和基础设施智能化的发展打下坚实基础，有力地推动了整个产业经济结构的不断升级。

（一）动力电池产业

发展电动汽车是国际社会重点支持的战略方向，对保障能源安全、节能减排、促进汽车工业的可持续发展具有重要意义。在系列政策支持下，我国于 2015 年超越美国成为全球最大的电动汽车产销国。2018 年底，全国新能源汽车保有量达 261 万辆，纯电动汽车保有量 211 万辆，占新能源汽车总量的 81.06%。2018 年全国电动汽车销售总量为 105 万辆，较 2017 年增长70%，是全年销量全球最高的国家。新能源汽车的销量逐年增长，国内对动力锂电池的需求量也在不断增加，2016年超过30 GW·h，2017年接近40 GW·h，2018年底达到56.37 GW·h。在国家政策的驱动和新能源汽车产业的拉动下，作为核心部件的动力锂电池必将迎来产业发展的大好良机，但同时也面临着巨大挑战。

目前，我国动力锂电池市场的集中度非常高，2018年我国前十名动力锂电池企业的装机量达到整体的83.16%；高端产品之间的竞争主要集中在国内仅有的几家企业与国外企业之间，属于垄断竞争格局。随着我国政策对动力锂电池产品提出更高的要求，其市场份额将进一步向龙头企业集中。我国动力电池产业目前占据较大市场份额，但不排除政策扶植因素，产品在均匀一致性、安全可靠性等方面与国际先进水平仍存在一定差距。随着财政补贴的取消、“双积分”的推行和国外动力电池厂商的大举进入，我国动力电池产业将面临前所未有的竞争压力。此外，动力电池技术处在不停的变革之中：当前基于三元正极/石墨负极的锂离子电池已经达到220～250 W·h/kg，宁德时代新能源科技有限公司率先开发出比能量达304 W·h/kg的高镍三元正极/硅碳负极锂离子电池有望突破300 W·h/kg，并于2020年量产。随着新能源汽车产业化进程逐步深入，全球各国及重点企业均加大力度发展动力电池产业，基于新材料和新结构的高比能动力电池技术已经成为各国竞争焦点，大力提升目前车用动力电池安全性、寿命、低温特性，降低成本是产业技术发展的方向。如何率先突破下一代动力电池技术，是关乎我国动力电池行业可持续发展的重要战略问题。因此，针对动力电池产业与技术发展中的相关问题，组织基础和应用的协同攻关至关重要。

（二）储能技术产业

传统化石能源的日益匮乏与环境的日趋恶化，促使可再生能源迅速发展。预计到2030年，在整个能源结构当中，可再生能源将会占主导地位。我国在“十三五”规划中提出的能源革命和能源结构调整战略方针是：到2020年，我国风能发电装机容量达到2.5亿kW，光伏发电达1.5亿kW，光热发电达500万kW。根据《中国电力行业年度发展报告2019》发布的数据，截至2018年底，全国全口径发电装机容量19.0亿kW，同比增长6.5%。其中，水电、核电、并网风电、并网太阳能等非化石能源发电装机容量7.7亿kW，占总装机容量的比重为40.8%，比上年提高2.0个百分点。可再生能源正逐渐由辅助能源变为主导能源。但风能、太阳能等新能源具有不稳定、不连续的特性，在时间和空间上的分布不均，且它的开发和利用受到昼夜、季节、地理位置等诸多因素的限制。根据国家能源局发布的统计数据，至2018年底，全国累计风电装机容量达1.84亿kW，累计光伏发电装机容量达1.74亿kW，居全球首位。但是，由于储能设施还跟不上发展，我国弃风、弃光率近年来虽有所下降，但仍处在较高数值。2018年我国总的弃风电量为277亿kW·h，平均弃风率为7%，但西部地区尤其是新疆维吾尔自治区（弃风率23%）、甘肃（弃风率19%）、内蒙古自治区（弃风率10%）的弃风率远高于平均值，三省（自治区）弃风电量合计233亿kW·h，占全国弃风电量的84%。2018年，我国总的弃光电量为54.9亿kW·h，平均弃光率为3%，而新疆维吾尔自治区的弃光率仍高达16%。若要从根本上解决这一问题，需要配置储能设备，平衡发电和用电，确保电网稳定，实现安全、稳定供电。因此，大规模储能技术是实现可再生能源开发和普及应用的核心技术。

储能技术应用场景包括可再生能源并网、电网电力辅助、基站备用电源、分布式及微网、家庭储能系统、电动汽车充换储站等。电化学储能是应用范围最广的储能技术，最受关注的有铅蓄电池、高温钠硫电池、全钒液流电池和锂离子电池等技术。其中锂离子电池的累计装机占比最大，比重达到58%。可以预期，储能电池的需求将快速、持续增长。对储能电池的主要技术要求包括安全性高、寿命长、成本低、响应快、环境影响小、维护和回收便捷。目前还没有一种电池体系能够满足综合要求。水系储能电池安全性高，维护方便，但整体能量密度偏低；非水体系储能电池具有能量密度和功率密度优势，但受到安全性和成本限制。不同电池体系中，电极反应机制与关键科学问题不同。例如，液流电池基于反应离子的选择性传输与氧化还原机制，关键问题是离子在集流体上的电荷交换和在隔膜中的选择性传输；锂离子电池、钠离子电池和其他多价离子电池基于离子脱嵌反应，关键问题是电极/电解质界面电荷传递和稳定性、电极材料微观结构与循环寿命和容量的构效关系；钠硫、锌电池、铅酸等金属基电池是基于金属/金属离子的可逆溶解/沉积反应，关键问题是金属/金属离子的沉积/析出反应所涉及的相变、形变和循环稳定性，以及析氢、析氧等副反应的作用机制。由于大容量、高功率等特点，储能电池所面临的挑战还包括电池成组、集成、管理技术，如何合理设计电池管理系统（battery management system，BMS）和储能变流器（power conversion system，PCS）等，实现电能高效安全的储存与释放以及长生命周期的稳定服役，也是储能电池的关键技术。

（三）特种电化学电源

特种电化学电源包括军用电源、空间电源、深海电源等特殊条件和环境中使用的电源，电源种类有锂电池、储备电池、特种燃料电池和超级电容器等。由于海陆空的不同应用环境和不同装备的需求，特种电化学电源的技术要求与民用电源既有相同的比能量、功率、寿命等要求，也有耐高低温、长期储存、绝对安全、超高比能量和比功率特性等需求。

军用电源为武器装备提供动力和信息化能源，是武器装备的“粮食”和“血液”。在智能单兵及机器人应用方面，要求比能量高、可结构化、模块化、可智能重组的电化学电源技术。在新型战略威慑领域，需要超大功率输出、超长储备、安全可靠的电化学电源。长期处于备战状态的军用化学电源，储存期间和任务执行期间对产品有不同于常规化学电源的需求。在严苛环境条件和储存条件下，新材料体系研发、长期储备过程中表界面变化及其对快激活过程影响、一次性产品性能评估和无损检测方面面临许多新的挑战。特别需要关注化学电源的微小型化设计、新材料体系研发、长期储备过程中表界面变化及其对快激活过程的影响、一次性产品性能评估和无损检测等方面。

空间电源是为各类航天器配备的电源，化学储能电源是空间电源的重要组成部分，高安全性、高可靠性是空间化学电源的绝对要求。除此之外，飞行器的飞行目的不同，对空间电源也有不同的要求，如能量密度大于 500 W·h/kg、功率密度大于 100 C、循环寿命达到 60 000 次、工作范围在 –50～80℃等。在空间领域，新一代卫星对电化学电源的需求是高比能量、长寿命，需要解决电池比能量超过 250 W·h/kg 的长寿命储能蓄电池体系，研究微重力下长期储存和循环后的蓄电池衰减机制及寿命预测模型。在临近空间领域，飞行器对电化学电源的需求是超高比能量和较好的耐久性，比能量要求甚至超过 500 W·h/kg，需要解决发电储能装置的模块化设置、结构化设计问题，突破高低温适应关键技术。目前空间化学电源使用的锂离子电池很难同时满足安全性、循环寿命、比功率密度等综合要求，因此如何全面提高电池性能是迫切需要解决的问题。另外，空间化学电源的安全性评估方法和使用寿命预测等问题也有待研究解决。

深海电源对于深海战略具有重大意义，新一代无人潜航器（unmanned underwater vehicle，UUV）、舰船需要高比能锂电池和燃料电池的新型电化学电源，要求能够提供足够的续航能力和短时高功率输出能力。我国“蛟龙号”深潜器采用银锌电池，能量密度低，而美国、日本等国家在深海电源中应用先进锂离子电池提高续航时间，但技术对国内封锁。目前的液态锂离子电池，存在安全隐患，而且不能满足耐压的要求。深海电源对电源的深水耐压性能、高能量密度、高安全可靠性以及耐海水腐蚀等方面都提出了新的挑战。

特种电源中存在的核心瓶颈问题或“卡脖子”问题的解决及颠覆性技术突破要求基础研究能够提供创新的、更好的技术解决方案，对电池材料复杂的构效关系能精确认识，对于电池在制造和服役过程中的失效机制有全面的理解，对各种控制策略的效果能提供可靠的科学依据，亟须理论和方法的创新来支撑。在基础研究和工程技术应用研究中需要着力解决关键科学问题，以最终突破瓶颈。

二、燃料电池

清洁、高效的新能源是我国可持续发展和国家安全的重大战略需求，燃料电池是高能量密度的新能源，是影响国家经济繁荣与安全的尖端高技术，是《国家中长期科学和技术发展规划纲要（2006—2020 年）》的重点发展方向。

（一）聚合物电解质膜燃料电池

聚合物电解质膜燃料电池（proton exchange membrane fuel cell，PEMFC）具有零排放、无污染、工作温度低、启动快及功率密度和能量密度高等优点，已成为未来新能源交通首选的长续航动力电源之一，应用前景广阔且国家需求迫切。在质子交换膜燃料电池核心关键技术方面，日本、美国、欧洲等发达国家和地区一直处于世界领先地位并已成功开始商业化，但燃料电池成本与寿命仍然是制约其大规模商业化的主要瓶颈。我国质子交换膜燃料电池经过多年的发展，虽取得了显著的成果，但距离商业化还有一定的差距，在核心关键材料（催化剂、质子交换膜等）与技术（膜电极制备、电堆集成等）方面亟须重大突破。在碱性阴离子交换膜燃料电池方面，国内在非贵金属催化剂与碱性阴离子交换膜的基础研究方面与国外主流科研机构的差距不大，但是国内外的研究都离商业化有较大的差距。

我国 PEMFC 商业化所面临的核心关键材料与瓶颈技术问题包括：①基于全电池评价的高活性、高稳定性的超低铂/非铂催化剂的低成本宏量制备及高性能长寿命膜电极；②具有自主知识产权的高机械强度、长寿命的超薄复合离子交换膜，特别是高温质子交换膜，以及高温、高湿、强碱环境下长寿命的碱性阴离子交换膜；③基于微流场设计的高比能、高一致性和高安全性的电池电堆；④工况环境下电堆衰减机制分析与系统控制策略；⑤催化剂、关键材料与部件及电堆的快速评价机制；⑥铂利用率和电池性能提升的极限；⑦满足 PEMFC 应用需求的清洁氢规模化获取、纯化及储运等技术。

（二）固体氧化物燃料电池

现在和未来相当长时间内，我国能源仍以煤炭为基础，所以提高燃煤发电效率、实现 CO_2 近零排放是能源工业必须考虑的重大问题；风能、太阳能加速发展，但西部和北部地区“三弃”（弃风、弃光、弃水）现象严重，可再生能源对调峰容量的需求不断提高；大电网集中式供电安全问题不容忽视，重大事故造成巨大经济损失，分布式供电是集中式供电的重要补充。固体氧化物燃料电池可以直接使用各种含碳燃料，与现有能源供应系统兼容，模块化运行，发电效率高，在大型电站、分布式发电及家用热电联供、调峰储能乃至军事安全等领域均具有非常广阔的应用前景。

在固体氧化物燃料电池（solid oxide fuel cell，SOFC）核心关键技术方面，美国、欧洲、日本等发达国家和地区一直处于世界领先地位，自 20 世纪 80 年代开始，经过几十年的技术研发和攻关，已经基本实现了 SOFC 技术的商业化运行，发展和建立起多家具有自主 SOFC 核心技术的大型企业，如美国的 Bloom Energy、Fuel Cell Energy，日本的三菱重工、大阪燃气，英国的 Ceres Power 等。中国在 SOFC 领域开展了很好的基础研究工作，培养了有实力和经验丰富的科研团队，目前迫切需要从基础理论到关键技术的突破。

SOFC 领域的核心瓶颈技术包括碳基燃料处理及利用技术、中低温高性能长寿命电池技术、陶瓷 - 金属异相封接材料及技术、高温抗氧化金属连接体及其致密化涂层技术、发电模块多场耦合及组装技术、辅助设备（BOP 部件）开发以及系统热电能效平衡控制技术、长期性能评价及衰减快速评测技术、与可再生能源耦合的转换与储存技术等。在基础材料研究方面，迫切需要具备研发电解质、电极材料新体系的能力。

三、超级电容器

超级电容器又名电化学电容器，是一种介于传统电容器与电池之间的电源，具有功率密度高、充放电时间短、循环寿命长、工作温度范围宽等优点，在工业、军事、交通、消费类电子产品等领域得到越来越广泛的应用。自面市以来，超级电容器受到世界各国的广泛关注。我国在《国家中长期科学和技术发展规划纲要（2006—2020 年）》以及“十三五”规划中，都将超级电容器列入能源领域中长期发展的重要前沿技术。

按照其储荷机制的不同，超级电容器可分为双电层电容器、赝电容器以及新型混合电容器。双电层电容器作为传统的高功率型超级电容器，质量比功率可以达到 14～18 kW/kg。但由于多孔碳材料的储荷能力和电解液的电压窗口等限制性因素，双电层电容器的能量密度往往小于 10 W · h/kg。目前的研究重点在于探究影响双电层储荷机制的关键因素，优化多孔碳电极材料的结构设计，发展高稳定性的电解质体系，拓宽双电层电容器的电位窗口，从而进一步提升其功率密度和能量密度，满足军事和航空航天等领域的特殊需求。赝电容器因材料的高电活性和较高的比电容优势（2200 F/g），具有较大的研究前景。但赝电容的表面反应机制不清晰，且应用成本较高，限制了其商业化应用。

新型混合电容器主要分为内串型（离子电容器）和内并型（电池电容）两类，主要工作机制是结合嵌入型电池材料和电容材料，实现器件容量和功率性能的均衡。锂离子电容器通过正负极合理匹配，已逐步实现商业化，能量密度可达 60 W · h/kg。其关键技术瓶颈在于电池材料的预锂化技术，调控器件电位，并有效利用电极容量。电池电容通过将多孔活性炭与嵌锂材料按照不同比例制成复合电极，构建新型储能体系，满足不同的应用需求。国内已开展此类器件研究，在功率密度 1～2 kW/kg 条件下，最多可实现 117 W·h/kg 的能量密度。但因能量存储过程涉及化学反应，导致其功率密度较低；电极材料结构变化及锂枝晶的存在，导致其循环寿命较差；电解液在低温下电导率低，限制了其低温应用。

超级电容器储能技术种类繁多、机制多样，从传统的双电层电容器和赝电容器结合电池材料研究，衍生出多种新型混合电容器件。大多超级电容器都仍面临着发展高容量、高倍率、低成本的电容型材料制备技术，高电压、高电导率、高安全性的电解液与电极匹配技术。更为关键的是，当前超级电容器储荷机制和失效机制的分析技术较匮乏，无法有效判断电容型材料的发展方向。结合新型原位表征技术，深入分析超电容体系的问题与挑战，建立材料和电解液体系的有效筛选和匹配机制，对发展新型超级电容器体系显得尤为重要。

四、电化学工业

以电化学反应过程为基础的化学工业称为电化学工业。电化学工业的基本任务是有效而恰当地利用有限的资源与能源为社会服务。它既涉及传统的大吨位工业，如电化学冶金、食盐水电解制备氯气和烧碱以及己二腈电合成，又涉及高附加值产品和材料，为化工、冶金、材料、能源、电子等产业提供坚实的支撑。电化学工业属于典型的能量消耗型产业，主要包括氯碱、电化学冶金、电镀与表面精饰、电合成等工业领域。

氯碱工业是高耗能行业，目前离子膜法电解制碱平均制每吨碱消耗电量 2288 kW·h，平均新鲜水消耗量为 6 t 左右，在能源、资源日益紧张，全球发展低碳经济的情况下，氯碱工业面临很大的环境压力，如何加快技术改造和升级，降低能耗水平将是今后氯碱工业发展的大趋势。

电化学冶金技术是多种有色金属冶炼产业链工艺中的重要环节，电化学冶金的氧化还原反应都发生在电极上，电极材料是有色金属冶金技术的核心部件。降低能耗的有效途径是提高有色金属电沉积过程的电流效率和降低槽电压，而降低槽电压的主要手段是降低阳极析氧过电位，过电位的高低又与电极材料的性能密切相关。因此，电极材料在有色金属电化学冶金技术中起到关键性作用。

电镀与表面精饰的目的是在被处理的材料表面获得功能性薄膜（即镀层），在机械制造、仪器仪表、航空航天、电力电子、五金工具等领域发挥了极其重要的作用。近年来，电镀与表面精饰技术行业技术水平虽有较快的提高，但与国际先进水平仍然有差距，集中表现在新工艺发展较慢，环保压力巨大，电镀废水处理、清洁生产工艺技术发展对电镀行业可持续影响很大，节能、降耗、减排、循环用水、发展绿色电镀新技术、新工艺是今后行业发展面临的任务。此外，我国电子电镀在高端电子元器件制造方面缺乏自主知识产权的核心技术，缺少完善的设备、原材料等供应链体系以及薄弱的研发实力和人才储备，民族企业技术水平远落后于国际最新水平，行业发展极度依赖国外。

有机电合成借助电子这一最清洁的氧化还原试剂，通过调节电压和电流（电流密度）控制反应速率，是实现传统有机合成工艺绿色化的一条重要途径，也已经成为解决传统合成工艺、降低能耗、减少污染、提高产品质量等重大问题的有效方法。有机电合成过程的经济性与产品的附加值、生产成本和生产设备是否多目的性等因素有关。我国的有机电合成工业与发达国家在技术和规模上还存在相当大的差距，缺乏工程经验，设计出的电解槽结构不够理想，缺乏标志性工业应用技术范例。

第四节　未来10年电化学学科重点发展的研究方向

根据我国电化学学科和电化学工业的发展现状分析，结合国际发展前沿和趋势，结合我国战略规划，针对电化学学科需要解决的重大科学问题，未来10年电化学学科重点发展的研究方向建议如下。

一、电化学基础理论与研究方法

（一）电化学基础理论

原子结构明确的模型电化学体系的构建、表征和构效规律；新型电化学界面设计、结构和性能［固/固、固/聚合物、固/液/气、固/液/固、固/液/液、固体电解质膜（solid electrolyte interphase，SEI）、非水电解质（离子液体）界面等］；适用于新型电化学界面结构和过程的理论构筑和概念创新；复杂电化学体系中的离子/电子耦合转移与传输机制研究。

（二）电化学表界面理论模拟和计算方法

借助人工智能和大数据方法，发挥数学建模和数值分析方法在电化学研究中的潜力，发展包含第一性原理的多尺度计算方法；为确立电化学数据相应的规范，并建设有效可靠的数据库的大数据技术在电化学研究中的应用。

（三）电化学先进原位表征方法

发展工况下高能量、高空间和高时间分辨及无侵扰的原位谱学技术［傅里叶变换江外光谱仪（Fourier transform infrared spectrometer，FTIR）、衰减全反射（attenuated total reflectance，ATR）、表面增强拉曼光谱法（surface enhanced Raman spectrometry，SERS）和频光谱（sum frequency generation，SFG）、透射电子显微镜（transmission electron microscope，TEM）］；依托各类大科学装置（同步辐射光源、自由电子激光、中子衍射等）显著提升检测灵敏度、分辨率和精度；发展新型电化学界面工况条件研究方法（如同步辐射光源和自由电子激光专用线站搭建、冷冻/球差电镜等）及原位电解槽设计等。

二、电化学材料领域

（一）二次电池电极材料

设计高性能纳米正、负极材料以及新型电解液和导电剂；高能量和高功率密度、安全可靠、长寿命、环境友好的储能器件及其复合系统研制；大容量锂离子电池的研发；空间环境因素对电源系统的影响。

（二）固态电池材料

电极/电解质固/固两相界面演变机制研究；全固态体系中锂离子嵌脱过程引起的材料应力分布变化和对电池性能的影响及调控研究；聚合物与无机固态电解质的复合材料及复合体系中的离子传输机制研究。

（三）电化学多孔材料

结构可控的多孔材料规模合成方法；多尺度上揭示结构、表面和界面等与电化学性能的关联和规律；材料表面修饰、插层复合、层层自组装等复合方法及其协同作用机制；高功率密度、高能量密度、长寿命、低成本超级电容器材料体系；纳米电催化材料的界面调控和催化反应机制；三维膜电极材料的设计与构筑；分层多孔纳米结构的新型非贵金属催化剂电极构建。

（四）电化学腐蚀与电沉积

钝化膜理论及局部腐蚀机理研究；腐蚀电化学材料制备及功能化；腐蚀电化学研究理论及仪器新方法；绿色环保电镀新工艺的开发及其电沉积理论体系的建立；电沉积技术在材料表面改性中的应用研究。

三、电化学能量存储领域

（一）动力锂离子电池

高镍多元正极、富锂层状材料、硅基负极材料等高比能量材料体系研发及其应用过程中的容量衰减、安全性等问题研究；开展基于全电池系统的电化学过程研究，并在此基础上研究新型高性能隔膜、电解液及其添加剂、黏结剂、集流体等材料，解决电池应用的系统性问题；低价格的钠、钾基二次电池；多电子反应的镁、铝、锌、铁等新电池体系；水性二次电池等储能体系的开发。

（二）下一代高比能电池：金属锂二次电池

1. 锂－硫电池

开发稳定的金属锂负极和具有高离子电导率和机械强度的固态电解质，开展锂－硫电池的结构设计和器件制备。

2. 锂－空气电池

研发对氧气和金属锂稳定、电导率较高的固态电解质，制备性能更优越的锂金属负极来替代金属锂。

3. 固态金属锂电池

研究固态电解质、金属锂负极和电解质/电极界面的问题，开发高离子电导率、高机械强度的固态电解质，界面稳定的金属负极，低阻抗的电极/电解质固/固界面。

（三）锂离子电池电解质

高安全性和高性能的新型电解液系统，包括溶剂体系、锂盐电解质以及添加剂体系；加强对新型电极材料适用的电解液系统的研究，包括高电压正极材料、硅负极材料、新型氧化物储锂材料等匹配的电解液优化；大力发展全固态电解质，包括无机固体电解质和固态聚合物电解质的基础研究。

（四）超级电容器

超级电容储能机制的研究；材料筛选优化、器件性能评价和器件匹配研究；高功率双电层电容器研究；构建电容型与电池型材料复合储能的新型超电容储能体系研究；发展高功率、高能量的超电容关键技术；发展柔性化、集成化微型超电容关键技术。

（五）液流电池储能技术

开发新一代高性能、低成本的液流电池关键材料技术；开展电堆结构的数值模拟和实验验证，优化电堆结构，开发高功率密度电堆；大功率全钒液流电池储能模块、百兆瓦级储能系统的集成、智能控制管理策略及综合能量管理技术的研究开发。

四、电化学能量转换领域

（一）质子交换膜燃料电池

高性能长寿命的超低铂催化剂的批量制备技术；高活性非贵金属催化剂及其稳定性机制；耐久高离子传输的电解质；超薄高效的膜电极复合体先进制备技术；膜电极三相界面有序化、功能化构建及模型解析；具有自主知识产权的离子交换膜研发；工况环境协同催化与长稳服役机制；选择性离子的协同输运机制与传输通道构筑的化学新途径。

（二）固态氧化物燃料电池

可逆 SOFC 的运行机制、关键材料及其在大规模储能方面的应用；车用液态燃料 SOFC；直接碳固体氧化物燃料电池；高可靠（耐热循环）、长寿命（>20 000 h）、低成本（<10 000 元/kW）、高性能（发电效率>60%）的电堆工程化及批量生产技术开发；小型家用/商用以及大型商用 SOFC 系统（1～5 kW）的开发。

（三）水电解技术

研究掺杂金属对钌（Ru）、铱（Ir）基阳极催化剂活性和稳定性的影响；开发酸性介质中稳定的新型载体（如金属氧化物、氮化物等）；开发酸性条件下低贵金属载量催化剂以及非贵金属催化剂；探索有序纳米结构贵金属催化活性中心的可控合成、多金属复合纳米有序结构及其阵列的调控策略与方法。

（四）太阳电池和光伏材料

发展具有自主知识产权的高效率、低能耗、环境友好的关键光伏材料体系；关注新型光伏器件中光电转换过程的相关机理，探索性能预测为导向的计算方法与器件物理模型；探索光伏器件界面微纳结构对光电转换性能的影响规律，建立和发展界面结构及聚集态结构的原位表征方法；结合纳米方法和技术控制分子结构和分子聚集态结构，对有机光伏薄膜微结构以及界面修饰的有效调控的新方法和技术。

五、电化学分析和生物科学领域

电化学生物传感器的放大策略开发；电化学分析在现代大健康中的应用；单分子精准动态测量；以可穿戴式的电化学生物传感器为代表的实用型电化学传感器开发；结合人工智能发展以大数据为应用平台的电分析技术；发展电化学分析技术（如光学显微镜的成像技术）用于电化学过程的理论研究，为能源相关学科的发展提供有力的理论支撑。

六、电化学工业领域

（一）电化学工程基础研究

电化学过程和技术的开发研究，包括电化学过程、反应器和工艺的开发设计与优化；电化学工程中电流和电位分布、电化学反应速率、数学模型等时空参数研究。

（二）电极材料和电化学反应器

利用金属掺杂提高电极的稳定性和使用寿命并调控电极过电位；发展掺硼金刚石（boron-doped diamond，BDD）电极材料；采用计算流体力学（computational fluid dynamics，CFD）等数学手段模拟电解槽内部流场分布、原料分布、产品分布、电流密度分布、温度分布，优化反应器结构；发展多种类型的电化学反应器；加强中试放大研究。

（三）电化学合成技术

开展结构复杂的、高附加值的药物中间体、精细化学品的电合成工艺研究；探索有机电合成反应历程，发现新的电极反应及规律；加强电解过程工程放大的研究；无机电合成传统工艺的升级换代、节能降耗和绿色化改造；纳微结构材料的电化学制备；CO_2 电解转换为高附加值的精细化工产品；酸类和碱类电子化学品制备的通用方法和技术开发。

（四）环境电化学

开展废水处理中全组分的分离利用；研究电化学处理废气过程中的气体电解机制，提高气体电解效率；开展电子垃圾、冶金废渣、废弃化学电源等废固的全组分利用资源化，减少或消除废渣产生；电化学方法去除活性污泥中的重金属；研究电化学修复土壤过程的电迁移、电渗和电泳等机制，以及有机污染物降解机理；发展电化学节能、降耗的清洁生产工艺。

（五）电化学表面修饰与加工

电化学表面处理在材料表面功能化方面的应用；电化学加工在电化学微构筑技术和约束刻蚀技术中的应用。

（六）电子电镀技术与电子化学品

电子电镀技术的理论研究包括界面物理化学性质的研究、可控金属电沉积调控作用机理研究和非导体金属化方法的研究；功能性添加剂的研究和开发；电子电镀的监控和维护。

第二章 电化学基础理论和研究方法发展战略研究

21 世纪对电化学而言是机遇与挑战并存的时代。全球范围内能源科学和材料科学的蓬勃发展让诸多研究人员逐渐认识到最清洁高效的物质转换和能量转换方式是电化学。在这样的大背景下，电化学遇到了前所未有的发展机遇：从材料科学家运用电化学技术制备材料和表征其电化学性能，到基础电化学家借助先进的原位表征手段和理论计算重新认识和拓展研究电极过程的热力学和动力学。为了让材料学家用好电化学方法，让基础电化学研究人员更深入地探索电化学，我们组织了国内电化学领域部分优秀中青年学者，从电化学基础理论和研究方法两个方面对电化学进行了梳理，归纳了电化学基础研究中部分重要的科学问题和可能的解决途径。

第一节 国内外现状分析

一、界面电化学

（一）电催化研究亟须理论支撑与概念创新

电催化是电化学能量转换与物质转化的科学基础。虽然电催化一直被认为是多相催化的一个分支，但基于“固/电解质界面”的电催化与基于“固/

气”界面的多相催化在科学和技术上均存在明显的不同之处。在原理上，电催化通过调控“固/电解质”界面的电场来推动电化学反应，而“固/气”界面的多相催化则依靠加压和升温加速反应。在应用方面，除了以燃料电池的方式将化学能高效转换为电能，电催化还可与可再生能源发电直接联用，实现化学储能和高附加值化学品生产。

在过去的几十年里，虽然电化学能源技术在各方面不断取得进步，但电催化的科学内涵却几乎没有得到深化和发展。与催化相关的材料研究和方法研究不断地产生新概念（如核壳结构、单原子催化剂等），然而电催化自身的研究却非常缺乏概念性的创新。由于“固/电解质界面”的复杂性，系统的电催化理论尚未形成，目前电化学家只能依靠经验推测电催化剂的构效关系，对更廉价、性能更优的电催化新体系的发掘几乎没有理论性指导。因此，借助快速发展的计算方法和先进的谱学技术，建立完善的理论体系并提出概念创新的研究思路，是电催化研究从本质上改变现状的关键。

电催化的理论构筑和概念创新涉及以下三个核心科学问题：

（1）电催化活性的微观表达。如何定量评估一个电催化剂的活性，是电催化研究首先面临的问题。传统的法拉第电流和超电势的概念都是对电催化活性的宏观描述，如何从微观的角度表达电催化活性是建立现代电催化理论的首要任务。目前常采用吸附能描述催化表面与吸附中间体的相互作用，它只提供了反应中间态的热力学信息，尚无法直接与动力学电流相关联。电催化活性的微观表达应该是可积分的时间函数，它不仅与电荷转移速率有关，还受界面化学环境的影响。

（2）电催化剂的结构－性质关系。电催化研究的目标是开发效率更高、寿命更长、更廉价的催化剂，因此建立电催化剂的原子/电子结构与催化活性的关系是最核心的课题。但是，固体表面的原子/电子结构是一种静态的信息，而催化活性是涉及具体反应物的时间函数，两者之间无法直接建立联系。比较切合实际的做法是，建立催化剂的原子结构与表面关键电子性质的关系，而该电子性质是催化活性表达函数的重要参量，由此结构－性质关系便可指导电催化剂创新。

（3）电催化选择性调控。电催化选择性是比电催化活性更高层次的课题。对于只涉及单一反应的电催化体系，可以只评估催化活性；但是对于涉及多个反应的电催化体系，催化选择性的研究变得尤为重要。例如，氢氧化非贵金属催化剂的研究一直未能取得突破，其困难在于氢氧化和表面氧化这两个过程存在竞争。基于金属的电催化体系往往具有较高的催化活性，但催化选择性低；而分子电催化则相反，催化专一性高但催化效率相对较低。将这两者结合起来，继而推广为电场/化学场协同催化，可能是提升电催化选择性的有效途径。

（二）新型电化学界面双电层描述

1. 传统电化学界面双电层理论描述及其局限

早期的双电层理论，即 Gouy-Chapman-Stern-Bockris（GCSB）理论，认为双电层在电解质溶液的部分可以分为紧密层及分散层。其中紧密层主要是由定向、紧密排列的水分子和水合离子层构成，而分散层主要与离子电荷的热运动有关，其厚度及电势分布只与温度及电解质离子的浓度和电荷有关。在使用平均场近似（将溶液视为均匀的连续介质）、点电荷近似（将分散层中的带电粒子视为点电荷），并忽略除库仑力之外的其他相互作用时，双电层中离子和电势的分布可以通过求解泊松–玻尔兹曼（Poisson-Boltzmann，PB）方程得到。GCSB 模型可以解释一般电解质溶液中测得的微分电容曲线随电极电势的变化，即在零电荷电势出现电容极小值，而在两侧各有一小段平台。GCSB 模型的一个主要的缺陷在于仅在估算紧密双电层厚度时考虑了溶液中电荷（离子）的粒子性，而在其余处理中将离子当作处于连续介质中的点电荷对待，忽略溶液中（溶剂化）离子的尺寸，从定量的角度一般仅适用于浓度较低的电解质稀溶液体系，且电极表面的电荷密度不能太高。超出此范围，GCSB 模型计算得到的界面第一层离子浓度会远远超过电解液中离子可能具有的最大浓度（密堆积对应的浓度），显示出其局限性，不能直接用于高浓度电解质体系。这便促使电化学家考虑电荷粒子性及电势非平均场效应，发展新的双电层理论。

经典 GCSB 模型中使用的 PB 方程具有物理图像清晰、计算简单（在特定的条件下方程具有解析解）的特点，容易与传质方程等电化学反应过程相偶联。因此，现代电化学双电层理论一般都是在 PB 方程思想的基础上，针对离子体积效应，溶剂的介电效应，离子、溶剂分子和电极间的短程相互作用、纳米电极尺寸效应等多个方面进行修正和改进。

2. 高浓度电解质体系的双电层理论

1）考虑离子尺寸的平均场模型

一个合理的双电层模型给出的离子浓度不应当超过离子呈密堆积时对应的浓度。Borukhov 等[1]考虑离子体积效应的影响，将玻尔兹曼（Boltzmann）方程修正为如下形式。

$$c_{\pm} = c^0 \frac{\exp\left(\frac{ze\psi'}{k_B T}\right)}{1 + 2\phi^0 \cosh\left(\frac{ze\psi}{2k_B T}\right)} \tag{2-1}$$

式中，c^0 和 $c_{\pm}$ 分别为体相浓度和界面处正负离子的浓度；z 为电解质离子的电荷数；ψ' 为分散层中的电势；e 为电子电量；k_B 为玻尔兹曼常数；T 为温度；ϕ^0 为体相的体积填充因子，即体相中所有离子占据的体积分数之和，写作

$$\phi^0 = \frac{4\pi N_A}{3} \sum_i c_i^0 R_i^3 \tag{2-2}$$

式中，R_i 为 i 离子的半径；N_A 为阿伏伽德罗常量；c_i^0 为 i 离子在本体相中的浓度。

电荷密度等于正、负离子电荷密度的加和，即

$$\rho = ze(c_+ + c_-) \tag{2-3}$$

修正后的 PB（modified Poisson-Boltzmann，MPB）方程为

$$\nabla^2\psi = \frac{zec_0}{\varepsilon} \frac{2\sinh\left(\frac{ze\psi}{k_B T}\right)}{1 + 2\phi^0 \sinh^2\left(\frac{ze\psi}{2k_B T}\right)} \tag{2-4}$$

式中，ε 为介电常数。

根据此 MPB 方程，双电层中离子浓度沿垂直于电极方向上的分布如图 2-1（a）所示，离子在不同占据体积分数（浓度）（即填充因子 ϕ^0 下）的微分电容曲线如图 2-1（b）所示[2]。

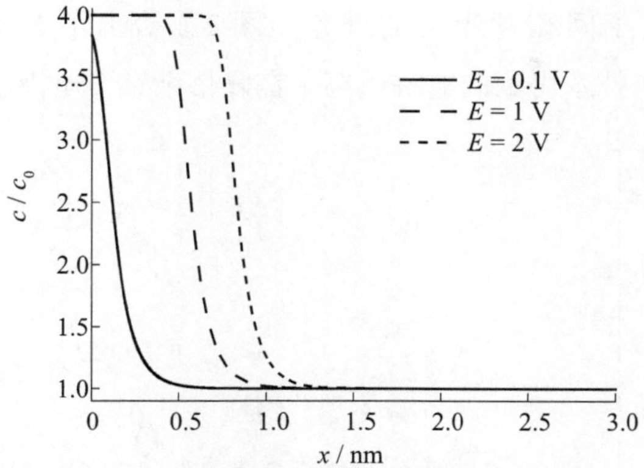

(a) 不同电极电势下电极表面负离子归一化浓度分布

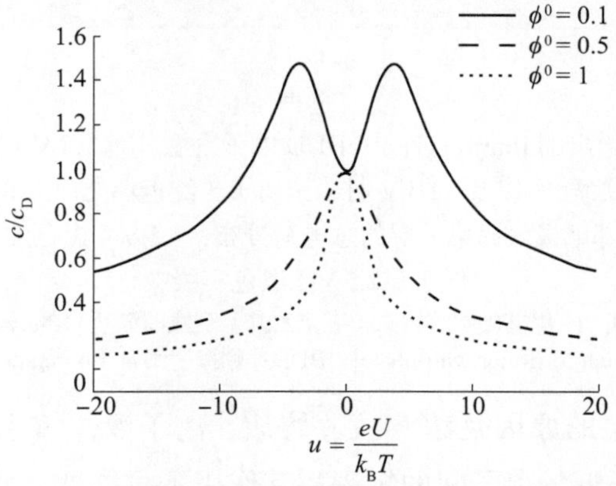

(b) 平均场下不同填充因子 ϕ^0（离子体积总分数）对应的界面差分电容曲线

图 2-1　不同电极电势下电极表面负离子归一化浓度分布和平均场下不同填充因子 ϕ^0（离子体积总分数）对应的界面差分电容曲线 [2]

由图 2-1（a）电极表面负离子的归一化浓度分布图可以看出，因 MPB 方程限制了电极表面离子的最大浓度（密堆积时的浓度），在电极表面电势足够大时，反离子在电极表面发生层状排列，不会出现经典 PB 模型中可取任意大小值的情况。并且随着电极电势的增大，饱和层的层数随之增加。图 2-1（b）中界面的微分电容曲线在体积填充因子 $\phi^0 > 1/3$ 时，电容曲线呈现类似钟形，在 $\phi^0 < 1/3$ 时，呈驼峰形。

2）短程静电相关理论

许多原位表征技术观测到高浓度电解液、熔盐电解质和离子液体界面双电层中存在着电势和离子浓度的振荡分布、双电层的电荷反转以及大分子电解质同号离子间相互吸引的现象。图 2-2 给出了 X 射线反射（X-ray reflection，XRR）技术得到的电解质离子在硼掺杂钻石电极表面的振荡分布。

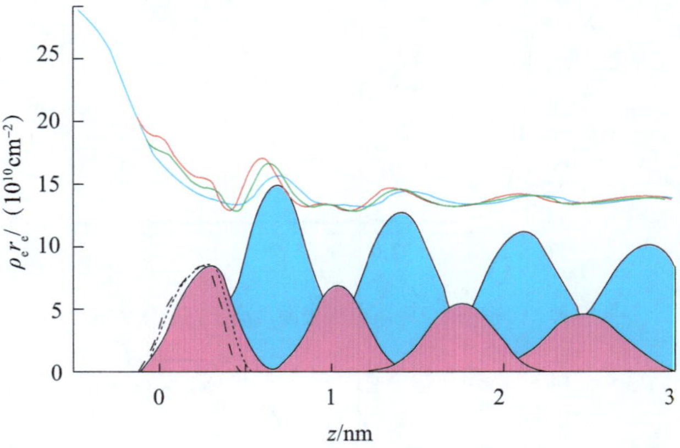

图 2-2 XRR 方法给出的 $[bmpy]^+[FAP]^-$/BDD 电子密度分布 1.5 V（红实线）、0 V（绿实线）、–2.5 V（蓝实线），以及 –2.5 V 时，阳离子（红色填充面）和阴离子（蓝色填充面）密度分布。紧邻电极表面第一层的总电荷分布：1.5 V（黑色虚线），0 V（黑色点线），–2.5 V（黑色实线）

$[bmpy]^+[FAP]^-$：1–丁基–1–甲基吡咯烷鎓三（五氟乙基）三氟磷酸盐 [1-butyl-1-methylpyrrolidinium tris(pentafluoroethyl)trifluorophosphate]；BDD：硼掺杂钻石（boron doped diamond）

产生上述现象的原因是浓溶液、熔盐、离子液体体系中离子的浓度很高，离子间距离很近，离子间的短程相互作用不再能被忽略。平均场模型描述具有短程相互作用的体系不太合适。例如，采用平均场理论处理无外电场下的电解质溶液时，因电中性原则，离子被视为处在场强为零的均匀场中，离子位置的变化对体系的能量无影响。而实际上，离子间存在静电相互作用，任一离子周围反号离子出现的概率会更高，因此离子间距的变化会改变离子间的静电势能从而影响体系的总能量。这一图像在德拜－休克尔关于强电解质溶液的离子氛概念中就已体现，只是超浓体系的离子密堆积使短程相互作用更加显著。

3. 离子液体三维动态双电层

电化学界面双电层具有三维结构，而室温下溶液中的离子是运动的，可以想象双电层也具有三维动态性质。这种性质又可能影响界面动力学行为，是界面电化学的基本科学问题。离子液体在结构和性质方面具有明显的各向异性特征，在电化学界面具有层状结构，且已有分子动力学模拟研究表明，层状结构具有随时间而变化的动态特征，是研究双电层三维动态结构的最佳体系，有望进一步获得对电化学界面结构和性质及其反应动力学的全面认识。深共融溶剂（deep eutectic solvent，DES）属于离子液体的一类衍生体系，它通过两种固体间的氢键作用，形成低熔点的离子型液体。相比于离子液体，DES 价格低廉，且 DES 具有特殊的性质 [3]。另外，溶剂化离子液体（solvate ionic liquid，SIL）是金属离子与溶剂分子按一定比例混合后形成的溶剂化离子溶液，是锂电池中常用的电解液。研究这种溶剂化离子液体的体相性质及其与电极的兼容性，对于理解、运用和进一步设计锂电池电解液有重要的应用价值 [4]。总之，DES 和 SIL 具有广阔的应用前景，但其电化学界面行为鲜为人知，是值得抓住机遇开展理论和实验研究的电化学重要新方向。

4. 固态电解质双电层

固态电解质因其独有的特性，如不易燃烧、可在一定程度上抑制金属锂负极的枝晶生长，成为全固态锂电池的核心研究内容。全固态锂电池的电化学性能与电极材料/固态电解质界面双电层密切相关。固态电解质与液态电解质最大的区别是，固态电解质中的载流子是单一离子，如 Li^+[5]，不像液态电解质中正负离子都可以充当电荷载体。Yamamoto 等 [6] 通过原位 TEM 观测全固态电池 $LiCoO_2/Li_{1-x-y}Al_yTi_{2-y}Si_xP_{3-x}O_{12}/Li$ 的正极部分，并通过电子全息谱解析，发现正极/固态电解质界面处的静电势的分布范围可以达到约 1.5 μm，远远超出了传统电极固/液体电解质界面双电层厚度。固态电解质中双电层厚度如此之大，目前研究者们还不能很好地从理论上进行解释。仅考虑单载流子等因素，固态电解质双电层模拟中最大的厚度也只有 400～600 nm。深入理解固态电解质双电层对于全固态电池的研发和固态电化学基础研究有重要意义。

5. 纳米电化学体系界面双电层

纳米电化学界面双电层研究是离子通道、微纳流道、纳米孔、纳米间隙与纳米电极、锂离子电池和超级电容器相关研究中的重要基础科学问题。除了前述离子体积排斥效应和离子间短程相互作用外，纳米电化学界面有自己的独特之处，如纳米界面超高传质速率、纳米尺度下双电层的重叠和边缘效应。由于离子、分子的尺寸，双电层中紧密层的厚度，电子隧穿的有效距离等都在纳米尺度，当纳米电化学界面体系中的边缘部分占体系比例较大时，边缘部分的特殊性对体系整体性质的影响就不能被忽略。这些边缘效应引起的介电常数、反应速率常数的变化应当被考虑到理论模型中[7]。

6. 总结

高效电化学能量转换和物质转化需求催生出许多新型电化学体系。本章所介绍的超浓溶液、固态电解质及纳米电极体系是其中几类。这些新体系对传统电化学理论和方法提出了挑战。超浓电解质体系中离子体积、离子间短程相互作用等对体系的平衡和非平衡热力学性质的影响变得更加重要。而传统的双电层和伏安理论基本上建立在稀溶液基础之上，并未包含这些因素。虽然研究者已发展了在不同层次描述离子体积和短程相互作用效应的理论模型，但仍有不足之处。纳米尺度电化学体系除了本身的特殊性外，与超浓电解质体系耦合，势必会产生更多新的现象和规律。这些新型电化学界面的出现也为我国的研究人员带来了丰富的创新机遇。例如，武汉大学陈胜利教授在纳米尺度电化学界面双电层、电荷转移及物质传输等方面开展了系统的研究[7]，指出基于过渡态理论的巴特勒－福尔默（Butler-Volmer）及 Marcus-Hush 电荷转移理论在纳米电极界面的局限性，建立了基于电子态密度和长程电子隧穿效应的纳米界面电荷转移理论模型，预期纳米界面的电荷转移速率常数不再是反应的本征参量，而是随电极尺寸和形貌发生变化；提出纳米界面动态双电层效应，以克服传统电化学理论在空间上将传质层和双电层分离的局限，同时指出纳米界面溶剂介电场与静电势场的耦合对界面结构与反应动力学有重要影响，从 Poisson-Nernst-Planck 理论和 Bockris、Booth 等溶剂介电模型出发，建立了将界面双电层结构、溶剂介电结构、电荷转移及物质传输统一起来的“多物理场动态双电层”理论模型，以准确描述纳米界面的双电层结构和电极动力学。

二、模型体系电化学

（一）模型单晶电化学

基于当前的研究水平，科研人员尚无法对电催化反应动力学进行精准的数学描述与定量预期。近二十年，科研人员把研究重点放在了寻找能定性或半定量地解释和预测材料的结构、组成和性质与电催化反应活性之间关系的“描述符”上。在这个过程中，单晶模型电极体系在实验研究与理论探索方面起了不可替代的作用。下面以质子交换膜燃料电池中的电催化氧还原反应（ORR）和电催化甲酸氧化反应为例加以说明。

1. 电催化氧还原反应

近十年来，氧还原催化剂的研发主要有两个方向：①以铂（Pt）为活性中心，利用其他金属调控 Pt 的电子结构以更适合中间物的吸附、成键等；②以非贵金属乃至非金属作为活性中心，构建包含多种元素的复合型材料。Watanabe、Markovic、Adzic 等通过制备一系列合金或在其他金属基底上沉积单层 Pt 作为 ORR 电催化剂，发现 Pt 与铁（Fe）、钴（Co）、镍（Ni）等的合金都能不同程度地改善 ORR 活性[8]。利用结构确定的单晶电极系统研究表明，这些材料都会形成内层为合金而表面由 1～3 层纯 Pt 构成的催化剂。其中，$Pt_3Ni(111)$ 电极具有最佳的 ORR 活性，而 Pd(111)/1 ML①Pt 具有良好的长期稳定性。这些发现也与 Nørskov 等理论计算得出的以氧在各种单晶电极上的吸附能作为 ORR 反应活性的“描述符”给出的预期一致[9]。但是，在结构确定的模型单晶电极上，Feliu 等发现 ORR 活性在酸性与碱性介质中随台阶密度增加呈现截然相反的趋势，即在酸性介质中台阶密度越高，活性越大，Pt(331)＞Pt(332)＞Pt(111)，而在碱性介质中 Pt(111) 的 ORR 活性最大[10]。值得指出的是，Feliu 等在酸性溶液中的实验规律与 Nørskov 理论预期的趋势相反。Nørskov 理论也未能预期到酸性和碱性中的 ORR 活性有差别，还需要进一步探究理论预期的有效性，揭示实验与理论偏差产生的原因。

此外，尽管 ORR 催化剂在合成制备、稳定性及成本控制方面发展迅速，但是其在降低反应过电势方面一直没有取得突破性的进展。ORR 反应一直存在难以逾越的 250 mV 左右的超电势。以 Nørskov 为代表的理论电化学家认为，制约催化剂进一步降低超电势的原因在于 ORR 反应所涉及的关键基元步骤对应的三个关键中间物种 O*、OOH* 和 OH* 的吸附能存在线性比例关系，对常规催化剂的改进无法同时将三者最优化。而实验工作者以及其他的理论工作者却给出了另外三种不同意见[11]：①混合电位假说。在 1.0

① ML 表示 momolayer。

V 以上无法观察到 ORR 的动力学电流，可能是因为在 ORR 过程中同时存在平行发生的氧化反应（如金属的氧化、解离，有机物等杂质的氧化，H_2O_2 等 ORR 中间产物的快速氧化），补偿了 ORR 的负电流，因此看不到净的还原电流。②催化剂中毒假说。O_{ad}/OH_{ad} 导致 Pt 电极表面毒化，因此只有当电势低于 1.0 V、电极表面有金属态 Pt 活性位存在时，ORR 才能进行。在 ORR 能进行的电位区，其动力学由 ORR 的决速步骤（很可能是第一步反应）决定。③化学反应放热假说。Anderson 等经过对这一体系长期的理论研究，认为氧还原 0.3 V 左右的过电势损失源于氧还原的一个关键基元步骤，即 $OOH_{ad} \longrightarrow O_{ad} + OH_{ad}$ 的放热效应，该反应把原本用于做电功的吉布斯自由能（1.2 eV）变成了热能损失。各种计算的模型体系都是结构确定的单晶表面，显然结合理论和实验对各种模型单晶电极进行系统研究，验证或排除各种假说，是正确揭示 ORR 过电势起源以及过电势与晶面结构、组成关系的有效途径。在此基础上，方能真正实现理性指导设计能有效降低 ORR 超电势的高效电催化剂。

2. 甲酸的电催化氧化

研究人员系统考察了 Pt 和钯（Pd）单晶各种晶面的甲酸氧化活性，发现 Pt 基础晶面上甲酸氧化峰电流的大小顺序为 Pt(111)＜Pt(100)＜Pt(110)；其中 (100) 面初始活性更好，但容易产生 CO 并被毒化[12]。而在 Pd 电极上，甲酸几乎不分解产生 CO。最近，蔡文斌等研究发现，尽管在 Pd 催化剂表面甲酸不直接分解生成 CO，但如果产物 CO_2 未能及时从电极表面移走，在甲酸氧化的电位区间，这些 CO_2 可进一步还原生成 CO，从而严重毒化 Pd 催化剂[13]。在 Pd 的各个基础晶面上甲酸氧化的活性顺序为 Pd(111)＜Pd(110)＜Pd(100)。对各种高指数的阶梯晶面的研究也得到一些结构随阶梯位与平台位的结构及台阶宽度等变化的关系。活性的变化趋势与所用的分析方法有关；恒电位阶跃法或循环伏安法得到的趋势并不相同，导致上述活性随晶面结构变化背后的原因尚不清楚。另外值得指出的是，这些模型单晶电极上的甲酸电催化研究大多局限于 pH＜1 的酸性体系，碱性溶液中的研究很少，更没有对不同 pH 溶液中活性行为的系统研究。

在甲酸氧化的机理研究方面，Parsons 等认为，在 Pt 电极上的甲酸氧化可能遵循“双途径机理”，即所谓的直接途径与间接途径[14]。在间接途径中，

甲酸先脱水生成 CO_{ad} 强吸附在电极表面。只有当电势较高时，CO_{ad} 才能进一步被氧化成 CO_2。这一双途径反应机理被孙世刚等的电化学原位红外光谱研究结果在分子水平上首次证实 [15]，并拓展到规律性的认识：凡是能够与 Pt 基催化剂表面相互作用导致解离吸附产生 CO_{ad} 等毒化物种的有机燃料分子（羧基、醛基、羟基等官能团位于分子碳链的端部、与官能团连接的碳原子至少连接一个氢原子并且不存在空间位阻结构的分子）都遵循双途径氧化机理 [16-18]。基于电化学红外光谱的实验结果，陈艳霞等发现，即使在超电势高达 0.8 V 时，间接途径对总电流的贡献也都很小（$<0.1\%$）。因此，CO_{ad} 在甲酸氧化中主要起到毒化催化剂的作用 [19]。

关于直接途径的机理，近五十年来一直是争论的焦点。早期人们就猜测—CHO、—COH、—COOH、—OOCH 等吸附中间物可能是甲酸直接氧化途径的中间物，但除了强吸附的 CO_{ad}，在 Pt、Pd 电极上红外光谱研究仅观察到桥（bridge）式吸附的甲酸根（$HCOO_b$）。关于 $HCOO_b$ 是否为甲酸直接氧化途径的反应中间物，过去 20 年曾有很多争议。通过系统研究甲酸氧化活性与甲酸浓度、甲酸根覆盖度、反应温度、H/D 同位素（HCOOH/DCOOH）以及与共吸附乙酸根的覆盖度等参数之间的关系，陈艳霞等在 2006 年明确提出，以 $HCOO_b$ 为反应中间物的途径对甲酸氧化总电流的贡献极小 [19]。但随后的五年，Osawa、Cuesta 等还一致认为 $HCOO_b$ 是甲酸氧化直接途径的中间物 [20, 21]。他们先后提出了三种完全不同的机理，依然不能很好地解释所有的实验事实。针对上述争议，陈艳霞等又定量地分析了 Pt(111) 电极上甲酸氧化活性与甲酸浓度、甲酸根的覆盖度间的关系，证明了假设 $HCOO_b$ 是甲酸氧化直接途径中间物三种机理都不成立 [22]。通过对甲酸氧化 pH 效应的研究，Osawa 等又提出，即使在强酸性溶液中，$HCOO^-$ 阴离子才是放电的前驱体，一种不同于桥式吸附构型的弱吸附甲酸根是甲酸氧化的直接途径的反应中间物，但该机理与所观察到的甲酸氧化存在 H/D 同位素效应等结果相矛盾 [23]。总的来说，过去五十多年里，研究人员对 Pt、Pd 电极上甲酸电催化氧化的机理、制约甲酸氧化活性的因素与催化剂活性改善方面已获得大量的信息，但大部分模型研究局限于 $pH<1$ 的酸性溶液中。对机理的认识依然未达成共识，对甲酸氧化的催化活性的描述还局限于定性，尚未达到对其物理化学本质的认识。

（二）单分子/单粒子水平电化学

21世纪是能源的世纪。社会的发展迫切依赖于能源的开发与利用，其中电化学能源是目前国际上最热门的发展前沿。为此，人们针对该类能源的基础——电化学，开展了很多不同层次、不同维度的研究。电化学相关的能源过程主要涉及纳米电催化这个大方向。人们在体相水平上已经有了很多工作积累，如开发各种高性能、廉价的实用电催化剂来代替常规的贵金属纳米粒子催化剂[24]。但是，在该类工作中，还无法真正实现高效催化剂的理性设计和开发，这主要是由于从体相水平的研究中获得的信息不能很好地让研究人员对纳米电催化过程有深入和全面的认识。为此，近年来出现了一种新的电化学研究方法——基于单分子/单粒子检测水平的微观电化学研究方法[25]。基于该方法，原则上可以实现单分子、单粒子甚至是亚粒子水平的电催化过程研究[26]，揭示单个粒子与粒子之间的电化学活性差异及单个纳米粒子电催化活性随时间的动态变化，甚至单个纳米粒子表面局部的电化学特性等用常规电催化研究手段所无法获得的重要信息。当前国际上的相关研究小组还很少，国内也只有少数几个课题组在开展相关研究。

现有的各种单分子、单粒子电化学研究方法有各自的特点和局限性。例如，基于超微电极的单粒子电化学研究方法仅靠微小电流信号的检测，它的灵敏度和分辨率较低，且易受环境干扰。为了解决此类问题，需要开发出更小的超微电极和更高灵敏度的电流检测系统；对于基于荧光检测的单分子单纳米粒子电化学研究技术，需要有合适的荧光探针才能实现有效研究。因此，目前对很多实用体系的单分子单粒子水平研究工作，因找不到或还没找到合适的荧光探针而无法开展。对此问题，需要我们开发新型荧光探针分子[27]，使得该方法的适用领域得到更大的拓展。

建议加强单分子单粒子电化学研究方法在各种实用能源器件（如燃料电池中的阴阳极电催化反应过程、电解质中的质子传导、锂电池中的锂离子在两极的嵌入－脱嵌、枝晶的成核与生长等）中的基础研究。

三、计算电化学

（一）第一性原理计算

在过去的 20 年里，第一性原理计算在电化学领域的应用取得了明显的成果，对于各类基于电化学的应用体系的研发都提供了重要帮助，如燃料电池、锂离子电池等。针对典型应用器件研发中存在的问题，我们简要介绍第一性原理计算在这些领域的发展现状和主要问题。

1. 氢氧燃料电池

简单来说，氢氧燃料电池的产能过程就是氢气和氧气生成水的反应。在理想条件下，该反应在 1.23 V 下可以进行，但实际上却需要较大的过电势。2004 年，Nørskov 课题组计算了 Pt 表面 ORR 每个还原步骤的过电势，揭示了氧还原过程的决速步骤，从而指导了电催化剂的实验设计[9]。然而，Nørskov 课题组的方法只考虑了热力学上的反应能量。如果一个反应是由动力学控制的，这个方法就不再适用，而可以通过过渡态的寻找和能量计算来探索电极材料的适用性。相比于实验，计算模拟更容易寻找和研究反应的过渡态，目前计算上寻找过渡态的方法有利用微动弹性带法和受限制法等。Nørskov 课题组提出的热力学平衡方法因为其简便性有利于过电位的快速计算，但本质上其方法并未真正模拟一个电化学界面。真正的电化学界面是存在界面电场和溶液相的，电极表面电荷量的不同会直接导致电化学双电层结构的改变，从而带来反应动力学的改变以及其他多种可能性。而溶液相的存在会促进质子的转移和降低反应能垒。因此，为了研究真正电化学环境下的一些界面现象，在实现准确计算预测的前提下还需要用理论计算建立双电层模型。

目前，受限于密度泛函理论（density functional theory，DFT）的计算形式，电化学界面模型在第一性原理计算中通常是在控制整个体系的电子数量不变的情况下改变电极表面电荷。总体而言，这是一个独立于外界环境的体系。然而真实的情况是，电解槽中的电极通过导线与恒电位仪相连接，在反应过程中通过电子的相互交换来达到电极电势不变的效果。为了更加真实地模拟电化学界面反应，理论上可以使用巨正则系综来进行第一性原理的计算。简而言之，体系的电子数量在计算过程中会改变，但其化学势保持恒定，这样就能满足实验上电压恒定的一个预设。该方法已经有了一些初步应用，但其计算稳定性和所得数据的可靠性不足限制了其成为目前的主流计算，当然这也是未来可以进行突破的地方。

2. 锂离子电池

不同于燃料电池，锂离子电池的工作原理是锂离子在正负极材料中的嵌入和脱嵌。锂离子电池作为目前商业化最成功的一类电池，未来的主要研究目标是开发新的高电压、高比容量的正极材料以及耐高压的电解液体系。通过第一性原理计算，可以预测潜在的电极材料的嵌锂电位以及结构的稳定性，这样可以帮助减少实验的试错次数，从而加速材料的开发。为了加快锂离子电池的研发，需要对它的工作原理以及内部微观结构有一定的理解，如锂离子的输运过程、固态电解质界面在正负极上的组成和形成过程等。固态电解质界面是锂离子电池中重要的组成部分，能够防止电解液的进一步分解，也能增加电解液的电化学稳定窗口。但由于其组成极为复杂，需要通过先进的表征手段来进行分析。利用拉曼、红外等振动光谱可以检测固态电解质界面中的物种，每个测量得到的信号峰都代表一种物质特殊的振动形式。该方法的一个重要环节就是如何对谱图进行分析，对每个信号峰的存在给予正确的解释。

然而当某些信号峰过于复杂、在解析上存在争议时，第一性原理计算也能起到关键作用。我们可以对各种可能的结构、中间体成分进行频率和强度的计算，然后通过与实验数据的比对来帮助实验工作者更好地解析谱图。除振动光谱外，目前谱图的第一性原理计算已经可以拓展到多类仪器，如核磁共振波谱、X 射线吸收谱等。为了研究锂离子电池上固态电解质界面的生成过程，第一性原理计算结合分子动力学方面也有了一些初步的探索。

综上所述，第一性原理计算已经成为电化学研究的一个重要手段，其在结构预测、能量计算、过渡态寻找和谱图模拟等方面显示出强大的功能。但总体而言，第一性原理的电化学计算模拟依然处于初期阶段。在国内，大多数的工作是在已有的方法框架中进行模拟计算。相比于英国、美国等发达国家科研机构的工作，我国第一性原理的电化学计算模拟缺少创新性，缺少具有我们自身特色的计算方法。在目前的计算机硬件、软件和方法下，我们很难在第一性原理层面直接模拟一个真实的电化学环境，更难模拟一个真实的电化学反应。如何突破这一瓶颈是当前的主要任务之一，其中的一个可能性就是发展多尺度模拟方法。计算电化学的发展应该是一个方法发展的过程，类似于实验中新仪器的开发。目前我们遇到的困难有：①如何更精确地模拟界面双电层以及提高对双电层的认知；②如何在确定的电化学环境下（特定电压和 pH 条件）进行电化学过程模拟；③如何发展多尺度模拟方法，从而提升计算上的时间和空间尺度。

（二）大数据技术

目前，使用大数据手段，针对电化学的电极材料的研究主要是通过规则指引，搜索大量潜在的材料从而加快电极材料的开发和应用。这一方法基于可靠的筛选标准，以高通量计算来降低实验成本。但需要有明确的筛选标准和可靠的计算方法，主要获取的是计算模拟数据。机器学习等技术也可以应用于电化学实验设计和数据库建立。例如，Shao-Horn 课题组使用机器学习技术，对 50 篇论文的数据进行统计分析，定量分析了包括电子结构和晶体结构在内的各因素对析氧反应（oxygen evolution reaction，OER）过程的影响，为理解电催化过程并设计高效的电催化体系提供了清晰的理论指导 [28]。Olivetti 研究组结合自然语言处理和机器学习技术，分析了 24 万余篇论文，提取实验参数，生成实验方案并预测实验产物 [29]。Buonassisi 等使用贝叶斯推断、有限元计算来辅助光电材料的合成过程，使得合成表征过程更高效 [30]。但发展匹配的自然语言处理分析科技论文的算法是这一方法当前的瓶颈，需要相关领域专家的知识介入从而提高分析的质量和效率。尽管如此，通过机器学习方法整理分析现有文献数据将是电化学大数据库建立的重要研究方向。

建设有统一标准的数据平台并研究不同的数据表示和算法是利用数据获取知识的关键步骤。电化学研究过程中产生了大量数据。如何快速、大量获取这些数据是进行机器学习研究的基础。当前的电化学研究中数据通量低，不能进行组合并行，实验效率低。为了进行高通量的实验以获取数据，需要对仪器设备和实验装置进行改进。自动化、流程化的仪器设备与操作软件将加快大数据技术应用于电化学研究。从数据中获取新知离不开针对电化学数据的处理分析算法。虽然我们在电化学研究中获取了大量的信息，但囿于以往数据获取和分析能力的限制，真正得到利用的数据并不多。近年来，数学、统计学和计算科学等领域所发展的数据处理手段在自然科学领域尤其是化学领域应用的还较少。电化学数据往往有噪声干扰，而噪声有时也包含了有用的电化学信息，提取这部分信息可以借助于小波分析、贝叶斯估计等手段。从信息学角度看，电化学分析是采样的过程，满足奈奎斯特定律。因此，一些电化学原位技术要在时间和空间两个方面做出取舍。当数据足够稀疏时，压缩感知技术可以极大缩短采样时间，同时保证有极大概率恢复原始数据。将压缩感知与各类原位手段相结合可以极大地增强我们的观测能力。设计适合的算法需要不同学科交叉协作，从而针对性地解决不同的电化学问题。当前机器学习领域仍在发展中的强化学习、迁移学习等技术是将数据转化为知识的利器。

四、能源电化学

（一）前瞻性储能体系锂－氧电池

1. 锂－氧电池反应复杂性起源

在已知的二次电池体系中，由氧正极与锂金属负极组成的锂－氧电池具有最高的理论比容量，被称为终极电池[31, 32]。但是，市面上尚未出现可实用的锂－氧电池，即便是在实验室理想条件下实现一个可稳定循环的锂－氧电池也绝非易事。究其原因在于，锂－氧电池由极具挑战性的两个电极组成：一个非常活泼的锂金属负极，一个动力学非常缓慢的氧正极。电池工作时，锂金属负极除了发生锂的沉积和溶出之外，还会和电解液发生一系列副反应；在氧正极，氧气反应会生成反应活性非常高的中间产物——超氧离子（O_2^-）和超氧化锂（LiO_2），以及电子和离子电导率非常低的最终放电产物——固态过氧化锂（Li_2O_2）。正负极的副反应和氧正极动力学缓慢导致了电池总体可逆性差、倍率性能低、充电电压高和循环性能差等一系列问题。

2. 锂－氧电池反应原理

1）基元反应和中间产物

锂－氧电池氧正极的放电过程总反应如式（2-5）所示：

$$2Li^{+}+2e^{-}+O_2 \longrightarrow Li_2O_2 \qquad (2\text{-}5)$$

10 年前，研究者们对这个反应知之甚少。近年来，人们围绕这个反应开展了一系列原位谱学研究才逐渐揭示了其机理。目前，一个普遍接受的放电反应机理如式（2-6）～式（2-9）所示：

$$O_2+e^- \longrightarrow O_2^- \tag{2-6}$$

$$Li^++O_2^- \longrightarrow LiO_2 \tag{2-7}$$

$$LiO_2+Li^++e^- \longrightarrow Li_2O_2 \tag{2-8}$$

$$2LiO_2 \longrightarrow Li_2O_2+O_2\uparrow \tag{2-9}$$

尽管上述反应机理明确了反应中间步骤及中间产物，但仍有诸多未解之谜。首先，氧分子单电子还原反应（2-6）的反应类型及 O_2^- 的状态尚未完全明确。它是内层（inner-sphere）电子转移反应，还是外层（outer-sphere）电子转移反应？ O_2^- 是溶剂化状态还是表面吸附状态？ Belova 报道反应（2-6）在循环伏安（cyclic voltammetry，CV）曲线上的峰电位因碳材料表面特性不同而不同 [33]。Peng 等用原位 SERS 在电极表面检测到 O_2^- 信号 [34]。由此可知，这个反应很可能是内层电子转移反应，且 O_2^- 在电极表面处于吸附态。因此，反应（2-6）更准确的表达形式为 $O_2+e^-+* \longrightarrow O_2^-$（ad），其中 * 表示吸附空位，ad 表示吸附态。O_2^-（ad）可能脱附并溶剂化，如式（2-10）所示。

$$O_2^-(\mathrm{ad})+m\,\mathrm{sol} \rightleftharpoons [O_2^- \text{-} (\mathrm{sol})_m]+* \tag{2-10}$$

式中，$[O_2^-\text{-}(\mathrm{sol})_m]$ 表示被 m 个溶剂分子围绕的溶剂化 O_2^-。影响反应（2-10）平衡的重要参数包括电极表面吸附能、空位数（或表面吸附物覆盖率）以及溶剂分子的受体数（acceptor number，AN）。溶剂分子的 AN 值越高，O_2^- 的溶剂化倾向越强。

Zhang 等用 SERS 在电极表面检测到 LiO_2 光谱信号 [35]。因此反应（2-7）能够发生在电极表面，并生成吸附态的 LiO_2。但问题是，反应（2-7）中的 Li^+ 是溶剂化的还是去溶剂化的？在一步反应中同时去溶剂化以及发生 Li 与 O 的键合是低概率事件。我们认为更有可能的是，参与反应（2-7）的是去溶剂化 Li^+，即 $Li^++O_2^-$（ad）$\longrightarrow LiO_2$（ad）。溶液中随时发生着 Li^+ 溶剂化与去溶剂化的平衡。

$$\left[Li^+\text{-}(\mathrm{sol})_n\right] \rightleftharpoons Li^+ + n\,\mathrm{sol} \tag{2-11}$$

式中，$\left[Li^+\text{-}(\mathrm{sol})_n\right]$ 表示被 n 个溶剂分子围绕的溶剂化锂离子。参与反应

（2-7）的去溶剂化 Li^+ 的浓度由反应（2-11）的平衡决定。影响反应（2-11）平衡的一个重要参数是溶剂分子的施主数（donor number，DN）。溶剂分子的 DN 值越大，Li^+ 的溶剂化越强，去溶剂化 Li^+ 浓度就越低，从而反应（2-7）的反应速率就越低。

由于电子无法在溶液中传输，因此反应（2-8）只可能发生在电极表面。同样，我们认为参与反应的是去溶剂化的锂离子。反应（2-8）更准确的表达形式为 Li^++e^-（ad）+LiO_2（ad）$\longrightarrow$ Li_2O_2（film），其中 film 表示膜状。反应（2-6）和反应（2-8）均涉及电子转移，因此在循环伏安曲线上体现为两个峰。一般来说，反应（2-6）对应的峰出现在 2.0～2.5 V（*vs.* Li^+/Li，下同），而反应（2-8）对应的峰出现在 1.5～2.0 V。两个峰的具体位置根据电极材料和电解液不同而有所变化。近期，Zhang 等揭示了电位对氧还原反应的调控机制 [35]。除了反应（2-8），吸附态 LiO_2(ad) 也可能发生歧化反应，即 2LiO_2（ad）$\longrightarrow$ Li_2O_2（film）+$O_2\uparrow$。

若是去溶剂化 Li^+ 浓度很低（如在高 DN 值溶剂中）或者溶剂化 O_2^- 浓度很高（如在高 AN 值溶剂中），那么通过反应（2-6）～反应（2-8）在电极表面生成 Li_2O_2(film) 的路径就受到抑制。相反，溶剂化的 $\left[O_2^- \text{-(sol)}_m\right]$ 和 $\left[Li^+ \text{-(sol)}_n\right]$ 会在溶液中扩散、结合并发生歧化反应生成算珠状的 Li_2O_2，如反应（2-12）所示。

$$2\left[Li^+ \text{-(sol)}_n\right] + 2\left[O_2^- \text{-(sol)}_m\right] \rightleftharpoons Li_2O_2(\text{toroid}) + O_2\uparrow + 2(m+n)\text{sol} \quad (2\text{-}12)$$

式中，toroid 表示算珠状或环状。当然，$\left[O_2^- \text{-(sol)}_m\right]$ 与去溶剂化 Li^+ 的反应可能更快，即 $2Li^+ + 2\left[O_2^- \text{-(sol)}_m\right] \rightleftharpoons Li_2O_2(\text{toroid}) + O_2\uparrow + 2m\,\text{sol}$。但考虑在溶液中去溶剂化 Li^+ 的浓度一般很低，因而我们认为反应（2-12）占主导作用。

综上所述，锂-氧电池中同时涉及表面反应机制和溶液反应机制。前者生成膜状过氧化锂而后者生成算珠状过氧化锂。两种反应机制的相对优势由溶液性质、电极表面特性、电极电位等多种因素综合决定。至此，可以说我们基本掌握了锂－氧电池的放电反应机理。但目前的了解只是定性的，还缺少一个描述上述反应机理的数学模型，以定量分析溶液性质、电极表面特性、电极电位等多种因素如何调控反应热力学、动力学和电池性能。此外，我们对于过氧化锂成核生长动力学知之甚少，“算珠状”这一特殊形状背后的数学物理机制仍然未解。

部分归因于初始反应状态的良好可控性，锂－氧电池放电反应机理逐渐出现一个被普遍接受的统一框架。相对而言，充电反应研究较少，且机理远未明晰。我们认为主要的原因有两个：①充电过程严重依赖于难以精确调控的放电产物性质，因此不同课题组在研究充电反应机理时，其体系的初始状态可能不一致，导致了研究结论的多样性。②充电过程中的副反应比放电过程严重的多，增加了复杂性。

目前在充电反应机理上的几点重要认识包括：①理论上表明在较低过电位（约 0.2 V）下，Li^+ 和电子能够从 Li_2O_2 中脱出，形成 $Li_{2-x}O_2$。实验中在 3 V 左右就能够检测到析出的 O_2，并用原位 X 射线衍射检测到 $Li_{2-x}O_2$。②在充电过程中，无定形 Li_2O_2（如膜状 Li_2O_2 或者算珠状 Li_2O_2 表面存在的无定形 Li_2O_2）在较低过电势即可被氧化，然后随着充电过电势的提高，晶态 Li_2O_2 通过生成 $Li_{2-x}O_2$ 相而逐渐被氧化。因此，充电过程呈现明显的两阶段性。③充电过程初始阶段会生成 Li_2CO_3 等副反应产物，而随着电压升高，会发生 Li_2CO_3 等副反应产物的分解。普遍认为，Li_2CO_3 等副反应产物分解是造成充电过电势过高的主要原因。可以说，充电反应机理研究目前还停留在现象描述阶段，中间产物和基元步骤尚未明确。因此，我们认为充电反应机理是锂－氧电池基础研究的薄弱环节，是亟待开展的关键研究课题。

2）反应位点和电荷输运受限因子

锂－氧电池氧正极存在电极 /Li_2O_2 界面和 Li_2O_2/ 电解液界面。那么，氧正极在充放电过程中的氧还原和析出反应发生在哪个界面？早期的理论计算都隐含一个假设，即反应发生在 Li_2O_2/ 电解液界面。但鲜有研究严肃讨论过这个假设的合理性。

我们首先简化考虑，假设 Li_2O_2 薄膜完全覆盖电极表面。如果反应发生在 Li_2O_2/ 电解液界面，那么电子需经由 Li_2O_2 从电极传输到反应界面。理论计算和实验测量都表明 Li_2O_2 的电子传导率很低，即便是非晶态也在 10^{-13} S/cm 量级，并随着 Li_2O_2 厚度的增加而呈指数减少。假设一个 5 nm 厚的 Li_2O_2 薄膜的电导率为 10^{-13} S/cm，那么 0.1～0.5 V 的过电压最多能维持 2～10 μA/cm^2（这里的面积指真实反应面积）的电流密度。实验中常常能够测量到 100 μA/

cm^2（这里的面积指电极几何面积）以上的电流密度。因此，有研究认为反应不可能发生在 Li_2O_2/电解液界面。当然，这个估算里有三个细节值得推敲：①真实反应面积很难准确测量，从电极几何面积推算真实反应面积任意性比较大；②目前 Li_2O_2 薄膜电子传导率是在开路、非原位情况下用电化学阻抗谱（electrochemical impedance spectroscopy，EIS）测量得到的，尚未有研究在充放电过程中原位测量 Li_2O_2 薄膜的电子传导率；③有研究者认为，Li_2O_2 表面是半金属态，因此电子可能通过 Li_2O_2 表面而非本体传输。

Wang 等通过同位素标记和原位 SERS 表征方法，巧妙地证明了充放电反应都发生在电极/Li_2O_2 界面。他们首先将电池在 $^{18}O_2$ 中放电，在此期间，SERS 在 Au 电极上检测到 $Li_2{}^{18}O_2$[36]。将气体切换为 $^{16}O_2$ 时，SERS 检测到 $Li_2{}^{18}O_2$ 的峰强度在减弱，而 $Li_2{}^{16}O_2$ 的峰强度在增加，直至最后 $Li_2{}^{18}O_2$ 的信号完全消失。他们分析认为，放电反应发生在电极/Li_2O_2 界面，新生成的 $Li_2{}^{16}O_2$ 逐渐取代先前生成的 $Li_2{}^{18}O_2$。在研究充电反应位置时，他们首先制备了一个 $Li_2{}^{18}O_2$（先生成）和 $Li_2{}^{16}O_2$（后生成）共存的电极。SERS 显示，在充电过程中，该电极表面 $Li_2{}^{16}O_2$ 首先被氧化，接着是 $Li_2{}^{18}O_2$ 被氧化。因此认为，充电反应也发生在电极/Li_2O_2 界面。这一观点隐含一个假设就是，Li_2O_2 薄膜是多孔的，Li^+ 和氧气分子通过孔隙传输到反应界面。

我们也要注意其他文献中的不同看法。Huang 等基于 EIS 实验推测反应发生在 Li_2O_2/电解液界面[37]。他们提出的 EIS 物理模型表明，如果反应发生在 Li_2O_2/电解液界面，那么 EIS 结构会有两个半圆（一个对应电子在 Li_2O_2 中的传输与存储，另一个则对应 Li_2O_2/电解液界面上的电化学反应与双电层充电）。如果反应发生在电极/Li_2O_2 界面，那么电子无需在 Li_2O_2 中传输，因而 EIS 结构只有一个反应半圆。实验结果表明，在未经放电的初始状态，EIS 结构只有一个半圆，而一经放电，则在高频段出现一个新的半圆。他们认为，这个新出现的高频半圆对应电子在 Li_2O_2 中的传输与存储。此外，他们的数据表明，放电后电极表面的氧还原速率变快，活化能降低。他们分析认为，这是因为反应界面从原来的电极表面转换到新生成的 Li_2O_2 表面。另外一个佐证是，实验观测到一旦经过放电，电池的平衡电位就会比初始状态降低 0.1 V 左右。如果反应一直发生在电极表面，氧还原平衡电位以及反应动力学放电前后的变化应该不明显。Kushima 等用液态电池原位透射电子显微镜方法观察了充放电过程中电极/电解液界面形貌的变化。他们的结论是，在放电过程中，反应发生在 Li_2O_2/电解液界面，而充电过程则发生在电极 /Li_2O_2 界面。此外，还有观点认为电极表面 Li_2O_2 薄膜不是连续的[38]，放电反应发生在未被 Li_2O_2 薄膜覆盖的电极表面。

确定反应位点是一个基本问题。目前看来，人们对这个问题的认识还有较多争议。这个问题的复杂性在很大程度上源于 Li_2O_2 薄膜结构和功能上的复杂性，其中涉及的问题包括：①电极表面 Li_2O_2 薄膜是紧密的还是多孔的？如果是多孔的，那么孔隙率是多少？②氧气分子是否可以穿过 Li_2O_2 薄膜？如果可以，扩散系数是多少？③充电反应与放电反应一定发生在同一界面吗？④充放电过程中电极表面 Li_2O_2 薄膜在原位湿润状态下的电子、离子传导率是多少？⑤电极表面 Li_2O_2 薄膜是连续的吗？⑥ Li_2O_2 表面电子和离子传导率是多少？表面传输路径能否支撑发生在电极 /Li_2O_2 界面的反应？

3）副反应由谁引发

副反应提升了充电过电势，损害了循环性能，是限制锂 - 氧电池发展的最大障碍。找到引发副反应的反应中间产物（简称引物）是抑制锂 - 氧电池副反应的关键。在过去很长一段时间，人们都认为 O_2^- 是主要的副反应引物。基于这一假说，人们提取了能够表征电解液稳定性的关键指标（如溶剂分子与 O_2^- 的反应自由能 G_r、pK_a、DN 值等），发展了一套筛选、设计电解液的理论和方法。

以 O_2^- 为主要副反应引物的观点，成功解释了醚类电解质的稳定性优于碳酸酯类电解质的原因，并引导我们寻找到了二甲氧基乙烷（dimethoxyethane，DME）等几种较稳定的醚类电解质，但效果仍然不理想。此外，这一观点无法解释一个现象：为什么放电过程中生成了大量作为反应中间产物的 O_2^- 而副反应却很少，充电过程中 O_2^- 的含量较低而副反应却远远比放电过程严重？这一矛盾引发了两个相关的问题：①在 O_2^-、LiO_2、Li_2O_2 中谁是反应活性最高的副反应引物？②除 O_2^-、LiO_2、Li_2O_2 外，是否还存在其他尚未被发现的副反应引物？

针对上面的第一个问题，Zhang 等在液氨中首次合成了 LiO_2，比较了超氧化四甲基铵（$TMA^+O_2^-$）、LiO_2、Li_2O_2 在液氨中的稳定性，发现 LiO_2 具有最高氧化活性; Zhang 还用第一性原理计算进一步阐释了反应机制。该研究表明，减小 LiO_2 在锂－氧电池中的存留时间（如加快 LiO_2 向 Li_2O_2 的还原转换），是抑制副反应的重要途径[39]。

上面的第二个问题直到最近一两年才取得重大突破。早在 2013 年，Bruce 课题组通过同位素标记方法发现碳电极在 3.5 V 以上会分解[40]。这是出乎意料的，因为一般认为碳电极在 4.0 V 以下都是稳定的。Bruce 课题组推断可能是 Li_2O_2 氧化过程的反应中间产物导致碳电极的氧化分解。有研究者猜测这个反应中间产物可能是单线态氧 $^1O_2$，但一直没有直接的实验证据来证实这一观点。直到 2016 年，Wandt 等[41]用原位电子顺磁共振谱（electron paramagnetic resonance，EPR）在充电过程中检测到 $^1O_2$。预载 Li_2O_2 的 Vulcan 电极充电至 3.65 V 以上时，4-Oxo-TEMP 捕集单线态氧生成的 4-Oxo-TEMPO 的 EPR 信号强度增强，即证明了 Li_2O_2 在 3.65 V 以上氧化时产生了 $^1O_2$ 这一反应中间产物。Wandt 等进一步估计析出氧中 0.5%（下限值）是 $^1O_2$，并由此推断 $^1O_2$ 是造成充电过程中电解液和碳电极氧化分解的引物。

2017 年，Mahne 等[42]进一步证明，充放电过程中都会产生 $^1O_2$，且充电过程中产生的更多，从而成功解释了充电过程的副反应比放电过程严重很多的原因。Mahne 等的结果表明，一开始充电就有 $^1O_2$ 产生，而不是 Wandt 等声称的需要充电至 3.65 V。Mahne 等认为，$^1O_2$ 是锂－氧电池中副反应的主要引物。最近关于 $^1O_2$ 的几项工作是锂－氧电池机理研究中的重要实质性进展，开启了 $^1O_2$ 作为主要副反应引物的新篇章，开辟了通过捕获或者转换 $^1O_2$ 来抑制副反应的新方向。

3. 总结与展望

在发展已经比较成熟的领域，人们往往短时间内不能直接感受到围绕关键科学问题开展的基础研究对应用研究和工程实践的巨大意义。而在锂－氧电池这个正快速发展的领域，基础研究的强大指导作用立竿见影。我们通过介绍几项发表于近期的具体研究来主张探寻科学问题、开展基础研究的价值与意义，以作为本部分的结尾。

从对放电反应机理的研究可知，要想提高锂－氧电池的放电容量和倍率性能，必须避开表面相生长机制。通常的思路是采用高 DN值电解液，以让中间产物 LiO_2 更多地溶解在电解液中，然后在溶液中发生歧化反应生成 Li_2O_2。但是，高 DN 值电解液的稳定性比较差，从而带来电池循环性能差的问题。另一个思路是引入可溶性催化剂，也称为氧化还原介体（redox mediator，RM）。在放电过程中，RM 比 O_2 更容易得到电子而在电极表面先还原。还原态的 RM 可以扩散到远离电极表面的电解液中，然后还原溶解的 O_2 生成 O_2^-。这一路径可大量减少在电极表面生成吸附态 LiO_2，从而抑制表面相生长机制。Zhang 等 [43] 最近报道的辅酶 Q_{10} 就是一种性能优异的 RM。值得特别指出的是，Zhang 等用理论计算表明引入辅酶 Q_{10} 后，$LiCoQ_{10}O_2$ 是热力学上更稳定的反应中间产物，从而避免生成氧化活性极高的反应中间产物 LiO_2，因此可望改善循环性能。

从对充电反应机理的研究可知，电极表面副产物的聚集是导致充电过电势过高的主要原因。据此，Zhou 等 [44] 设计了一种具有超强溶解能力的电解液——六甲基磷酰胺（hexamethylphosphoramide，HMPA）。相比于传统醚类电解液，HMPA 对 Li_2O_2、LiOH 及 Li_2CO_3 的溶解能力大大提升，从而使充电过电势和循环性能得到显著改善。

从 O_2^-、Li_2O_2、LiO_2 作为副反应引物这一认识出发，过去一段时间在高稳定性锂 - 氧电池电解液研发上做了大量工作，但效果仍不能令人满意。Wandt 等 [41] 和 Mahne 等 [42] 最近所主张的 $^1O_2$ 作为主要副反应引物的新观点，或许会开辟解决锂 - 氧电池循环性能差这个关键问题的新思路。等到 $^1O_2$ 的生成机理被充分揭示，可以预期未来一段时间会有大量研究工作通过材料、化学手段来规避 $^1O_2$ 生成路径，或者设计 $^1O_2$ 捕捉和淬灭分子来减少 $^1O_2$，从而改善锂 - 氧电池的可逆性和循环性能。

（二）新材料体系中的基础电化学问题

1. 国内外现状及分析

电化学材料已经成为电化学学科的重要组成部分。首先，电化学新材料是电化学学科发展的未来研究对象。其次，电化学是应用性非常强的学科，很多电化学应用如电池、传感器等，材料往往是其技术核心，因此电化学材料是学科发展与技术应用的重要推动力。近年来电化学材料从传统的金属、陶瓷等拓展到半导体材料、有机高分子材料、纳米材料（包括尺寸、形貌、中空、多级结构等）、二维材料、Mxene、框架材料 MOF 和 COF，以及这些材料互相结合而成的功能复合材料。

基于众多电化学新材料的设计与合成，近年来涌现了大量研究工作，主要集中于这些材料在储能（包括：超级电容，锂离子电池，钠离子电池，新一代锂电池如锂－硫电池、锂－氧电池、全固态电池等）、燃料电池、电催化、光电催化等方向的性能与潜在的应用。然而有关这些新材料中的基础电化学问题研究较少，如对电子与离子在材料中的迁移规律、材料结构与电化学特性之间的构效关系、界面在材料中的影响等问题的理解尚不够深入。

这些电化学新材料体系的共同特点是其结构空间大、可设计、易合成。深入研究其中的电化学基础问题，掌握电化学构效关系可以指导材料的设计、合成，以获得性能与应用上的突破。

本领域国内的研究在材料方面能紧跟前沿与潮流，但是原创性高的材料（如中国科学院化学研究所李玉良院士团队研发的石墨炔等）相对较少；材料形貌设计与性能发展做得比较多，基础电化学问题提得比较少；性能测试做得较多，系统、完整的机理表征较少；成功实现综合性的实际应用较少。我国在基础研究上的大力投入将极大地改善研究经费水平与研究设备条件，而国际上其他国家的经费与设备投入相对不如我国增加得快，因此我国未来在这一领域有着巨大的提升空间。

2. 发展趋势分析

新材料体系的发展趋势可归纳为：①合成、表征与计算相结合；②材料应用与基础电化学规律研究相结合。从近期发表的高水平论文来看，优异的电化学性能＋材料的新颖性＋先进表征技术（如高分辨 TEM、同步辐射）＋理论计算几乎已经成了“套路”与“标配”。

五、电化学先进表征手段

（一）扫描探针显微学

1. 扫描探针显微学在电化学研究中的应用及研究现状

作为原位电化学方法的重要一员，扫描探针显微学（scanning proke microscope，SPM）在电化学中的应用推动着电化学研究从宏观到微观水平的发展。

在基础研究方面，运用原位扫描隧道显微镜（scanning tunneling microscope，STM），在原子分辨的层次上动态跟踪电极表面结构演变规律，揭示其与物理化学性质的相关性；运用原位原子力显微镜（atomic force microscope，AFM），通过研究电化学界面的长程作用力，揭示电化学界面和双电层的结构；最近发展的电化学环境中的针尖增强拉曼光谱（tip enhanced Raman scattering，TERS）技术则为表面过程的研究提供了空间分辨性和能量分辨性。这些工作为进一步研究电极反应动力学和机理提供了直接的界面结构依据。

在应用电化学方面，近年来借助手套箱中的 SPM 和各种基于 SPM 的联用技术，揭示了燃料电池、锂电池、太阳电池和光（电）催化等实际体系的结构演变的规律性以及外场的调控机制，为理解构效关系、设计界面提供重要依据，同时诞生了电化学应力显微镜（electrochemical strain microscopy，ESM）和介电力显微镜等适合电化学能源体系研究的重要方法。

SPM 及其联用技术为解决电化学中的具体问题提供了直接、准确和详细的方案。应当指出，STM 和 AFM 并不能提供直接的电化学信息，Bard 等[45]于 1986 年发明了基于法拉第电流的扫描电化学显微镜（scanning electrochemical microscope，SECM）并衍生出几种工作模式，对微区（电）化学过程的研究有独到之处，SECM 与 AFM 的联用可提高 SECM 探针定位的精确性和测量的空间分辨性，而这种 SECM 与 AFM 联用的构型有利于开展纳米限域空间的电化学问题的研究，因此 SECM 在电化学研究中具有独到的作用。

2. 我国的优势和差距

我国在 STM 诞生的初期便从较高的层次上进入 SPM 领域的研究，更是国际上较早地从自制仪器进入电化学 SPM 研究的国家之一。长期以来，通过开展有特色的工作，在电化学基础和应用研究方面保持国际先进水平；同时，发展仪器方法学，建立 SPM 与谱学的联用技术，其中介电力谱为国际首创，而电化学 TERS 处于国际领先地位，使 SPM 研究具有空间分辨性和能量分辨性。总之，我国在电化学 SPM 研究领域有很好的基础和明显的优势，完全有能力抓住契机开展上述重要方向的研究，使 SPM 在电化学科学研究中发挥更大的作用。

（二）基于同步辐射的X射线方法

1. 同步辐射X射线方法的背景和意义

电化学体系的核心是发生在电极与电解质界面的电化学反应。电化学体系本身是一个在非平衡态下的动态系统，主要反应位于电极和电解质界面处很薄的双电层区域内（约纳米量级）。如何探测这一被覆盖区域的电化学反应的过程与机理，是对表征和探测方法的一大挑战。

在基于同步辐射的X射线电化学表征中，当前主要的研究方向和重点是：通过先进的X射线原位和服役状态表征方法与相关理论的结合，在界面上探测电化学反应，理解相关电极、电解质材料在非平衡条件下的动态变化及构效关系，从而提高对电化学体系机理在原子/分子尺度下的理解，特别是针对电极－电解质界面区域（双电层）的电化学反应机理。

电化学表征研究的关键是探测动态过程和界面。电化学体系包含多个动态过程，其现象随时间、位置、电压及电流密度等因素发生变化。例如，在储能器件中，离子在电极内扩散的动力学过程对其存储能的能力、器件寿命与充放电倍率都有重要的影响。缓慢的离子传导率常常是限制电池充放电倍率的主要因素。同时，当电化学反应发生时，原子、离子或者分子在外电场的作用下进行迁移，电极材料的结构与化学性质将随之改变，较平衡状态下发生很大的差异。捕捉并表征这一变化的发生决定了我们能否理解和认识电极材料在不同时间尺度和空间分布上的性能变化规律。这些动态信息对电化学很多领域的发展都是至关重要的。对运行状态下的电化学体系进行原位定量的精准测量将极大地推动该领域的发展。

2. 基于同步辐射的X射线方法介绍

高亮度同步辐射光源的发展及应用为实现高动态范围和实时的研究提供了多种实验可能性。同步辐射可调节的光子能量，可以激发不同能量的芯能级电子，实现元素分辨探测。在过去的几十年，软X射线和中能X射线谱学及成像技术取得了显著的进步，将样品电化学界面的表征，包括组分浓度、化学环境以及电子结构等信息的获取，从单纯的超高真空条件下扩展到实际工作状态下。近常压光电子能谱（APXPS）系统，即配备X射线窗口、真空差分系统电子能量分析器，以及同步辐射光源的试验站，使原位探测固体/

气体、固体/液体、固体/固体等界面成为当前研究的热点。此外，因 X 射线本身具有较高的穿透能力，能够在实际环境中进行结构分析，并达到埃（Å）量级的分辨率。

近常压光电子能谱实验技术的最新发展已经能够实现 110 Torr① 压力条件下的原位测试。Axnanda 等 [46] 通过“dip & pull”的方法，在电极表面制备出超薄（数十纳米）液膜，对固体/液体界面进行原位探测。在阳极氧化电势下，他们利用 APXPS 原位观察了 Pt 电极表面 Pt^0 被氧化为 Pt^{2+} 和 Pt^{4+} 的过程。在此方法的基础上，Favaro 等 [47] 利用 APXPS 直接观测极化条件下电极表面双电层中的电势变化。通过 APXPS 测量，他们描绘出双电层的电势曲线，并研究了施加电势以及电解液浓度对双电层的影响。

Weatherup 等 [48] 进一步将 APXPS 与单层石墨烯薄膜技术结合，利用石墨烯承载催化纳米颗粒，同时成功地将石墨烯两侧的压力差提高到 6 个数量级，实现了常压反应条件下（高达 1.5 bar②）对光电子的探测，实时对 Cu 纳米颗粒的氧化态和气态物质进行表征，还观测到气压条件对气态物质结合能的影响。该研究充分证明了石墨烯在界面反应研究中的重要作用，并为 APXPS 界面研究，特别是液/固电化学界面研究的进一步发展，提供了广阔的前景。

同步辐射 X 射线谱学对于电池反应机理的研究也有极大推动。Philippe 等 [49] 利用 X 射线光电子能谱（X-ray photoelectron spectroscopy，XPS）研究了锂离子电池的界面反应机理。通过原位软 X 射线与硬 X 射线光电子能谱（hard X-ray photoelectron spectroscopy，HAXPES）相结合，观察到充放电过程中硅颗粒表面的界面相变过程，以及固体电极/电解质（SEI）层的组成和厚度变化。XPS 的探测深度随着 X 射线光电子能量的增加而增加，因此硬 X 射线光电子能谱可以探测样品的体相信息。Young 等 [50] 使用无黏合剂的硅颗粒电极材料，借助 HAXPES 研究了溶剂对 SEI 层的结构和组成的影响。

软 X 射线谱学对元素、化学态及表面态的探测非常灵敏。Liu 等 [51] 使用原位动态 X 射线吸收谱（X-ray absorption spectroscopy，XAS）研究了锂离子电池的阴极反应。他们以聚合物作为电解质，$Li(Co_{1/3}Ni_{1/3}Mn_{1/3})O_2$ 和 $LiFePO_4$

---

① 1 Torr =1 mmHg=$1.333\ 22 \times 10^2$ Pa。

② 1 bar =10^5 Pa。

作为阴极，系统地研究了电池充放电过程中锂离子和电子迁移的动态过程。该成果充分显示了原位动态 XAS 在研究电池综合和动态效应中的重要作用。不仅如此，他们还将 XAS 引入锂离子电池的理想导电黏合剂系统的研究中。他们利用 XAS 对分子最低未占据轨道（LUMO）的灵敏探测，通过调节聚合物黏合剂的 LUMO 能级使其在放电过程中具有足够的电子导电性。

Arthur 等[52]利用 XAS 研究了电化学还原 $[Mg_2(\mu\text{-}Cl)_3 \cdot 6(OC_4H_8)]^+$ 沉积 Mg 的过程。他们通过原位近边 X 射线吸收谱（X-ray absorption near-edge spectroscopy，XANES），在低于 Mg/Mg^{2+} 平衡电势下，于界面处发现了 Mg 的中间产物，证明了 XANES 可以直接观察 Mg 电解质的复杂电化学还原过程。Benmayza 等[53]通过电化学传输测量和原位电化学 XAS，研究了 Mg 的复杂有机盐电解质，拓展边 X 射线精细结构谱（extended X-ray absorption fine sructure，EXAFS）显示出，在达到 Mg 的电镀电势之前，出现了一种非二聚物的、界面的 Mg 中间体。

Lim 等[54]使用服役状态下的 X 射线显微镜，原位表征了 Li_xFePO_4 中 Li 成分和插入速率，他们发现：纳米级的空间变化速率和组成变化控制了亚粒子尺度的锂化反应通道，锂化合物和表面反应速率的耦合，是控制电化学离子插入过程中动力学和均匀性的关键因素。

我们对动态电化学现象和多相界面（在非极化和极化条件下）的认识有限，主要源于实际电化学系统中界面结构和化学的复杂性，以及缺乏理想的表征工具。为解决这些问题，加深我们对基础电化学和相关现象的理解，需要在实际反应条件下同时获取化学、结构和电子态等信息。最近，基于同步辐射的 X 射线技术在电化学领域的应用取得了许多成功，我们应该进一步探索这些技术的潜力，帮助我们提高在基础电化学、电池、燃料电池及腐蚀问题方面的认识。

（三）纳米尺度的基础电化学研究

1. 纳米尺度电化学的本征反应特性

由于纳米材料的表、界面至少在某一个维度已经降低至纳米量级，其表面能量分布、界面介质环境对表面能的影响、由此而形成的界面双电层结构及其对表界面的表面化学、表界面电子转移反应和物质传递等过程的影响规律，必定会发生变化。因此，有必要在传统动力学方法（如 Buttler-Volmer 理论）和理论计算化学之间建立一个桥梁：通过理论化学计算解决相关的热力学问题，提供界面双电层结构信息，吸附、扩散和溢流等表面过程和相关热力学数据，探寻纳米尺度下电子转移反应的特殊规律。同时，深入研究纳米尺度下的物质传递过程的特殊性，审视表界面电化学反应各分步过程之间的偶联关系及其对电荷转移反应的影响规律。在掌握纳米尺度电化学反应的本征特性的基础上，进一步发展纳米材料电化学界面的构筑方法，充分发挥纳米材料在电化学各应用领域的优越性。

2. 纳米尺度电化学的仪器方法

为了揭示纳米尺度电化学的本征反应特性，从电化学研究方法的层面应该满足时间分辨、空间分辨、分子分辨和外场调制四个基本要求。由于反应发生在纳米尺度，因此电化学测量必须具有很高的时间和空间分辨率，要借助电化学扫描探针技术（SECM、SICM 和 EC-SPM）实现实时的电化学测量，在单颗粒、单晶面、单分子和单细胞层面上获得相应的电化学信息。同时，将近场谱学技术（红外、拉曼等）或者其他原位检测技术（原位电镜、核磁、XPS 等）与电化学扫描探针技术结合起来，从分子、原子层面上认识微纳尺度电化学反应的机理，并结合电化学测量的结果，探明反应动力学性质。由于纳米材料具有各种物理场电效应，因此可以考察物理外场（如力、声、热、电、光、磁、表面等离激元等）对微纳尺度电化学反应性质的影响，揭示物理外场调制和界面电荷转移反应之间的内在规律，拓展电化学理论和应用的研究领域。

3. 电化学的数据分析方法

由于传统教科书中的电化学动力学理论所讨论的对象过于简单化，在纳米尺度下电化学反应动力学又呈现一些新的特征，借助计算机技术，发挥数学建模和数值分析方法在电化学研究中的潜力，整体提升电化学研究工作者的数据分析能力，力求对研究对象内在本质的数学表达。

建立相应的理论计算化学方法，提高对各种原位谱学信号的解析能力，揭示其与电化学信号之间的内在关联性；建立相应的统计分析方法，对单细胞、单颗粒、单晶面和单分子的复杂电化学信号进行解析，揭示“反应－功能”之间的内在关系；发展相应的时域频域分析方法，对多物理量协同效应或者复杂电化学信号进行拆分并予以归属。

（四）原位光谱表征方法

对电化学界面结构和性质的深入研究，对电化学理论、应用研究具有重要的科学意义。光谱电化学的应用不仅可在微观层次揭示电极表面过程，而且可在分子水平上深入认识电化学反应机理，从而发展电化学学科的基础理论，推进电化学在能源转换、环境保护、物质转化和高新技术等重大领域中的应用。光谱电化学方法包括原位紫外可见反射光谱法、拉曼光谱法、红外光谱法、非线性光谱法（如 SFG）、X 射线吸收谱和散射谱法（XANES、EXAFS 和 SXS），本节概述原位振动光谱（包括拉曼光谱、红外光谱及和频光谱）在电化学基础研究的作用、应用现状和发展方向。

1. 电化学拉曼光谱

在 20 世纪 80 年代，粗糙的 Ag、Au 和 Cu 等自由电子金属所提供的巨大的增强效应，极大地推动了 SERS 实验和理论的发展，并进一步促进了拉曼光谱技术在表面和界面研究中的应用。但是，人们发现在实际应用中（大气或水溶液体系中）也仅有这三种金属才能提供高达百万倍的增强，这在一定程度上限制了 SERS 的应用领域。而 Pt 族和 Fe 族等过渡金属是电化学、催化和材料科学中极为重要的材料，将 SERS 技术拓宽至这些过渡金属及其合金体系具有重要的意义。Fleischmann 等 [55] 和 Weaver 等 [56] 研究组分别在高 SERS 活性的 Ag 和 Au 基底上沉积超薄膜过渡金属，利用 SERS 基底的电磁场增强的长程作用，获得过渡金属上表面物种的 SERS 信号。20 世纪 90 年代后期，Weaver 等 [57] 通过改变沉积条件以及采用欠电位沉积结合化学置换获得无针孔的超薄金属层。同期，田中群等发展了具有 SERS 活性的过渡金属电极处理新方法，成功地从纯 Pt、Pd、Ru、Rh、Fe、Co 和 Ni 等电极上获得高质量表面物种的拉曼信号 [58]。另外，通过在 Au 纳米粒子的表面包覆一薄层过渡金属，获得了非常高的检测灵敏度，首次在过渡金属表面上获得了拉曼散射截面极小的水分子的 SERS 信号。

SERS 需要借助金属纳米结构来获得增强的表面电磁场，难以用于研究表面结构确定的平滑的单晶表面，必须采用新的思路才可能在单晶表面获得表面拉曼信号。为此，人们提出了衰减全内反射拉曼[59]、纳米间隙SERS[60]、针尖增强拉曼光谱（TERS）和壳层隔绝纳米粒子增强的拉曼光谱（SHINERS）[61]等技术来获取几乎无增强效应的单晶电极上表面物种的信号。这些进展表明，拉曼光谱可以像红外光谱一样广泛地应用于表面科学和电催化的研究中，且能提供红外光谱所不能提供的物种和表面成键的精细信息。

在电化学拉曼光谱的发展进程中，特别是从20世纪90年代中期开始，以厦门大学田中群研究团队为代表的中国科学家在电化学拉曼光谱领域居于国际领先水平，且一直引领该领域的发展。在单晶电极表面吸附和反应过程的表征、锂离子电池原位充放电过程的原位表征、电化学反应过程动态表征等方面开展了极具国际影响力的工作。特别是，他们发展的SHINERS和TERS两种方法，从借力角度分别在高灵敏度和高空间分辨两方面探讨了不同晶面对界面电化学吸附行为的影响。

今后，电化学拉曼光谱需在检测灵敏度、时空分辨率提升等方面进一步完善与发展。

（1）检测灵敏度的提升：目前借助TERS和SHINERS方法，初步将电化学拉曼光谱技术拓展到单晶电极。未来需要进一步提升检测灵敏度，将上述方法应用于单晶电极上水的吸附和反应过程、氧还原过程以及二氧化碳还原等一些极其重要的电化学体系和过程的研究。对于在基础电化学中具有重要意义的体系，如阴离子在表面上的吸附行为、重要电化学反应的中间物种的探测等，由于反应过程表面的有效覆盖度非常低，相应的拉曼散射信号极低，因此仍需要从仪器和检测方法方面提升其检测灵敏度。对此，可从以下几个方面入手：①合成具有更高增强效应的纳米结构，提高纳米结构自身的增强效应；②采用可调波长的激光扫描获得最佳的激发波长，从而获得高的信噪比；③仪器通光效率的进一步提升。

（2）时间分辨率的提升：时间分辨率有两个层面的意思。一个层面的意思是指随着电化学控制（如循环伏安或电位阶跃）过程中光谱信号的改变。这种方式的时间分辨光谱在灵敏度做保障的情况下，需要提高光谱检测信号的读出速度和采用微电极等降低电化学体系的时间常数，检测更快的过程。结合宽场拉曼光谱成像的方法，在获得单点时间分辨信息的同时，还能获得整个电极表面上不同位点信号的演化过程，从而有效推动对电化学界面和动态过程的理解。另一个层面意思是指在超快激光激发下电化学反应过程中激发态分子结构的演化过程，由于这些过程通常发生在皮秒到飞秒量级，无法在单脉冲的条件下获得光谱信号，需要通过大量多次的累加获得有用的光谱信号，目前的研究体系大多是类似于钙钛矿太阳电池等可逆和稳定的体系。

（3）空间分辨率的提升：实际的电化学界面极其复杂，不同表面位点的结构和活性可能显著不同，因此需要具备纳米尺度空间分辨能力的拉曼光谱技术。最近几年发展起来的 EC-TERS 技术就是一个极其重要的工具，通过形貌表征获得不同位点的形貌信息，通过 TERS 表征获得物种活性的信息，从而建立构效关系。

随着同步辐射光源在原位电化学表征中的应用越来越广泛，未来需要发展电化学原位 X 射线拉曼散射技术，获得复杂环境中常规 X 射线吸收光谱无法得到的本体材料的电子信息。

2. 电化学红外光谱

20 世纪 80 年代初，英国 Bewick 等[62]创立了电化学红外光谱方法，该方法仍在不断发展中，目前已报道了电化学调制红外光谱（EMIRS）、差减归一化界面红外光谱（SNIFTIRS）、线性电位扫描红外光谱（LPSIRS）、多步控电位红外光谱（MSFTIRS）、偏振调制红外光谱（PMIRAS）、时间分辨红外光谱（TRFTIRS）、显微红外光谱（MFTIRS）及二维红外光谱（2D-FTIRS）等方法。研究电极体系已从本体多晶和单晶电极拓展到薄膜和粉末电极。

在电化学外反射红外光谱研究方面，厦门大学孙世刚研究团队对发展该方法做出了杰出的贡献，是红外光谱电化学技术集大成者。他们在单晶电极上开展的电催化反应的红外光谱、多步阶跃红外光谱、异常红外光谱、组合电化学显微红外光谱研究水平居国际领先地位[63]。在电化学内反射红外光谱技术发展方面，日本的 Osawa 课题组[64]在 20 世纪 90 年代率先开展了电化学衰减全反射表面增强红外光谱（ATR-SEIRAS）研究。复旦大学蔡文斌课题组[65]对该方法的发展也做出了积极贡献，特别在薄膜电极湿法制备、红外复合窗口的设计和拓展电化学 ATR-SEIRAS 的应用方面取得重要进展。

内、外反射模式电化学红外光谱技术上各具优势。基于上述两种反射模式的电化学红外光谱灵敏度高、检测速度快，表面选律简单，能够从分子水平甚至原子水平上提供各种不同电化学反应过程（如吸脱附过程、氧化还原反应、催化反应、吸附分子构型转化等）的详细信息。其应用领域主要包括以下几个方面：①有机小分子电催化氧化过程的研究，包括对其反应过程的吸附物种以及溶液相产物的检测分析，认识反应进程，推测反应机理，为理性合成和选择相应的电催化剂提供依据；②电催化剂表面的分子吸附和成键研究，提供对表界面过程更深层次的认识，如选择合适的探针分子（如 CO、CN^- 等）可以对电催化剂的表面结构或者电子结构进行研究；③生物体系的电化学反应过程研究，从分子水平对生物分子的电化学行为进行研究，可以获得包括细菌活性或者电子传导等具体生物信息；④锂离子电池反应过程的研究，包括研究其 SEI 膜的生成以及充放电反应过程，深入研究锂离子电池反应过程，从机理上为提高锂离子电池性能提供依据；⑤其他重要能源化学相关的氧化还原反应过程研究，包括 CO_2 和氧气电还原以及甲烷电氧化过程中间体的检测等。

今后，电化学红外光谱在以下几方面需要进一步完善和发展：①提高在低反射率电催化剂检测的信噪比及对低覆盖度吸附物种的检测灵敏度；②实现尽可能快的时间分辨，用于超快反应动力学研究和瞬态中间物种的检测；③建立电化学 AFM-IR 或 s-SNOM 技术，实现具有几十纳米空间分辨能力的原位红外光谱；④发展电化学反应过程的在线表征技术，如在 MEA 中的在线检测；⑤发展基于新型红外光源（红外自由电子激光）的表征手段，将电化学红外光谱的光谱范围拓宽到远红外波段，用于研究电化学反应过程中的分子与催化剂的成键以及催化剂表面晶格物种等；⑥将电化学红外光谱与其他现代表征技术进行联用，包括与 SFG、SHG、拉曼、DEMS 和 NMR 进行联用，从而获得对复杂的结构效应和表界面反应过程有综合的深入认识；⑦将电化学反射红外光谱的研究领域拓展到光电反应、生物燃料电池等。可以预料，在今后的科研工作中电化学红外光谱方法本身及其理论必将得到进一步发展和完善，具有更广阔的应用范围和前景。

3. 电化学和频光谱

和频光谱（SFG）是一种二阶非线性光谱技术，在电偶极近似下，具有表界面选择性，其信号只来源于界面层，不受体相干扰，而且 SFG 信号与表界面上振动基团的取向、排列方式、吸附位点等结构因素密切相关，可以提供液层掩埋的固液界面的丰富结构信息，是一种非常好的研究原位电化学表面的光谱方法。在 SFG 测量中，通常使用两束超短脉冲激光光源，其中一束为窄线宽可见脉冲（皮秒），一束为窄线宽（皮秒）或宽带（飞秒）的红外脉冲。SFG 研究电化学体系时，在一些小分子、离子作为探针研究双电层结构、电极表面吸附/脱附、氧化还原等过程，以及金属表面自组装分子层的电化学行为研究中都取得了较好的结果。近年来，SFG 在离子液体、固体电解质、二氧化碳还原、锂电池、电化学储能等电化学领域获得了越来越广泛的应用。法国南巴黎大学的 Tadjeddine[66] 是电化学 SFG 方法的先驱，国内一些非线性光谱研究的团队，如复旦大学王鸿飞、厦门大学王朝晖等课题组，也开展了 SFG 在电化学体系应用的特色研究工作。

SFG 在电化学领域还只是初步阶段，由于非线性过程受更多结构和实验条件的影响，原位 SFG 光谱往往比较复杂，而且实际应用中也面临一些技术上的困难，如超短脉冲对电极表面的损伤、红外窗片材料和水层吸收对工作波段的限制等，使其在应用的深度和广度上远远落后于红外光谱和拉曼光谱。当然，挑战与机遇并存，SFG 独特的表面选择性、取向敏感性、较高的灵敏度等对于研究电化学体系非常有利，如通过相位敏感测量获取吸附物种的取向，由于使用超短脉冲，有可能以较高的时间分辨率对电极表面的过程进行实时跟踪等，结合相关的理论研究，SFG 光谱可以提供更丰富的界面结构信息。

第二节　国际合作与交流分析

在电化学研究领域，我国学者与国际上的主流研究团队有广泛深入的交流与合作。例如，厦门大学孙世刚教授研究组长期与西班牙 Feliu 研究组、加拿大 Lipkowski 研究组开展交流与合作。Feliu、Lipkowski、英国加的夫大学 Attard、阿伯丁大学 Cuesta、德国波恩大学 Baltruschat、乌尔姆大学 Behm、Schmickler 等也多次受邀到厦门大学以及国内其他高校交流访问。厦门大学的多名老师与学生曾去往德国 Kolb、Behm、Baltruschat、Magnussen 以及瑞士 Wandlowski 的研究小组访学。中国科学技术大学陈艳霞小组也多次派出学生去往荷兰的 Koper 研究小组，德国的 Baltruschat、Magnussen 研究小组，日本叶深的研究小组进行交流。

国际电化学领域在电化学基础研究上的整体宏观思路是一致的，只是每个组的侧重点和本身的优势不同。基本上所有的研究小组都关注固/液界面（电化学界面、双电层）的信息，希望能从原子/分子水平理解电化学界面。开发各种原位谱学、电化学扫描探针及其联用技术方法等来表征测量电化学界面。有的研究组专注于多功能电化学界面的构建（制备合成修饰多种模型电极材料，研究不同的电解质），有的研究组研究重点在于把微观结构与宏观的电催化相关性能联系起来，或者重点发展电催化模型催化剂与电化学界面过程的相关理论与计算模拟。由于电化学、电催化过程本身的复杂性，要真正推动相关体系的发展，建立宏观全局的发展战略，发展自身的研究优势，加强国际上各研究小组的战略交流合作，结合各自的优势就显得尤为重要。

在单分子单粒子电化学方面，为了更全面地理解微观电化学过程，需要与多种其他研究手段相结合，以实现对纳米电化学过程尽可能全面的认识。为此，如有必要，国内的研究小组需要与国外的特色课题组（如擅长做理论计算的课题组、擅长单分子光谱分析的课题组等）开展多方位的合作与交流，通过互补的方式实现对一些关键基础电化学过程的全面深刻认识。

在能源电化学领域，中国科学院长春应用化学研究所的彭章泉研究员与英国牛津大学的 Peter G. Bruce 教授在锂 - 空气电池实验研究方面有长期的合作，并获得了吉林省科技厅国际合作项目、英国皇家学会牛顿高级访问学者项目的支持。在锂 - 空气电池反应的理论研究方面，与美国路易斯安那州立大学的 Ye Xu 教授也有长期的合作，并获得科学院访问科学家项目的支持。

第三节 发展趋势分析

一、界面双电层结构

界面双电层结构的认识与理论描述，一直是电化学基础研究中的核心问题之一。Helmholtz[67] 把界面双电层抽象成一个平面电容器，溶液中的离子和金属表面的自由电荷像刚性小球一样平行排布在界面的两侧。Helmholtz 模型预测的界面双电层微分电容 C_{dl} 是一个不随电极电位变化的恒定值。这与实验现象不符合。Gouy[68] 和 Chapman[69] 改进了 Helmholtz 模型，在溶液侧引入了分散层这一概念。分散层内反离子浓度分布与电势的关系采用 Boltzmann 公式描述。Gouy-Chapman 模型推导得到的 C_{dl} 在零电荷电位（pzc）处取得极小值，而在很高（低）电位时变得非常大（意味着反离子浓度非常高），不合乎物理实际。Stern[70] 结合了 Helmholtz 模型和 Gouy-Chapman 模型，在分散层与金属表面之间人为加入了一个 Helmholtz 平面。Stern 模型是 Helmholtz 模型和 Gouy-Chapman 模型的串联，在很高（低）电位时，Stern 模型给出的 C_{dl} 趋近 Helmholtz 模型给出的 C_{dl}。Grahame[71] 认为特性吸附离子比非特性吸附的反离子距离电极表面更近，因而在 Stern 模型的基础上将 Helmholtz 平面进一步细分为内 Helmholtz 平面（inner Helmholtz plane，IHP）和外 Helmholtz 平面（outer Helmholtz plane，OHP）。Bockris 等 [72] 在 Grahame 模型基础上进一步强调了表面水分子对界面特性的影响。近年来，界面双电层理论研究的热点问题主要包括引入离子尺寸效应、考虑离子之间非局域静电相关性，以及排除人为设定而理论自洽地描述界面结构。除了上述平均场理论外，基于密度泛函理论的第一性原理计算，也已成为揭示界面双电层结构、特性的重要手段。

零电荷电位与双电层微分电容是用于描述界面双电层电学性质的两个基本参数。但是，对于容易发生含 H、OH、O 物种吸附的贵金属电极，这些参数的测量方法欠缺，认识存在很大分歧。金属表面荷电密度 σ^M 随 ϕ^M 的关系可以表示为 $\sigma^M=C_{dl}(\phi^M-\phi_{pzc})$，其中 ϕ_{pzc} 为该电极的 pzc，C_{dl} 为双电层微分电容。经典理论得出的金属表面荷电行为，即 σ^M-ϕ^M 关系，是单调递增的。电极表面在高于 ϕ_{pzc} 时荷正电，而在低于 ϕ_{pzc} 时荷负电。Frumkin[73]20 世纪 60 年代的经典实验以及近几年 Feliu 课题组 [74] 的 CO 吸附、N_2O 和 $S_2O_8^{2-}$ 还原、激光制导升温实验表明，铂基模型催化剂在表面氧化区域（$\phi^M>0.6\ V_{RHE}$）表面带负电荷，与经典理论不吻合。鉴于电极表面荷电状态深刻影响界面区的反应环境，因此如何准确测量和正确理解存在含 H、OH、O 物种吸附时贵金属电催化剂的表面荷电行为以及表面荷电状态与含 H、OH、O 物种的吸附行为之间的关系，是当下的一个重要课题。

另外，阴阳离子特性吸附及其对界面双电层结构和反应特性的影响，尽管经过了很长时间的研究，积累了很多数据，但没有形成统一的、上升到原理的认识。在电化学体系中，阴阳离子的特性吸附或共吸附是一个普遍存在的现象，其吸附行为对在界面区发生的电催化反应将产生复杂而深刻的影响。然而，我们对阴阳离子吸附的本质、阴阳离子吸附如何影响溶剂水分子与电极表面作用从而影响对界面双电层结构与反应特性的理解十分欠缺。在过去的电化学研究中，人们常常为了简化问题而避免或尽可能减少阴阳离子特性吸附的发生。Grahame 在界面双电层溶液侧加入了一个 IHP，来体现特性吸附的结构影响。Attard[75] 试图从静电作用的视角理解吸附作用的本质，并基于局域电荷和弗里德振荡来理解特性吸附对 pzc 的影响。但 Attard 的理论解释，仅着眼吸附物与电极之间的静电力，而忽视了外层共享电子云的影响，因而是不完备的。因此，从原子层次揭示特性吸附的本质机理，进而释疑特性吸附的 pH 效应，是目前界面电化学学科中的一个关键科学问题。

二、电极过程动力学

电化学能量与物质转换技术中的大部分电极过程，如有机小分子在燃料电池阳极的氧化与氧分子的阴极还原、CO_2 还原制备有机小分子等，都涉及多步的质子－电子的转移过程。电催化反应十分复杂，往往包含多个平行或连续的反应，可能伴随化学键的断裂与生成。此外，由于寿命短、在催化剂表面的覆盖度低，重要反应中间物通常很难直接探测。电催化反应动力学除了与催化剂的结构与组成密切相关外，还和电极电势（界面荷电状态）、反应物浓度、反应温度、溶液的组成（pH、溶剂的性质、阴阳离子的结构与性质）等诸多因素密切相关。因此，构建电极过程动力学理论，阐释电催化反应活性与反应条件（如电极电势和 pH、界面双电层组成和结构）之间的关系，揭示制约电极反应动力学关键因素，是指导设计高效电催化剂、优化电催化过程及其运行条件的关键。

电催化反应动力学的精准数学描述是建立电催化基本原理、完善电化学科学的重要目标之一。然而，建立电极过程动力学的精确理论存在很多困难。尽管如此，经过近百年的探索，人们已成功找到一些刻画电极过程动力学的关键“描述符”，可以定性或半定量地解释和预测材料的结构、组成和性质与电催化反应活性之间的关系。

以氢电极反应（氢析出和氢氧化）为例，人们发现其活性与反应中间物 H_{ad} 原子在催化剂上的吸附吉布斯（Gibbs）自由能（ΔG_H）密切相关。太弱，H_{ad} 很难生成；太强，则 H_{ad} 很难发生后续反应。只有当ΔG_H 适中时，氢电极反应活性最佳。氢电极反应活性最高的纯金属是 Pt。在 Pt 上，ΔG_H 仅比理论最优值略强 0.1 eV。氢吸附能理论成功指导设计了一些高性能催化剂，如高性能二元 Pt 基催化剂以及新型非 Pt（MoS_2 等 HER）催化剂。最近，一些学者尝试结合 DFT 计算和动力学模拟，试图定量地描述氢电极反应。但是，仅用ΔG_H 作为唯一的描述符是否就能够准确地描述氢电极反应依然存在很多争议。例如，人们发现在 Pt(111) 上，氢原子的吸附能受 pH 值的影响较弱，而氢电极反应活性在酸碱溶液中可以差 2～3 个数量级。这一 pH 效应，揭示了仅依靠ΔG_H 作为唯一的描述符是不够的。

值得指出的是，氢电极反应是电化学体系中最为简单的 2 质子 -2 电子转移反应。自塔菲尔（Tafel）的原创性工作以来，过去 100 多年间，氢电极反应就一直是电催化反应中的重要模型反应，对该反应的实验与理论研究也最广泛与深入。但如上所述，对制约这个反应动力学的关键因素的认识依然存在很多争议，而对其机理的认识也依然没有定论。而对其他反应，积累的数据就更少，得到的认识尤其是被普遍验证的共识更为有限。

三、计算电化学

在人工智能时代，数据科学和计算机科学上的突破也为电化学领域带来了崭新的科学研究手段。计算机发展所带来的研究的定量化、模块化、自动化是当下实验研究发展的重要趋势。研究手段的成熟体现在研究成果可以通过数学工具精确定量分析。研究手段的模块化使得自动化成为可能。研究的自动化使得不可控因素和人为因素对实验过程的干扰被尽可能排除，同时也大大便利了科学研究成果的重复和传播。这使得大量数据的收集、处理、分析成为可能。以机器学习为代表的大数据技术可以分析研究中大量的变量并给出不同变量相关性的准确定量描述。机器学习技术不仅可以帮助研究人员更合理地设计实验，还能依据数据提出数学模型来解释实验现象。随着实验和计算数据量的增加，机器学习系统的分析和预测能力还将不断提升。这一技术基于大量有效可靠的数据，核心是归纳分析的各类算法。机器学习强大的高维参数空间拟合能力可以很好地帮助研究者确定电化学研究中复杂的构效关系，乃至给出公式化的模型。为了将大数据技术应用于电化学研究，需要为电化学数据确立相应的规范并建设有效可靠的数据库。电化学研究的目的是发现电化学现象的内在规律并确定各影响因素和所关心的性质间的关系。随着近些年数据驱动的研究手段在化学研究的各个领域崭露头角。我们有理由相信，大数据技术应用于电化学会大大加快研究的进展并协助研究者更好地理解复杂体系的内在规律。

四、能源电化学

根据目前国际上对能源的广大关注程度，单分子单粒子水平的电化学研究方法在未来的发展趋势或具有挑战性的研究可能体现在以下几方面：

（1）把该方法用来研究更多实用的能源电化学过程。目前，该类方法主要用来研究一些简单的模型性质的电催化体系，在不久的将来，随着对一些实用体系的电化学过程深刻认识的需求变得越来越迫切，该类方法有可能会拓展来研究如燃料电池、锂电池等各种能源体系的基础电化学过程，比如它们的单分子单粒子水平上的阴阳极电化学过程等。

（2）随着该领域的深入发展，将来可能出现全新的适用于更具体的单分子单粒子水平的电化学基础理论体系，以便更精准地理解这类微观层面的基本电化学过程；该理论体系将有别于传统的基础电化学理论，更多地考虑各种微观或局部因素的贡献或影响。

（3）随着更先进的检测手段的出现，可能会出现新的单分子单粒子电化学研究手段或工具，从另外的角度或维度来认识电化学基础过程。

这些发展趋势可以总结为以下几种。

（1）合成、表征与计算相结合；

（2）材料应用与基础电化学规律研究相结合。从近期发表的高水平论文来看，突破性的优异电化学性能 + 材料的新颖性 + 先进表征技术（如高分辨 TEM、同步辐射）+ 理论计算几乎已经成了“套路”与“标配”。

第四节　存在的主要问题与解决思路

一、界面电化学

一直以来，在界面双电层相关研究中都是理论或猜想走在实验的前面。常规的电化学技术通过测量反应的电流、电压、电容和阻抗等参数给出总的电化学体系宏观与唯象的信息，但是它们很难提供有关表面吸附物种的化学特性、吸附位和吸附构型等方面的原子/分子水平上的信息。20 世纪 70 年代以来发展的电化学原位振动光谱因能从金属界面捕获吸附分子振动谱信号，极大地提高了人们在分子水平上理解界面结构、分子与界面作用的本质及其对化学反应过程的影响。其中表面增强拉曼光谱虽然可以获得宽波数范围的分子在电极表面的吸附信号和分子－金属键的信息，但由于其灵敏度和电极基底的限制，为获得高信噪比的光谱，采谱积分时间仍然需要几十秒甚至数分钟，使其在研究双电层的动态行为方面尚无法成为普遍使用的研究方法。而组频光谱一次只能采集较窄的波数范围（$<300\ cm^{-1}$），且由于其灵敏度低，采谱积分时间相当长。而且由于要用到两台激光器，使得仪器非常昂贵，这些都大大地限制了其应用。电化学原位红外光谱一次能检测从 $1000\ cm^{-1}$ 到 $4000\ cm^{-1}$ 范围的光谱信号，仪器灵敏度也相当高，用毫秒的采谱时间就能获得电极表面亚单层吸附物种高信噪比的红外光谱，而且由于不需要用到高功率激光器，仪器相对简单、便宜且易于维护。因此，该技术成为较通用的用于鉴别电极表面吸附物种的化学特性、吸附取向、构型的表面表征技术。近年来，扫描探针显微技术、基于同步辐射源的各种 X 射线表征技术也被用于研究界面双电层，有望为理解界面双电层提供非常重要的信息。

但是，鉴于界面双电层研究的复杂性以及上述各种实验技术的特定局限，通常只能实现单一的谱学技术与电化学技术的联用。而这类单一的谱学电化学技术往往只能提供电化学体系的部分信息。例如，扫描隧道显微镜主要是给出电极表面形貌的信息，电化学原位振动光谱（如红外、拉曼、组频光谱）只能给出电极表面的吸附物种信息，微分电化学质谱则只能给出溶液中产物的信息，等等。为了全面而正确地认识电催化反应实质，往往需要综合各种实验技术所获得的多方面信息。各实验技术要求的特定实验条件的差异以及不同研究小组在设计实验时所使用的实验条件不同等原因往往造成来自不同技术或不同研究小组的实验结果的不可比性（定性的实验结果往往有很大出入，而定量的比较更不可能）。通常通过综合分析使用各种单一电化学原位谱学技术所获得的、来自不同研究小组的数据很难明确给出关于电化学界面的全面而准确的信息。因此，要获得关于界面双电层的微观结构及其动态行为分子水平上的信息，需要对利用各种技术测量获得的数据进行细致的对比与定量分析及理论评估，目前这方面仍是一个巨大挑战。

对研究这类复杂电催化体系，将常规电化学技术与一种以上的现代谱学技术实时联用，以实现在完全相同的实验条件下（而且是接近燃料电池的实际工作条件——高温、可控的反应物流速、纳米催化剂等）获得电极/溶液界面全方位的信息将是解决上述问题有效、可行的方法。以电化学原位红外光谱与微分质谱的实时联用技术为例。该技术能够通过一次实验就同时获得电催化反应过程中吸附在电极表面的反应中间体的化学特性和吸附构型、反应中间产物及反应最终产物的种类和产量、反应的法拉第电流及反应过电位等多方面信息。一方面，这将克服由实验条件的差异造成的从不同实验技术所获得结果的不可比性（尤其是定量的比较）；另一方面，联用技术的使用能大大缩短实验时间，并能实现对某些稳定性差、重现性不好的实际电催化体系的明确分析和诊断。

目前，最有力的原子/分子层面的研究手段首推以同步辐射为基础的一系列方法。同步辐射具有许多优异特性，包括高亮度、相干性、时间结构、宽能量波段和偏振性等。发展基于同步辐射光源的各种电化学原位表征技术，如基于 X 射线电化学原位的结构与组成表征技术、近常压 X 射线光电子能谱学（AP-XPS）、同步辐射 X 射线吸收精细结构（EXAFS）谱学技术、X 射线近边吸收（EXANES）等技术，也将是近期的研究重点。利用 EC-AP-XPS 揭示了 ORR 过程中铂电极表面不同吸附中间产物及其覆盖率随电位的演化规律。EXAFS 则可以精确获得纳米颗粒中原子的键长、配位数等局域结构与颗粒尺寸、形貌变化的详细信息。EXAFS 对元素局域原子和电子结构敏感的特性，可以广泛地研究固相、液相等常见凝聚态物质，非常适合开展原位和时间分辨测量；能够原位实时地跟踪研究化学反应过程，给出物种瞬态的原子和电子结构的变化。从同步辐射 X 射线光谱分析摄像术中发展出的“无透镜成像”方法，首次描绘出了孤立纳米颗粒的结构。最近，利用同步辐射的时间结构和相干性，人们发展了时间（飞秒量级）和空间（纳米量级）分辨相结合的实验技术，对纳米领域的实验手段进行了一场潜在的革命——在同一时间内联合进行高时间和空间分辨的探索研究。

二、模型体系电化学

现有各种单分子、单粒子电化学研究方法自身的特点导致了各自的局限性。例如，对基于超微电极的单粒子电化学研究方法，单靠微小电流信号的检测，使它的灵敏度和可辨识度较低，易受环境干扰。为了解决此类问题，需要开发出更小的超微电极和更高灵敏度的电流检测系统。对于基于荧光检测的单分子单纳米粒子电化学研究技术，则由于需要有合适的荧光探针才能实现有效研究。因此，目前对很多实用体系的单分子单粒子水平研究还没找到合适的荧光探针而无法开展研究。对此问题，就需要开发寻找更多的新型荧光探针分子，使得该方法的适用领域得到更大的拓展。此外，表面原子排列结构明确的单晶面（金属、氧化物、合金）和单晶纳米粒子，将在揭示表面结构与电化学性能基本规律方面发挥重要作用。

三、计算电化学

当前的科学研究主要是依靠团队的合作，是各学科交叉协作的时代，各国之间比拼的是人才的储备和科研经费的支持。我国作为一个国内生产总值（gross domestic product，GDP）仅次于美国的大国，在科研上的经费投入也在逐年增加。为了增加人才的储备，一方面我们应该提供优越的科研和生活环境来吸引海外的优秀科研工作者；另一方面，我们也需要加强自己国家本科生和研究生的培养，顺应时代的发展，适时地调整人才培养体系，培养一批拥有“T”字形知识背景的研究人才。

针对目前电化学体系在第一性原理计算模拟上存在的时间和空间尺度上的局限性，我们需要依靠计算机硬件和软件，以及计算模拟方法的共同发展来解决。近年来计算硬件的发展使得计算模拟的成本不断降低，包括多中央处理器（central processing unit，CPU）之间并联效率提高、图形处理器（graphics processing unit，GPU）的应用等。我国拥有世界上最大、运算速率最快的超级计算机“太湖之光”和“天河二号”，在硬件的发展上是首屈一指的。但在软件上，我国科研主要依赖于国外的 VASP、Gaussian 等第一性计算软件。新模拟方法的应用和软件的发展往往是相辅相成的。为了促进方法学上的发展以及提高中国在电化学第一性计算领域的影响力，应该鼓励领域内的科研工作者进行软件开发。

计算方法的发展是计算电化学的核心，如何将模型体系和实际电化学界面相关联是一个长期存在的问题。就目前而言，第一性原理的计算已经能够明显帮助科研工作者们定性理解一些电化学现象，其在界面电子结构的计算和理解方面的优势是其他方法不具备的。但由于界面的复杂性，同时受限于时间尺度等问题，包含第一性原理的多尺度计算方法发展也将成为一种趋势，如 QM/MM、机器学习等。这些方法会帮助我们模拟得到一些不可预测的电化学现象。“工欲善其事，必先利其器。”方法的发展通常需要大量的时间和经验的积累。这不仅需要从事这方面工作的科研工作者有足够的耐心，也需要国家科研基金的长期支持。

当前将大数据技术应用于电化学研究仍处在探索阶段，研究集中于数据库的建立和数据表示算法的研究。基础数据多从公开的“材料基因组”数据库中获取，对电化学体系的研究工作比较少。大数据技术应用于电化学领域需要：①建设高质量的电化学数据库，尽可能地从文献中获取实验数据并进行处理分析，将计算数据和实验数据相结合，使用机器学习对数据进行相互印证；②充分利用现有物性和图谱数据库来构建电化学数据库和知识图谱，迁移学习、主动学习等大数据技术或许可以提供一些帮助。此外，还需要强调基础研究中研究数据的开源共享，鼓励不同研究组之间的相互协作。大数据技术在诸多科学研究和工程应用领域的成功实践证明其将是未来科学家必备的工具之一，电化学研究者应当对其给予足够重视，以在这一领域做出贡献。

数据和算法是人工智能时代的创造力和竞争力。当前，将大数据技术应用于电化学研究还处在试验摸索阶段。实验和计算数据库的建设需要长时间的持续投入。目前应用机器学习技术已经能初步定量分析一些构效关系。准确定量的模型为材料的理性设计和反应过程的精确调控指明了方向。但由于电化学体系的复杂性，尤其是电化学固/液界面处的多场、多相反应过程，我们能获取的有效信息较少。原位技术和理论计算等能从不同角度提供一些信息。利用机器学习技术辅助，综合分析这些信息，可以揭示现象背后的物理化学规律。建设电化学数据库、研究数据表示和分析算法、将领域知识规则化是机器学习应用于电化学研究的主要研究方向。正如诺贝尔物理学奖得主安德森（C.D. Anderson）所说的“More is different”[76]，目前并不存在能解决所有科学问题的普适理论。电化学研究横跨多个尺度，体系复杂，影响因素多。大数据技术的应用贯穿电化学研究的整个流程。研究者既要注重发展创新性的实验和计算手段，也要探索人工智能技术和传统科学研究相结合的应用。

四、能源电化学

在锂–氧电池领域，人们已经借用先进表征技术揭示了放电主反应中间产物和反应路径，观测了充电过程的现象并推测了可能的反应机理，基于第一性原理计算了反应热力学和动力学细节，并在副反应物和机理上取得了突破性进展。需进一步研究的关键科学问题包括：①多路径统一、热力学与成核生长动力学统一的反应机理数学模型；②充电反应的中间产物和基元过程；③不同晶态、不同形状 Li_2O_2 在表面和本体、面向和法向的电子和离子传导率的原位测量；④充放电过程中 $^1O_2$ 的生成与转换机制。这些科学问题的回答，需要更高能量、高时间分辨和高空间分辨的先进谱学表征技术。

五、电化学先进表征手段

界面是电化学体系的重要组成部分，几乎所有最重要的电化学反应都发生在电极–电解质界面内。与此同时，电化学体系包含电极、电解质和集流体等多个组分，不同材料之间形成多种界面，并衍生出许多复杂的界面现象和过程，而电荷和离子在这些界面的转移和集聚又直接影响着电化学体系的效能与相关器件的功能。首先，我们是否具有精确表征界面的能力是理解电化学现象的关键。其次，这些材料的边界及界面会随着化学反应的进行而发生动态的变化，包括结构与成分的改变，还有新的“界面相”（interphase）的形成。这些界面相成分复杂，通常会带来不确定的影响，可能提高或降低系统的性能。在探测上，我们需要能够观察到界面的结构与化学成分的变化，以及这些变化对电化学过程中离子电荷转移和器件性能的影响。

电化学这一复杂体系在界面的动态演变过程还需要实验和理论的结合。在实验方面，没有任何一种单一的手段可以解决所有的问题，只有有机地结合一系列互补的实验方法，从多个视角进行观察，才有可能看清被埋藏的界面，以及其在工作状态下的变化历程。各种原位表征方法（紫外可见吸收光谱、原位江外光谱、原位拉曼光谱、原位核磁共振、原位电子顺磁共振、原位透射电镜等），特别是新兴的基于同步辐射光源的X射线谱学、成像与结构解析等手段，为这一问题的解决提供了许多新的机遇。

第五节　重点发展方向建议

一、模型单晶电化学

大块单晶模型电极采用Clavilier技术制备，通过改变偏离某基本晶面的切割角度，得到一系列具有不同台阶位密度的阶梯晶面；通过控制合成，得到各种表面结构明确单晶纳米粒子；通过欠电位沉积、电沉积、原子层沉积、扩散控制沉积、化学修饰（吸附有机小分子或阴离子）等，在结构确定的金属单晶上进行选择性修饰；通过吸附诱导表面重构等，选择性地在电极表面构筑具有不同几何、电子结构的反应位点；利用扫描探针显微镜（STM、AFM）的局域定位能力及其与表面的各种相互作用，对电极表面进行原位修饰（缺陷位、纳米结构、单分子连接）和表征。发展与电解槽直接相连且具有电子束加热退火、各种结构、组成表征技术［X射线光电子能谱法（X-ray photoelectron spectroscopy，XPS）、低能电子衍射（low energy electron diffraction，LEED）、俄歇电子能谱（Auger electron spectroscopy，AES）、X射线衍射（X-ray diffraction，XRD）、低能离子散射（low energy ion scattering，LEIS）、STM）］的真空装置，在确保可精确、高效、可重复地制备高品质单晶电极或修饰单晶或合金电极的前提下，确保实验前后能对电极的结构与组成进行严格的表征。

“工欲善其事，必先利其器。”发展适合单晶电极的电化学原位近常压STM、XPS、EXAFS、EXANES、XRD以及这些技术与电化学原位振动光谱

（FTIR、ATR、SERS、SFG）的联用技术。建立结合电化学谱学与理论计算研究电催化体系表界面结构及反应的一般性思路和方法；结合利用结构确定的模型单晶的多方位测量与验证，建立电化学体系原位谱学信号的精确指认和解析方法学；利用各种谱学数据推断表面的组成、形貌、化学结构、电子结构和表面键合、吸附质的吸附构型及其覆盖度等信息随反应参数动态变化的指导法则。

二、电化学扫描探针显微学

进一步发展高空间分辨（表面和垂直于表面）、高时间分辨和高能量分辨的方向的基础上，深入开展电化学学科的重要基础和应用导向的科学问题。建议考虑以下几个重点发展方向。

（一）液相体系中的快速 SPM

SPM 是依赖于压电陶瓷的逐点扫描的慢技术，不利于快速表面过程的跟踪和研究。目前，国际上虽已有少量关于液相中快速 STM 和 AFM 的报道，但在国内尚属空白，应尽快发展，以适合快速表面动力学研究。

（二）发展 AFM 三维成像功能

电化学界面是电极和电解液构成的界面，而电解液一侧具有三维结构特征，对电解液一侧的结构的理解缺乏实验证据。例如，水是相对密度最大的电化学溶剂，水溶液体系的双电层仍停留在 GCS 模型的理论描述，但水分子间存在氢键，水溶液在界面的纵向结构远未被认识清楚。若能利用和控制 AFM 探针与电极表面的长程力，实现对表面附近不同距离电解液结构的探测，使 AFM 具有三维成像功能，将为从实验上佐证电化学界面基本模型提供可能。目前，只有日本岛津仪器公司称可利用调频 AFM 观察第二层界面水的结构，但有关研究仅有一两篇文献报道，在国内尚属空白。

（三）发展液相中的纳米红外（NanoIR）

纳米红外将原子力显微镜的高空间分辨率、纳米级定位和成像功能与红外光谱的高化学敏感性有机结合，可分为增强纳米红外和非增强纳米红外两种类型，前者的针尖用于增强表面散射的红外信号，后者则利用针尖作为对表面红外光吸收的传感器，从而获得纳米尺寸度下表面形貌、化学信息乃至热性质之间的相关性。纳米红外光谱信号较拉曼光谱强4～5个数量级，无须与基底发生光学耦合作用，纳米红外若能在电化学体系中获得应用，则将对复杂界面的结构和性质研究提供重要的方法和信息。但目前尚未有电化学环境中的纳米红外光谱研究的仪器和研究的报道。其原因是，红外光谱通常对液体有较强吸收，入射光需要通过全反射模式引入，在技术上具有挑战性，但却是重要研究方向之一。

（四）纳米限域效应的实验和理论研究

电池体系中常使用的多孔电极属于纳米限域体系，而纳米限域体系中不可避免地存在双电层的交叠现象。这一现象影响着纳米限域体系中的电极反应动力学，值得在理论和实验方面深入合作。运用和发展SECM-AFM联用技术，控制微电极与样品之间的距离，研究电化学和力学性质及距离和电位依赖性，结合理论模拟，有望获得有关双电层交叠时的宏观行为和微观机制。

（五）材料体相的SPM及联用技术研究

原位研究电池活性材料和界面的性质是了解锂电池、太阳电池在工作状况下的必要手段。然而AFM是表面技术，难以探测器件内部和界面的性质。中国科学院苏州纳米技术与纳米仿生研究所陈立桅团队发展的器件剖析刨面分析法提供了一种有效的方法。同时，能否和如何通过发展针尖调制和外场激励等仪器方法，使AFM能够在一定程度上探测表面下一定深度层面的信息是最值得探讨的研究方向之一。

三、能源材料电化学

在能源材料电化学方面，需要探索新的材料体系［二维材料、框架材料（MOF、COF）、有机高分子材料、功能复合材料］中的科学问题：①新材料体系中的离子吸附与解吸的规律与构效关系；②新材料中的离子迁移规律及其理论极限性能；③非晶材料中化学特征与结构特征（如维度、尺寸、框架孔隙、介电环境等）的相互影响及其对离子迁移的影响；④新材料中的电子迁移及其与离子迁移的耦合；⑤材料界面结构及其对电化学过程的影响。

第六节　总体战略布局建议

一、发展电催化基础理论

电化学是涉及固体物理、量子力学、统计力学、电动力学、光学、物理化学等多学科的交叉领域，而对这些学科的掌握需要具有对上述各领域知识的扎实掌握。我们急需针对电化学学科设置相关本科与研究生课程，并配备优秀的师资力量（引进国外访问教授等）进行针对性的教学。可以预见，随着各种基础知识水平的提升、各种实验工作（常规电化学以及原子/分子水平上的谱学技术）的广泛而深入的开展、理论的发展和计算机计算能力的提升，我们将逐步找出制约这类反应的各种关键因素（甚至完全弄清部分相对简单过程的机理）。在此基础上获得总反应的表观动力学表达式与基元步骤的热力学与动力学参数以及催化剂的结构与组成之间的定量关系，从而逐步实现对复杂电催化反应的定量描述，为建立电催化的基本原理提供有力的支持。总体规划如图 2-3 所示。

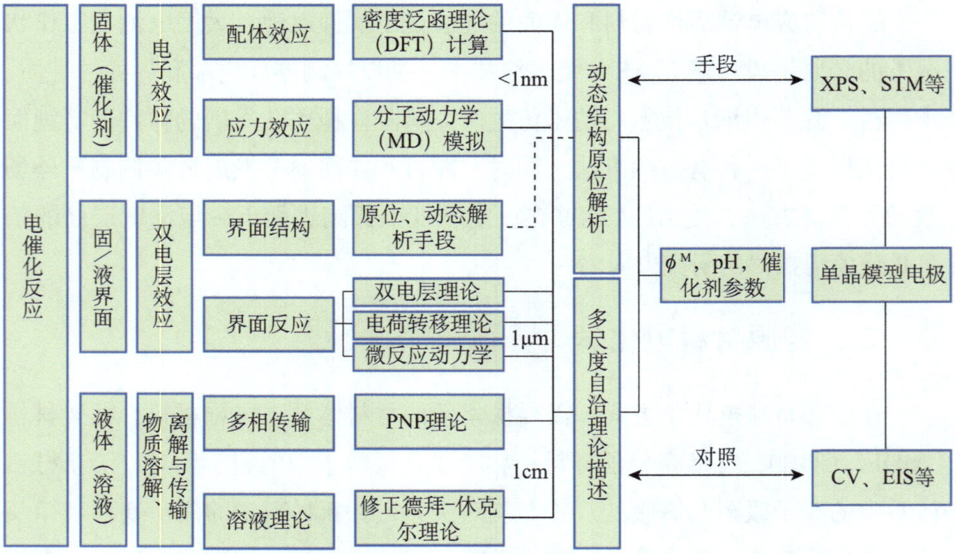

图 2-3　电催化理论与实验研究规划

二、基于大科学装置的先进表征技术

在基于大科学装置的先进表征技术方面的建议有：

（1）依托大科学装置（同步辐射光源、自由电子激光、中子衍射）建设电化学研究线站和研究中心。

（2）建议成立材料电化学研究中心或重点实验室，更好、更广泛地结合电化学研究与材料研究，使之结出丰硕成果。

（3）举办系列论坛与研习班，推动材料与基础电化学研究的融合和发展。

三、综合性战略建议

（一）建立电化学研究新范式

在现有电化学体系中，寻找能够形成规律性、示范性的模型，能够针对实际问题做出引导的研究体系，引入人工智能、大数据、机器学习等方法，结合传统电化学方法和各种原位/工况谱学方法，探究和建立电化学研究新范式。新范式可以针对固/固界面、固/液界面、固/液 / 气界面几类体系。例如，探究锂电池中普遍存在的 SEI 膜的形成随着电极材料、添加剂和电位的变化规律。针对目前能源和生命两个复杂的体系，在现有的电化学研究技术和方法上，紧密联系基础研究和实际应用体系归纳范式，让电化学领域的研究范式广泛适用于其他各个学科和应用领域。

（二）加强电化学学科的理论功底和学科交叉融合

电化学本身是电与化学相结合的学科。电化学反应的核心是电子转移，同时还有电解质当中参与整个电化学反应的“离子”，可以从电子化学和电解质基础研究方面做些深入思考。另外，需要从物理学角度出发研究电化学的公式，把物理学的思维方式与电化学结合。参照物理学的发展和研究模式，需要强调电化学定量的必要性。

（三）基于电化学基础上的独创性研究方法及关键科学问题

研究方法在电化学基础研究中占据非常重要的地位，包括理论方法和实验方法。目前我们使用的实验方法大部分是商品化的技术，包括计算方法以及各种谱学技术，真正从电化学原理发现电化学新问题并在此基础上进行的创新性方法还不够。因此，需要以方法导向、材料导向和问题导向作为三个出发点，进一步挖掘电化学独创性研究方法的潜力，注重方法背后隐藏的关键科学问题。

第七节　发展机制与政策建议

电化学学科的特征是其基础性、应用性和交叉性都很强。电化学基础理论和方法的发展，需要应用数学、凝聚态物理、计算机和信息科学、仪器仪表等科学技术的支持。因此，应合理调配优势资源，建立合理的评价体系，鼓励和促进各层次的合作和联合研究。政策建议如下。

（1）组织以专项课题（如电化学界面双电层理论、电化学催化、先进表征技术等）为主题的研讨和合作，促进各学科领域的交叉融合，合力解决电化学科学和技术发展面临的难题。

（2）优化人才与基金评价机制，把“破四唯”落到实处。对在基础研究领域从事电化学重大科学问题和电化学研究方法学研究的科研人员提供持续的支持，使其研究工作的深度和延续性获得保证；对有志于科研的年轻人给予合适的机会与条件，如适当提高青年基金的获批比例等。

（3）加强后备力量的培养，建立、优化与推广适合电化学专业的学生培养方案，利用网络会议等定期开展高水平、公开的专业讲座，让有志于从事电化学研究的学生在本科阶段就能建立良好的数理基础与逻辑思维能力。

本章参考文献

[1] Borukhov I, Andelman D, Orland H. Steric effects in electrolytes: A modified Poisson-Boltzmann equation. Phys Rev Lett, 1997, 79(3): 435-438.

[2] Kornyshev A. Double-Layer in ionic liquids: Paradigm change? J Phys Chem B, 2007, 111(20): 5545-5557.

[3] Francisco M, Bruinhorst V, Kroon M C. Low-transition-temperature mixtures (LTTMs): A

new generation of designer solvents. Angew Chem Int Ed, 2013, 52(11): 3074-3085.

[4] Watanabe M, Mandai T, Yoshida K, et al. Criteria for solvate ionic liquids. Phys Chem Chem Phys, 2014, 16(19): 8761-8772.

[5] Braun S, Yada C, Latz A. Thermodynamically consistent model for space-charge-layer formation in a solid electrolyte. J Phys Chem C, 2015, 119(39): 22281-22288.

[6] Yamamoto K, Iriyama Y, Asaka T, et al. Dynamic visualization of the electric potential in an all-solid-state rechargeable lithium battery. Angew Chem Int Ed, 2010, 49(26): 4414-4417.

[7] Liu Y, He R, Zhang Q, et al. Theory of electrochemistry for nanometer-sized disk electrodes. J Phys Chem C, 2010, 114(24): 10812-10822.

[8] Gasteiger H A, Kocha S S, Sompalli B, et al. Activity benchmarks and requirements for Pt, Pt-alloy, and non-Pt oxygen reduction catalysts for PEMFCs. Appl Catal B: Environmental, 2005, 56(1-2): 9-35.

[9] Nørskov J K, Rossmeisl J, Logadottir A, et al. Origin of the overpotential for oxygen reduction at a fuel-cell cathode. J Phys Chem B, 2004, 108(46): 17886-17892.

[10] Gómez-Marín A M, Rizo R, Feliu J M. Oxygen reduction reaction at Pt single crystals: A critical overview. Catal Sci & Technol, 2014, 4(6): 1685-1698.

[11] Chen W, Huang J, Wei J, et al. Origins of high onset overpotential of oxygen reduction reaction at Pt-based electrocatalysts: A mini review. Electrochem Commun, 2018, 96: 71-76.

[12] Feliu J M, Herrero E. Handbook of Fuel Cells—Fundamentals, Technology and Applications. Chichester: John Wiley & Sons Ltd., 2003: 625-634.

[13] Jiang B, Zhang X G, Jiang K, et al. Boosting formate production in electrocatalytic CO_2 reduction over wide potential window on Pd surfaces. J Am Chem Soc, 2018, 140(8): 2880-2889.

[14] Capon A, Parsons R. The oxidation of formic acid at noble metal electrodes. Part Ⅲ: Intermedates and mechanisam on platinum electrodes. J Electroanal Chem, 1973, 44(1): 205-231.

[15] Sun S G, Clavilier J, Bewick A. The mechanism of electrocatalytic oxidation of formic acid on Pt(100) and Pt(111) in sulphuric acid solution: An emirs study. J Electroanal Chem, 1988, 240: 147-159.

[16] Sun S G, Yang D F, Tian Z W. *In situ* FTIR studies on the adsorption and oxidation of n-propanol and isopropanol at a platinum electrode in sulphuric acid solutions. J Electroanal Chem, 1990, 289 (1-2): 177-187.

[17] Li N H, Sun S G. *In situ* FTIR spectroscopic studies of the eletrooxidation of C_4 alcohol on a platinum electrode in sulphuric acid solutions. J Electroanal Chem, 1997, 436 (1-2): 65-72.

[18] Wu Q H, Li N H, Sun S G. Manipulation of electrocatalytic reaction pathways through

surface chemistry: *In situ* fourier transform infrared spectroscopic studies of 1, 3-butanediol oxidation on a Pt surface modified with Sb and S adatoms. J Phys Chem B, 2006, 110: 11383-11390.

[19] Chen Y X, Heinen M, Jusys Z, et al. Bridge-bonded formate: Active intermediate or spectator species in formic acid oxidation on a Pt film electrode? Langmuir, 2006, 22(25): 10399-10408.

[20] Cuesta A, Cabello G, Gutierrez C, et al. Adsorbed formate: The key intermediate in the oxidation of formic acid on platinum electrodes. Phys Chem Chem Phys, 2011, 13(45): 20091-20095.

[21] Osawa M, Komatsu KI, Samjeske G, et al. The role of bridge-bonded adsorbed formate in the electrocatalytic oxidation of formic acid on platinum. Angew Chem Int Ed, 2011, 50(5): 1159-1163.

[22] Wei Y, Zuo X Q, He Z D, et al. The mechanisms of HCOOH/$HCOO^-$ oxidation on Pt electrodes: Implication from the pH effect and H/D kinetic isotope effect. Electrochem Commun, 2017, 81: 1-4.

[23] Joo J, Uchida T, Cuesta A, et al. The effect of pH on the electrocatalytic oxidation of formic acid/formate on platinum: A mechanistic study by surface-enhanced spectroscopy coupled with cyclic voltammetry. Electrochimica Acta, 2014, 129(20): 127-136.

[24] Gong K, Du F, Xia Z, et al. Nitrogen-doped carbon nanotube arrays with high electrocatalytic activity for oxygen reduction. Science, 2009, 323(5915): 760-764.

[25] Qian X M, Nie S M. Single-molecule and single-nanoparticle SERS: From fundamental mechanisms to biomedical applications. Chem Soc Rev, 2008, 37(5): 912-920.

[26] Chen T, Zhang Y, Xu W. Single-molecule nanocatalysis reveals catalytic activation energy of single nanocatalysts. J Am Chem Soc, 2016, 138(38): 12414-12421.

[27] Tachikawa T, Wang N, Yamashita S, et al. Design of a highly sensitive fluorescent probe for interfacial electron transfer on a TiO_2 surface. Angew Chem Int Ed, 2010, 49(46): 8593-8597.

[28] Hong W T, Welsch R E, Shao-Horn Y. Descriptors of oxygen-evolution activity for oxides: A statistical evaluation. J Phys Chem C, 2015, 120(1): 78-86.

[29] Kim E, Huang K, Saunders A, et al. Materials synthesis insights from scientific literature via text extraction and machine learning. Chem Mater, 2017, 29(21): 9436-9444.

[30] Brandt R E, Kurchin R C, Steinmann V, et al. Rapid photovoltaic device characterization through bayesian parameter estimation. Joule, 2017, 1(4): 843-856.

[31] Freunberger S A.True performance metrics in beyond-intercalation batteries. Nat Energy, 2017, 2: 17091.

[32] Aurbach D, McCloskey B D, Nazar L F, et al. Advances in understanding mechanisms underpinning lithium-air batteries. Nat Energy, 2016, 1(9): 16128.

[33] Belova A I, Kwabi D G, Yashina L V, et al. Mechanism of oxygen reduction in aprotic Li-air batteries: The role of carbon electrode surface structure. J Phys Chem C, 2017, 121(3): 1569-1577.

[34] Peng Z, Freunberger S A, Hardwick L J, et al. Oxygen reactions in a non-aqueous Li^+ electrolyte. Angew Chem Int Ed, 2011, 50(28): 6351-6355.

[35] Zhang Y, Zhang X, Wang J, et al. Potential-dependent generation of O^{2-} and LiO_2 and their critical roles in O_2 reduction to Li_2O_2 in aprotic Li-O_2 batteries. J Phys Chem C, 2016, 120(7): 3690-3698.

[36] Wang J, Zhang Y, Guo L, et al. Identifying reactive sites and transport limitations of oxygen reactions in aprotic lithium-O_2 batteries at the stage of sudden death. Angew Chem Int Ed, 2016, 55(17): 5201-5205.

[37] Huang J, Tong B. Probing the reaction interface in Li-O_2 batteries using electrochemical impedance spectroscopy: Dual roles of Li_2O_2. Chem Commun, 2017, 53(83): 11418-11421.

[38] Kushima A, Koido T, Fujiwara Y, et al. Charging/discharging nanomorphology asymmetry and rate-dependent capacity degradation in Li-oxygen battery. Nano Lett, 2015, 15(12): 8260-8265.

[39] Zhang X, Guo L, Gan L, et al. LiO_2: Cryosynthesis and chemical/electrochemical reactivities. J Phys Chem Lett, 2017, 8(10): 2334-2338.

[40] Thotiyl M M O, Freunberger S A, Peng Z, et al. The carbon electrode in nonaqueous Li-O_2 cells. J Am Chem Soc, 2013, 135(1): 494-500.

[41] Wandt J, Jakes P, Granwehr J, et al. Singlet oxygen formation during the charging process of an aprotic lithium-oxygen battery. Angew Chem Int Ed, 2016, 128(55): 6892-6895.

[42] Mahne N, Schafzahl B, Leypold C, et al. Singlet oxygen generation as a major cause for parasitic reactions during cycling of aprotic lithium-oxygen batteries. Nat Energy, 2017, 2: 17036.

[43] Zhang Y, Wang L, Zhang X, et al. High-capacity and high-rate discharging of a coenzyme Q_{10}-catalyzed Li-O_2 battery. Adv Mater, 2018, 30: 1705571.

[44] Zhou B, Guo L, Zhang Y, et al. A high-performance Li-O_2 battery with a strongly solvating hexamethylphosphoramide electrolyte and a LiPON-protected lithium anode. Adv Mater, 2017, 29(30): 1701568.

[45] Bard A J, Mirkin M V. Scanning Electrochemical Microscopy. 2nd edition. CRC Press, 2012.

[46] Axnanda S, Crumlin E J, Mao B, et al. Using "tender" X-ray ambient pressure X-ray photoelectron spectroscopy as a direct probe of solid-liquid interface. Sci Rep, 2015, 5:

9788.

[47] Favaro M, Jeong B, Ross P N, et al. Unravelling the electrochemical double layer by direct probing of the solid/liquid interface. Nat Commun, 2016, 7: 12695.

[48] Weatherup R S, Eren B, Hao Y, et al. Graphene membranes for atmospheric pressure photoelectron spectroscopy. J Phys Chem Lett, 2016, 7(9): 1622-1627.

[49] Philippe B, Dedryvère R, Allouche J, et al. Nanosilicon electrodes for lithium-ion batteries: Interfacial mechanisms studied by hard and soft X-ray photoelectron spectroscopy. Chem Mater, 2012, 24 (6): 1107-1115.

[50] Young B T, Heskett D R, Nguyen C C, et al. Hard X-ray photoelectron spectroscopy (HAXPES) investigation of the silicon solid electrolyte interphase (SEI) in lithium-ion batteries. ACS Appl Mater Interfaces, 2015, 7 (36): 20004-20011.

[51] Liu X, Wang D, Liu G, et al. Distinct charge dynamics in battery electrodes revealed by in situ and operando soft X-ray spectroscopy. Nat Commun, 2013, 4: 2568.

[52] Arthur T S, Glans P A, Matsui M, et al. Mg deposition observed by in situ electrochemical Mg K-edge X-ray absorption spectroscopy. Electrochem Commun, 2012, 24: 43-46.

[53] Benmayza A, Ramanathan M, Arthur T S, et al. Effect of electrolytic properties of a magnesium organohaloaluminate electrolyte on magnesium deposition. J Phys Chem C, 2013, 117(51): 26881-26888.

[54] Lim J, Li Y, Alsem D H, et al. Origin and hysteresis of lithium compositional spatiodynamics within battery primary particles. Science, 2016, 353(6299): 566-571.

[55] Fleischmann M, Hendra P J, McQuillan A J. Raman spectra of pyridine adsorbed at a silver electrode. Chem Phys Lett, 1974, 26(2): 163-166.

[56] Leung L W H, Weaver M J. Extending surface-enhanced Raman spectroscopy to transition-metal surfaces: Carbon monoxide adsorption and electrooxidation on platinum-coated and palladium-coated gold electrodes. J Am Chem Soc, 1987, 109(17): 5113-5119.

[57] Chan H Y H, Takoudis C G, Weaver M J. High-pressure oxidation of ruthenium as probed by surface-enhanced Raman and X-ray photoelectron spectroscopies. J Catal, 1997, 172(2): 336-345.

[58] Yao J L, Tang J, Wu D Y, et al. Surface enhanced Raman scattering from transition metal nano-wire array and the theoretical consideration. Surf Sci, 2002, 514(1-3): 108-116.

[59] Otto A, Mrozek I, Grabhorn H. Surface-enhanced Raman scattering. J Phys: Condens Mat,1992, 4-5: 1143-1212.

[60] Ikeda K, Stato J, Fujimoto N, et al. Plasmonic enhancement of Raman scattering on non-SERS-active platinum substrates. J Phys Chem C, 2009, 113(27): 11816-11821.

[61] Tian Z Q, Ren B. Adsorption and reaction at electrochemical interfaces as probed by surface-

enhanced Raman spectroscopy. Annu Rev Phys Chem, 2004, 55: 197-229.

[62] Bewick A, Keiji K. Infared-spectroscopy of the electrode-electrolyte interphase. Surf Sci, 1980, 101(1-3): 131-138.

[63] Li J T, Zhou Z Y, Broaswell I, et al. *In-situ* infrared spectroscopic studies of electrochemical energy conversion and storage. Accounts Chem Res, 2012, 45(4): 485-494.

[64] Osawa M. Dynamic processes in electrochemical reactions studied by surface-enhanced infrared absorption spectroscopy (SEIRAS). Chem Soc Jpn, 1997, 70: 2861-2880.

[65] Wang C, Peng B, Xie H N, et al. Facile fabrication of Pt, Pd and Pt-Pd alloy films on Si with tunable infrared internal reflection absorption and synergetic electrocatalysis. J Phys Chem C, 2009, 113(31): 13841-13846.

[66] Gomes J F, Busson B, Tadjeddine A, et al. Ethanol electro-oxidation over Pt (*hkl*): Comparative study on the reaction intermediates probed by FTIR and SFG spectroscopies. Electrochim Acta, 2008, 53(23): 6899-6905.

[67] Helmholtz H L. Some laws concerning the distribution of electrical currents in conductors. Ann Phys, 1853, 165: 211-233.

[68] Gouy G. Sur la constitution de la charge electrique a lasurface d'un electrolyte. J Phys Theor Appl, 1910, 9: 457-468.

[69] Chapman D L. LI. A contribution to the theory of electrocapillarity. London Edinb Dubl Philos Mag, 1913, 25: 475-481.

[70] Stern H O. Zur theorie der elektrolytischen doppelschicht. Z Elektrochem, 1924, 30: 508-516.

[71] Grahame D C. The electrical double layer and the theory of electrocapillarity. Chem Rev, 1947, 41: 441-501.

[72] Bockris J M, Devanathan M A, Muller K. On the structure of charged interfaces. Proc R Soc London, Ser A, 1963, 274: 55-79.

[73] Frumkin A N, Petrii O A. Potentials of zero total and zero free charge of platinum group metals. Electrochim Acta, 1975, 20: 347-359.

[74] Garcia-Araez N, Climent V, Feliu J. Potential-dependent water orientation on Pt (111), Pt (100), and Pt (110), as inferred from laser-pulsed experiments. Electrostatic and chemical effects. J Phys Chem C, 2009, 113: 9290-9304.

[75] Attard G A. A phenomenological theory of electrosorption. J Electroanal Chem, 2018, 819: 481-494.

[76] Anderson P W. More is different. Science, 1972, 177(4047): 393-396.

第三章 电化学材料科学与技术发展战略研究

1987 年国际电化学学会召开了一届以“新材料之电化学和电化学之新材料”为主题的国际电化学年会。此后，电化学材料成为电化学学科研究的重点领域之一。电化学反应在很大程度上依赖于材料，而材料的许多作用和性能又与电化学反应相关。1999 年，德国的斯卡尔茨教授在意大利的帕威尔（Pavia）召开的第 50 届国际电化学年会上提出了“电化学材料科学”（electrochemical materials science，EMS）的概念。“电化学材料科学”这一概念的提出是学科发展的必然，它将促进处于材料科学和电化学的交叉领域的研究发展。近年来，随着纳米材料与先进表征技术的发展，材料科学和电化学交叉领域的研究在世界范围内受到有关科技工作者的高度关注。

本章主要围绕纳米材料与二次电池电极材料及技术、固态电池材料及表界面、电化学多孔材料、纳米催化剂电极材料/膜材料/膜电极、表面材料与电沉积、电化学腐蚀六大方向，分别对国内外现状、国际合作与交流、发展趋势三方面进行分析，总结存在的主要问题，提出解决思路，并对重点发展方向、总体战略布局及发展机制与政策提出建议，以明确现阶段我国电化学材料科学与技术的发展现状，为本学科今后的发展建设提供借鉴。

第一节　国内外现状分析

一、纳米材料与二次电池电极材料及技术

锂离子电池是一种常见的二次电池（可充电电池），是现代高性能电池的代表，具有比能量高、工作电压高、循环使用寿命长、自放电小等优点（图 3-1）。锂离子电池的发展不仅是适应电子器件的发展和满足汽车产业革命的需要，也关系到我国的能源产业安全和健康发展。我国锂资源丰富，为开发锂离子电池创造了有利条件。我国自 20 世纪 80 年代初期开始进行锂离子电池的研发工作，经过多年的努力，在一系列国家政策的支持下，我国的锂离子电池产业有了长足发展，初步形成了包括原料制备、设备制造、电池加工和出口贸易以及下游产品的产业链。与此相适应，电池材料产业快速发展，基本形成了与之配套的产业集群。我国正逐步发展成为锂离子电池正、负极材料生产大国，不仅满足了锂离子电池产业的需要，还为大规模储能电池的发展创造了有利条件。

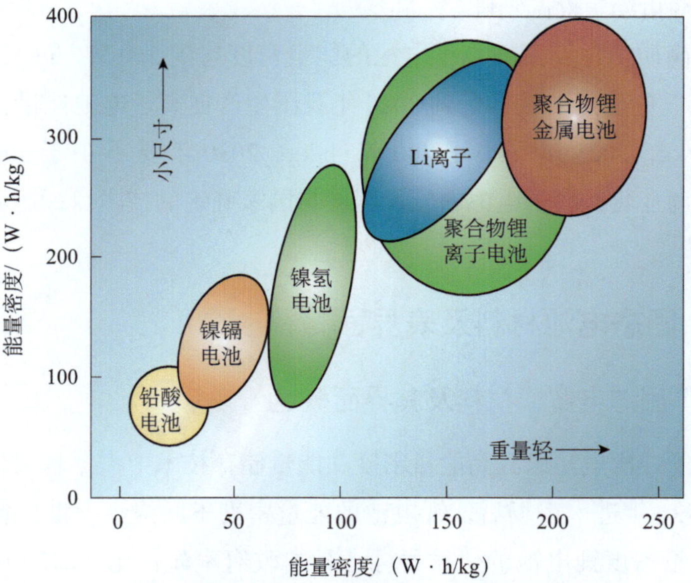

图 3-1　锂离子电池与其他常用二次电池能量密度比较[1]

全球锂离子电池产业主要集中在中国、日本、韩国三国，三者占据了全

球 97% 左右的市场份额。从 2015 年开始，在中国大力发展新能源汽车政策的带动下，中国锂离子电池产业规模迅猛增长，2015 年已经超过韩国、日本，跃居全球首位，2018 年中国锂电池出货量达 102 GW·h。但总体而言，我国锂离子电池产业在技术先进程度和市场竞争力方面与日本、韩国还有较大差距。

近年来，锂离子电池的发展显示出以下趋势：

（1）加速融合新技术：随着锂离子电池在各领域的应用日趋广泛，尤其是在电动汽车、新能源、军事等领域逐步推广，各国以及各大企业纷纷加大研发支持力度。与此同时，石墨烯、纳米材料等先进材料制备技术不断完善，与锂离子电池研发加速融合，涌现出多项新技术和新产品。

（2）新电池技术不断问世：随着移动电子设备和电动汽车的快速发展，人们对锂离子电池提出了更苛刻的要求，比能量不高、充电时间长、易起火等弱点不断凸显。针对锂离子电池存在的诸多问题，尤其是锂离子电池能量密度和安全性能亟待提升，近年来国内外科学家研发出多种新型电池技术，如柔性电池技术、固体电解质技术、可自修复电池技术等，以期在未来的新能源汽车等市场中抢占先机。

如今高质量的商用锂离子电池的能量密度达到 260 W·h/kg，但“中国制造 2025”中确定的目标是到 2020 年我国生产锂离子电池能量密度不小于 300 W·h/kg，2025 年不小于 400 W·h/kg，2030 年要不小于 500 W·h/kg，可见目前商业化锂离子电池的能量密度与国家确定的技术目标还存在一定差距（图 3-2）。

二、固态电池材料及表界面

（一）固态电解质材料及其界面概述

锂离子二次电池以其高能量密度在能量储存技术中占据越来越重要的地位。自 1991 年进入市场后，锂电池的能量密度不断提高。世界各国先后制订了高能量密度锂电池的研发目标，日本政府率先提出“2020 年纯电动汽车用动力电池电芯能量密度达到 250 W·h/kg，2030 年达到 500 W·h/kg”的目标。2015 年 11 月美国 USABC 计划将 2020 年电芯能量密度目标由原来的 220 W·h/kg 提高至 350 W·h/kg。“中国制造 2025”确定的技术目标是 2020

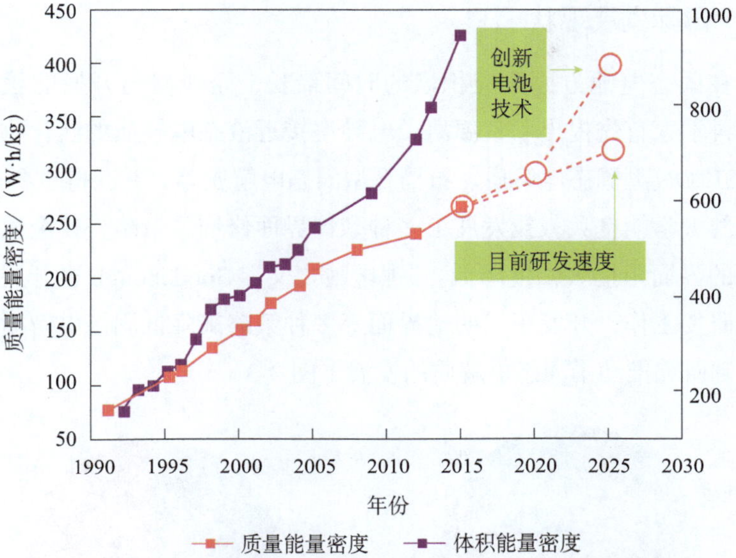

图 3-2 1990～2025 年锂离子电池能量密度发展[2]

年锂电池能量密度到 300 W·h/kg，2025 年能量密度达到 400 W·h/kg，2030 年能量密度达到 500 W·h/kg。在提高电芯能量密度的同时，工作状态下的电池安全性问题显得尤为重要。然而液态电解质本征的可燃性依然是电池安全性的最大挑战。固态电解质由于不可燃、不泄漏、易封装及工作温度范围宽等特性具有更高的安全性和易操作性。固态电解质具有较宽的电化学稳定窗口，当与高电压的电极材料配合使用，可进一步提高电池的能量密度。因此，固态电解质为实现高能量密度和高安全性电池带来了曙光。

目前的固态电解质主要包括聚合物和无机陶瓷两类。这两者各有优劣，聚合物材料的室温离子电导率低（10^{-8}～10^{-5} S/cm），但是与电极材料的界面接触好，界面阻抗较小；无机陶瓷的室温离子电导率高（10^{-6}～10^{-3} S/cm），某些无机固态电解质甚至报道了接近液态电解质的离子电导率（10^{-2} S/cm），但是其与电极材料的接触界面较差，接触阻抗极高，而且其物理脆性限制了无机电解质的大面积制备。研究人员发现，当固态电解质的离子电导率超过 10^{-4} S/cm，电解质厚度不超过 16.7 μm，此时固态电解质的阻抗主要来源于电解质与电极的接触界面[3]。因此，电解质离子电导率的提高和电极/电解质接触界面的改善对固态电池的实际应用非常重要。

（二）国际发展现状

日本在固态电池方面研究积累的时间最长，企业参与开发的程度也很高。日本科学家首先提出了室温离子电导率接近液态电解质的硫化物固态电解质、NASICON 型固态电解质、石榴石型固态电解质等，并获得重要进展[4]。美国马里兰大学胡良兵教授发展了多种亲锂界面修饰的策略，使金属锂和固态电解质的界面阻抗大幅度降低。“锂电池之父”Goodenough 也开展了固态电解质的研发工作，开发了三明治界面等多种策略来降低固态电解质的界面阻抗。基础研究推动了固态电解质的发展［图 3-3（a）］。

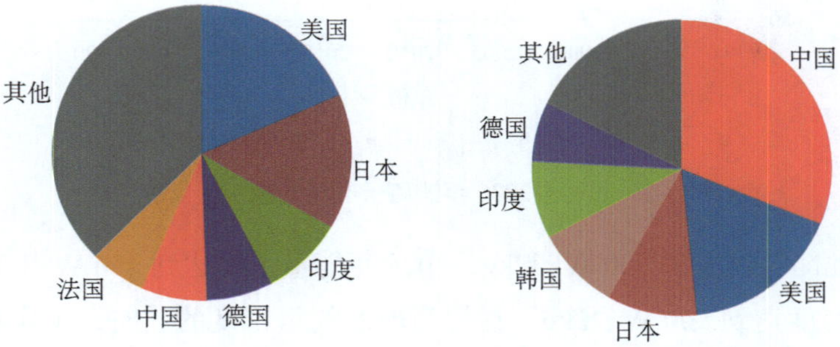

（a）1950～2005年　　（b）2006～2019年

图 3-3　在 Web of Knowledge 数据库中用“solid-state electrolyte”为关键词，搜索各个国家的成果分布

在实际应用方面，丰田汽车公司（简称丰田）、松下电器公司（简称松下）、三星集团、三菱化学公司等电池行业领军企业都积极布局固态电池的储备研发。到目前为止，技术成熟度较高、技术沉淀较深的当属法国的 Bolloré、美国 Sakti3 和日本丰田。这三家公司的聚合物、氧化物和硫化物固态电解质技术也代表了典型技术开发方向。

（三）国内发展现状

国内的固态电解质研究起步较晚，但是随着政府、科研院所和企业的投入加大，大有后来居上之势［图 3-3（b）］。中国存在着巨大的锂电市场，为固态电解质的发展提供了充足的空间，在基础科研和实际应用中都逐步处于领先地位。

为了降低固态电解质的界面阻抗，研究人员提出原位生成固态电解质、有机/无机复合固态电解质等策略有效降低了固态电解质的界面阻抗。清陶（昆山）能源发展有限公司、赣锋锂业股份有限公司、成都国珈星际固态锂电科技有限公司和宁德时代新能源科技有限公司（CATL）都在积极布局固态电池的开发。CATL 固态电解质的主要研发方向为硫化物电解质。清陶（昆山）能源发展有限公司规划了一条离子导体功能陶瓷隔膜—高固含量全陶瓷隔膜—无机固体电解质—全固态锂离子电池的工艺流程，已经与北京汽车集团有限公司开展合作进行中试。随着我国政府在材料、纳米、动力电池、储能等方向布局电池研发，电池和材料企业与高校、研究所的联合开发活动正不断推进加深，我国的研发人员将能够在固态锂电池的基础科学、关键技术、产业化方面做出重要的实质性贡献。

三、电化学多孔材料

（一）多孔材料的定义

多孔材料是指含有一定数量相互贯通或封闭的孔洞的固体材料。根据国际纯粹与应用化学联合会（IUPAC）的定义，多孔可根据孔径分为微孔（<2 nm）、介孔（2～50 nm）以及大孔（>50 nm）三类。其中，微孔又可分为超微孔（supermicro pore，0.7～2 nm）和极微孔（ultramicropore，<0.7 nm）。

（二）多孔材料的发展和应用

电化学能源储存与转换技术是新能源发展中的关键技术，技术核心依赖于相关材料的结构创新与功能集成。不同于传统的热化学反应，电化学反应过程直接发生在电极/溶液界面。由于电极过程涉及电极与电解质间的电量传送，电极材料的基本性质对界面反应的动力学性质有很大的影响。具有高比表面积、独特孔结构和良好导电性的多孔材料能够形成大量电极/溶液界面，是电化学能源储存与转换领域的核心研究方向。

多孔碳材料由于具有电导率高、酸碱及水热稳定性强、比表面积高和孔结构发达等特点而被广泛用作电极材料、电催化剂或催化剂载体，在超级电容器、燃料电池的电极反应及电化学析氢反应等新能源技术的发展中起到举足轻重的作用[5-7]。含氮/氧等元素的有机配体与金属离子通过自组装过程形成的金属有机柱架（metal-organic frameworks，MOF）材料具有超高比表面积和发达的孔道结构，也逐渐引起电化学领域研究者的关注[8]。

多孔材料作为电极活性材料，其孔径、孔连通性、孔分布、孔壁厚及表面化学等性质影响电解液的浸润、离子传输以及离子在活性物质中的扩散，从而影响电极的整体性能。近年来，多孔材料的制备技术发展迅速，已基本实现对孔径、比表面积及部分形貌的精准控制。

多孔碳材料的制备方法主要包括溶液自组装法、活化法、水热法、模板法、固体热解法、气相沉积法、分子动态造孔法等。通过优化合成过程可以获得形貌和结构可控的多孔碳材料，如碳球（空心/实心）、碳纤维、碳片、整体式碳以及杂原子掺杂的多孔碳、碳－金属复合材料等。虽然多孔碳材料的制备取得了较大进展，但应用于电化学储能与转化材料性质还有提升空间[9,10]。例如，多孔材料发达的孔隙往往造成材料导电性和堆积密度降低，影响电荷的迁移和体积能量密度的提升。碳纳米管具有有利于电子导电的高度石墨化碳层和适合电解液迁移的孔道，但比表面积较小，限制了其在超级电容器中的应用。因此发展制备兼具比表面积大、导电性好且振实密度高等特点的多孔材料至关重要，而且其制备方法还必须考虑低成本、高效、绿色可持续及能够批量生产。

对于 MOF 常用的合成方法有溶剂热法、机械力化学法、超声波辅助合成法、微波辅助合成法、电化学法等。溶剂热法是最普通的化学方法，通常是在较高的温度或者是蒸汽条件下通过分子间的接触来使反应发生。该方法一般在水热釜中反应，很难了解整个反应过程。机械力化学法合成 MOF 是通过机械的搅拌或者是物质间的碰撞来传递能量使物质间发生反应，突出特点是无需溶剂或只需添加少量溶剂，但产物与反应物一般较难分离。超声波辅助合成法适合于生产纳米级 MOF 材料，但目前尚处于探索阶段。电化学法合成 MOF 材料具有其他合成方法不具备的优势：金属离子通过阳极氧化原位生成、无序添加金属盐、反应条件温和、反应时间短、设备简单、反应过程可操控等。采用电化学法合成 MOF 材料引起了众多研究者的关注，是制备 MOF 材料最有前景的研究方向之一[11]。但目前有关电化学合成 MOF 材料的研究只停留在制备材料本身，有关电化学合成机理及对 MOF 材料形貌控制研究目前仍是一个挑战。

四、纳米催化剂电极材料、膜材料、膜电极

（一）金属空气电池及催化电极

电化学存储技术在我们的日常生活中扮演着非常重要的角色。在过去的二十几年中，金属空气电池因其能量密度高、材料廉价、环境友好等优点被成功地广泛应用到小型电子产品中。近几年，金属空气电池的应用开始被拓展到电动汽车、混合动力汽车和大规模储能等一些新兴领域，而实现这一应用拓展的关键是新型电极材料及电池制备技术的开发。目前金属空气电池的性能在很大程度上受限于空气电极的电催化性能。由于氧气电催化反应发生在电解液和电极接触的界面上，因此电极材料在微观尺度上的结构与性质直接决定了催化反应、传质过程和电子传递效率[12,13]。传统的金属空气电池电极的制备过程大体可分为合成电化学活性颗粒（即催化剂材料）、制浆、涂布。其中，电极浆料被涂覆在气体扩散碳电极（常用于氢燃料电池）上，以达到较好的气体扩散和电流收集的效果［图 3-4（a）］。传统的气体扩散碳电极在电池充放电过程中，碳材料和高分子电极黏合剂容易被氧化腐蚀，使得负载的催化剂团聚脱落而失去活性，大大降低了电极整体的充放电性能和稳定性。更为重要的是，传统的气体扩散碳电极只能进行二维平面式的电流收集，在很大程度上限制了电极的快速充放电能力。因此，发展性能优异的新型空气电极结构材料，即在制备电催化剂材料的同时能制备得到完整的空气电极［图 3-4（b）］，无需使用传统的电极黏合剂，将成为发展高能量密度、高功率密度金属空气电池领域长期关注的一个重要方向。

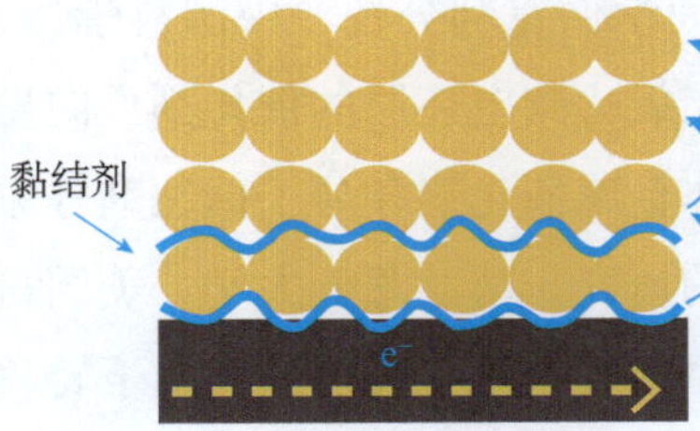

(a) 传统空气电极结构

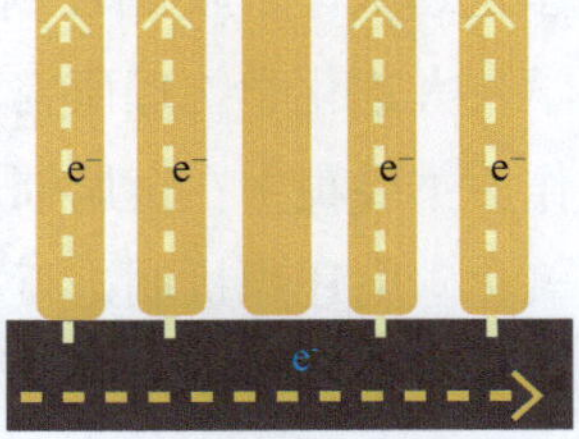

(b) 三维空气电极结构

图 3-4　传统空气电极结构和三维空气电极结构

（二）二氧化碳电化学还原与资源化利用及关键材料

能源、环境和资源是当今世界可持续发展面临的三大主要问题。针对能源问题，可再生能源的发展是解决化石能源最终消耗殆尽后能源供应的必由之路。在环境问题中，每年会有超过 300 亿 t 的二氧化碳排放到空气中，二氧化碳的浓度从工业革命前的 270 ppm① 已经上升到如今的 400 ppm[14]。高浓度二氧化碳引起的温室效应导致全球气候变化，同时大量的二氧化碳会溶解在海洋中，引起海洋生态环境的酸化。

从技术层面，各国政府、环保组织都在积极寻找应对措施，其中“二氧化碳捕集与封存”（简称 CCS），以及“二氧化碳转化与利用”成为两个最主要的研究方向。中国是一个负责任的大国，从《京都议定书》的签署到多哈会议的召开，中国在减少碳排放方面，一直都在履行对全世界人民的庄严承诺。为此，中国也一直非常重视 CCS 技术研发与项目建设。2017 年 3 月底，中国首个大型碳捕集与封存一体化项目开工建设，这一项目每年将捕集 41 万 t 二氧化碳。5 月 23 日，参考消息网援引《金融时报》报道称，中国还有 7 个类似项目正在筹备，未来将可储存共 900 万 t 二氧化碳。中国计划将这些捕集到的二氧化碳，注入日益贫瘠的油田中，可以有效提高油田产量。此外，中国的科技人员们还一直在积极探索新技术，将二氧化碳泵入国内北方日益干旱的平原地区的含水层，以获得剩余的水源。

近年来，电化学还原二氧化碳及能源高效利用的研究在世界范围内引起高度重视，一些重要的研究成果不断涌现。尤其是最近几年，国内外研究机构对于 CO_2 的电还原及资源化利用技术的研究掀起了热潮。美国斯坦福大学、加拿大多伦多大学、美国加利福尼亚大学伯克利分校、中国科学技术大学、中国科学院大连化学物理研究所等在二氧化碳电还原的催化剂方向做了较系统的工作，主要集中在金属催化剂、非金属催化剂和分子催化剂等方面，并对其二氧化碳电还原机制进行了相应的研究。荷兰莱顿大学、美国得克萨斯大学奥斯汀分校、清华大学等对电还原二氧化碳反应机理的电子转移和选择性产物 C_1～C_x 进行了较深入的研究[15-17]。虽然二氧化碳电催化及能源转换技术得到了不断发展，从论文发表数量来看，还处在起步阶段，普遍认为存在

① 1 ppm=1 mg/kg。

很多问题，远未达到商业化应用的要求，仍旧有很多关键科学和技术问题亟待解决。

五、表面材料与电沉积

表面材料与电沉积包含金属电沉积与电镀、金属表面处理、电解等分支，其基本原理是利用电极反应（包括阳极反应和阴极反应）在金属表面形成一层功能性薄膜。因此，表面材料与电沉积是电化学材料科学与技术的重要组成部分。

电镀是其中最主要的部分。电镀的历史已有两百多年，其在机械制造、仪器仪表、电力电子、五金工具等领域发挥了极其重要的作用。电镀的目的是在被处理的材料表面获得功能性薄膜（即镀层）。被处理的材料通常是指钢铁材料，当然也包括铜及铜合金、铝及铝合金、锌合金等金属材料；对于非金属材料，如塑料、陶瓷等，经过特殊的预处理也可以进行电镀。电镀功能性镀层的种类繁多。根据镀层的不同种类，电镀过程中需要采用不同的电镀材料、溶液配方、工艺技术等。这部分内容将在本书第七章中详细介绍。

与电镀相关的金属表面处理工艺还包括化学镀、铝（镁）及其合金的阳极氧化与微弧氧化、电解着色、电解抛光、电铸等。这些工艺主要面临的问题也是如何进一步提高性能、降低成本、减轻污染等，国内外在这些方面也做了大量的研究工作，取得了一些新成果，并在生产中得到一定程度的应用。

作为电镀技术的延伸，电沉积技术近年来得到快速的发展，其在材料制备与材料表面改性方面取得了长足的进步，如电沉积纳米多层膜、电沉积纳米晶镀层、电极材料的表面改性、太阳电池吸收层的制备、电解铜箔的制备、熔盐电解等。这里尤其值得关注的是离子液体电沉积、熔盐电解制备稀土金属等，近年来相关研究论文大量涌现，但应用还很少，主要是受其生产成本较高的限制。

电沉积的研究手段近年来也得到快速发展。这一方面得益于各种先进的分析测试技术，另一方面就是量子化学计算及分子动力学模拟技术在电镀液组成预测及镀层性能模拟等方面的应用。关于电沉积理论方面的研究，近年来发展相对滞后。

电镀行业不可或缺，电镀的发展又受到严格限制，这就使其处于非常尴尬的局面。正因为如此，电镀研究的队伍不断萎缩，国家及地方的投入也相对较少，电镀技术的进步也就相对较缓慢。

六、电化学腐蚀

在自然环境及绝大多数工业条件下，金属材料腐蚀本质上均属于电化学过程，电化学在腐蚀科学研究、腐蚀研究方法及检－监测、腐蚀控制方面均扮演着极重要的核心和前沿作用。腐蚀电化学研究最近在国际上呈上升趋势。主要热点研究表现在：

（1）材料表面钝性及局部腐蚀基础研究仍然作为腐蚀科学的核心方向，受到持久和广泛的关注，借助于现代大型表面表征仪器（如球差电镜、扫描探针显微镜及同步辐射分子光谱等）的发展和应用，材料表面钝化膜微观结构、形成机理及耐腐蚀性能的研究取得新的突破。

（2）材料研究体系更趋于多元化，新结构材料和功能材料不断涌现，快速实现工业应用，材料使用性能的研究也由以传统材料为主的研究向传统材料和功能材料并重的方向发展。腐蚀环境研究也逐渐扩展到更加复杂、特殊、苛刻的条件。

（3）新的防护技术和材料发展快速，包括各种耐腐蚀合金、表面新技术、高性能绿色涂层技术等。

（4）各种新的研究方法和先进仪器不断出现，促进了腐蚀电化学学科的发展，特别是具有空间分辨的腐蚀电化学技术成为热点和趋势，各种原位谱学技术不断发展，腐蚀电化学研究进入微纳米空间尺度及分子水平。深入认识腐蚀过程的电化学本质，对于腐蚀的有效控制和腐蚀的精准检－监测至关重要。

第二节　国际合作与交流分析

一、锂离子电池

当前最主要的国际合作与交流为每两年举行一次的国际锂电会议。其旨在促进国际合作和交流，为在锂离子电池领域工作的科学家和工程师提供一个讨论锂离子电池相关基础研究和技术革新的论坛。这些会议和交流认为，具有较好安全性和循环性能的磷酸铁锂正极材料和具有较高倍率特性的纳米电极材料依然是锂离子电池电极材料的研究热点。富锂锰基材料、钛酸锂材料、尖晶石材料和纳米硅负极材料也已成为新的研究热点，而锂硫电池、锂空气电池和超级电容器等新型储能体系正在引起大家的广泛兴趣和关注。我国目前在上述领域处于世界前列，优势突出。例如，在电动汽车领域，万向集团公司为上海世博会提供了电动汽车和混合动力汽车用锂离子电池；上海汽车除了与比亚迪、上海空间电源研究所持续进行深度合作，同时还与全球锂二次电池领域居于技术领先地位的美国 A123 组建了合资公司，生产和销售车用动力电池系统。

二、固态电池材料及表界面

世界各国对固态电池的研发充满热情，有许多重大的项目布局，包括“中国制造 2025”、日本 RISING 项目、美国“Battery 500 Project”等。但是，固态电池在基础理论和工程应用方面进展缓慢，迫切需要国际合作与交流。高校和科研院所之间的交流较多，每年固态电池方向的大型国际研讨会有几十场，而企业相对较封闭，技术交流较少。日本的研究成果公开交流程度有限。德国宝马公司已经宣布与美国固态电池公司 Solid Power 合作开发电动汽车的下一代固态电池。中国固态动力电池技术将极有可能打破国外的封锁，成为引领尖端技术发展的决定性力量。2018 年 1 月 22 日，长春劲能科技集团有限公司（中国）与 HQ（加拿大魁北克水电公司，全球最大的发电公司之一）于北京签署中加全固态锂电池技术合作协议，合成常温耐高电压聚合物全固态电解质。

三、表面材料与电沉积

电镀在国际合作与交流方面的渠道很多，其中包括每四年召开一次的“世界表面精饰大会”和“亚太表面精饰大会”、每年一次的“美国电镀及精饰学会年会”。另外，国际电化学会（International Society of Electrochemistry，ISE）组织的年会也有电镀方面的分会场；轮流在上海和广州举办的“国际表面处理、电镀、涂装展览会”也充分展示了国际上最新的研究成果，促进国际交流与合作；我国举办的“全国电镀表面精饰会议”“全国电子电镀年会”等也都邀请国外专家参加，并就电镀热点问题进行交流。此外，国际上有影响的电镀产品、设备公司纷纷在国内设厂、办公司，也极大地推进了我国电镀行业与国外同行的合作与交流。在学术界，通过举办双边学术会议，以及邀请国外专家来访，很好地带动了我国电镀工作者与国外同行的交流与合作。

第三节　发展趋势分析

一、纳米材料与二次电池电极材料及技术

锂离子电池已经成为手机、笔记本电脑等便携电子产品的主流电源。另外，在传统能源日渐枯竭与环境保护日益强化的双重压力下，能源生产和使用的方式正在发生巨大变革，如使用太阳能、风能、潮汐能等新型清洁能源。所以，发展混合动力汽车或纯电动汽车也对高性能储能系统提出了迫切需求。随着新材料技术的发展，锂离子电池在日常使用及专业领域中的份额逐年上升，促进了锂离子电池技术的进一步发展。目前面临着以下主要挑战：①在未来 20 年，为了适应不同的储能环境，锂离子电池必将向多品种及特种电池应用的方向逐步改进；②高安全性、高效率、长寿命、低成本仍然是锂离子电池技术发展的方向和追求目标；③发展高性能低成本电池材料及相应的电化学体系、探索高效加工生产技术和促进产业链技术整体进步是锂离子电池技术获得突破的有效途径；④随着纳米技术的发展与成熟，电极材料的纳米化将使得锂离子电池中的电化学反应需进一步深入研究，使得锂离子电池存在的问题将从本质上得以解决，从而将设计出性能更加优越的锂离子电池。

二、固态电池材料及表界面

固态电解质可分为有机聚合物电解质、无机陶瓷类电解质以及最近出现的复合电解质。固态电解质的应用需要满足诸多条件，包括高离子电导率、宽电化学窗口、低界面阻抗和优异的机械性能等。各个固态电解质特性差别巨大（图 3-5）。

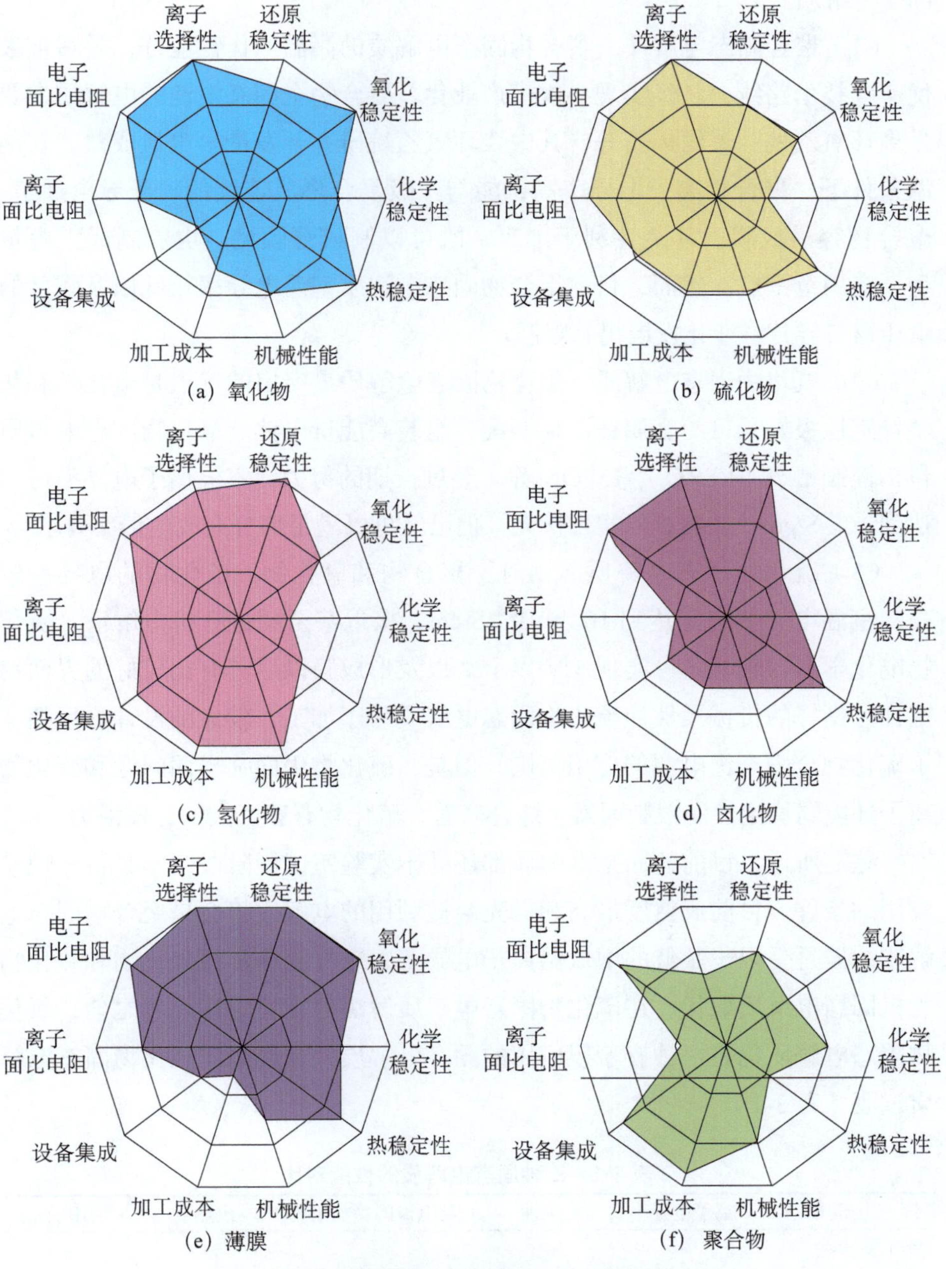

图 3-5　不同类型固态电解质材料特性对比 [18]

业界相对看好的主要有聚合物固态电解质、氧化物固态电解质和硫化物固态电解质。

（1）聚合固态电解质。聚合物固态电解质的高温工作性能好，是目前最优产业技术路线，已经实现小规模产业化。聚合物全固态电池的电解质主要是聚环氧乙烷、聚丙烯腈等，其中聚环氧乙烷研究开发最早也最成熟。在高温条件下，聚合物离子电导率高，能与正极复合形成连续的离子导电通道。聚合物容易成膜，其柔性利于加工，既可以制成薄膜型，也能制成大容量型，应用范围广。然而，目前聚合物固态电解质室温电导率较低以及较低的电压窗口导致产业化发展仍有限制。

（2）氧化物固态电解质。氧化物固态电解质最突出的优点是电化学和化学稳定性极好，可与金属锂电极匹配，组装高能量电池。氧化物固态电解质包括锂镧锆氧（LLZO）、LiPON 等。经过长期的努力，室温离子电导率可以达到 10^{-4} S/cm，虽然难以实现快充，但已经可以满足部分充放电倍率要求。

（3）硫化物固态电解质。相对于聚合物和氧化物，硫化物的电导率较高，室温电导率有望达到 10^{-3}～10^{-2} S/cm，接近甚至超过有机电解液。硫化物电化学窗口较宽（可实现 5 V 以上）以及形成膜以后具有比较好的界面稳定性。良好的机械柔性使硫化物固态电解质易于加工，较大的设计弹性拓宽了硫化物全固态锂电池的应用范围。但是，硫化物仍面临界面问题和硫化物离子环境弱稳定性的限制因素。综合来看，硫化物有着巨大的开发潜力。

综上所述，目前的固态电解质都还处于实验室试制阶段，不具备大规模应用的条件。目前成熟度最高和最先会被利用的电解质将会是聚合物固态电解质，但是受限于其低的中低温离子电导率，它将会逐步被氧化物和硫化物无机固态电解质取代。在硫化物固态电解质解决对锂稳定性问题之前，氧化物固态电解质仍是一种有希望应用的固态电解质，并最终向硫化物固态电解质过渡（表 3-1）。

表 3-1　三种固态电解质的性能对比

固态电解质类型	离子电导率	柔性	与电极的接触阻抗	成熟度	应用前景
聚合物	+	+++	+	+++	+
氧化物	++	+	+++	++	+
硫化物	+++	++	++	+	+++

注：“+”越多，代表此项数值越大。

三、电化学多孔材料

多孔碳材料最早应用于超级电容器，也是目前研究最广泛的电极材料。尽管碳材料的高比表面积提供了极其丰富的表面电化学活性位，但多孔碳材料的比表面积并不是决定超级电容器性能的唯一因素，其中孔道结构及材料的表面化学性质共同制约着比表面积利用率。依据双电层电容储能特性，电化学作用仅发生在材料表面，材料内部没有储存电荷过程，这从本质上制约了超级电容器能量密度的提高。因此，在保持高功率特性的同时进一步提高其容量是目前基础研究和产业化开发的主要方向。通过对多孔碳材料的形貌、维度、尺寸、孔结构和表面化学进行合理的设计，可以提高电极材料的动力学特性和结构稳定性，最终使电化学储能器件的容量、倍率性能及循环稳定性得到显著改善[19,20]。

MOF 结合了有机多孔材料和无机多孔材料的特点，但导电性欠佳及在水溶液中的稳定性问题影响了 MOF 材料的电化学应用。近年来，人们发展了多种方法以期获得导电性与稳定性更优异的 MOF 及其衍生材料。例如，人们将 MOF 与具有高导电能力的高分子聚合物与石墨烯、碳纳米管等进行复合；对 MOF 表面进行化学修饰，使用具有多个苯环平面共轭结构的配体；直接高温热解转化为相应碳基材料等。MOF 通过高温热还原能一步获得具有高电化学活性和高导电能力的金属/氧化物/碳化物/氮化物多孔碳复合结构，而且使硫（S）、氮（N）等元素的原位掺杂成为可能，再加上合成过程中组分和结构的易调性，MOF 已成为制备非贵金属/多孔碳复合电极材料的理想前驱体。

如果能够直接制备导电 MOF 材料，那么 MOF 材料在电化学领域的应用必将有新突破。2017 年年初，Mircea Dincă 课题组将导电 MOF$Ni_3(HITP)_2$ 应用到超级电容器中。在该 MOF 材料中，镍与四个氨基配位形成一个共轭的共平面结构，配体具有一个离域的大 π 键，这种结构能够保证电子的传输，因此具有导电性能。对于存在有机配体的 MOF 材料，电压窗口受限于有机配体的氧化和还原电位。因此，尽管在电压窗口比较宽的有机电解质中，其电压窗口也仅为 1.5 V。而且，微孔 MOF 在传质方面不具备优势，研究人员由此将多级结构引入 MOF 材料中以希望能够改善这方面的性能。通过传统的软硬模板法来构筑 MOF 材料的多级结构比较困难，而将导电 MOF 生长在导电三维基底上比较可行。例如，将导电 MOF-Cu-CAT 生长在碳纸上，利用导电 MOF 纳米阵列作为唯一电极材料可构建具有高面积电容的对称型固态超级电容器。与粉体材料相比，这类纳米结构电极可以显著降低体系电阻及界面间电荷转移电阻，有效提高纳米阵列与电解质间的电荷转移速率。以上结构优势可大幅提高器件整体性能，尤其可获得很高的倍率电容。

燃料电池通常需要使用电催化剂来降低 ORR 反应的过电位从而提高反应的活性。在 ORR 催化剂的设计中，载体材料的选择对催化剂的性能起到关键作用。多孔碳材料具有耐酸碱稳定性、导电性及高比表面积的特点，不仅化学结构稳定、电子传输快且有利于活性中心分散和活性中心密度提高，是最具有应用前景的 ORR 催化剂载体，并且多孔碳材料本身对 ORR 具有一定的电化学催化活性。通过优化碳载体材料的结构，掺入硼（B）、N 等杂原子以及引入铬（Cr）、钴（Co）等金属与 Pt 形成合金及 W_2C、MoC 等物质与碳材料协同作用促进铂/碳的 ORR 催化性能[21,22]。另外，非贵金属 ORR 催化剂越来越受到重视，有望替代贵金属催化剂实现燃料电池在各领域的推广应用。这类催化剂包括氮掺杂多孔碳材料、含氮的过渡金属复合物及其裂解产物、基于导电聚合物的催化剂、过渡金属硫化物、金属氧化物/碳化物/氮化物/氮氧化物/碳氮化物等。

近年来，导电 MOF 也被应用在电催化剂上[23]。相对于其他电催化剂来讲，导电 MOF 不仅能对活性位进行精准调控，而且能够实现高密度负载。就目前报道的导电 MOF 材料来看，大部分的导电 MOF 材料属于二维结构，这种结构特性使得导电 MOF 能与多种材料进行有效复合。另外，配体和金属能形成配位键，而金属和氮配位（如 $Fe\text{-}N_4$、$Co\text{-}N_4$ 等）具有很好的 ORR 活性。

四、纳米催化剂、膜材料、膜电极

（一）金属空气电池电极材料

新型三维电极结构材料设计不仅可以作为一种改善金属空气电池性能的高效方法，而且有望适用于电化学清洁能源体系，如用于二氧化碳还原制备有机燃料、电解水制氢等。因此发展一种具有高活性、高稳定性和低成本的三维电极体系具有良好的普适性与推广意义。一旦实现产业化，它将产生不可估量的社会、环境和经济效益。三维一体化电极是指不使用黏结剂、催化活性材料与集流体紧密接触，能直接用于能源存储与转换的电极。这类电极通常有开放的框架结构、无电化学惰性黏结剂附着、活性材料不易脱落等特点，使得一体化电极有高稳定结构、大比表面积、丰富的电化学活性位点等优势，电极电化学性能也常表现出优于常规方法制备的电极[24]。目前报道的大部分三维电极研究工作主要集中在以下几个设计方向：构建三维多孔网络碳基集流体，然后在此三维碳基集流体上包覆或原位生长填充大量的电化学活性组分[25]；增大电极材料的比表面积，提升电化学活性组分的担载量，从而提高整体电极的电流密度[26]；由一维或者二维活性材料自组装的三维活性结构[27]。国内外许多研究课题组也开始由传统的电催化剂设计和制备纷纷转向设计合成一体化高效三维电极的研究工作上，并取得了重要的研究进展，其中包括中国科学院长春应用化学研究所的张新波课题组和澳大利亚阿德莱德大学的乔世璋课题组等[28,29]。

（二）二氧化碳电化学还原与资源化利用关键材料

近年来，电化学还原二氧化碳的研究在世界范围内引起足够的重视，研究主要集中在催化剂、反应机理的研究方法和手段等方面，取得了重要研究成果。早期二氧化碳电化学还原的研究主要集中在多晶单金属催化剂，但是多晶单金属催化剂存在选择性不高、能源转换率低、稳定性较差等缺点，新的催化剂电极（如纳米结构金属、离子改性金属、双金属、非金属材料、金属氧化物、有机－无机杂化多孔材料等新型催化剂）也被证明是非常有前景的电化学还原二氧化碳材料，代表了二氧化碳电化学还原的趋势。相对而言，作为另一大类的有机金属化合物催化剂与金属单质、金属氧化物和合金催化剂在结构上有很大不同，合成技术和应用条件方面的要求也不相同。

对于二氧化碳电化学还原反应，发展高活性、高选择性和高稳定性的电催化剂电极及其催化体系的一个主要障碍是缺少对电化学反应过程机理的深入理解，从而无法从本质上设计、构建催化剂电极。尽管动力学现象、原位表征技术和密度泛函理论（DFT）计算已经被应用于电化学二氧化碳的反应机理研究，但是因为反应体系的复杂性、电还原过程的不确定性、电子转移和自由基测定的困难性等，二氧化碳电还原及能源转换的具体反应途径还未彻底清楚。因此，在二氧化碳电化学还原反应的中间体与催化剂表面原子结构之间的相互作用、活性位点的电子配体和催化行为、电子转移和自由基的捕获测定，反应产物的高效选择和能源利用效率等方面还需大量的研究投入。只有深入研究二氧化碳电化学反应过程的机理和机制，才能设计出 CO_2 还原的高性能电催化剂及其电催化体系。

从国际上看，绿色低碳发展已经成为国家发展的主流。各国都在积极推动能源体系向清洁、低碳、新能源方向发展。2009 年，欧盟提出的“能源和气候变化一揽子计划”作为欧盟法律正式开始实施。德国 2011 年发布的能源转型目标提出，2050 年一次能源消费比 2011 年减少 50%。美国议会在 2014 年开始讨论要求电力部门 2030 年碳排放总量下降 20%～30%。这些发达国家和地区低碳目标的制定和开展，对低碳及碳循环技术发展起着巨大推动作用。通过二氧化碳化学回收的方法实现碳循环，从而得到的可再生甲醇燃料以及其他小分子原料，可同时解决全球气候变化及化石燃料枯竭的两大问题。

五、表面材料与电沉积

电镀是重污染行业，我国近年来对环境保护的重视程度又空前高涨，因此对电镀行业提出了越来越高的要求。同时，相关行业的发展又给电镀行业提出了各种各样的要求，就势必要求电镀工作者伺机而动，及时跟进。为此，电镀、电沉积方向的发展趋势应该是:

（1）继续开发新工艺、新技术。以无氰化物电镀工艺替代氰化物电镀工艺；以无铬钝化工艺替代铬酸盐钝化工艺；以三价铬电镀工艺或电镀合金工艺替代铬酸盐电镀工艺；以无铅电镀工艺替代电镀 Pb-Sn 合金工艺，等等。从而实现电镀行业全面淘汰氰化物、Cr^{6+}、Pb^{2+} 等重污染物质，促进电镀清洁生产。

（2）继续改进电镀工艺，降低电镀过程的能源消耗，减少用水量，提高生产效率，降低生产成本，增加企业效益。

（3）注重资源合理利用，以电镀廉价金属及其合金替代贵金属电镀。

（4）继续改进和完善电镀设备，提高自动化程度，逐步实现智能化生产。

（5）加强电沉积新技术的开发，寻找突破点，使其在新材料、新功能材料领域获得更加广泛的应用。

（6）加强电镀理论研究，运用先进的计算与模拟技术开展新工艺、新技术的研发，形成相应的研究体系。

六、电化学腐蚀

近年来腐蚀电化学快速发展源于以下几个原因。

（1）需求强烈。无论是腐蚀科学的研究、材料的设计、制造及工业应用，腐蚀的评价、检测、监测，还是腐蚀的防护和控制，均有赖于腐蚀电化学的理论基础及其不断发展。

（2）现代科学技术的飞速发展和成就，为腐蚀研究进入更高的层次提供了强有力的实验平台和工具，各种原子/分子水平、微/纳米空间分辨及腐蚀动态层次的研究仪器手段不断涌现和成功应用，加深了对腐蚀现象的认识。

（3）当今飞速发展的纳米科技、材料科学及制造技术等领域及新成果为材料腐蚀的高效控制提供了强大的基础和支撑。

（4）随着人类活动空间的扩展和延伸，越来越多极端复杂条件（如深海、空间、辐照、人体内等）的腐蚀问题亟待解决，腐蚀电化学研究及保护需求高涨。

第四节　存在的主要问题与解决思路

一、纳米材料与二次电池电极材料及技术

（一）正极材料

常见的正极材料（如 $LiCoO_2$、$LiMn_2O_4$、$LiFePO_4$）存在着电压平台较低、电导率较低以及功率密度/能量密度比较低等缺点。通过将上述电极材料纳米化，很好地缓解锂离子电池脱嵌带来的体积效应，缩短锂离子的传输途径，显著提高电池的倍率性能和功率密度。在许多情况下，纳米材料的上述性质比其相应的体相材料优越得多。目前几种典型的纳米正极材料如下。

1. 零维纳米结构

现有的锂离子电池正极材料，如 $LiCoO_2$、$LiFePO_4$ 以及一系列其他氧化物、磷酸盐、钒酸盐等，因导电率低和离子扩散性能差，严重影响了它们的倍率性能提高。纳米粒子比表面积大，有利于缓冲充放电过程体积变化，同时纳米粒子的比表面积效应也有利于更多的锂离子插入，可以增强倍率性能和循环稳定性。因此对正极材料进行纳米化，可以大大提升活性物质的倍率性能及活性物质的利用率。例如，研究发现粒径在 20～100 nm 的 $LiCoO_2$ 具有良好的电化学性能，特别是其高倍率充放电性能优越。在 50 C 的放电倍率下，其放电比容量可达 100 mA·h/g。纳米结构的 $Li_3V_2(PO_4)_3$ 和多孔隙碳材料（粒径＜50 nm），在电压 3～4.3 V 范围内循环，速率为 1 C 时可逆的放电比容量达到 122 mA·h/g，在 32 C 的速率下，放电比容量维持在 83 mA·h/g。$LiFePO_4$@C 核壳纳米粒子（20～40 nm）能表现出高倍率性能和良好的循环性，在 60 C 时放电比容量达到 90 mA·h/g，0.6 C 下比容量为 168 mA·h/g，循环 1100 周后放电比容量损失小于 5%[30,31]。

2. 零维纳米材料在锂离子电池正极中仍存在的问题

在进行循环充放电时，锂离子的插入与脱插会引起纳米颗粒的体积膨胀和收缩，从而破坏纳米结构，使得容量衰减；由奥斯特瓦尔德熟化造成纳米结构的团聚导致不可逆的容量损失。因此，循环稳定性差的问题仍需要解决；表面包覆方式可增加稳定性，但会阻碍锂离子的传递，增加离子传递阻力，从而损失可逆容量。

3. 解决锂离子电池零维正极材料缺陷拟可采用的方法

研究具有优良锂离子传输特性的包覆材料，使得包覆不会导致锂离子传输阻力过大而导致电化学性能的损失；从材料的本质上入手，开发性能优良的锂离子电池正极材料；将零维纳米粒子进行组装，复合成多级结构，如超晶格等，以提高纳米材料的循环稳定性。

4. 一维纳米结构

一维纳米材料因其高比表面积及形态可控等特性展现了独特的优越性，因此成为研究的热点。一维纳米材料的应用显著改进了锂离子电池的各种电化学性能，越来越多地被应用到锂离子电池中。利用各种不同的物理化学手段已经制备出一系列具有一维纳米结构的新型材料。一方面，纳米材料高的比表面积有效地降低了材料的极化程度，促进了锂离子在电极中的扩散，使得电极呈现出优越的电化学性能；另一方面，纳米级尺寸缩短了锂离子的扩散路径，可大大提高锂离子电池功率和能量密度。例如，一维纳米结构的氧化钒能够较大地改善锂离子电池的性能，$Li_xV_2O_5$ 纳米带具有较高的初始放电比容量（490 mA·h/g），循环 50 次后比容量仍能保持在 400 mA·h/g 以上。多孔 V_2O_5 纳米管能为频繁流经界面的锂离子提供短的扩散距离和大的接触面积，在能量密度高达 201 W·h/kg 的同时可展示高达 40.2 kW/kg 的功率密度。棒状 $LiMnO_2$ 纳米晶在 0.1 C 放电倍率和 2.2～4.4 V 电压下，20 次循环后最大比容量可达 184.2 mA·h/g，且容量保持率达 94.8%[32-34]。

5. 一维纳米材料在锂离子电池正极中仍存在的问题

在进行循环充放电时，锂离子的插入与脱插仍会引起体积的膨胀和收缩，从而破坏一维纳米结构，特别是一些较细长的一维纳米结构；材料本身的锂离子存储容量不高，导致可逆容量不能满足实际要求。

6. 解决锂离子电池一维正极材料缺陷拟可采用的方法

开发出具有优良锂离子导电性的包覆材料，对一维纳米材料进行表面包覆，从而避免充放电中由于纳米粒子体积膨胀导致的结构崩塌，并且不影响其可逆容量。从本质上入手，结合计算化学、材料基因库技术，研究具有优良锂嵌入－脱嵌的材料，从本质上提升材料的可逆容量和循环稳定性。

7. 二维纳米结构

二维纳米片具有较大的比表面积以及较短的锂离子传输路径，故二维纳米结构的电极材料能很好地抑制锂离子嵌入－脱嵌过程中发生的容积变化。二维纳米片具有较高的比表面积，有利于电极材料与电解液的接触，同时缩短了锂离子与电极的迁移距离。例如，层状 $LiMnO_2$ 在 2.5～4.3 V 充电，可逆容量为 200 mA·h/g 左右。在 200 mA/g 电流密度下循环 130 次后，比容量依旧保持在 1450 mA·h/g 左右，远远高出了其理论容量，即使在高电流密度下也表现出很好的循环效率。将二维纳米流体结构引入氧化钴负极材料，也可提高材料的倍率性能。通过阴离子基团表面修饰氧化钴纳米片，可促使纳米片组装成能够自支撑的层层堆叠结构，为锂离子的传输提供二维流体通道。通道内壁的负电基团会选择性吸引锂离子，排斥负电离子，加速锂离子的传输。研究发现，流体通道纳米片的离子电导率比块体材料增大几个数量级，电池的倍率性能得到大幅度提高[35-37]。

8. 二维纳米材料在锂离子电池正极中仍存在的问题

当锂离子嵌入电极材料时，纳米片的晶格发生膨胀，导致纳米片发生断裂、粉化，加之纳米材料固有的高表面能，粉化的纳米片进行二次团聚会大大影响材料的电化学性能。当二维纳米电极材料的结晶化程度不高时，储锂机制复杂，不同储锂机制对应的电位范围不同，由此导致材料的嵌脱锂电位范围宽，电池电压不稳定。

9. 解决锂离子电池二维正极材料缺陷拟可采用的方法

开发具有结构稳定性的新型二维纳米材料，锂离子在电极材料晶格间进行嵌入－脱嵌时不会导致纳米片断裂、粉化；在不牺牲电化学性能的情况下提高二维纳米电极材料的结晶化程度；利用表面化学策略对二维纳米正极材料进行修饰，提高其电化学稳定性以及改善锂离子的亲和力，稳定电池电压。

10. 三维（分级）纳米结构

三维（分级）纳米结构是利用纳米孔道和纳米电子导电网络分别实现纳米尺度上 Li^+ 和电子的快速输运，从而构筑出纳米级的 3D 离子/电子混合导电网络；以该纳米网络作为结构基元，并与导电添加剂复合形成微米级的 3D 混合导电网络，从而实现锂离子和电子的高速输运与存储。例如，将 $LiFePO_4$ 纳米颗粒分散在多孔碳 3D 导电网络中，可开发出具有 3D 混合导电网络结构的高倍率正极材料。多孔纳米分级结构的 $LiMn_2O_4$ 在 0.5 C 时的起始容量为 131 mA·h/g，200 次循环后为 118 mA·h/g，具有良好的电化学性能。多孔三维 MnO_2 纳米结构在 15 mA/g 和 300 mA/g 放电倍率下，首次放电容量分别可达 284 mA·h/g 和 195 mA·h/g，50 次循环后，容量分别为 210 mA·h/g 和 180 mA·h/g，并具有优越的循环稳定性[37-39]。

11. 三维分级纳米材料在锂离子电池正极中仍存在的问题

材料的合成需要模板等前驱体，造成流程过长，制备成本升高；在锂离子的嵌入－脱嵌过程中，部分框架由于难以经受锂离子的脱嵌而导致结构崩溃；材料的本征化学性能较低，仅改变纳米结构对性能提升有限。

12. 解决锂离子电池三维正极材料缺陷拟可采用的方法

选择合适的制备方法，改进合成手段，简化工艺流程，实施对三维结构的精确调控；采取适当的方法有效抑制电化学循环过程中三维分级纳米结构的破坏；从材料上入手，在众多的纳米正极材料中找出最有应用价值和前景的材料，真正实现正极电化学性能的实质性突破。

（二）负极材料

石墨是锂离子电池最常用的负极材料，但是石墨的理论容量只有 372 mA·h/g[33]。为了提高锂离子电池的负极能量和功率密度，目前一系列的锂离子电池负极材料都已被开发，相应的容量如图 3-6 所示 [34]。在众多负极材料中，具有电活性的过渡金属氧化物、金属硫化物、硅、锡等备受关注。然而充放电循环过程由于嵌锂和脱锂导致电极材料巨大的体积变化，是众多负极材料在锂离子电池实际应用中遇到的最大问题。研究发现，具有纳米结构的负极材料相对于传统常规负极材料有着众多优异的特性，因为纳米粒子的比表面积大，有利于缓冲充放电过程体积的变化。纳米粒子的比表面积效应也有利于更多的锂发生插入。例如，纳米结构的电极材料更加适应锂离子嵌入－脱嵌过程中发生的容积变化，由于其具有较高的比表面积，也更有利于电极材料与电解液的接触，同时还缩短了锂离子与电极的迁移距离。

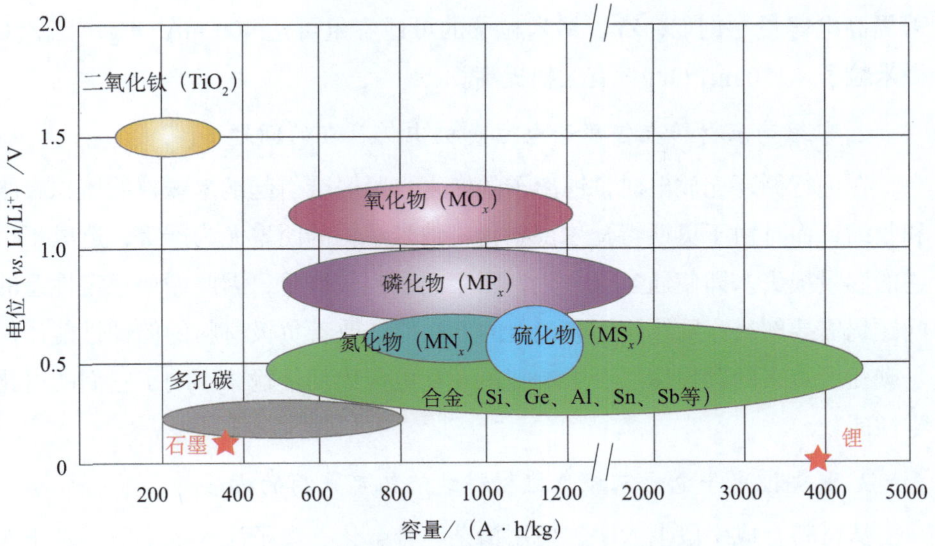

图 3-6　锂离子电池活性负极材料容量示意图 [40]

将锂离子电池负极纳米化，从而改变电化学性能的几个重要解决方案如下所述。

1. 零维纳米结构

现有的锂离子电池负极材料，如 Sn、Si 以及一系列其他氧化物、硫化物等，虽然具有良好的充放电平台和安全性能，但电导率低和离子扩散性能差等严重影响了其倍率性能的提高。纳米粒子的比表面积大，有利于缓冲充放电过程体积的变化，同时纳米粒子的比表面积效应也有利于更多的锂离子插入。研究发现，减小粒子的尺寸到纳米级可以增强倍率性能和循环稳定性。因此将正极材料进行纳米化，可以大大提升活性物质的倍率性能及活性物质的利用率。例如，金属锡及其合金具有很大的可逆负极储锂容量，但在充放电过程中体积变化比较大，因此在锂的可逆插入和脱插过程中锡粒子发生粉化，结构受到破坏，导致容量迅速下降。用液晶模板法将锡制成纳米粒子（粒径在 3～10 nm），这样锂的插入和脱插产生的膨胀与收缩不会破坏纳米锡的结构。硅的可逆容量高，但是循环性能不理想。采用 Si/SiO 核壳纳米粒子复合材料，能显示出比纯 Si 材料更高的充放电容量和库仑效率。SiO 壳层将 Si 包覆可阻止 Si 纳米颗粒间发生团聚，从而获得良好的循环性能，在 0～1.0 V（*vs.* Li）电位区间可逆容量有 400 mA · h/g[41-43]。对于一些过渡金属氧化物，将它们用作锂离子电池的负极材料也是重要的方向。将它们制备成纳米粒子后，可显著提高电容量。例如，ZnO 纳米粒子的可逆容量可达 400 mA · h/g，比 ZnO 微米粒子（150 mA · h/g）有大幅提高。

2. 零维纳米材料在锂离子电池负极中仍存在的问题

在进行循环充放电时，锂离子的嵌入与脱嵌会引起纳米颗粒的体积膨胀和收缩，而且由于奥斯特瓦尔德熟化，纳米结构的团聚尤为严重，造成不可逆的容量损失。即使通过合金化，团聚问题也较严重，因此循环稳定性差的问题仍需要解决：虽然使用碳包覆的方法能够改善负极材料的储锂性能，但是碳化所带来的碳包覆层会影响载流子在电极内的传输，影响了它们的电化学性能。

3. 解决锂离子电池零维负极材料缺陷拟可采用的方法

从材料合成手段上入手，使用掺杂、合金化、离子注入等手段，真正实现正极电化学性能的实质性突破；将零维纳米材料与其他材料复合，使颗粒与颗粒之间分开，构筑分级结构，防止锂离子嵌入－脱嵌过程中发生的团聚；研究具备高锂离子传导性与电导率的包覆层材料，使得在包覆时不损失可逆容量的同时能提高稳定性。

4. 一维纳米结构

一维纳米结构具有较大的比表面积，使得它有利于电极材料与电解液的接触。同时，大的比表面积还缩短了锂离子与电极的迁移距离，电子在材料中的传递阻抗也会大大减小。例如，一种锡/碳纳米线能够减弱锡体积变化效应，从而避免嵌锂和脱锂过程中电极的粉碎和破裂。在3000 mA/g的电流密度下循环1000圈后，Sn/C电极的可逆比容量仍可达537 mA·h/g。Co_3O_4@TiO_2核壳纳米棒电极材料作为锂离子电池的负极比容量高达1279 mA·h/g，在电流密度为200 mA/g时循环100次之后比容量仍达803 mA·h/g。电流密度为1000 mA/g时比容量为520 mA·h/g。一维单晶多孔$FeCo_2O_4$纳米针阵列作为锂离子电池负极材料，它的库仑效率达92%～95%，在电流密度为200 mA/g时比容量高达1962 mA·h/g，在电流密度为2000 mA/g时比容量达875 mA·h/g[44-46]。

5. 一维纳米材料在锂离子电池负极中仍存在的问题

当锂离子在电极材料中嵌脱时，纳米材料的晶格发生膨胀与收缩，导致纳米结构断裂，将会大大影响材料的电化学稳定性。即使有其他物质包覆，虽然稳定性提高，但是可逆容量仍然有所损失。

6. 解决锂离子电池一维负极材料缺陷可采用的方法

开发具有新化学结构的材料，真正实现正极电化学材料性能的实质性突破。与其他材料复合，构筑一维分级结构，防止活性材料在锂离子嵌入－脱嵌过程中发生的团聚。研究兼具高锂离子传导性与电导率的包覆层材料，使得不损失可逆容量的同时能提高稳定性。

7. 二维纳米结构

二维纳米材料有增大电极与电解液接触面积、缩短锂离子和电子的扩散距离的优点，还能提供额外的锂离子储存空间，增加储锂容量。二维纳米材料还具有较大的比表面积，能充分地接触电解液溶液。因此将材料二维纳米化也是锂离子电池负极材料容量和循环性能提升的有效方法。例如，通过将石墨制备成边缘被碘原子修饰的石墨烯纳米片，在电流密度为 0.1 C（500 mA/g）时，其可逆比容量高达 800 mA·h/g。在 0.5 C 下循环 500 圈后，其可逆比容量为 458 mA·h/g。这主要归因于碘元素的高电负性以及边缘被碘元素修饰的片层之间具有增强的嵌锂和脱锂能力。将锡纳米片限制在石墨烯片层间能解决循环过程中锡元素的体积变化问题，并有助于电子和离子的快速传输[47-50]。

8. 二维纳米材料在锂离子电池负极中仍存在的问题

二维材料较大的比表面积也带来了大的不可逆容量，因为部分电解质进入二维材料的片层中并与之紧密结合，导致无法脱出。二维纳米材料仍然对锂离子嵌入－脱嵌的承受能力较低，导致其结构仍然较脆弱，使得其电化学性能不理想。

9. 解决锂离子电池二维负极材料缺陷可采用的方法

从材料上入手，构建负极材料与电化学性能的结构－性能关系，寻找更加优秀的负极材料，真正实现负极电化学性能的实质性突破；继续深入研究电解质和纳米片表面结构与电化学性能的关系，在不降低材料可逆容量和循环性能的情况下尽量减小不可逆容量，如构建二维分级结构，从而制备理想的锂离子负极材料；利用具有高电导性和高锂离子传导性的材料进行包覆，提高纳米材料的稳定性。

10. 三维（分级）纳米结构

研究发现具有三维分级形貌的纳米材料，其结构能防止电化学活性物质的团聚，保持纳米材料在循环中的结构稳定，提高循环性能。特殊形貌还具有提高电极与电解液接触面积、缩短锂离子和电子的扩散距离的优点，一些特殊结构还能提供额外的锂离子储存空间，增加储锂容量。例如，多孔 ZnO/$ZnFe_2O_4$/C 正八面体在 0.5 A/g 电流密度下循环 100 圈后保持 988 mA·h/g，在 10 A/g 电流密度下具有 762 mA·h/g 的可逆比容量，循环性能和倍率性能优异。有序介孔 Si/C 纳米复合材料的比表面积高达 1290 m^2/g，这些孔隙结构能够有效缓解硅体积变化问题，并有助于锂离子传输。在电流密度为 0.5 A/g 时，介孔 Si/C 复合材料的可逆比容量可超过 1700 mA·h/g，甚至在 2 A/g 的更大电流密度下循环 1000 圈后，其可逆比容量仍保持在 1430 mA·h/g。

Sn/C 多级结构能够减轻锡体积变化效应，可避免嵌锂和脱锂过程中电极的粉碎和破裂，在 3000 mA/g 的电流密度下循环 1000 圈后，Sn/C 电极的可逆比容量仍可达 537 mA · h/g[51-54]。

11. 三维（分级）形貌的纳米材料在锂离子电池负极中仍存在的问题

材料的合成需要模板等前驱体，造成流程过长，制备成本增加；在锂离子的嵌入－脱嵌过程中，部分框架由于难以经受锂离子的脱嵌而导致结构崩溃；材料的本征化学性能较低，仅改变纳米结构，对性能提升有限。

12. 解决锂离子电池三维负极材料缺陷可采用的方法

从材料制备工艺上入手，简化工艺流程，降低三维纳米结构的成本，从而制备出具有能够真正实际应用的材料；在众多的纳米负极材料中找出最有应用价值和前景的材料，真正实现负极电化学性能的实质性突破；采取适当的方法有效抑制电化学循环过程中三维分级纳米结构的破坏，如表面改性、掺杂等；构建材料的结构－性能关系，从而实现对结构的精确调控，得到理想的电化学性能。

二、固态电池材料及表界面

（一）聚合物固态电解质

聚合物固态电解质的机械性能良好，便于加工和大规模生产，但是其中低温离子电导率较低。为了提高其离子电导率，可通过提高非晶区及聚合物的链段运动来实现锂离子的快速传输。但是，由于热力学限制，聚合物的离子电导率很难满足动力电池的需求，在大规模应用时存在致命的弱点。

（二）氧化物固态电解质

相比于聚合物，氧化物固态电解质的离子电导率有较大幅度的提高，但是氧化物固态电解质还存在以下两个致命问题：①从组装器件考虑，一般无机固体电解质需要加工成薄膜或者薄片，但是陶瓷薄膜和薄片的缺点是韧性差，容易在加工、组装、运行过程中出现裂纹，造成电池性能下降。②在充放电过程中，由于正负极材料的体积形变，物理接触会进一步恶化。接触面积小，会导致单位几何面积的界面电阻较大，并且界面电阻还与空间电荷层效应导致的阻抗提高有关。

为了降低氧化物固态电解质的物理脆性带来的表界面接触问题，氧化物固态电解质与聚合物电解质共混或者在氧化物固态电解质表面涂覆柔性的聚合物固态电解质，形成复合固态电解质，有望解决这些问题。

（三）硫化物固态电解质

相对于氧化物，硫化物较软，更容易加工，通过热压法可以制备全固态锂电池。但是硫化物电解质还存在空气敏感、容易氧化、遇水容易产生硫化氢等有害气体的问题。对硫化物进行元素掺杂，或者复合聚合物、氧化物固态电解质，可以在一定程度上改善上述问题。

当硫化物固态电解质应用于高能量密度金属锂电池时，其对锂不稳定，和锂接触后会被锂还原，还原产物在金属锂/硫化物界面形成界面层。界面层的性质对界面阻抗和全固态电池的综合性能均有非常重要的影响。调控硫化物固态电解质的组成，使之形成高离子电导率和低电子电导率的过渡层十分重要。也可通过预先在氧化物固态电解质表面包覆一层对锂稳定的中间层，形成低界面阻抗的稳定界面层。

三、电化学多孔材料

高性能电化学多孔材料制备已成为电化学存储和转换应用研究领域的热点。尽管我国在多孔材料领域发展中取得了进步，但由于受到资源和产业水平等因素的影响，我国多孔材料发展领域仍存在一些问题：电化学储能体系十分复杂，诸多热力学和动力学行为（包括化学、物理学、力学等行为），在电化学过程中于不同尺度同时发生。这些行为与电极材料的结构和性质密切相关，但由于研究手段的制约，目前对这些行为的认识并不深入。在能量分辨和时间分辨条件下对多孔材料的电化学反应过程进行原位、动态表征是解决该问题的关键。

对于纳米多孔材料而言，面向不同储能需求的多功能组合和调控仍是目前材料领域的一个难点问题。对超级电容器电极材料而言，高性能的电极材料需要同时具备高的比表面积、高电导率、高振实密度和高的杂原子掺杂量，而这些因素在同一类材料中通常相违背。为攻克上述难题，需要优化制备方法，夯实多孔材料框架结构，在不损失材料孔结构的同时提高材料框架密度。

多孔材料的基础研究已取得了较高水平的成果，但与企业的早期联系不够，企业的早期介入不足，导致以应用为导向发展多孔材料的力度不够，成果转化较慢。

与一维的相比，二维和三维导电 MOF 的多孔结构更发达，可获得更多的储能活性位点。但框架的本征能量密度太低，限制了活性位点的理论能量密度提升，降低了体积容量和质量容量。基于此，设计制备具有赝电容储能特性而不是双电层电容储能的导电 MOF 可能是解决该问题的关键。

对超级电容器电化学性能的评价缺乏统一的标准。例如，比电容值的计算方法经常因为测试技术和计算模型的不同而不同，特别是当材料中存在赝电容现象时，不同研究组之间的计算结果差别很大。这使得研究者容易对电容值的理解和计算产生偏差，严重影响到对超级电容器电化学性能的评价。因此，规范超级电容器的性能评价的行业标准显得尤为重要。

四、纳米催化剂电极材料、膜材料、膜电极

（一）金属空气电池及催化电极设计

金属空气电池中催化电极的三维构筑仍存在一些问题和挑战，目前常用的构筑方法主要有化学沉积法、气相沉积法等。这些电极的催化活性材料多样性和形貌多样性通常受到所选基底的限制，得到的电极也常常缺乏导电网络或者后续的导电网络构筑方法比较复杂，较难得到大面积的一体化电极；三维电极的活性材料分布不均匀，导致电极表面电流分布不均匀；活性材料和基体的化学结合作用不够紧密，仍出现催化剂剥落损失的问题；三维框架内部多孔结构的构筑与最优催化反应物传质、电子传递的相关联系未有真正的探索。三维电极与固态电解质膜的匹配性（即两者之间的界面传质和电子传递）较低。

（二）二氧化碳电化学还原与资源化利用

二氧化碳在一般环境条件下是非常稳定的，其还原反应需较高的负电势来驱动。二氧化碳的高键能使反应需要更高的能量引发还原过程，导致较低

的能量利用率。同时，二氧化碳电化学还原是一个多电子还原过程。在同一条件下，可能进行各种多电子转移过程，导致产物选择性变得非常困难。此外，在水系电解液中，析氢反应是相对于二氧化碳还原更容易发生的竞争反应过程。因此，选择高活性、高选择性以及能抑制析氢反应的催化剂电极是二氧化碳电化学还原及能源转换的关键。目前尽管已经对二氧化碳电化学还原技术进行了大量的研究与探索，特别是在催化剂的研究方面，但是二氧化碳电化学还原仍存在较大挑战，新型高活性催化剂的开发、二氧化碳反应机理的认识仍缺乏足够的探究。从二氧化碳还原至可用的低碳能源的实际应用来看，远未达到工业化应用的水平[55]。理想催化剂电极应成本低廉、兼具高活性（低过电位），对目标产物具有高选择性和高稳定性。二氧化碳电化学还原及能量转换的反应机理尚未完全清楚，研究二氧化碳还原及能源转换的新反应、新原理及新途径，对于提高能源转换与利用效率具有重要的科学和技术意义。

在二氧化碳资源化利用方面，高效转化二氧化碳的工艺和催化剂仍处于不同的发展阶段。现阶段我们仍然面临许多挑战。

（1）二氧化碳的来源问题。从空气中直接捕集的二氧化碳浓度过低，直接利用空气中的碳源进行还原，还原效率将会很低。目前可以考虑和正在筹备的“二氧化碳捕集与封存”（CCS）项目（图 3-7）合作，是将捕集到的二氧化碳直接作为碳源。

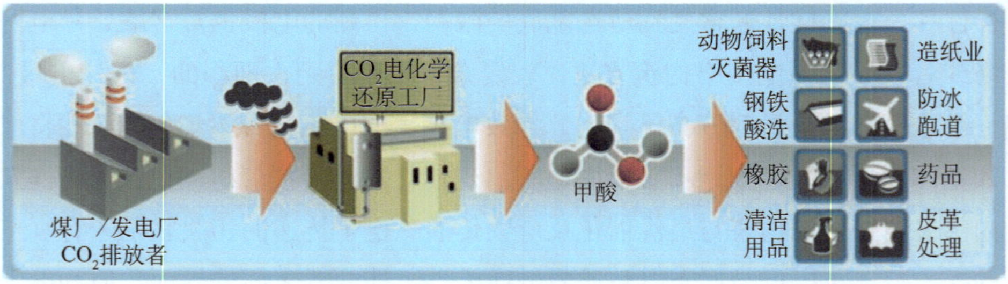

图 3-7　二氧化碳捕集与封存

（2）可再生能源的电力成本需要考虑。

（3）如果使碳循环再生为能源小分子，此再生能源的体积能量密度需要考虑在内。如果将再生甲醇取代传统石油，每年约需要 620 亿桶（78 亿 t）

甲醇以取代目前全球使用的310亿桶石油。这个数量是目前甲醇生产规模的百倍以上。为解决此问题，可使用天然气作为过渡的桥梁。在过渡期间，使用新能源（如锂电池、燃料电池等）和化石燃料的混合动力系统以减少二氧化碳排放。

五、电镀行业问题

电镀存在的主要问题就是环境与资源问题，电镀要发展，但不能牺牲环境、破坏资源。因此其解决思路是：①重视电镀技术的发展与进步，加大研发投入，期望在关键技术上取得突破，尽快实现无氰、无铬、无铅电镀；②激励广大科技人员关注、参与电镀新工艺、新技术的研发，引导青年学生加入电镀队伍中来；③鼓励电镀行业改革创新，努力采用新技术、新工艺，促进整个行业的发展进步；④各级政府要重视电镀行业的发展，给予其宽松的发展空间，不能一味地关、卡、压，只要严格按国家标准进行规范生产，电镀对环境的污染可以得到有效控制。

电解铜箔在印制电路板（PCB）、锂离子电池制造中均有重要用途。发展至今，生产技术、设备制造以及生产产量等关键项均走在世界前列的要数美国和日本。国内虽然在20世纪90年代末相继发展起来一批电解铜箔制造厂商，但与美国、日本两国比较还相差甚远。薄化是高端铜箔发展的方向。让铜箔减薄，可以加大锂电池的续航里程，是全球新能源电池竞争的核心领域之一。铜箔除用于制造锂电池，还广泛应用于工业用计算器、通信设备等，我国每年要大量进口。近年来，低端铜箔产能过剩，高端铜箔供不应求。随着6 μm厚锂电铜箔的应用量日趋增长，铜箔产品从8 μm向6 μm进行转变。一根头发丝的直径约100 μm，6 μm铜箔的厚度仅约一根头发丝直径的1/10。按照工艺要求，如此薄的铜箔，需要拉伸近万米长，且要保持一致性，不起皱、无裂纹，这让很多铜箔制造企业望而却步。相关技术长期被美国、日本、韩国等境外企业所垄断。

在PCB产业方面，我国现在虽然从产业规模来看已经是全球第一，但总体的技术水平仍然落后于世界先进水平。在产品结构上，多层板占据了大部分产值比例，但大部分为8层以下的中低端产品，HDI、挠性板等有一定的规模，但在技术含量上与日本等国外先进产品存在差距，技术含量最高的IC

载板在国内更是很少有企业能够生产。

六、腐蚀行业问题

近年来，我国腐蚀与防护研究取得长足进步，主要优势在于：腐蚀与防护需求明确、研发队伍庞大、经费投入有明显改善。在腐蚀电化学基础（如电化学阻抗分析、电化学噪声解析、薄液膜腐蚀电化学、纳米尺度腐蚀电化学及极端环境腐蚀电化学研究）、材料表面钝性及局部腐蚀、微区腐蚀电化学仪器方法及工业监－检测技术、高温腐蚀、自然环境腐蚀及数据积累、防腐蚀技术（包括耐蚀合金、表面技术、缓蚀剂及电化学保护技术等）均取得显著进展，为我国材料腐蚀学科的发展及工业需求提供了技术支撑。

总体上看，虽然我国腐蚀电化学科技队伍、科研投入、论文产出已居于国际前列，但与国际腐蚀电化学水平比较，我国腐蚀电化学研究基本还处于紧跟、发展的态势。主要差距有：①缺乏原创性的腐蚀电化学基础亮点成果，科技成果转化仍然不顺畅；②缺乏自主创新的腐蚀电化学研究新方法及科学仪器，我国腐蚀电化学研究对进口科学仪器的依赖度很大；③工业用腐蚀监－检测技术及仪器的研发和应用仍在追赶阶段；④尖端的耐腐蚀材料仍大量进口，与国外同类产品水平比较差距甚大；⑤高效的防腐蚀技术和材料也存在很大差距，如防腐蚀有机涂料国外产品占据中国市场的90%[56]。因此，我们亟须进一步重视腐蚀电化学学科发展，研讨布局我国腐蚀电化学发展方向，侧重于原始创新的潜心研究，以期腐蚀电化学理论的突破和对腐蚀控制的引领作用，特别是注重科技成果的快速转化，加大力度推进驱动发展。

第五节　重点发展方向建议

（一）纳米材料与二次电池电极材料与技术

要进一步设计高性能纳米正、负极材料以及新型电解液和导电剂实现具有高能量和高功率密度、安全可靠、长寿命、环境友好的储能器件及其复合系统研制，并促进其实用化。

大容量锂离子电池的研发尚需加快，其循环寿命、倍率充放电性能和安全性仍需进一步提升。同时，要满足空间实际应用要求，还需要在使用和设计中着重考虑空间环境因素对电源系统的影响。

（二）固态电池材料及表界面

对于固态电解质的界面优化，离子电导率是固态电解质应用的基础，而界面接触行为则是限制其应用的关键。对电极/电解质固/固两相界面演变机制研究进行充分研究，掌握全固态体系中锂离子嵌脱过程引起的材料应力分布变化和对电池性能的影响及调控研究，获得低界面电阻固态电解质。

探究固态电解质复合过程，其中聚合物与无机固态电解质的复合材料有望扬长避短，实现能够兼顾力学特性、离子电导率、宽电化学窗口的固体电解质。但是两相复合后，原来连续相的离子通道有可能不连续。两相间界面的空间电荷效应和电荷传输过程将会发生重大变化，包含复合体系中的离子传输机制，离子在表面、界面、复杂体系中的输运机制，空间电荷层效应在实际器件中的体现和影响，界面反应、固态器件在充放电过程中的力学响应和传热等问题。

（三）电化学多孔材料

在结构可控的多孔材料规模合成方法方面，立足于对制备过程中动力学、热力学的认识，实现对多孔材料在纳米尺度上的控制合成，设计多功能、多级有序、定向连接的孔道结构，在分子尺度上对孔道进行清晰解析，得到孔道结构、孔道连通、框架结构等信息。

在电极材料方面主要有以下建议：重点研究多维结构材料；研究新的界面储能机制；在多尺度上揭示结构、表面和界面等与电化学性能的关联和规律；研究材料表面修饰、插层复合、层层自组装等复合方法以及组成调控、表面性质和协同作用等；研究尺寸效应、电子输运和离子扩散特性等作用机制；研究电极材料/电解液界面问题；分析电极材料显微结构与电化学性能的关联以及储能机制；实现高功率密度、高能量密度、长寿命、低成本超级电容器材料体系。

在电催化材料方面主要有以下建议：重点研究材料之间的兼容性、界面问题、纳米结构稳定性问题；研究复杂催化、电催化反应机制；研究催化剂物理化学性质与催化性能的关系。

目前新材料的研发模式仍然以经验指导实验的“尝试法”为主，消耗大量的人力与时间成本，借助计算机模拟与数据挖掘技术，结合高通量组合化学实验方法，搭建“高通量实验－高通量计算－数据库”集成的研发平台，建立“理论预测－实验验证”的系统研究模式，加快材料研发和产业化速度，引领材料科学创新发展。

（四）纳米催化剂电极材料、膜材料、膜电极

1. 积极探索新的三维电极设计思路

这可以包括以下四个方面：①发展简易且可规模化的三维电极合成制备方式，并且电极的尺寸易于放大；②发展催化剂活性材料和三维电极基体之间的协同效应，以提高电极材料的稳定性；③探索最合理的三维基体结构网络，提高催化层孔隙率和催化剂利用率、提高气体扩散能力和电子的传输能力；④探索三维电极表面的修饰，降低与固态电解质膜的界面电阻。

2. 加强二氧化碳电化学还原与资源化利用

（1）电化学还原：构建分层多孔纳米结构的新型非贵金属催化剂电极；发展超薄二维/三维有机–无机杂化多孔纳米材料电极；精准调控非贵金属氧化物/多孔纳米材料复合电极；利用理论计算和分子模拟探究二氧化碳电化学的还原过程和机理；探究二氧化碳电化学还原与能源转换的新原理、新途径。

（2）资源化利用：创新工艺，鼓励高校及研究人员创新二氧化碳还原工艺，开发新型高效、低成本的催化剂，改善反应装置，使研究成果更有利于转化为工业生产；提高竞争力，积极考虑二氧化碳转化后产物的分离、储存及运输问题，促使碳再生能源具有较高的能量密度，并且比竞争原料（特别是氢气）更容易运输和储存，使碳循环再生能源尽可能获得市场份额；促进合作，促进碳捕集企业与碳转化研究人员的合作，真正实现碳循环无缝对接；降低新能源成本，二氧化碳化学回收应使用可再生新能源（太阳能、风能等），使其更有利于二氧化碳还原的应用；扩大宣传，积极宣传“将二氧化碳转化为有价值的化学品或燃料”这一理念，使其获得更广泛的公众关注和支持。

（五）表面材料与电沉积

表面材料与电沉积重点发展方向为：无氰、无铬、无铅等绿色环保电镀新工艺的开发及其电沉积理论体系的建立；量子化学计算及分子动力学模拟方法在电镀液组成及镀层性能预测中的应用研究；离子液体电沉积特殊结构与性能的功能性薄膜的理论与应用研究；电沉积技术在材料表面改性中的应用研究。

（六）电化学腐蚀

电化学腐蚀主要包括如下几个急需解决的科学问题及工程技术问题：钝化膜理论及局部腐蚀机理研究；复杂体系腐蚀电化学研究；纳米腐蚀电化学；腐蚀电化学研究理论及仪器新方法；电化学监－检测技术及工业应用；绿色电化学保护技术；腐蚀电化学材料制备及功能化。

第六节　总体战略布局建议

总体战略布局建议主要有以下几点。

（1）建立电化学材料科学自身的知识体系：材料是科学研究的基石，材料科学与技术的进步带动了各个学科的发展。电化学应借鉴材料科学的知识体系，从材料本身的角度研究电荷如何输运、界面如何演化，研究影响电化学性能的本征规律，创建电化学材料科学内在的知识体系。

（2）协同发展电化学学科与材料学科：电化学和材料是当前研究的两个热点领域，材料领域特别是纳米材料与科技的发展带动了整个电化学以及化学学科的发展。二者的关系是相辅相成的。首先，材料的本体结构和表面结构对电化学的性能与电化学的反应机制都会产生巨大的影响；其次，电化学能量存储与转换装置通过调控材料的结构来调整体性能、电荷交换的过程。材料本身强调的是制备和性质。电化学除了要关注材料本身与电化学相关的性质，还需要从电化学的角度来考虑如何提高它的性能，如何实现电化学材料的理性设计。材料电化学的立足点是电化学，需要思考如何在整个电化学的大框架里面利用材料科学的发展来发展电化学学科，同时反过来推动材料科学的发展。

（3）关注电池材料中有机材料的研究：有机电极材料具有资源和成本方面的独特优势。一个重要方向是将有机正极、负极材料进行匹配研究。另一个重要方向是深入研究有机电极材料的反应机制，通过先进手段与技术研究充放电过程中的成键变化与能量储存转换规律。

（4）关注化学修饰电极及界面问题的研究：化学修饰电极是电化学基础研究领域的重要方向之一，目前研究的大部分电极都可归属于修饰电极。早期的研究局限于研究电极与溶液界面的传输现象，现在的研究已拓展至研究所有的界面，任何一个步骤的界面都可能成为控制步骤。从能量吸收的角度，化学修饰电极减少电子扩散层，使得损耗最小、通路最大，电子使用效率提高。

（5）发展高安全性、高效率、长寿命、低成本的锂离子电池、金属空气电池技术；加快对二氧化碳回收利用技术的发展；进一步统筹规划加强对防腐技术的研究。

第七节　发展机制与政策建议

一、发展机制

（1）中国应在知识产权建设方面加大投入，鼓励专利创新，提高行业标准，参与国际标准制定，争取让我国的电池材料及电池产品在国际标准中有一席之地。

（2）整合多方面资源，充分利用优秀的高校和人才资源，推动企业、高校及科研院所进行协同攻关，通过协同资源，提升创新研发力度，提升产业竞争力。

（3）进一步加大科研基础设施投入，不断改善科研条件，保证科研能力；项目支持确保一定的延续性，并稳定重点支持一批优秀的实验室和研究基地，使其能够持续稳定地开展高水平研究，保证具有深厚积累的科研人员能够专心于科研工作；依托科研单位及高等院校开展电化学材料研究平台建设，通过重点资源配套，加强管理，确保高质量的研究平台建设。

（4）建议大力支持源头创新的想法和研究，建立鼓励原创性工作、宽容探索性失败的机制。注重与产业界的早期联系，产业界的需求能为基础科学研究起到导向作用。在人才队伍建设方面，要提高待遇，吸引研究型人才，要切实保障科技人员的有效工作时间，进一步简化项目申报和评审程序，改进评审办法，保证科技人员充分发挥在科研上的能力。

（5）作为发展机制，加强材料电化学及腐蚀电化学的本科教学及人才培养。加强实质性国际合作与交流及高端人才引进。加强与工业领域的合作，促进产业化。与其他学科一样，腐蚀电化学理论与实际脱节仍较严重，科研成果转化机制仍不通畅，创新驱动发展仍任重道远。推行切实可行的政策和机制，加强与工业领域的合作，解决工业实际问题，促进产业化，显得十分必要和迫切。

二、政策建议

（1）加强产业统筹规划，改善行业无序发展势头。缺乏产业统筹规划将引发供需关系失衡，体现为越往上游，速度越慢，周期越长；锂离子电池产业“散、小、乱”的趋势明显，重复建设和资源浪费等现象相继出现，恶性竞争态势严重，影响产业的健康发展。

（2）发展关键技术，提高技术水平。我国在隔膜、电解质、成组技术、关键原材料及专用制造设备等领域与国外先进技术仍然有较大差距。亟须鼓励对先进电池组件及制造设备技术的研发及创新。

（3）希望国家进一步加大资金扶持，全面提升技术水平和装备水平，增强国家层面的重大科研项目和科研平台建设。

（4）鼓励国际合作交流和相关的国际合作科研项目，保障国内的科研水平及时与行业最高标准一致。

（5）完善行政激励约束政策，加强对重点项目的宣传，鼓励具有相关技术的企业、高校和人员积极参与。形成有利的市场信号，进一步发挥市场对能源资源配置的决定性作用。夯实基础工作，提升专业化水平。在现有的基础上，鼓励高校及研究机构继续完善其技术。

本章参考文献

[1] Goriparti S, Miele E, Angelise F, et al. Review on recent progress of nanostructured anode materials for Li-ion batteries. J Power Source, 2014, 257: 421-443.

[2] 吴娇杨，刘品，胡勇胜，等 . 锂离子电池和金属锂离子电池的能量密度计算 . 储能科学与技术，2016，5：443.

[3] Cheng X B, Zhang R, Zhao C Z, et al. Toward safe lithium metal anode inrechargeable batteries: A review. Chem Rev, 2017, 117(15): 10403-10473.

[4] Meesala Y, Jena A, Chang H, et al. Recent advancements in Li-ion conductors for all-solid-state Li-ion batteries. ACS Energy Lett, 2017, 2(12): 2734-2751.

[5] 钟海云，李荐，戴艳阳，等 . 新型能源器件——超级电容器研究发展最新动态 . 电源技术，2001，25（5）：367-370.

[6] 王春雷，马丁，包信和 . 碳纳米材料及其在多相催化中的应用 . 化学进展，2009，21（9）：1705-1721.

[7] 刘春娜 . 超级电容器应用展望 . 电源技术，2010，34（9）：979-980.

[8] Khalid M, Honorato A M B, Varela H, et al. Multifunctional electrocatalysts derived from conducting polymer and metal organic framework complexes. Nano Energy, 2018, 45: 127-135.

[9] Lu A H, Sun T, Li W C, et al. Synthesis of discrete and dispersible hollow carbon nanospheres with high uniformity by using confined nanospace pyrolysis. Angew Chem Int Ed, 2011, 50: 11765-11768.

[10] Hao G P, Li W C, Qian D, et al. Structurally designed synthesis of mechanically stable poly(benzoxazine-*co*-resol)-based porous carbon monoliths and their application as high-performance CO_2 capture sorbents. J Am Chem Soc, 2011, 133(29): 11378-11388.

[11] Mueller U, Schubert M, Telch F, et al. Metal-organic frameworks: Prospective industrial applications. J Mater Chem, 2006, 16: 626-636.

[12] Fu J, Cano Z P, Park M G, et al. Electrically rechargeable zinc-air batteries: Progress, challenges, and perspectives. Adv Mater, 2017, 29: 1604685.

[13] Lee D U, Choi J Y, Feng K, et al. Advanced extremely durable 3D bifunctional air electrodes for rechargeable zinc-air batteries. Adv Energy Mater, 2014, 4: 1301389.

[14] Zhu D D, Liu J L, Qiao S Z. Recent advances in inorganic heterogeneous electrocatalysts for reduction of carbon dioxide. Adv Mater, 2016, 28: 3423-3452.

[15] Elgrishi N, Chambers M B, Artero V, et al. Terpyridine complexes of first row transition metals and electrochemical reduction of CO_2 to CO. Phys Chem Chem Phys, 2014, 16:

13635-13644.
[16] Mohamed E A, Zahran Z N, Naruta Y. Efficient heterogeneous CO_2 to CO conversion with a phosphonic acid fabricated cofacial iron porphyrin dimer. Chem Mater, 2017, 29(17): 7140-7150.
[17] Kusama S, Saito T, Hashiba H, et al. Crystalline copper(Ⅱ) phthalocyanine catalysts for electrochemical reduction of carbon dioxide in aqueous media. ACS Catal, 2017, 7(12): 8382-8385.
[18] Manthiram A, Yu X, Wang S. Lithium battery chemistries enabled by solid-state electrolytes. Nat Rev Mater, 2017, 2: 16103-16117.
[19] Wang F, Wu X, Yuan X, et al. Latest advances in supercapacitors: From new electrode materials to novel device designs. Chem Soc Rev, 2017, 46: 6816-6854.
[20] Liu L, Niu Z, Chen J. Unconventional supercapacitors from nanocarbon-based electrode materials to device configurations. Chem Soc Rev, 2016, 45: 4340-4363.
[21] Liu Z, Sun F, Gu L, et al. Post iron decoration of mesoporous nitrogen-doped carbon spheres for efficient electrochemical oxygen reduction. Adv Energy Mater, 2017, 7: 1701154.
[22] Tan A, Wang Y, Fu Z, et al. Highly effective oxygen reduction reaction electrocatalysis: Nitrogen-doped hierarchically mesoporous carbon derived from interpenetrated nonporous metal-organic frameworks. Appl Catal B: Environ, 2017, 218(5): 260-266.
[23] Yang Z, Ren J, Zhang Z, et al. Recent advancement of nanostructured carbon for energy applications. Chem Rev, 2015, 115(11): 5159-5223.
[24] Long J W, Dunn B, Rolison D R, et al. Three-dimensional battery architectures. Chem Rev, 2004, 104(10): 4463-4492.
[25] Chabi S, Peng C, Hu D, et al. Ideal three-dimensional electrode structures for electrochemical energy storage. Adv Mater, 2014, 26: 2440-2445.
[26] Fu J, Hassan F M, Li J, et al. Flexible rechargeable zinc-air batteries through morphological emulation of human hair array. Adv Mater, 2016, 28: 6421-6428.
[27] Rolison D R, Long J W, Lytle J C, et al. Multifunctional 3D nanoarchitectures for energy storage and conversion. Chem Soc Rev, 2009, 38: 226-252.
[28] Chen S, Duan J, Jaroniec M, et al. Three-dimensional N-doped graphene hydrogel/NiCo double hydroxide electrocatalysts for highly efficient oxygen evolution. Angew Chem Int Ed, 2013, 52: 13567-13570.
[29] Wang J, Zhong H X, Qin Y L, et al. An efficient three-dimensional oxygen evolution electrode. Angew Chem Int Ed, 2013, 52: 5248-5253.
[30] Hwang S, Meng Q, Chen P, et al. Strain coupling of conversion-type Fe_3O_4 thin films for lithium ion batteries. Angew Chem Int Ed, 2017, 56: 7813-7816.

[31] Zampardi G, Batchelor-McAuley C, Kätelhön E, et al. Lithium-ion-transfer kinetics of single $LiMn_2O_4$ particles. Angew Chem Int Ed, 2017, 129: 656-659.

[32] Choi N, Chen Z, Freunberger S, et al. Challenges facing lithium batteries and electrical double-layer capacitors. Angew Chem Int Ed, 2012, 51: 9994-10024.

[33] Wei Q, Xiong F, Tan S, et al. Porous one-dimensional nanomaterials: Design, fabrication and applications in electrochemical energy storage. Adv Mater, 2017, 29: 1602300.

[34] Xu Z, Wang J, Yang J, et al. Enhanced performance of a lithium-sulfur battery using a carbonate-based electrolyte. Angew Chem Int Ed, 2016, 55: 10372-10375.

[35] Wang H, Wu Y, Yuan X, et al. Clay-inspired MXene-based electrochemical devices and photo-electrocatalyst: State-of-the-art progresses and challenges. Adv Mater, 2018, 30: 1704561.

[36] Wang D, Kou R, Ren Y, et al. Synthetic control of kinetic reaction pathway and cationic ordering in high-Ni layered oxide cathodes. Adv Mater, 2017, 29: 1606715.

[37] Yan C, Lv C, Zhu Y, et al. Engineering 2D nanofluidic Li-ion transport channels for superior electrochemical energy storage. Adv Mater, 2017, 29: 1703909.

[38] Trogadas P, Ramani V, Strasser P, et al. Hierarchically structured nanomaterials for electrochemical energy conversion. Angew Chem Int Ed, 2016, 55: 122-148.

[39] Chen Y, Yu L, Lou X. Hierarchical tubular structures composed of Co_3O_4 hollow nanoparticles and carbon nanotubes for lithium storage. Angew Chem Int Ed, 2016, 55: 5990-5993.

[40] Zhou L, Leskes M, Liu T, et al. Probing dynamic processes in lithium-ion batteries by *in situ* NMR spectroscopy: Application to $Li_{1.08}Mn_{1.92}O_4$ electrodes. Angew Chem Int Ed, 2015, 127: 14995-14999.

[41] Qin J, Wang T, Liu D, et al. A top-down strategy toward SnSb in-plane nanoconfined 3D n-doped porous graphene composite microspheres for high performance Na-ion battery anode. Adv Mater, 2018, 30: 1704670.

[42] Mei J, Liao T, Kou L, et al. Two-dimensional metal oxide nanomaterials for next-generation rechargeable batteries. Adv Mater, 2017, 29: 1700176.

[43] Su H, Barragan A, Geng L, et al. Colloidal synthesis of silicon-carbon composite material for lithium-ion batteries. Angew Chem Int Ed, 2017, 129: 10920-10925.

[44] Zhang R, Du Y, Li D, et al. Highly reversible and large lithium storage in mesoporous Si/C nanocomposite anodes with silicon nanoparticles embedded in a carbon framework. Adv Mater, 2014, 26: 6749-6755.

[45] Zhang Z, Wang Y, Ren W, et al. Scalable synthesis of interconnected porous silicon/carbon composites by the rochow reaction as high-performance anodes of lithium ion batteries.

Angew Chem Int Ed, 2014, 126: 5265-5269.

[46] Jiang B, He Y, Li B, et al. Polymer-templated formation of polydopamine-coated SnO_2 nanocrystals: Anodes for cyclable lithium-ion batteries. Angew Chem Int Ed, 2017, 56: 1869-1872.

[47] Wang J, Liu J, Chao D, et al. Self-assembly of honeycomb-like MoS_2 nanoarchitectures anchored into graphene foam for enhanced lithium-ion storage. Adv Mater, 2014, 26: 7162-7169.

[48] Ellis B, Knauth P, Djenizian T. Three-dimensional self-supported metal oxides for advanced energy storage. Adv Mater, 2014, 26: 3368-3397.

[49] Mendoza-Sánchez B, Gogotsi Y. Synthesis of two-dimensional materials for capacitive energy storage. Adv Mater, 2016, 28: 6104-6135.

[50] Liu J, Liu X. Two-dimensional nanoarchitectures for lithium storage. Adv Mater, 2012, 24: 4097-4111.

[51] Bae J, Li Y, Zhang J, et al. A 3D nanostructured hydrogel-framework-derived high-performance composite polymer lithium-ion electrolyte. Angew Chem Int Ed, 2018, 57: 2096-2100.

[52] Yun Q, Lu Q, Zhang X, et al. Three-dimensional architectures constructed from transition-metal dichalcogenide nanomaterials for electrochemical energy storage and conversion. Angew Chem Int Ed, 2018, 57: 626-646.

[53] Zou F, Hu X, Li Z, et al. MOF-derived porous $ZnO/ZnFe_2O_4/C$ octahedra with hollow interiors for high-rate lithium-ion batteries. Adv Mater, 2014, 26: 6622-6628.

[54] Hernandez-Burgos K, Rodriguez-Calero G, Zhou W, et al. Increasing the gravimetric energy density of organic based secondary battery cathodes using small radius cations (Li^+ and Mg^{2+}). J Am Chem Soc, 2013, 135(39): 14532-14535.

[55] Tan C L, Cao X H, Wu X J, et al. Recent advances in ultrathin two-dimensional nanomaterials. Chem Rev, 2017, 117(9)：6225-6331.

[56] 柯伟 . 中国腐蚀调查报告 . 北京：化学工业出版社，2003.

第四章 电化学能量储存科学与技术发展战略研究

众所周知，能源是人类社会生存和发展的重要基础。随着世界经济的快速发展和人民生活水平的不断提高，人类社会对能源的需求和消耗也逐渐增长。一方面，煤、石油、天然气等化石燃料在地球上的储藏量十分有限，且均属于不可再生能源；另一方面，这些化石燃料的过度消耗已造成了严重的环境问题，如温室效应、空气污染、酸雨等。因此，减少对化石燃料的依赖，重点开发和利用绿色可再生能源（如太阳能、风能、潮汐能等）成为全球可持续发展的当务之急[1]。可再生能源具有环境友好、取之不尽等优点，但是由于可再生能源在时间和空间上的分布不均，它的开发和利用往往受到昼夜、季节、地理位置等诸多因素的限制，需要高效可靠的能量存储技术来配合可再生能源的开发和利用。

发展新能源汽车被广泛认为是有效应对能源与环境挑战的重要战略举措，是国际社会重点支持的战略方向，对于保障能源安全、节能减排、促进汽车工业的可持续发展具有重要意义。推动新能源汽车、新能源和节能环保产业快速壮大，构建可持续发展新模式，是我国“十三五”规划确定的重要发展任务之一。近年来，对可代替内燃机的汽车动力系统的研究受到全球的重视。在众多的技术方案中，基于电驱动动力系统的“电动汽车”由于具有效率高、能源可以不依赖燃料、在使用地点“零排放”等特点，成为最具竞争力的技术。“电动汽车”是以蓄电池、燃料电池和超级电容器等电力驱动的交通运输工具的通称，是新能源汽车发展的重要方向，是我国保障能源安全、减少对化石燃料（石油、煤和天然气）资源依赖的重要途径。我国城市污染严重，随着我国汽车保有量激增，汽车尾气排放与噪声是主要污染来源之一。我国希望在新能源汽车发展上与国际同步，实现中国汽车工业自主开发汽车“情结”。解决上述能源问题的根本途径是依靠科学技术进步，发展高容量、高功率、长寿命、高安全性和低成本的储能技术。因此与其相关的科学问题和关键技术是我国国民经济发展的重大需求和电化学学科发展的战略重点。根据电化学能量存储技术的特点和应用市场，本章将对动力锂离子电池、下一代锂电池、超级电容器、液流电池和表征与测试技术等方向的研究现状与发展趋势进行分析，总结该领域现存的主要问题和解决思路，提出未来重点发展方向、总体战略布局和政策相关建议。

第一节　国内外现状分析

一、动力锂离子电池

发展新能源汽车被广泛认为是有效应对能源与环境挑战的重要战略举措。此外，对我国而言，“发展新能源汽车是我国从汽车大国迈向汽车强国的必由之路”。近年来，新能源汽车产销量呈现井喷式增长，已进入规模产业化的阶段。我国也在 2015 年超过美国成为全球最大的新能源汽车产销国，2018 年全国电动汽车销售总量为 105 万辆，与 2017 年相比增长 70%，是全年销量全球最高的国家。以动力电池作为部分或全部动力的电动汽车，因具有高效节能和非现场排放的显著优势，是当前新能源汽车发展的主攻方向。动力电池应用分会研究部统计数据显示，2018 年全年我国新能源汽车动力电池装机总量为 56.89 GW·h，同比增长 56.88%。为了满足电动汽车跑得更远、跑得更快、更加安全便捷的需求，进一步提高比能量和比功率，延长使用寿命和缩短充电时间，提升安全性和可靠性以及降低成本是动力电池技术发展的主题和趋势。

我国是较早进入锂离子电池研究领域的国家，相关科研工作者也取得了颇多的研究成果。根据 Web of Knowledge 统计，以“lithium and batteries”

为关键词检索所获得的约 44 000 多篇发表论文中，我国科研工作者贡献了 20 000 多篇，数量上位居第一。从全世界发表锂电池研究论文的数量来看，在前 10 名研究机构中，2 家来自新加坡，2 家来自美国，其余全部来自中国[2]。其中，中国主要的研究机构有中国科学院物理研究所、中国科学院化学研究所、厦门大学、复旦大学、北京大学、清华大学、上海交通大学、南开大学、北京理工大学、中国科学技术大学、浙江大学、中南大学等。

从行业发展情况看，我国动力锂电池产业从无到有，从小到大，发展很快，在国家科技项目的重点支持下，中国动力锂电池关键技术、关键材料和产品研究已经取得重大进展。虽然小容量功率型动力锂电池技术和产品与国外相比仍有一定差距，但大容量动力锂电池产业发展已经处于国际领先水平。单体动力电池的特性，已经具备推广应用的条件。动力锂电池产业已经进入产业化建设和推广应用的关键阶段，其产业化进程已经处于国际领先地位。目前全球锂离子电池产业重心进一步向中国偏移[3]。2014 年全球锂离子电池新增投资的近八成集中在中国。2016 年，我国比亚迪股份有限公司（简称比亚迪）、宁德时代新能源科技有限公司（CATL）、东莞新能源科技有限公司（ATL）在锂离子电池市场的占有率分列第四、第五、第六位，市场份额分别为 7.85%、6.54% 和 6.31%。CATL 动力电池系统销量连续三年在全球动力电池企业中排名前三位，2017 年销量排名全球第一。目前 CATL、比亚迪已分别成为世界第二和第三大动力锂离子电池生产企业。总体而言，目前国内动力电池厂商的产品以磷酸铁锂为主，比亚迪、ATL、中航锂电科技有限公司（简称中航锂电）、浙江万向亿能动力电池公司及天津力神电池股份有限公司等企业开发了多个系列的大容量磷酸铁锂离子电池产品，在电动汽车和储能等领域获得应用。目前磷酸铁锂单体电池能量密度可以达到 120W·h/kg，整个电池系统能量密度在 90～100W·h/kg。在三元动力电池方面，基于创新工程，国内一些厂家可以生产能量密度约为 200W·h/kg 的圆柱形电池。例如，深圳市比克电池有限公司（简称深圳比克）研制的圆柱形 26700 HE 电池单体能量密度可达 190W·h/kg，模组能量密度达到 150W·h/kg，循环使用寿命在 2000 次以上。中航锂电采用 NCM622、高容量石墨分别作为正、负极活性材料，通过优化电极配比和电解液配方，选用高安全性陶瓷隔膜，有效改善了 NCM 电池的安全性能和循环性能，20 A·h 单体软包电池质量能量密度达到 200W·h/kg，常温循环可实现 2000 次，55℃循环达到 500 次以上。

但也应该看到，我国虽然在锂离子电池产业发展和学术研究方面进入较早、发展较快，但仍然存在一些挑战，主要有以下几个方面。

（1）整体研究质量和水平都有所提高，但仍然缺乏核心竞争力。锂电池材料具有较高的专利壁垒。在锂电核心材料领域，隔膜、正极材料等关键材料的核心技术掌握在技术领先的日、韩企业手中，我国如此庞大的锂电池产业，却面临极大的材料专利纠纷，也成为悬在中国锂电池行业头顶的“利剑”。以锂离子电池用的聚烯烃隔膜为例，虽然原材料成本极其低廉，但极高的技术壁垒导致我国长期无法进入该领域，成为产业链上严重缺失的一环，后来经过多方努力实现了国产化，但缺乏核心专利，未来我国相关产业的发展极有可能面临掣肘。因此，我国锂离子电池产业的发展还需要经历技术研发和经验积累，并在此基础上加以完善，实现产品的成熟稳定，更需要从源头进行原始创新，真正提高我国锂离子电池产业的核心竞争力。

（2）产学研合作亟待加强，学术研究需要为行业发展提供看得见的成果。我国科研工作者在锂离子电池领域贡献的研究论文在数量上已位居世界第一，但在真正转化为技术的过程中，高等院校、科研机构与企业的合作交流还远远不够，产学研合作的力度、强度和广度都大有提升的空间。当前锂电行业主要受制于发展模式不清、标准制定不明、技术路线不确定三大因素，许多锂离子电池核心材料仍处于研发阶段，离大规模成熟应用于电动汽车仍有一定距离，国内企业仍需要持续研发，改进工艺，以满足电动汽车对材料的更高要求。在这个过程中，企业与研究院所需要形成联动。我们的研究工作要“既能上书架，也能上货架”。

（3）低水平重复建设导致产能严重过剩。当前，我国新能源汽车行业的技术创新体系还不健全，对前瞻性技术、共性技术的研发研制缺乏统筹和协调，处在一种分散的研发过程中，存在严重的低水平重复建设的问题。与电动汽车销量不佳形成鲜明对比的是，动力锂电池市场在快速扩张。2008 年，我国仅有 10 家动力锂电池企业，2018 年统计显示我国的动力锂电池企业多达 144 家（母公司、子公司、分公司算同一家企业，若单独计算有 200 多家）。2009～2012 年，动力锂离子电池企业项目宣布的拟投资总金额高达 630 亿元，拟建产能达到 201 亿 A·h。在 2015 年新能源汽车产销量累计超过 50

万辆的规划刺激下，锂电池产业掀起又一轮投资高潮，累计投资达1000亿元。截至2018年，我国汽车动力锂电池产能达到约182 GW·h，产能利用率约为29.5%，行业产能过剩问题突出。锂离子电池的价格下降是其在电动汽车等领域应用的必然要求，但其前提是技术水平的不断提高和规模化生产，而不是通过低水平重复建设打价格战。以隔膜行业为例，2010年我国还基本未实现隔膜国产化，作为电池材料技术壁垒最高的部分，隔膜毛利率超过70%，但国内企业纷纷上马后，隔膜价格大幅下降。而实际上，我国大部分隔膜企业的良品率和质量水平并不高，通过打价格战占领市场的做法严重影响了我国相关行业和企业的发展。

二、下一代高比能电池——金属锂二次电池

锂离子电池具有工作电压高、循环寿命长、无记忆效应、转换效率高的特点，已被广泛应用于便携式电子设备和电动汽车储能装置等领域。但受限于嵌入正负极理论比容量的限制，比能量难以突破300W·h/kg。2000年后，包括军用电源、市政交通和固定式储能在内的新兴储能领域的快速发展，对电池的比能量提出了更高的要求，因此具有更高能量密度的金属锂二次电池体系成为目前二次电池研究的热点和焦点。金属锂二次电池是指采用金属锂作为负极，并通常采用氧气、单质硫等高容量正极材料组成的二次电池。不同于锂离子电池中基于锂离子嵌入反应机制，金属锂电池通常基于正极材料的转化反应，硫、氧等单质正极与金属锂负极发生锂化反应，可释放数倍于锂离子电池的比容量，具有很高的理论能量密度。目前金属锂二次电池主要集中在锂－硫电池、锂－空气电池和固态金属锂电池的研究。

（一）锂–硫电池

近几年，国内外对锂－硫（Li-S）电池给予了高度重视，加拿大、美国、欧洲、日本、韩国、澳大利亚等国家和地区的各大著名研究机构都已经设立了应用基础研发的项目，许多公司也在积极开发锂－硫二次电池。加拿大滑铁卢大学的Nazar课题组较早开展了碳硫复合正极材料的研究[4]，美国斯坦福大学的崔屹课题组[5]、得克萨斯大学奥斯汀分校的Manthiram课题组[6]、太平洋西北国家实验室（Pacific Northwest National Laboratory，PNNL）张继

光课题组、橡树岭国家实验室的梁成都课题组[7]也开展了锂 - 硫电池方面的研究。美国 PolyPlus 公司、Sion Power 公司在积极开发锂 - 硫二次电池，日本的日立万胜株式会社（Maxell）则开发碳硫复合正极的锂 - 硫二次电池，韩国的三星及 LG 化学则积极进行着聚合物锂 - 硫二次电池的研究。其中 Sion Power 公司在 2003 年演示了 250W · h/kg 的锂 - 硫电池，并于 2006 年将锂 - 硫电池用在无人机上，且试飞成功，比能量达 350W · h/kg ；而 PolyPlus 演示的锂 - 硫电池比能量已超过 350W · h/kg。2012 年德国化工巨头巴斯夫（BASF）集团收购了 Sion Power 公司，开发了电动车用锂 - 硫动力电池。

国内也有大批的科研院所、高校开展了锂 - 硫电池相关研究，如中国科学院大连化学物理研究所的陈剑课题组[8]、中国科学院苏州纳米技术与纳米仿生研究所吴晓东课题组、中国科学院化学研究所郭玉国课题组[9]、清华大学张强课题组[10]、中国人民解放军军事科学院防化研究院杨裕生课题组[11]、南开大学陈军课题组[12]、天津大学高学平课题组[13]、上海交通大学杨军课题组[14]、厦门大学孙世刚课题组[15]等。总体而言，目前锂 - 硫电池的研究大多处于实验室规模的研究与制备阶段。

在过去 10 年间，大部分的锂硫电池研究论文与正极材料的开发相关，研究重点在于如何通过碳硫复合物的开发来实现固硫和提高硫的利用率，取得了诸多研究成果，有些硫正极材料已具备大规模产业化条件。近几年，锂负极和电解液相关的研究论文逐渐增多，对锂 - 硫电池内部反应机理的探索也不断深入，目前锂 - 硫电池的研究已经逐步从材料本身和单电极（正、负极）研究过渡到电池体系研究。但是，锂 - 硫电池的研究需继续突破限制循环寿命、安全性和倍率性能的技术瓶颈，解决金属锂负极枝晶与粉化问题、电解液分解消耗问题，是未来锂 - 硫电池研究的重要方向。特别地，发展基于固态电解质的锂 - 硫电池能够显著提升电池的安全性并有望提高电池的循环性能，未来将成为锂 - 硫电池技术研究的热点和重点。

（二）锂 – 空气电池

二次电池装置是一种高效灵活的电化学储能体系。其中，锂离子电池工作电压高、循环寿命长、无记忆效应、转换效率高，发展前景最广阔，已被广泛应用于便携式电子设备和电动汽车储能装置等领域。有报道称，日本尼桑公司推出的聆风（Leaf）系列电动汽车中所用锂离子电池可输出的能量密度已达到 140 W · h/kg。然而，这远远小于汽油燃烧产生的能量密度（高达 700 W · h/kg）[16]。由此，科学家认为锂离子电池的能量密度较低，不能满足动力汽车长距离行驶的要求，从而阻碍了电动汽车的大规模生产。

锂－空气电池因其极高的理论比容量而获得科研人员的广泛关注，被认为是极具希望的下一代电动汽车供能装置。该储能体系具备若干异于锂离子电池的特点，从而赋予其目前商业化锂离子电池难以企及的优势。锂－空气电池的结构简单，金属锂负极具有超高的理论比容量（3862 mA · h/g）和最负的电极电位（–3.04 V *vs.* SHE）[17]，因而该电池体系具有很高的能量密度和电动势，如有机电解液体系的锂－空气电池理论能量密度值高达 3500 W · h/kg（按产物 Li_2O_2 计算），理论电压为 2.96 V，比商业化锂离子电池的能量密度高十多倍，可媲美汽油内燃机的能量密度[18,19]。另外，氧气作为该电池体系的正极活性物质，来源于大气中，不必装载到电池中，可大大降低其装置的成本。因此，锂－空气电池储能体系作为下一代高比能量电池的研究受到全世界的重视。2012 年，日本新能源产业技术开发机构（New Energy and Industrial Technology Development Organization，NEDO）就启动了“革新型蓄电池先端科学基础研究项目”，计划在 7 年的时间内投入 210 亿日元，研究包括锂－空气电池在内的新一代高比能量电池体系。同时，美国能源部（Department of Energy，DOE）也投入 1.2 亿美元，依托美国阿贡国家实验室（Argonne National Laboratory）成立储能研究联合中心（Joint Center for Energy Storage Research，JCESR），旨在通过 5 年的研发时间，将二次电池的能量密度提高到现有技术的 5 倍，成本相应降低为 1/5，其研发对象直指锂－空气电池。我国也在科技部国家重点基础研究发展计划（973 计划）项目中大力投入 1500 万元用于锂－空气电池项目的基础研究。除了政府支持，一些实力雄厚的跨国公司也对锂－空气电池的研发给予了极大的投入：日本丰田作为电动车领域的巨头，成立了“电池研究部”与“电池科技开发部”重点开发锂－空气电池，旨在早日实现该体系在动力汽车上的真正应用；该公司于 2013 年 1 月底与德国宝马公司签署长期合作协议，联合研发锂－空气电池系统。美国 IBM 公司早在 2009 年开始启动“Battery 500 Project”，拟通过锂－空气电池的研发将电动车续航里程提升到 500 英里（约 800 千米）[18]。

到目前为止，世界各国的科研工作者已经对锂–空气电池开展了大量的基础研究，并取得了许多令人欣慰的重要成果[20]，但锂–空气电池的实际综合性能（如能量转换效率、循环寿命、倍率性能等）距离实用化仍有较大差距。而这些方面的改善需要对锂–空气电池的相关关键材料开展深入的研究，主要包括正极材料的设计、电解液的稳定性、高效率双功能催化剂的开发、负极金属锂的保护、电池反应机理的探究等。

目前，美国、欧洲、日本、韩国、加拿大、澳大利亚等均有研究机构开展锂–空气电池的相关研究工作。英国的 P. G. Bruce 研究小组较早地开展了锂–空气电池的研究，其在原位表征和机理研究方面居于世界领先地位[21]。此外，英国剑桥的 Grey 研究小组也在近两年开展了锂–空气电池的研究[22]。美国的太平洋西北国家实验室张继光课题组[23]和麻省理工学院（Massachusetts Institute of Technology，MIT）的 Shao-horn Yang 课题组均开展了锂–空气电池的研究，其中 Shao-horn Yang 采用原位电镜技术观测了空气电极放电产物形成和分解的过程[24]。此外，美国的 IBM 公司也开展了锂–空气电池的研究，如 IBM“Battery 500 Project”。加拿大的孙学良课题组开展了相关研究，其研究工作主要集中于空气电极催化剂。韩国汉阳大学的 Y. K. Sun 开展了锂–空气电池的基础研究。日本的 NEDO 和丰田均开展了锂–空气电池的相关研究工作。

国内也有大批的科研院所和高校开展了锂–空气电池的相关研究，主要包括：南京大学周豪慎研究团队，南开大学陈军课题组，中国科学院长春应用化学研究所彭章泉课题组和张新波课题组，复旦大学王永刚、夏永姚联合课题组，中国科学院上海硅酸盐研究所温兆银课题组和郭向欣课题组，上海交通大学杨军课题组，华中科技大学黄云辉课题组，深圳清华大学研究院康飞宇课题组等。总体而言，锂–空气电池尚处于基础研究阶段，国内外的合作多为学术交流和合作，最常见的方式是联合发表学术论文。

（三）固态金属锂电池

对于高比能的下一代二次电池，如对锂–硫电池、锂–空气电池而言，采用液态电解液时，金属锂与液态电解质会发生持续副反应，在金属锂表面形成不均匀的固态电解质膜，在后续充放电过程中会出现金属锂的不均匀沉积和析出，形成锂枝晶，易刺穿隔膜导致电池内部短路，存在严重的安全隐患。采用固体电解质代替电解液发展固态金属锂电池，是解决金属锂负极安全问题的根本途径。固态电解质可以避免金属锂在液态电解液中发生的持续副反应，同时高机械强度的固态电解质可抑制锂枝晶的形成，使具有高理论能量密度的金属锂作为负极成为可能[25-27]。特别地，采用固态电解质可抑制锂－硫电池中多硫化物穿梭问题，将活性物质固定在硫正极，从而提高锂－硫电池的循环稳定性。目前固态电解质主要包括无机陶瓷电解质、聚合物电解质和复合电解质。

1. 无机陶瓷电解质

无机陶瓷电解质主要包括钙钛矿型[28,29]、反钙钛矿型[30-32]、NASICON型、Garnet型及硫化物型，其中钙钛矿型电解质以$Li_{3x}La_{2/3-x}TiO_3$（LLTO）为主。虽然LLTO具有较高的离子电导率，但是其与金属锂接触不稳定（金属锂进入LLTO晶格内将Ti^{4+}还原成Ti^{3+}），并且LLTO具有较高的晶界电阻[33,34]，限制了其在金属锂电池中的发展。反钙钛矿型电解质主要集中在新材料的探索和结构优化，硫化物型、Garnet型及NASICON型电解质在金属锂二次电池中研究较广泛。

硫化物电解质质地柔软且具有较高的电导率，甚至高于传统的液态电解质。例如，$Li_{10}GeP_2S_{12}$[35]和$Li_7P_3S_{11}$[36]室温离子电导率大于10^{-3} S/cm，尤其是最近Kato和Kanno[37]报道的$Li_{9.54}Si_{1.74}P_{1.44}S_{11.7}Cl_{0.3}$室温离子电导率高达$2.5\times10^{-2}$ S/cm。虽然硫化物具有质地柔软的特性，但是其与正、负极之间的界面接触及接触稳定性仍然是急需解决的问题。虽然硫化物电解质具有很高的离子电导率，但是硫化物电解质易与空气中的水、氧气反应产生H_2S等有毒气体，从而加大了其制备工艺的难度，在很大程度上约束了其大规模的应用。

传统的Garnet型电解质是$Li_7La_3Zr_2O_{12}$（LLZO）[38]，此外还有很多基于LLZO掺杂取代的衍生物，如$Li_{6.5}La_3Zr_{1.5}Ta_{0.5}O_{12}$（LLZTO）[39,40]。其中，立方相的Garnet型电解质具有较高的室温离子电导率（10^{-3} S/cm），并且与金属锂接触时较其他类型的电解质稳定[41,42]，是目前认为较有前景的电解质之一。但是Garnet型电解质目前面临两大难题：① Garnet型电解质由于其较高的锂含量，易与空气中的水、二氧化碳反应，在电解质表面形成不能够传导锂离子的氢氧化锂和碳酸锂，该反应甚至会沿着晶界在陶瓷片的内部发生；② Garnet 型电解质与金属锂浸润性较差，在循环过程中锂离子沉积不均匀，易产生枝晶，存在严重的安全隐患[43,44]。

常见的用于金属锂电池的NASICON型电解质有$Li_{1+x}Al_xTi_{2-x}(PO_4)_3$（LATP）[45,46]、$Li_{1+x}Al_xGe_{2-x}(PO_4)_3$（LAGP）[47]及其掺杂、取代物[48,49]等。NASICON 型电解质具有较高的离子电导率，并且对水、空气有优异的稳定性[50]，从而引起研究工作者的关注。

2. 聚合物电解质

相对于无机陶瓷电解质，聚合物电解质具有更好的柔韧性和可加工性，与电极之间具有相对较好的接触界面，但是聚合物电解质的室温离子电导率较低，一般需要在高于其融化温度的温度下工作。例如，聚氧化乙烯（PEO）基电解质一般需要在 60℃以上的温度下才能工作。虽然聚合物电解质在高于融化温度时具有较高的离子电导率，但是此时聚合物呈现融化或无定形态，聚合物电解质的机械性能降低，难以抵挡金属锂枝晶的刺穿，而聚合物电解质在低于融化温度时虽然具有较高的机械强度，但是此时的离子电导率又较低，不能满足正常工作的要求。因此聚合物电解质方面急需解决的问题是高离子电导率和高机械强度之间的矛盾。

3. 复合电解质

单纯的无机电解质加工成型过程复杂，工艺难度较高，制备的陶瓷片厚且易碎，成膜性差，而单纯的聚合物电解质离子电导率低，不能满足工作要求，大多仍需借助于添加液态电解液才能在室温下工作。有机－无机复合电解质（CPE）结合无机陶瓷填料和聚合物载体，可以通过降低聚合物的玻璃化转变温度提高离子电导率[51]。无机陶瓷填料分为不参与离子传导的惰性填料和部分参与离子传导的活性填料。惰性填料表面与聚合物基质、锂盐之间的物理作用也可以降低聚合物结晶度，促进锂盐解离，从而提高电导率，并且填料的加入量并不是越多越好，而是存在最佳值[52]。

固体电解质作为安全的高比能金属锂二次电池关键材料，成为目前国际研究热点。自 20 世纪 60 年代对 Ag_3Si、$Na_2O\cdot11Al_2O_3$、$RbAg_4I_5$ 和 PEO 等电解质的研究工作开始，固体电解质的研发和实际应用引起了广大科研工作者的关注。西班牙 CIC Energigune 研究所的 Michel Armand 团队较早在聚合物电解质方面展开研究，并对聚合物电解质的发展做出较大贡献。美国康奈尔大学的 Lynden A. Archer 团队在聚离子液体和有机无机纳米杂化结构方面开展研究。斯坦福大学的崔屹团队开展了复合电解质方面的研究。美国马里兰大学的胡良兵团队优化无机氧化物电解质与金属锂的界面。以日本东京工业大学和日本国立物质材料研究所为代表的日本研究团队对硫化物电解质方面展开研究并取得较大进展。德国的 W. Weppner 团队和美国密歇根大学安娜堡分校的 Sakanoto 团队对无机氧化物 Garnet 电解质展开研究。美国橡树岭国家实验室制备的无机薄膜 LiPON 电解质已经进入商业化应用。当前，法国的 Bolloré 及美国的 SEEO 公司以 PEO 作为电解质，磷酸铁锂为正极，金属锂为负极，尝试开发可用于电动汽车、分布式储能的电芯。

国内也有很多研究团队致力于固体电解质的研究与开发，如清华大学的南策文课题组和张强课题组、中国科学院物理研究所的陈立泉课题组、中国科学院化学研究所的郭玉国课题组、中国科学院上海硅酸盐研究所的温兆银课题组和郭向欣课题组、中国科学院宁波材料技术与工程研究所的许晓雄课题组、中国科学院青岛生物能源与过程研究所的崔光磊课题组、深圳清华大学研究院的杨全红课题组等。国内外在固态金属锂电池方面开展了广泛的学术交流和技术合作。

三、锂离子电池电解质

锂离子电池电解质对电化学储能器件的性能起着非常关键的作用，尤其是近几年高电压正极材料、高镍正极材料、硅/碳高比容量负极材料的发展，对锂离子电池电解质的性能提出了更高的要求。此外，新型的具有高比能量密度的化学体系（如锂硫、锂空及锂、钠、镁/铝金属电池）的发展，对于传统电解液体系提出了更严峻的考验。电解质包括液态的电解液系统和固态的电解质。

我国学者在电解质研究，特别是在发展新型电解液系统解决与高比容量高电压正负极材料相匹配的问题，发展全固态电解质系统为未来高比能和高安全电池系统提供保障方面取得了明显的科学和技术突破。例如，华南师范大学李伟善教授课题组在利用功能组分解决高压电极材料/电解质溶液匹配性问题方面取得了重大进展，提出功能组分对六氟磷酸根络合、界面富集、氧化成膜的理念，设计出含磷、硼及硫等元素的系列功能分子，有效地提高了高比容量高电压正极材料（4.5 V 三元、5 V 镍锰酸锂、层状富锂等）的结构稳定性和抑制电解质溶液的分解。此外，李伟善教授还与美国马里兰大学王春生教授合作研发了新型的镁电池功能添加剂 Mg(TFSI)2-DME/I2，能够显著降低电池的过电位，为提高 Mg/S 电池的性能提供了新的解决思路。苏州大学郑洪河教授课题组准固态电解质和新型离子液体电解液用于锂离子电池解决电池的安全性和延长电池寿命方面取得了很好的结果，特别是针对高电压电极材料和新型硅负极材料的应用发展了基于多氟代溶剂的新型电解液系统。中国科学院广州能源研究所张灵志研究员发展了多种基于硅酸酯体系的电解液系统，对电池的安全性有一定提高作用。中国科学院宁波材料技术与工程研究所夏永高研究员在高浓度锂盐电解质方面对提高高电压锂离子电池的循环性能也取得了一定的突破。

在全固态电解质方面，中国科学院物理研究所陈立泉院士和李泓研究员以氧掺杂硫化物为基础引入多种阴离子，发展了氧硫化物固体电解质 LiAlSO 材料。研究表明，这种材料具有很低的锂离子迁移势垒，有望成为未来固态锂电池的备选材料；中国科学院青岛生物能源与过程研究所崔光磊研究员以聚环氧乙烷（PEO）为研究对象，从电解质分子结构和离子电导率的构效关系出发，发展了综合性能优异的聚合物固态电解质技术，研制出全海深、高能量密度、高安全性的固态锂电池系统，满足了锂电池在特种场合下的应用问题；中国科学院宁波材料技术与工程研究所许晓雄研究员在全固态电解质开发中解决了锂离子电池中锂离子的固相传输问题。

四、超级电容器

超级电容器是一种主要依靠双电层和氧化还原赝电容电荷储存电能的新型储能装置。与传统的化学电源不同，它是一种介于传统电容器与电池之间的电源，具有功率密度高、充放电时间短、循环寿命长、工作温度范围宽等优势。因此，可以广泛应用于辅助峰值功率、备用电源、存储再生能量、替代电源等不同的应用场景，在工业控制、电力、交通运输、智能仪表、消费型电子产品、国防、通信、新能源汽车等众多领域有着巨大的应用价值和市场潜力。超级电容器自面市以来，受到世界各国的广泛关注。超级电容器的全球需求快速增加，已成为化学电源领域内新的产业亮点。

早在 1879 年，Helmholz 就发现了电化学双电层界面的电容性质，并提出了双电层理论。1957 年，Becker 申请了第一个由高比表面积活性炭做电极材料的超级电容器方面的专利（提出可以将小型超级电容器用作储能器件）；1962 年，标准石油公司（SOHIO）生产了一种 6 V 的以活性炭（AC）作为电极材料，以硫酸水溶液作为电解质的超级电容器，并于 1969 年首先实现了碳材料超级电容器的商业化。后来，该技术转让给日本 NEC 公司。1979 年，NEC 公司开始生产超级电容器，用于电动汽车的启动系统，开始了超级电容器的大规模商业应用，才有了超级电容器名称的由来。几乎同时，松下研究了以活性炭为电极材料，以有机溶液为电解质的超级电容器。此后，随着材料与工艺关键技术的不断突破[53]，产品质量和性能得到不断稳定和提升，超级电容器开始大规模的产业化。20 世纪 80 年代，NEC/Tokin 与松下、三菱化学公司开始产业化超级电容器的产品。20 世纪 90 年代，Econd 和 ELIT 推出了适合于大功率启动动力场合的超级电容器。如今，松下、NEC、EPCOS、Maxwell、NESS 等公司在超级电容器方面的研究非常活跃。目前，美国、日本、俄罗斯的产品几乎占据了整个超级电容器市场，各个国家的超级电容器产品在功率、容量、价格等方面都有自己的特点和优势。

美国、欧洲和日本都在积极开展电动汽车用超级电容器的研究开发工作。美国 DOE 和美国先进电池联盟（United States Advanced Battery Consortium，USABC）从 1992 年开始组织国家实验室和工业界（如 Maxwell 公司、通用电气公司等）联合开发使用碳材料的双电层超级电容器。研究的初期目标是在维持功率密度为 1 kW/kg 的同时，把超级电容器的能量密度提高到 5 W·h/kg。这一目标已经基本达到。1996 年，欧洲共同体制定了电动汽车超级电容器的发展计划，由 SAFT 公司领导，目标是比能量达到 6 W·h/kg，比功率达到 1500 W/kg，循环寿命超过 10 万次，满足电化学电池和燃料电池电动汽车的要求。日本也成立了“新电容器研究会”和 NEW SUNSHINE 开发机构。俄罗斯专注于电容车技术和电动车制动能量回收的研究，取得了显著发展。它的启动型超级电容器比功率已达 3000 W/kg，循环寿命在 10 万次以上，领先于其他国家。中国从 20 世纪 90 年代开始研制超级双电层电容器，与国外先进水平还有一定的差距，但已经有一些企业积极投入到超级电容器的研制和生产中，发展较快。国内有些单位已经研制出比能量为 10 W·h/kg、比功率为 600 W/kg 的高能量型和比能量为 5 W·h/kg、比功率为 2500 W/kg 的高功率型超级电容器样品，循环使用次数可达 50 000 次，性能指标已经达到国际先进水平，成本较国际平均价格有大幅度下降。

经过近三十多年的发展，超级电容器作为产品已趋于成熟，其应用范围也不断拓展，如汽车（特别是电动汽车、混合燃料汽车和特殊载重车辆）、电力、铁路、通信、国防、消费性电子产品等。从小容量的特殊储能到大规模的电力储能，从单独储能到与蓄电池或燃料电池组成的混合储能，超级电容器都展示出了独特的优越性。美国、欧洲、日本、韩国等发达国家和地区对超级电容器的应用进行了卓有成效的研究。目前全球已有上千家超级电容器生产商，可以提供多种类的超级电容器产品。

由于超级电容器的大部分产品都是基于一种相似的双电层结构，采用的工艺流程为：配料→混浆→制电极→裁片→组装→注液→活化→检测→包装。超级电容器根据外形结构不同，可分为纽扣型、卷绕型和大型三种类型，三者在容量上大致归类为小于 5 F、5～200 F、大于 200 F。由于其特点的不同，它们的应用领域也有所差异。纽扣型产品具备小电流、长时间放电的特点，可用作小功率电子设备替换电源或主电源，如太阳能手表、电动玩具等；卷绕型则多用于需大电流快速放电且带有记忆存储功能的电子产品中的后备电源，适用于带 CPU 的智能家电、工控和通信领域中的存储备份部件，如路标灯、交通信号灯等；大型超级电容器通过串并联构成电源系统可用在汽车等高能供应装置上。

据业内专家预测，目前全球的年需求量约为 2 亿只，能量为约 12 亿 W·h，增长速度约为 160%；中国市场的年需求量可达 2150 万只，能量为约 1.2 亿 W·h，且每年都在以约 50% 的速度增长；整个亚太地区的年需求量超过 9000 万只，能量为约 5.4 亿 W·h，增长速度约为 90%。然而，超级电容器占世界能量储存装置（包括电池、电容器）的市场份额不足 1%，在中国所占市场份额约为 0.5%。2020 年，中国超级电容器的市场规模为 154.9 亿元，预计到 2022 年，中国超级电容器市场规模有望达到 200 亿元，可见超级电容器存在着巨大的市场潜力。

作为典型的资本密集型产业，超级电容器正处于快速发展的阶段。除了要在关键技术上（如电极、电解质和隔膜材料等）继续取得突破之外，扩大生产规模以达到较佳的规模效益，降低使用成本，以及深入了解不同行业的应用需求，开发有针对性的技术解决方案，都是目前厂商们在市场竞争中的着力点。

在超级电容器的产业化方面，美国、日本、俄罗斯、瑞士、韩国、法国等国家起步较早，凭借多年的研究开发和技术积累，处于领先地位。美国的Maxwell，日本的NEC、松下、Tokin以及俄罗斯的Econd等公司占据着全球大部分市场。国内从事大容量超级电容器的研发开始于20世纪90年代，目前能够批量生产并达到实用化水平的厂家只有十多家，如上海奥威科技开发有限公司（简称上海奥威）、锦州富辰超级电容器有限责任公司（简称锦州富辰）、北京合众汇能科技有限公司（简称北京合众汇能）、宁波中车新能源科技有限公司（简称宁波中车）、南通江海电容器股份有限公司（简称南通江海）等。其中，锦州富辰规模最大，主要生产纽扣型和卷绕型超级电容器，而上海奥威技术领先，产品已达到了同类产品中国际先进水平。此外，在超级电容器的基础研究方面，从业人员已经越来越多，所发表的学术论文在此领域国际上所占的比例也越来越高。

国内超级电容产品虽然在工艺和部分产品性能上不及国外公司，但差距正逐步缩小，特别是在卷绕型和大型超级电容产品方面，其技术与国际接近，某些性能甚至超过国外同类产品。例如，在短时大功率应用方面，以石家庄高达科技开发有限公司（简称高达科技）、北京金正平科技有限公司（简称北京金正平）为代表，已生产出容量为0.5～2000 F、工作电压为12～400 V、最大放电电流为400～2000 A的系列超级电容器产品，能在−40～70℃的温度环境下正常工作，其技术水平已接近俄罗斯，价格却仅为俄罗斯的1/3，具有较高的性价比。另外，在环保型交通工具方面，中国在超级电容公交电车的应用方面领先一步。2006年8月28日，上海11路超级电容公交电车（即“上海科技登山行动计划超级电容公交电车示范线”）投入运营，在实际应用领域走在了世界前列。宁波中车也将研发的超级电容器成功应用于轨道电车。

五、液流电池储能技术

液流电池是由 L. H. Thaller（NASA Lewis Research Center，Cleveland，United States）于 1974 年提出的一种电化学储能技术[54]。该液流电池通过正、负极电解质溶液活性物质发生可逆氧化还原反应（即价态的可逆变化）实现电能和化学能的相互转换。与一般固态电池不同的是，传统的双液流电池（如铁铬液流电池、全钒液流电池、多硫化钠/溴液流电池等）的正极和负极电解质溶液储存于电池外部的储罐中，通过电解质溶液循环泵和管路输送到电池内部进行反应，因此电池功率与容量独立设计。从理论上讲，有离子价态变化的离子对可以组成多种液流电池。在早期的液流电池技术探索中，世界各国对铁/铬（Fe/Cr）体系液流电池的研发最广泛。自 1974 年，美国 NASA 及日本的研究机构和企业均开展了千瓦级铁/铬液流电池研发，并成功开发出数十千瓦级的电池系统。然而，铬半电池的反应可逆性差，铁和铬离子透过隔膜交叉污染及电极析氢等问题，致使铁/铬液流电池系统的能量效率较低。因此，目前世界范围内对铁/铬液流电池的研究开发基本处于停滞状态。为避免正负极电解质溶液为不同金属离子组成的液流电池体系所存在的正负极电解质溶液互混交叉污染问题，人们提出了正负极电解质溶液的活性物质为同一种金属的不同价态离子组成的新型液流电池体系。但到目前为止，经过研究开发并实施过兆瓦以上级工程示范应用的正负极电解质溶液的活性物质为同一种金属的不同价态离子的液流电池体系仅有全钒液流电池体系。人们在探索和研究以同一种金属的不同价态离子为电池正、负极活性物质的液流电池新体系的同时，也探索和研究了其他的液流电池新体系，如早期的 Zn/Br_2、Zn/Cl_2、多硫化钠/溴、铅/甲基磺酸、钒/多卤化物。

1984 年，澳大利亚新南威尔士大学（UNSW）M. Skyllas-Kazacos 教授的课题组[55]在全钒液流电池技术的研究领域做了大量研究工作，内容涉及电极反应动力学、电极材料、膜材料评价及改性、电解质溶液制备方法及双极板的开发等方面，为全钒液流电池储能技术的发展做出了基础研究重大贡献。近几年来，全钒液流电池储能系统的研究开发、工程化及产业化不断取得重要进展，进入了产业化应用。

经过二十余年的发展，全钒液流电池已进入大规模商业示范运行和市场开拓阶段。加拿大的 VRB 能源系统公司、日本的住友电气工业公司（简称住友电工）曾致力于全钒液流电池储能系统的开发。全钒液流电池储能系统的正负极活性物质均为钒离子，只是离子的价态不同，正负极离子的少量互串对全钒液流电池的性能和寿命影响不大。住友电工在北海道建造了一套输出功率为 4 MW，储能容量为 6 MW·h 的全钒液流电池储能系统，用于对 30 MW 风电场的调幅、调频和平滑输出并网。2016 年，住友电工与北海道电力公司合作，在北海道札幌市附近建造了 15 MW/60 MW·h 全钒液流电池储能电站。加拿大 VRB 能源系统公司曾利用住友电工制造的电堆，实施了调峰电站用 250 kW/2 MW·h 全钒液流电池储能系统和用于与风力发电配套的 200 kW/800 kW·h 全钒液流电池储能系统的应用示范。德国、奥地利等国家也在开展全钒液流储能系统的研究，并将其应用于光伏发电和风能发电的储能电站。

近年来，锌基液流电池由于储能活性物质来源广泛、价格便宜，引起了人们的高度关注，主要包括锌溴液流电池、锌溴单液流电池、锌镍单液流电池、锌铁液流电池、锌碘液流电池等。目前，锌镍单液流电池仍处于实验室工程放大阶段，主要通过材料、结构等关键技术研发，解决负极锌沉积形貌问题。锌溴液流电池已处于产业化推广阶段，主要生产商包括澳大利亚 Red Flow 公司、美国 EnSync Energy Systems 公司、韩国 Lotte 化学公司、美国 Primus Power 公司。Red Flow 公司 2018 年推出了家庭用 10 kW·h 锌溴液流电池模块和应用于智能电网的 600 kW·h 电池系统。

为了进一步降低液流电池活性物质的成本，近年来，国外许多科研工作者对液流电池新体系开展了探索研究。根据支持电解液的特点，探索研究的液流电池新体系可分为水系和非水系。水系液流电池是以水作为支持电解质，非水系是以有机化合物作为支持电解质。对非水系液流电池的研究，主要是追求更高的电位；对水系液流电池的研究旨在降低储能活性物质的成本，提高电池的能量密度。虽然人们在液流电池新体系的研究方面做了大量研究工作，发表了许多研究论文，但至今没有发现有产业化应用前景的体系。

我国在液流电池研发与产业发展中的优势如下。

中国科学院大连化学物理研究所张华民课题组是国内最早开展液流电池储能技术研究与开发的单位之一。大连融科储能技术发展有限公司（简称融科储能）是由大连博融控股集团有限公司和中国科学院大连化学物理研究所共同组建的，专门从事液流电池储能技术的工程化和产业化的高新技术企业。多年来坚持产学研用（户）紧密合作的研究开发方针，中国科学院大连化学物理研究所和融科储能已在液流电池的材料制备技术、电池及储能系统的结构设计与集成技术、密封组装技术、系统运行、测试方法及应用示范工程等方面都取得一批重大突破，申报技术发明专利 200 余项，形成了较完整的自主知识产权体系，技术水平处于国际领先地位。科研成果分别于 2009 年获得辽宁省技术发明奖一等奖，2014 年获得辽宁省企业重大研发成果奖和中国科学院杰出科技成就奖，2016 年获得国家技术发明奖二等奖等多项奖励。

融科储能与中国科学院大连化学物理研究所紧密合作，在包括电解质溶液、双极板、离子传导膜等液流电池关键材料，电堆、电池管理系统等液流电池核心部件，液流电池系统集成、综合能量管理的研究开发及工程应用示范等方面都取得了显著的进展，技术水平达到国际领先地位，已实现了液流电池用电解液、双极板材料的批量化生产，在膜材料研究方面也取得了多项原创性进展。“十二五”期间在 973 计划的资助下，突破了传统离子交换传导概念的束缚，在国际上原创性地提出了不含离子交换基团的离子筛分传导机理，受到国际同行的高度评价。但是，由于研究开发周期短，该类膜材料尚处于小规模试制阶段，不能满足全钒液流电池产业化应用的需求，亟待得到国家的持续支持，实现该非氟离子传导膜的批量化制备，以保持全钒液流电池产业的快速发展及我国在该领域的领先优势。

相继开发出 10 kW、22 kW 和 32 kW 的高性能液流电池单体电堆，实施了在海岛、边远地区离网供电、智能微网及风电场领域等 20 余项应用示范工程。2013 年 2 月，设计建造了全球最大规模的 5 MW/10 MW · h 商业化全钒液流电池储能系统，已经在辽宁省法库 50 MW 风电场成功并网并安全可靠稳定运行。该成果奠定了我国在液流电池领域的世界领军地位。2014 年，融科储能开发的液流电池储能系统成功进军欧美市场，成功中标由德国博世（BOSCH）公司为总承包商的欧洲首套兆瓦级商业储能项目，已在德国分布式电网中应用，同时为美国战略合作伙伴 UET 公司在华盛顿的 3 MW/10 MW · h 液流电池储能项目提供电堆和电解质溶液。

在应用示范方面，2012 年，融科储能实施了全球最大规模的

5 MW/10 MW·h 全钒液流电池储能系统，已完成近 30 项应用示范工程，应用领域涉及分布式发电、智能微网、离网供电及可再生能源发电等，在国内外率先实现了产业化，标志着我国液流电池储能技术达到国际领先水平。

同时，中国科学院大连化学物理研究所张华民课题组近年来在锌基液流电池方面的基础及应用领域方面做了大量的工作，取得了研究成果，主要有以下几个方面。

（1）锌溴单液流电池。通过对正极催化材料、正负极结构的优化，实现了原创性锌溴单液流电池单电池在 80 mA/cm^2 运行条件下能量效率大于 80%。于 2017 年开发出国际首套 5 kW 锌溴单液流电池系统，该电池系统在 40 mA/cm^2 运行条件下的能量效率可以达到 78% 以上。

（2）锌镍单液流电池技术。开发出多孔碳基高容量镍正极，以此组装的新结构锌镍单液流电池在充电面容量为 80 mA·h/cm^2 时的电池能量效率可以达到 85% 以上，循环 500 次内能量效率无明显衰减。

（3）碱性锌铁液流电池储能技术。中国科学院大连化学物理研究所研究团队开展了低成本、高性能、环境友好的碱性锌铁液流电池储能技术的研究。通过电解液优化、隔膜结构设计、电池结构设计的方法，实现了该电池在 60～200 mA/cm^2 的工作电流密度范围内运行。

六、表征与测试技术

世界各国均已认识到，发展清洁能源及存储不仅有利于提高能源利用效率，也是新兴产业的增长点。因此，主要发达国家都制订了本国的能源政策和相关行动计划，希望在清洁能源领域的竞争中占据有利地位。电化学能量存储正发挥着越来越大的作用，世界各国针对电化学储能都提出了未来发展计划，如 DOE、NEDO 提出未来将动力电池能量密度提升至 500 W·h/kg，且综合性能优异；我国科技部也提出在“十三五”期间发展能量密度为 300～500 W·h/kg 的动力电池。

在化学储能中起关键作用的各类电池材料的合成与制备、性能与结构关系是开发新电池和电容器等储能器件的重要研究内容。电极材料性能的各种测试技术与材料的组织结构从宏观到微观不同层次的表征技术是材料科学的重要组成部分。与电极材料表征和评价相关的新方法、新技术和新装备层出不穷，主要有：

（1）具有原子尺度分辨能力的球差校正电镜，利用高角环形暗场像和环形明场像等实空间成像技术，配合电子能量损失谱等附件，可以很容易地识别原子，测定其化学状态，对材料研究起到极大的推动作用。尤其是近两年冷冻透射电镜在锂电池研究的应用使得领域内研究者对液态锂电池中金属锂负极界面的锂枝晶生长有了深刻的认识。

（2）随着各国政府对清洁能源基础研究和应用研究投入力度加大，利用大科学装置［如中子源和同步辐射技术（如 XRD、XPS、UPS、XAS、XRM 等）］进行清洁能源相关基础科学和应用研究的大学、科研机构和公司企业越来越多，对利用同步辐射技术进行材料与器件高精尖分析表征的需要日益增大。目前与能源材料相关研究的用户在北美、欧洲、日本等国家和地区的主要同步辐射光源占显著比例，有的同步辐射光源还专门建立了针对能源材料研究的同步辐射线站，如日本 Spring-8 同步辐射实验室就已建立一条专门针对锂离子电池材料与器件原位研究的集成了 X 射线吸收光谱、衍射和掠入射为一体的同步辐射线站。

（3）原位固体核磁技术以及新的界面表征技术如高分辨扫描探针与非线性界面光谱等技术可以深入研究对电池性能有重大影响的界面结构与界面过程。

（4）各种测量手段都展示出从静态的材料测试向现场、动态、实时、器件工况等条件下的原位表征发展的趋势。

（5）在电化学能源科学与技术研究中，理论计算与模拟是探索新现象、解释和预言实验、设计新型材料与能源存储体系的有力手段。随着计算模拟方法的日趋成熟和超级计算机性能的不断提高，目前的先进计算方法已可以在原子水平上研究新能源材料涉及的基本物理化学问题。

可以设想，原位表征与检测的装置、技术的发展及其与理论计算的相互结合将会有效推动电化学学科的跨越式发展。科学仪器、表征技术与理论计算本身的发展将促进电化学储能研究各个方面的深入探索，使得电化学储能器件中的结构与性能关系研究成为电化学的黄金法则之一。未来，研究应进一步聚焦电化学能源科学与技术研究中涉及的重要科学问题，借鉴材料基因工程的研究思想，发展复杂体系的计算模拟方法，与现场原位表征监测技术以及实验紧密结合，深入研究新机制、设计新材料并构建新型能源存储体系。

为了应对激烈的国际竞争，我国政府对清洁能源科学与技术的研发进行了规划和布局，先后成立了重点实验室、研究中心、工程中心。在 2016 年，我国启动了新能源汽车试点专项、智能电网重点专项，2017 年还启动了可再生能源重点专项。工业和信息化部制定了“中国制造 2025”路线图，对动力电池、太阳电池、燃料电池等提出了明确的发展目标。北京有色金属研究总院也牵头成立了国联汽车动力电池研究院和中国汽车动力电池创新联盟。但由于我国大科学装置建设相对滞后，还没有类似于欧、美、日本的能够依托大科学装置、强大和先进的清洁能源材料的公共研发测试平台，目前的动力电池研究联盟主要是开发电池技术，缺乏高水平研究平台的支持。

总体而言，经过多年发展，我国能源储存方面取得了很好的成绩，从 20 世纪 90 年代起，成本快速下降，效率持续提高。但近五年来，由于在效率和低成本的科学机理方面的基础理论和基本材料方面没有大的突破，成本下降和效率提升速度明显放缓。

第二节　国际合作与交流分析

锂离子电池和固态电池方面的国际合作与交流情况因与第三章第二节部分内容重复，在此不再赘述。

我国超级电容器产业发展依托中国超级电容产业联盟，从业人员通过组织或参加超级电容器技术及产业国际论坛、国际电化学年会超级电容器分会、全国超级电容器及关键材料学术会议等领域内的学术交流活动，与来自世界各地的国际权威专家和行业的顶级专家，共同探讨超级电容器在学术、技术、产业应用、国际国内行业发展等方面的进展和发展方向。

我国液流电池技术水平已经达到国际领先水平，依托液流电池的技术实力，在国际可再生能源及液流电池储能领域拥有了举足轻重的话语权，由中国科学院大连化学物理研究所科学家发起提案，国际电工委员会（International Electrotechnical Commission，IEC）成立了液流电池国际标准联合工作组（IECTC21/JWG7），担任“液流电池通用技术要求及测试方法”国际标准 IEC 62932-2-1 的负责人，并参加担任液流电池术语和安全 2 项国际标准的专家委员会专家，领军国际液流电池储能技术相关标准的制定。

第三节　发展趋势分析

一、动力锂离子电池

2016 年，由中国汽车工程学会公布的《节能与新能源汽车技术路线图》为我国的动力电池技术绘制了发展蓝图。该路线图提出，2020 年，纯电动汽车动力电池单体比能量达到 350 W · h/kg，到 2025 年达到 400 W · h/kg，到 2030 年则要达到 500 W · h/kg；近中期在优化现有体系动力锂离子电池技术满足新能源汽车规模化发展需求的同时，以开发新型动力锂离子电池为重点，提升其安全性、一致性和寿命等关键技术，同步开展新体系动力电池的前瞻性研发；中远期在持续优化提升新型动力锂离子电池的同时，重点研发新体系动力电池，显著提升能量密度，大幅降低成本，实现新体系动力电池实用化和规模化应用。由此可见，在未来相当长的时间内，锂离子电池仍将是动力电池的主流产品。锂离子电池具有比能量高、循环寿命长、环境友好、可以兼具良好的能量密度和功率密度等优点，是目前综合性能最好的动力电池，已被广泛应用于各类电动汽车中。此外，我国在 2012 年国务院颁布的《节能与新能源汽车产业发展规划（2012～2020 年）》中提出，到 2015 年，动力电池模块的能量密度达到 150 W · h/kg；至 2020 年，动力电池能量密度达到 300 W · h/kg，并在随后的国家“新能源汽车产业技术创新工程项目”和“十三五”国家重点研发计划“新能源汽车”重点专项等项目中进一步明确和落实了该目标。

从产业发展情况来看，目前世界知名的电动汽车动力电池制造商包括松下、AESC、LG 化学和三星 SDI 等都在积极推进高比能量动力锂离子电池的研发工作。综合来看，日本锂电池产业的技术路线是从锰酸锂到镍钴锰酸锂三元材料。例如，松下的动力电池技术路线早期采取锰酸锂，目前则发展镍钴锰酸锂、镍钴铝酸锂（NCA）系正极材料，其动力电池主要搭载在特斯拉等车型上。韩国企业以锰酸锂材料为基础，如 LG 化学早期采用锰酸锂作为正极材料，应用于雪佛兰 Volt 车型，近年来三星 SDI 和 LG 化学已经全面转向镍钴锰酸锂三元材料。目前国内主流动力锂电池厂商，如比亚迪等，仍以磷酸铁锂为主，磷酸铁锂电池在得到大规模普及应用的同时，其能量密度从 2007 年的 90 W·h/kg 提高到目前的 140 W·h/kg。然而，由于磷酸铁锂电池能量密度提升空间有限，随着对动力电池能量密度要求的大幅提升，国内动力电池厂商技术路线向镍钴锰、镍钴铝或其混合材料转换的趋势明显。

当前动力电池主流企业的发展战略重点不再是产能扩张，而应是如何优化产能、通过核心技术创新和智能化水平提升实现产品的提质降本，从根本上提升竞争力。目前新能源整车企业对动力锂电池的能量密度、循环寿命、安全性提出了更高的要求，动力电池性能的提升亟待技术突破。因此，企业应加大支持基础研究，加速研究成果的转化，重视人才的培养，加强产学研的协同发展，利用技术创新向高端领域集中，创造竞争优势。

二、下一代高比能电池——金属锂二次电池

（一）锂 - 硫电池

锂 - 硫电池的研究大多仍处于实验室规模的研究与制备阶段，有些硫正极材料已具备大规模产业化条件。随着锂负极和电解液的相关研究不断取得进展，对锂 - 硫电池反应机理的探索不断深入，其研究重点已从材料本身和单电极（正、负极）研究逐步过渡到电池体系研究。未来锂 - 硫电池的研究需继续突破限制循环寿命、安全性和倍率性能的技术瓶颈，解决金属锂负极枝晶与粉化问题、电解液分解消耗问题，是未来锂 - 硫电池研究的重要方向。特别地，发展基于固态电解质的锂 - 硫电池能够显著提升电池的安全性并有望提高电池的循环性能，未来将成为锂 - 硫电池技术研究的热点和重点。

（二）锂 - 空气电池

锂 - 空气电池仍处于基础研究阶段，相关学术论文发表和专利申请处于上升阶段，尚未进入示范应用和应用的阶段。锂 - 空气电池主要的发展趋势包括：原位和非原位分析测试技术的创新和发展促进机理研究；由固体催化剂逐步转化为“固体催化剂 + 液相催化剂”的模式，即在电解液中添加合适的氧化还原电对，通过电化学氧化和化学氧化的耦合，促进放电产物的分

解，提升体系能量效率；由酯类电解液体系逐步向醚类电解液体系转变，并开始着手固体电解质的研究；金属负极方面主要是防止枝晶生长和金属锂钝化，提升金属锂负极的利用率。

（三）固态金属锂电池

未来发展的关键是寻找兼具高离子电导率、低界面电阻、宽电化学窗口和高机械强度，同时与金属锂负极/正极具有良好的兼容性的固态电解质。无机陶瓷电解质具有较高的室温离子电导率、较宽的电化学稳定窗口、优异的机械性能及高的锂离子迁移数，但是电极和电解质之间超高的固/固接触阻抗及较低的电极材料利用率是无机陶瓷电解质中急需解决的问题。聚合物电解质较好的柔韧性和可加工性使得电极与电解质界面接触良好，但是其低的室温离子电导率、窄的电化学窗口及差的机械性能是限制聚合物电解质发展的几个重要因素。复合电解质能够结合无机材料与聚合物电解质二者的优点有望成为理想的固态电解质。另外，制备自身具有或在固态电解质表面外接软化层可以解决固态电池中电极/电解质固/固界面高界面电阻的问题。

三、超级电容器

超级电容器作为一种新型绿色储能器件已在工业生产中占据一席之地。随着新能源汽车、智能穿戴设备等的普及，超级电容器若要扩展其应用领域，降低成本、提高能量密度是下一步发展的重要目标，而制约超级电容器性能和成本的电极材料仍将是未来研究的重点。超级电容器的发展趋势主要集中在以下几个方面：高性能、低成本电容活性炭制备技术；高电压、高电导率、高安全性电解液、集流体、隔膜等；低内阻、高载量电极工艺，低成本、高一致性单体，组合模块集成及其管理系统，以及梯次利用规模化技术；下一代高比能、高功率兼顾的超级电容器技术；等等。

四、液流电池储能技术

在液流电池方面，未来的发展将着眼于开展全钒液流储能系统的研究，并将其应用于光伏发电和风能发电的储能电站；研发新一代高比能量的全钒液流电池，推动全钒液流电池储能产业的发展；发展价格便宜的锌基液流电池，通过材料、结构等关键技术研发，解决负极锌沉积形貌问题；探索研究可降低液流电池活性物质成本的液流电池新体系；发展液流电池储能系统的集成技术和系统控制技术。

五、表征与测试技术

在表征与测试技术方面，未来的发展趋势为：一是建立依托大科学装置、强大和先进的清洁能源材料的公共研发测试平台；二是发展工况条件下高时间、空间、能量分辨的动态表征技术和理论计算模拟方法，从多个视角观察电化学能量存储的动态过程；三是发展针对复杂电化学多相界面体系的计算方法，加强科学机理方面的基础理论研究。

第四节　存在的主要问题与解决思路

一、动力锂离子电池

（一）动力锂离子电池的基础科学问题

1. 研究电极反应过程、反应动力学、界面调控等基础科学问题

目前，元素掺杂、包覆等方法被广泛应用于材料改性，但究其原因往往“知其然，不知其所以然”。例如，LFP 可以通过异价锂位掺杂显著提高电子导电性，但其究竟是晶格掺杂还是通过表面渗透还存在争议。另外，一般认为 LFP 较低的电子导电性和离子扩散特性是导致倍率特性不佳的主要原因，但研究锂离子在电极/电解液界面的传输也是影响 LFP 倍率特性的重要因素。通过改善界面的离子传输特性，可以获得更好的倍率特性。因此，深入研究电极上的表面电化学反应的机理，尤其是关于 SEI 膜形成、性质以及电极与电解液的相互作用等，可以明确材料的结构演化机制和性能改善策略，为材料及电池性能的改善提供理论指导。

2. 发展电极表界面的原位表征方法

锂离子电池电极材料的性能主要取决于其组成及结构。通过原位表征技术系统研究材料的组成 - 结构 - 性能间构效关系对深入了解电极材料的反应

机理、优化材料组成与结构以提高其性能及指导高性能新材料开发与应用均有十分重要的意义。例如，原位拉曼光谱可以通过晶格（如金属－氧配位结构）振动实时检测材料的结构变化，为找寻材料结构劣化原因提供帮助。同步辐射技术不仅可通过研究电极材料中原子周围化学环境，获取电极材料中组成元素的氧化态、局域结构、近邻配位原子等信息，还可原位获得电池充放电过程电极材料的结构演化、过渡金属离子氧化态以及局域结构变化等信息，精确揭示电池反应机理；固体核磁共振波谱（NMR）则可提供固态材料的局域结构信息，得到离子扩散相关的动力学信息。

（二）动力锂离子电池的关键技术

动力锂离子电池是一个复杂的系统，单一部件、材料或组分的优化未必对电池整体性能的改善有突出效果。发展面向电动汽车的高比能量、低成本、长寿命、高安全性的动力电池，需对动力锂离子电池体系的关键技术予以重点关注，解决在最终应用过程中影响性能的制约因素和问题。

1. 正极、负极材料等的选择及匹配技术

动力锂离子电池的寿命、安全性和成本等基本性能在很大程度上取决于其电极材料体系的选择和匹配。因此，如何选择高比能量、长寿命、高安全性、低成本的材料体系是当前动力锂离子电池的关键问题。

2. 动力电池安全性

安全性是决定动力电池装车应用的先决条件。随着锂离子电池能量密度的逐步提升，电池安全性问题无疑将更加突出。导致锂离子电池安全性事故发生的根本原因是热失控，放热副反应释放大量的热及有机小分子气体引起电池内部温度和压力的急剧上升；而温度的急剧上升反过来又会呈指数性加速副反应，产生更大量的热，使电池进入无法控制的热失控状态，导致电池最终发生爆炸或燃烧。高比能量的 NCM 和 NCA 三元正极、锰基固熔体正极均较 LFP 材料的热稳定性差，使人们在发展高能量密度动力电池的同时不得不更加关注安全问题。解决电池安全性问题至少需要从两方面着手：一是防止短路和过充，以降低电池热失控的引发概率；二是发展高灵敏性的热控制技术，阻止电池热失控的发生。

3. 电池制造工艺

随着动力电池应用的不断加深，单体电池向大型化、易于成组的方向发展。在这一过程中，单体电池的制造技术尤为重要。而提高产品一致性，从而使电池成组后的安全性更高、寿命更长，使其制造成本更低将是未来锂离子电池制造工艺的发展方向。开发生产设备高效自动化技术，研发高速连续合浆、涂布、辊切制片、卷绕/叠片等技术，可以降低生产成本；开展自动测量及闭环控制技术，提高电池生产过程测量技术水平，实现全过程实时动态质量检测，实现工序内以及全线质量闭环控制，保证产品一致性、可靠性；建立自动化物流技术开发，实现工序间物料自动转运，减少人工干预；智能化生产控制技术，综合运用信息控制、通信、多媒体等技术，开发有效的生产过程自动化控制及制造执行系统，最大限度地提高生产效率，降低人工成本。

二、下一代高比能电池——金属锂二次电池

（一）锂－硫电池

近年来，锂－硫电池研究在硫正极、电解质、金属锂负极等方面均取得了重要进展。然而，目前锂－硫电池的实际综合性能，如安全性、循环寿命、功率密度、能量转换效率、体积变化等方面，距离实际应用还有较大的差距。这些都需要通过硫正极、锂负极、隔膜、电解液等基础材料的开发和制造技术的进步获得不断突破。亟待解决的主要科学技术问题主要有以下几个方面。

1. 锂－硫电池中金属锂负极保护

在实际电池体系中，锂负极的电化学性能及结构稳定性至关重要。对于使用金属锂作为负极、易燃的醚类电解液的锂－硫电池来说，存在较大的安全隐患。例如，金属锂负极在充电过程产生的锂枝晶可能会刺穿隔膜引发电池短路起火。由于锂枝晶比表面积大、反应活性高，会加速电解液在金属锂表面的分解；锂枝晶容易发生粉化、脱落，造成活性物质损失。所以，通过表面保护技术稳定金属锂负极的表界面是实现锂－硫电池发展的关键技术。

2. 锂－硫电池核心能源材料的规模制备和评测规范

作为极具应用前景的高比能储能器件，锂－硫电池只有通过硫正极、锂

负极、电解质及隔膜等关键材料的开发和制造技术的不断进步才能获得显著性突破。目前，锂－硫电池的大量研究工作仅关注其能量效率和比能量，应建立规范的评测方法，测评主要包括比能量、功率密度、能量效率、循环寿命、安全性等各项指标。

3. 锂－硫电池单体及模块设计

锂－硫电池的电池构型不同于传统的锂离子电池，需要优化硫正极、金属锂负极的结构及组成，对正负极匹配性以及电池系统集成等方面开展研究，开发适于锂－硫电池的浆料制备技术及电极制备技术。

（二）锂－空气电池

近年来，关于锂－空气电池的研究在各方面均取得了重要进展。然而，锂－空气电池的实际综合性能（如循环寿命、倍率性能、能量效率、安全性等方面）均与实用化有很大差距。这些是锂－空气电池在基础理论研究和应用开发方面均进展缓慢所致。对于有机体系的锂－空气电池来说，目前主要有以下几方面的重要科学技术问题亟待解决。

1. 充电与放电过程的电压差过大，能量利用率低

这是目前锂－空气电池面临的最严峻的问题。在没有催化剂作用下，锂－空气电池的放电电位在 2.7 V 左右，而充电电位高达 4.0～4.5 V，直接导致电池的充放电效率低于 70%，远低于现有的锂离子电池体系。该现象主要由过氧化锂的低电子电导以及过高的分解过电位导致。该问题可以通过寻找合适的氧化还原介质添加剂作为可溶性催化剂，或者构筑高效氧还原反应（oxygen reduction reaction，ORR）/ 析氧反应（oxygen evolution reaction，OER）双功能催化剂来解决。

2. 锂－空气电池倍率性能较低，难以获得大电流充放电特性

这主要由以下几个原因造成：一是就反应物和产物来说，锂－空气电池的充放电反应本身是一个气固转换的两相反应，这种气固转换反应动力学本身要比气液反应（质子交换膜燃料电池）和均相反应（多数锂离子电池嵌入反应）的慢；二是放电过程不断生成的过氧化锂产物电子电导低，导致电极的体相电阻增大，不利于高倍率输出。寻找和制备廉价、稳定、高效的氧化

还原介质作为可溶性催化剂是加快 OER 反应速率的根本途径，从固/固催化反应机制转变为固/液准均相化学反应机制是锂－空气电池发展史上的一大创新之处。同时优化空气电极的电子传导网络和孔隙结构以降低接触电阻，构筑离子、电子和氧气良好的输运通道，也是提高倍率性能的有效途径。

3. 循环稳定性差

一方面，由于锂－空气电池的放电产物过氧化锂具有低电子电导、不溶于有机电解液等特点，因此放电产生的大量 Li_2O_2 会堵塞氧气扩散通道与催化活性位点，引起电池放电过早终止，且催化剂失效，致使循环性能降低。另一方面，由于锂－空气电池存在严重的极化现象，分解 Li_2O_2 通常在高电位下进行，同时电解液在高电位下也易发生分解，从而生成更难分解的 Li_2CO_3 等副产物，导致电池循环性能衰减。因此，寻找稳定的电解液，或者可增加 Li_2O_2 溶解度的添加剂都是解决此问题的有效途径。

4. 负极金属锂安全隐患大

由于金属锂化学性质过于活泼，极易与氧气中的 N_2、H_2O、CO_2 发生反应，充电过程易生成锂枝晶，容易穿破隔膜致使电池短路、引发火灾等，因此寻找其他有效方法抑制锂枝晶的生长，或开发新的大容量负极材料是解决负极问题的关键。

综上所述，锂－空气电池虽然历经十余年的研究，在催化电极、电解液和金属锂负极等方面都有了长足的进步，但仍然存在诸多问题。首先，其催化电极的稳定性依然有待提高，催化电极对于 Li_2O_2 的具体催化机理仍有待进一步研究。其次，常用的醚类电解液仍不稳定，特别是在充电过程中所引发的副反应较多，这将直接影响电池的循环稳定性。此外，金属锂负极的问题也相当突出，锂金属在锂－空气电池循环过程中并不稳定，需要加以保护，而锂枝晶的问题也始终悬而未决。综合以上正负极和电解液的问题，展开基于固态电解质的锂－空气电池研究势在必行。当下，基于固态电解质的锂离子电池研究方兴未艾，这对于固态电解质运用于锂－空气电池催化电极和电解液中的研究起到良好的借鉴作用。同时，固态电解质具有良好的对锂的稳定性，并能有效地抑制枝晶生长，因此是一种理想的锂－空气电池研究方向，但基于固态电解质的锂－空气电池也将随之面临界面阻抗较大、离子电子传输较慢等问题，这将是基于固态电解质的锂－空气电池所需要解决的问题。

（三）固态金属锂电池

固态金属锂电池的研究取得了重要的进展，特别是利用固态电解质抑制锂枝晶生长，从而稳定金属锂负极表面。然而，相对于液态电解液，固态电解质普遍存在室温离子电导率较低、与正负极材料的物理接触较差、电解质/电极间界面电阻较高等问题，造成固态金属锂电池室温及低温性能差、功率密度低等缺点，严重限制了固态金属锂电池的实际应用。未来固态金属锂电池的研究主要包括以下几个方面。

1. 新型固态电解质的开发

理想的固态电解质应满足：工作温度下具有高的离子电导率（$>10^{-4}$ S/cm），适宜的机械强度和柔韧性，宽的电化学稳定窗口，高的锂离子迁移数。考虑到聚合物电解质和无机陶瓷电解质自身的优缺点，未来发展固态有机－无机复合电解质（如多层结构的固态电解质）有望获得高性能的固态金属锂电池。

2. 固态电池原位界面表征技术

在固态金属锂电池中固态电解质与金属锂之间的化学接触稳定性，固态电解质与正极材料的界面相容性，以及电极/电解质界面接触浸润性直接影响到电池内部离子输运特性。所以，需要通过先进的表征技术，如结合非原位透射电镜、原位透射电镜与能量损失谱联用技术、原位 X 射线谱、核磁共振谱、电子全息技术、深度分辨 X 射线吸收谱和建模模拟分析等，研究离子和电子在金属锂负极/固态电解质、固态电解质/正极材料界面的输运、存储、反应特性，对固态金属锂电池的结构设计及性能优化提供科学依据。

3. 固态电池制备工艺研究

由于在固态金属锂电池中电极/电解质之间为固/固界面接触，不同于采用液态电解质电池的传统制备工艺，因此除了要求电极/电解质界面接触浸润性好以及电极内部具有优良的离子和电子传输通道，还需要电极与电解质具有较好的化学接触稳定性。

三、锂离子电池电解质

近年来，我国在液态电解质研究和开发方面取得了显著的进步，特别是在新型锂盐电解质和新型电解液添加剂方面进展顺利，中国电解液依赖进口或原材料依赖进口的情况得到了彻底的改变，目前国产电解液和原料已经实现大批量出口。尽管如此，我国科研人员在电解液的研究方面多集中在电极/电解质界面（膜）性质、组成、结构及调控，新型高压添加剂/功能分子的设计、合成及应用；虽然在新型高稳定宽电化学窗口的有机溶剂体系、新型高热稳定性的锂盐方面取得了显著的科学和技术突破，但是我国在电解液研究方面的人员投入少，关注面窄，特别是与研究者在正、负极材料上投入的研究精力与关注度相比，更是十分薄弱，受重视程度不够。我国大多数电池工作者更热衷于新材料合成和电池加工，对电解液在电池中的作用和机理缺乏认识，并且科研管理部门对高性能电解液的重视程度还不够。事实上，美国、日本均有数十家专门从事新型电解液系统的研制和开发的研究机构，特别是对新型溶剂、添加剂、锂盐、阻燃剂和电解液系统的开发十分活跃，相比之下，国内与电解液密切相关的基础研究少，而且基础薄弱，成为制约未来高性能车用动力电池发展的瓶颈。

全固态电解质是一个全新的领域，具有不可燃、安全性好、寿命长等突出的优点，对未来化学电源的发展具有革命性作用，但这种体系仍然面临许多突出的基础科学问题，特别是体系选择没有确定、电解质与电极材料之间的阻抗高、晶格层次的复合困难等，这些方面迫切需要更多的科研工作者关注。

四、超级电容器

虽然超级电容器因其自身优秀的特点，在交通、工业、军事、消费类电子产品等领域得到越来越广泛的应用。但是，由于超级电容器是一个新兴的储能器件，它在应用中还有很多的问题需要解决，主要体现在以下几个方面。

1. 超级电容器储能机理研究

当前大部分超级电容器的研究集中在电极材料和电解质溶液方面，缺少对储能机理的深入研究。超级电容器通过在微孔电极表面吸附离子来存储电荷，尽管有很多的研究致力于解释这一现象，但是缺乏有效的原位检测技术来选择性地获取电极/电解质溶液界面和电极表面的各种信息，使人们无法在分子水平认识充放电过程中的微观图像。随着人们认识到储能机理的深入研究对提高超级电容器性能的重要意义，多种原位表征技术相继被用于在微观层次上揭示电极表面过程。原位的核磁共振（NMR）能够实时定量地研究不同种类的阴阳离子和溶剂分子在微孔电极中的吸附过程。但是在某些体系中难以准确分辨孔内和孔外离子的谱峰位置。电化学石英晶体微天平（EQCM）可以实时测量电化学过程中石英晶体表面的频率变化，将其换算成电极的质量变化，进而从电极总质量变化来推测电荷存储机理，但其缺点在于难以分辨出质量变化究竟来源于阴离子、阳离子还是溶剂分子。原位红外光谱法能够测量离子化学键吸收谱的强度变化，可以分别研究阴阳离子在充电过程中的变化规律。然而红外光的穿透深度仅有 0.4～1 μm，所以当离子进入孔道以后就无法探测孔道内部离子的红外信号，必须依靠测量碳颗粒表面的体相电解质的浓度变化来加以间接测试，因此难以完全定量地研究超电容的储能机制。原位散射法包括 X 射线和中子射线散射，充电过程中离子散射强度的变化可以和储能机制关联研究，得到不同形状孔道中的吸附过程信息，但是难以定量化地研究不同离子的散射。由此可见，不同的原位表征方法各有优缺点，多种原位表征技术联合使用，能起到取长补短、相得益彰的作用。除此之外，很多和电化学结合的原位表征技术也已经在超级电容器机理的研究中崭露头角。目前的原位表征方法有待于进一步完善，同时新的原位测试技术和理论模拟方法有待开发和建立，以定量化地研究电极的储能机理。

2. 超级电容器自身的技术问题

目前的超级电容器在电能存储方面与电池还有一定的差距，因此怎样提高单位体积内的能量（即能量密度）是目前超级电容器领域的研究重点与难点。应该说，制造工艺与技术的改进是提高超级电容器存储能力的一个行之有效的方法，但是从长远来看，寻找新的电极活性材料才是根本所在，同时也是难点所在。

3. 电参数模型的建立

在某些领域，超级电容模型可以等效为理想模型，但是在军事应用中，尤其是在卫星和航天器的电源应用中，一些非理想参数可能会带来潜在的隐患，是不可忽视的。普通信号、滤波、储能电容引起的谐振由于能量有限，所引起的问题有较成熟的解决方案，而超级电容具备瞬间释放巨大能量的能力，因此研究负载性质、负载波动或外部环境以及偶然因素引起的扰动对系统稳定性可能造成的影响，对可靠性设计是非常重要的。

4. 一致性问题

超级电容的额定电压很低（不到 3 V），在应用中需要大量的串联。由于应用中需要大电流充放电，而过充对电容的寿命有严重的影响，因此串联中的各个单体电容器上电压是否一致是至关重要的。

五、液流电池储能技术

科技部“十二五”国家高技术研究发展计划（863 计划）和国家重点基础研究发展计划（973 计划）对储能项目与液流电池项目都有过一定的经费支持。经过我国科学家和企业家的努力，我国液流电池技术水平达到国际领先地位，在关键材料基础研究和电池系统集成及应用示范工程方面都取得了重大突破，主导国际电工委员会液流电池国际标准的制定。但国家在液流电池领域投入的研究开发经费极少，大量的研究开发工作亟待实施。下述为液流电池产业化急需解决的主要问题及解决思路。

（一）全钒液流电池

1. 高性能、低成本全钒液流电池用关键材料的研究开发

为推进全钒液流电池储能技术的产业化，应加大对全钒液流电池技术持续的经费投入，研究开发高性能、低成本的全钒液流电池用关键材料，包括高性能、低成本离子传导膜，电极，双极板，电解质溶液等材料；全钒液流电池关键材料和部件还未实现规模化、产业化生产，因此生产成本较高。

2. 高功率密度电堆的研究开发

全钒液流电池技术的研究开发周期较短。目前，全钒液流电池运行的工作电流密度较低（≤120 mA/cm^2），造成电堆体积大，材料需求量大，成本高。通过数值模拟和实验验证相结合的方法，优化电堆的结构设计，降低电堆内阻，提高电解液活性组分在电极内的分配均匀性，提高电堆的额定

工作电流密度（即功率密度，≥120 mA/cm^2），从而大幅度降低电堆和储能系统的成本，提高系统的智能化控制管理水平，提高电池储能系统的可靠性和耐久性。

3. 储能系统的高集成度、可靠性及智能化控制管理技术的研究

提高全钒液流电池储能系统的高智能化控制管理水平，实现模块化和预测控制管理，提高电池储能系统的可靠性和耐久性。

（二）锌基液流电池

研究开发适用于高性能、低成本液流电池用关键材料，包括高性能、低成本离子传导膜、电极、双极板、电解质溶液等材料；开展电堆结构的数值模拟和实验验证，优化电堆结构，开发高功率密度电堆；提高锌基液流电池储能系统的集成度、可靠性，简化系统，提高智能化控制管理方法。

六、表征与测试技术

（一）精确的测量技术与失效分析技术

化学电源系统复杂，包含各种材料和部件，企业一般利用试错手段，通过经验，使各部件发挥最佳性能。这种开发方法，在跟随性研发中能够起到一定作用，但在创新性技术开发中容易遭遇瓶颈，不知道失效机制，难以高效率持续改进。如果能对先进电池的材料和器件进行精确测量以及全面的失效分析，并弄清楚其中的细微差别，作用往往是巨大的、直接的。原位表征基础与能力不足，与材料研发相比相对滞后。

（二）对机理研究重视与支持不够，集群研究较少

国内化学电源研发普遍是单一作战，不仅力量较薄弱，还容易造成重复研究、资源浪费。

（三）理论、计算与实验之间互动不够

理论、计算与实验之间互动不够，因此非常有必要建设一个新电池材料研发、综合测量、失效分析功能于一体的平台以及相应的专业团队。综合利用各种检测和表征技术，并通过与物理学、化学等学科的交叉来不断开拓创

新，开发新的原位表征技术，研究不同条件下电池材料组织结构与性能上的动态行为。计算技术的发展使得在不同尺度的材料设计和模拟成为可能，而高精度的实验观察为理论计算提供了坚实的数据支撑，加强计算与实验上的沟通与交流，将有效地推进新电池材料的开发和高能量密度的实现。通过建立实验上和计算上的数据库，并对两者进行科学分析，进而实现材料研发的科学设计。

第五节　重点发展方向建议

一、动力锂离子电池

（一）高比能量材料体系研发

材料是应用的基础。虽然动力锂离子电池已成功应用于各类型电动汽车，但其能量密度和续航里程问题仍然饱受诟病。依据《国家中长期科学和技术发展规划纲要（2006—2020年）》、《节能与新能源汽车产业发展规划（2012—2020年）》以及国务院办公厅颁布的《关于加快新能源汽车推广应用的指导意见》等，我国将继续深化实施新能源汽车“纯电驱动”技术转型战略，因此开发能量密度达到300～400 W·h/kg的锂离子电池是基础，现行材料体系已难以满足要求，研究高镍多元正极、富锂层状材料、硅基负极材料等并解决其应用过程中的容量衰减、安全性等问题是这一基础实现的前提。

（二）全电池系统研究

电池是一个复杂系统，涉及电池体系内复杂的电化学反应过程以及正极、负极、电解液之间及其界面间复杂的相互影响。目前的研究主要集中在半电池，往往重视材料和电极层面的研究，忽视电池层面的研究，致使对电池衰减等过程的原因很难得到统一的认识。因此，应重视开展基于全电池系统的电化学过程研究，并在此基础上研究新型高性能隔膜、电解液及其添加剂、黏结剂、集流体等材料，并开展电池安全性和环境适应性等问题的相关基础研究，真正解决电池应用的系统性问题。

（三）从元素战略出发，丰度高、成本低的元素利用是紧迫开展的重大课题

低价格的钠、钾基二次电池，多电子反应的镁、铝、锌、铁等革命性新电池体系，水性二次电池等储能体系的开发是该领域的重大需求。新体系可行性研究、关键材料的设计与合成、基于新反应机理的化学储能体系探索是实现低价格化的关键。

二、下一代高比能电池——金属锂二次电池

（一）锂－硫电池

近年来，硫正极材料的研发取得了较大进步。目前锂－硫电池的研究应着眼于金属锂负极、固态电解质的研究，开发稳定的金属锂负极和具有高离子电导率和机械强度的固态电解质。针对锂－硫电池的具体应用领域，开展锂－硫电池的结构设计和器件制备，实现锂－硫电池单体、模块和管理系统的系统集成。

（二）锂－空气电池

当前，锂－空气电池的发展方向应该着眼于电解液和金属锂问题的解决。着力研发适用于锂－空气电池的固态电解质，是同时解决上述两种问题的突破点。对于传统醚类电解液容易分解的问题，研发对氧气和金属锂稳定、电导率较高的固态电解质可有效化解这一瓶颈。而对于金属锂来说，一方面可以考虑使用固态电解质来解决其枝晶问题，另一方面也可以制备性能更优越的锂金属负极来替代金属锂的使用。

（三）固态金属锂电池

新型固态电解质的开发，解决了固态电解质本身电导率不足与电化学稳定窗口窄的问题，促进了固态金属锂电池研究的巨大进展。但是，电极与电解质的界面离子传导能力与相容性成为固态电池性能发挥的决定性因素。关于电池界面处离子迁移和扩散行为，以及充放电过程中 SEI 机械与结构稳定性的研究很欠缺，未来需要通过各种先进的表征手段来探究固态电池电极/电解质界面形貌、成分和结构变化，为构建高性能固态电池提供科学指导。而且，在固态金属锂电池中，金属锂表面的 SEI 是非常复杂的，因此合适的金

属锂保护方式对于固态电池整体性能的优化具有十分重要的意义。综上所述，未来固态金属锂二次电池的发展应着眼于解决固态电解质、金属锂负极和电解质/电极界面的问题。开发高离子电导率、高机械强度的固态电解质，界面稳定的金属负极，低阻抗的电极/电解质固/固界面作为未来固态金属锂电池的重点研究方向。

三、锂离子电池电解质

电池电解液和电解质的选择和优化为高比能电池的最优化和品种的多样化做出了突出的贡献，而且还将对今后动力锂离子电池的发展产生更加深远的影响。无论如何，要大力发展车用动力锂离子电池和规模化储能电池，电解液的系统优化和安全性必须得到充分的重视，建议发展方向如下。

（1）加强对锂离子电池电解液研发的资助力度，发展高安全性和高性能的新型电解液系统，包括溶剂体系、锂盐电解质及添加剂体系。

（2）加强对新型电极材料适用的电解液系统的研究，包括高电压正极材料、硅负极材料、新型氧化物储锂材料等匹配的电解液优化工作。

（3）大力发展全固态电解质，包括无机固体电解质和固态聚合物电解质的基础研究，为未来的产业化应用奠定了基础。

四、超级电容器

（一）提高性能、降低成本

提高电容器的容量和循环特性、降低成本一直是业界关注的问题。就提高性能而言，超级电容器的电极、电解质的改进是重点。目前超级电容器电极材料的研究重点在于：①组合利用现有的电极材料，如结合双电层电容和法拉第准电容的储能机理，从而提高电容；②开发新型电极材料。实际上，新型电极材料的开发从来没有停止过，从活性炭、碳纤维、金属氧化物、碳纳米管、石墨烯到复合电极材料等，不断有新材料问世。电解质的研究重点在于开发电位窗口宽、耐高低温、离子导电性好的材料。从降低成本的角度看，人们也一直在努力。美国的 Full Power Technologies 公司正在进行低成本超级电容的开发。从成本降低的途径分析：一是寻找新的低价原料，如利用天然矿产资源等；

二是寻求低价原料与高价原料的结合，从而实现性能互补、总体价格走低的目的；三是改进生产工艺，如简化工艺、改进生产设备，实现低成本化。

（二）电池电容器

从超级电容器的发展历史来看，在 2000 年 12 月 31 日之前公开的专利文献中，电池和超级电容器领域交叉的文献比例为 23.7%，之后到 2006 年 12 月 31 日之前公开的专利文献中，电池和超级电容器领域交叉的文献比例达到 43.3%，可见超级电容器技术越来越与电池技术相融合。电容器虽然能够提供高功率，但电容器不能像电池一样提供高的质量比能量，因此研究者将两者混合构成电池电容。电池电容的主要特点为：低成本、高能量密度、高能量存储、循环使用寿命长、环境适应能力强。国际上一直在研究提高电容器质量比能量的方法，以期超级电容器能够代替电池作为储能元件，兼具高能量和高功率的性能。

（三）注重基础科研，选择合适的产业化方向

我国对超级电容器的开发较晚，虽然取得了很大进展，但在核心技术（电极和电解液）的掌握方面，与领先国家的差距很大，需要国家和企业投入更多的人力、物力进行基础性的研究工作，从整体上提高全行业的技术水平。例如，在石墨烯基材料方面，我国已经掌握一定的核心技术，且目前研究处于世界前列。一方面，国家及科研团队需争夺该行业的话语权，如制定行业标准；另一方面，要选择合适的发展方向，集中优势技术和资源，优先突破。

五、液流电池储能技术

经过近二十年的努力，我国液流电池储能技术水平处于国际领先地位。液流电池技术已基本满足实际应用的要求，但是由于国家层面对液流电池研究开发的经费投入及参与产业链研究开发的机构不够多，液流电池储能装备的成本还相对较高，仍有很大的成本下降空间。要推进液流电池储能技术的普及应用，建立液流电池储能产业，还需要官、产、学、研、用共同努力，加大持续稳定经费投入力度，加强电池关键材料和电堆结构设计的技术创新，建立和完善液流电池储能技术产业链，大幅度提高材料的性能和降低材料的成本，优化电堆的结构，提高电堆的功率密度，提高液流电池储能系统

的可靠性和稳定性，降低液流电池的制造成本，创新商业化模式，以满足大规模实用化、产业化的要求。重点发展方向主要包括以下几个方面。

（一）开发新一代高性能、低成本的液流电池关键材料技术

主要包括高稳定性、高浓度电解质溶液；高离子选择性、高导电性、高化学稳定性的非氟离子传导膜；高导电性、高韧性双极板；高反应活性、高稳定性、高厚度均匀性、高反应活性的电极材料。提高液流电池电堆的功率密度是降低液流电池成本的有效途径。

（二）开展电堆结构的数值模拟和实验验证，优化电堆结构，开发高功率密度电堆

液流电池电堆是发生充放电反应，实现电能与化学能相互转换的部件，是液流电池的核心部件，电堆的性能和可靠性直接影响液流电池储能系统的性能和可靠性。目前液流电池电堆的工作电流密度较低，造成其功率密度较低、材料用量大，成本高，影响其大规模普及应用。

（三）大功率全钒液流电池储能模块及百兆瓦级储能系统的集成及智能控制管理策略及综合能量管理技术的研究开发

全钒液流电池储能系统包括电堆、电解质溶液储供子系统、电池管理子系统、储能逆变器子系统、能量管理子系统等组成，系统复杂。开发高可靠性、高稳定性、低成本的大功率液流电池模块的设计集成技术和百兆瓦级全钒液流电池储能系统的集成与智能控制管理策略及综合能量管理技术也极为重要。

六、表征与测试技术

大力发展各类现有仪器设备的原位、现场使用技术，促进其在储能电化学研究中的应用（如核磁共振、质谱、扫描探针、X 射线衍射、吸收光谱、电镜、拉曼光谱、红外光谱等）。研究在各种环境下电极材料的化学成分、缺陷结构的动力学演化过程，为开发新一代电极材料提供纳米尺度的发展过程和物质输运过程的信息。在扫描探针、扫描电镜、透射电镜等设备上施加电、磁、力、光、液和气等环境变量，实现动态观测，研究材料的结构和性能演化，将极大推动电极材料中新现象和新性能的发现与调控。

依托大科学装置的相关线站建设电化学研究中心。国家全面启动的《国家中长期科学和技术发展规划纲要（2006—2020）》中明确提出了建设依托大科学装置的一流科研基地的目标。依托于大科学装置，建立专门针对电化学储能的研究中心，将大幅提升我国利用散裂中子源、同步辐射、自由电子激光等相关新方法和新技术解决电化学学科关键问题的自主创新能力。例如，依托散裂中子源建设金属锂电池的专用分析平台；依托红外自由电子激光器，建设（原位）纳米红外光谱分析能力；依托红外自由电子激光器，建设固/液界面和频光谱仪等。

电化学能源科学与技术的核心是新材料，应充分利用材料基因工程的先进理念、方法和技术，融合大数据、高通量筛选与计算、机器学习与人工智能和高通量实验技术，发展复杂体系的计算模拟方法，应采用计算模拟与原位表征相结合的方法探索材料新特性和新机制，发现颠覆性的能源转换与储存材料并加速研发与应用进程。

第六节 总体战略布局建议

一、动力锂离子电池

新能源汽车的发展对动力锂离子电池的技术提出了更高的要求，如高性能、高质量、高安全性、长寿命、低成本、可回收再利用等。国家在《汽车产业中长期发展规划》中明确提出，到 2020 年，国内动力电池单体能量密度达到 300 W·h/kg，并实现产业化。同时，还要实现能量密度为 400 W·h/kg 的技术储备，并进行能量密度为 500 W·h/kg 的前沿技术探索。要满足新能源汽车长续航里程的要求，在提高动力电池能量密度的同时，还必须在材料的选择和体系的构建方面着手，从源头上解决安全的问题，然后结合电池和系统的设计，确保动力电池的安全性。动力电池性能的提升需要保持材料和工艺的持续创新，增强产品的国际竞争力，完善产业链的健全发展。

二、下一代高比能电池——金属锂二次电池

（一）锂－硫电池

利用 Operando 表征手段分析工作状态的锂－硫电池，获取对金属锂、电解质和硫正极研究的新原理和新方法；通过硫正极、锂负极、电解质、隔膜等关键材料的性能优化及匹配性研究，在锂－硫电池器件尺度提升性能；针对无人机、电动汽车、航空航天等特殊需求电池应用领域，设计开发锂－硫电池单体和模块，构筑新体系电池发展模式。

（二）锂－空气电池

针对当前锂－空气电池研究的现状，仍应该定位于学术研究层面，应该着眼于夯实基础研究，关切于优化电池性能。与此同时，积极开展合作，将国内各锂－空气电池研究相关的课题组实验资源共享，优势互补。结合各课题组优势，将催化材料合成、固态电解液开发、电池机理研究、锂负极保护等多方面的研究力量，在深入各自课题组优势领域研究的同时，着力引导各课题组之间的成果推广与经验交流。凝心聚力，协力同心，共同聚焦于开发性能卓越、有商业化前景的锂－空气电池。

（三）固态金属锂电池

与基于液态电解质的锂离子电池相比，固态金属锂电池具有更高的安全性、更高的能量密度和更宽的工作温度范围。虽然经过多年的研究，但仍存在诸多挑战。例如，无机固态电解质存在电极的体积变化、高的界面电荷转移阻抗、柔韧性差及循环稳定性差等问题；聚合物电解质虽然能克服柔韧性及与电极接触的问题，却常常表现出窄的电化学稳定窗口和低的室温离子电导率。这些问题成为目前固态金属锂电池发展的主要阻力。此外，实现固态电池体系从实验室研究开发到商业化应用产品，还需要进行大量、系统的电池整体性研究，包括电极制备工艺及结构设计、电极与电解质界面设计等。未来应从以下几方面进行战略布局：①开发高离子电导率、电化学稳定性优异和柔韧性良好的固态电解质。这需要通过系统深入的实验研究和理论模拟，再结合先进的表征技术，揭示电极/电解质内部离子传输机制。②固态电

解质膜材料规模化生产的低成本，实现固态电池实际应用的关键技术之一。③固态金属锂电池的结构设计及生产技术。

三、锂离子电池电解质

深入阐明商业化电池中电解质体系的基础问题，包括电解质溶液的微观结构（溶剂、电解质盐间的结合方式）及其在外场（温度、电压、电极材料）作用下的变化规律，设计电解质溶液的新体系（新溶剂、新电解质盐、功能添加剂、凝胶化），解决好锂离子电池从磷酸亚铁锂/石墨体系向高能量密度的高电压、高比容量正极（高镍、层状富锂）/ 硅碳负极体系发展面临的安全性问题。研究固体电解质的离子传导机制、固/固界面电极过程动力学等基础问题，构建新型的固体电解质体系，彻底解决锂离子电池的安全性问题，同时实现高比容量的反应型电极材料（金属负极、金属氧化物负极、硫正极、氧正极）的实际应用。

四、超级电容器

在新能源发展规模比较大的地区布局适当规模的超级电容器储能电站，建立风储、风光储、风光火储等联合运行基地，积极探索不同场景、技术、规模和领域的超级电容器储能商业应用。

五、液流电池储能技术

储能技术是推进能源革命和能源结构调整、普及应用可再生能源的关键瓶颈技术。在众多液流电池中，液流电池是适用于电网级大规模储能电站的技术，锌基液流电池适用于用户端储能的技术，是战略布局的重中之重。

（一）全钒液流电池

重点支持具有研究开发和产业化能力的团队，解决影响液流电池实用化和产业化的“卡脖子”技术，如高性能、低成本非氟离子传导膜及电极材料，通过电池关键材料和电堆结构优化，开发高功率密度电堆，从而大幅度降低成本，满足产业化应用对经济性的要求。

（二）锌基液流电池

重点支持锌在电极表面上均匀沉积的机理和调控机制，解决锌枝晶和锌沉积等影响电池能量密度、循环寿命、能量效率等影响锌基液流电池产业化的关键科学与技术问题；优化电堆结构，开发高功率密度、高能量密度电堆技术，从而大幅度降低成本，满足产业化应用对经济性的要求。

六、表征与测试技术

依托大科学装置相关线站建设电化学储能技术研究中心；增加仪器项目数量、加大支持力度；培养仪器人才，提供固定支持的科研岗位；重点倾斜支持现场电化学、计算电化学、稳步提升基础电化学研究水平，培养电化学研究队伍；改变论文数量评价，以研究工作的科学意义评价；举办系列理论、计算与原位表征技术研习班。

第七节　发展机制与政策建议

（一）锂离子动力电池

得益于国家政策的强力支持，我国新能源汽车近几年来呈现“井喷”式的发展态势，但动力电池仍是新型能源汽车普及的关键技术，政府应该加强在基础应用研究中的持续投入，建立高校、研究所与企业之间高效的协同创新机制，解决动力电池实际使用过程的技术难点和难题，同时对一些革新性的研究进行引导。

（二）金属锂二次电池

对锂-硫电池而言，应加大关键材料开发的基础研究和应用示范开发项目的支持，通过新材料和新理论突破锂-硫电池发展的技术瓶颈，联合研究方向优势互补的多个科研机构，建立高效的协同创新机制，推进锂-硫电池的实际应用。

加大关于锂-空气电池重点或重大研发项目的支持，实现多单位、多课题组的联合研究，优势互补，通过协作实现锂-空气电池的整体性能优化，加速由基础研究向应用基础研究的转化。

固态金属锂电池从新型固态电解质开发、金属锂负极保护技术、电极/电解质固/固界面离子输运等基础研究方面，到固态电解质规模化生产、金属锂负极保护、电池结构设计及生产的产业化技术方面，均存在许多技术障碍有待克服。未来固态金属锂电池技术的发展，需要在基础研究和产业化生产方面加大投入，通过科研机构和电池企业联合研究攻关，优势互补，推进固态金属锂电池技术的不断发展和应用。

（三）电解质体系

加强电解质体系在电池中重要性的宣传，引导更多的团队进入电解质的研究领域。设立专项资金资助电解质体系的基础问题研究，鼓励产学研合作，促成开发技术的产业化应用。

（四）超级电容器

确立正确的超级电容器发展战略，走引进—消化—开发—自主创新的产业主导型发展道路。从现在起，国家及地方各级政府应该创造良好的政策环境和外部发展条件，鼓励国内企业特别是大型超级电容器企业组建自己的创新中心，建立研发基地，加速研究开发和生产拥有自主知识产权的产品和品牌。制定更加合理的行业、产品标准，大力推进与车企合作，推动行业发展。

（五）评价体系制度的改革与调整

对应用开发项目，建立以成果导向、应用导向为主导的科学评价体制；重点支持具有科学研究、工程化开发和产业化应用能力的产、学、研、用（户）合作团队；加强项目评审专家的选拔，提高评审专家素质和评审过程的透明度，解决项目评审过程中的腐败问题；建立项目完成情况与评审专家的连带责任制；提升国家科研经费的使用效率。

（六）加大对基础研究的投入

鉴于电化学学科的发展是建立在物理学、化学等基础学科的基础之上，应进一步加大国家财政对基础研究的投入，并通过财税政策等鼓励措施使大型企业等社会力量参与到基础研究中。

（七）加强学术界与工业界的合作

以企业的需求来牵引学术研究的方向，使基础研究和高技术研发、成果转化能紧密联系起来，提高研究经费的使用效益。

本章参考文献

[1] Winter M, Brodd R J. What are batteries, fuel cells, and supercapacitors? Chem Rev, 2004, 104: 4245-4270.

[2] 李泓 . 锂离子电池基础科学问题（XV）：总结和展望 . 储能科学与技术，2015，4：306-318.

[3] 中国电子信息产业发展研究院 . 锂离子电池产业发展白皮书 2015. http://www.ccidwise.com[2015-04-02].

[4] Evers S, Nazar L F. New approaches for high energy density lithium-sulfur battery cathodes. Accounts Chem Res, 2013, 46: 1135-1143.

[5] Seh Z W, Sun Y, Zhang Q, et al. Designing high-energy lithium-sulfur batteries. Chem Soc Rev, 2016, 45: 5605-5634.

[6] Manthiram A, Chung S H, Zu C. Lithium-sulfur batteries: Progress and prospects. Adv Mater, 2015, 27: 1980-2006.

[7] Lin Z, Liang C D. Lithium-sulfur batteries: From liquid to solid cells. J Mater Chem A, 2015, 3: 936-958.

[8] Shao Q J, Wu Z S, Chen J. Two-dimensional materials for advanced Li-S batteries. Energy Storage Materials, 2019, 22: 284-310.

[9] Yin Y X, Xin S, Guo Y G, et al. Lithium-sulfur batteries: Electrochemistry, materials, and prospects. Angew Chem Int Ed, 2013, 52: 13186.

[10] Zhang Q, Cheng X B, Huang J Q, et al. Review of carbon materials for advanced lithium-sulfur batteries. New Carbon Mater, 2014, 29(4): 241-264.

[11] Zeng F, Jin Z, Yuan K, et al. High performance lithium-sulfur batteries with a permselective sulfonated acetylene black modified separator. J Mater Chem A, 2016, 4(31): 12319-12327.

[12] Zhao Q, Hu X F, Zhang K, et al. Sulfur nanodots electrodeposited on Ni foam as high-performance cathode for Li-S batteries. Nano Lett, 2015, 15: 721-726.

[13] Kong L L, Wang L, Ni Z C, et al. Lithium-magnesium alloy as a stable anode for lithium-

sulfur battery. Adv Funct Mater, 2019, 29: 1808756.

[14] Wang J L, He Y S, Yang J. Sulfur-based composite cathode materials for high-energy rechargeable lithium batteries. Adv Mater, 2015, 27: 569-575.

[15] Wang Y X, Huang L, Sun L C, et al. Facile synthesis of a interleaved expanded graphite-embedded sulphur nanocomposite as cathode of Li-S batteries with excellent lithium storage performance. J Mater Chem, 2012, 22: 4744-4750.

[16] Jiang J, Liu X F, Zhao S Y, et al. Research progress of organic electrolyte based lithium-air batteries. Acta Chim Sinica, 2014, 72: 417-426.

[17] Xu K, von Cresce A. Interfacing electrolytes with electrodes in Li ion batteries. J Mater Chem, 2011, 21: 9849-9864.

[18] Girishkumar G, McCloskey B, Luntz A C, et al. Lithium-air battery: Promise and challenges. J Phys Chem Lett, 2010, 1: 2193-2203.

[19] Li F, Zhang T, Zhou H. Challenges of non-aqueous Li-O_2 batteries: Electrolytes, catalysts, and anodes. Energy Environ Sci, 2013, 6: 1125.

[20] Feng N N, He P, Zhou H S. Critical challenges in rechargeable aprotic Li-O_2 batteries.Adv Energy Mater, 2016, 1502303: 1-24.

[21] Bruce P G, Freunberger S A, Hardwick L J, et al. A Li-O_2 and Li-S batteries with high energy storage. Nature Materials, 2012, 11: 19-29.

[22] Liu T, Leskes M, Yu W J, et al. Cycling Li-O_2 batteries via LiOH formation and decomposition. Science, 2016, 350(6260): 530-533.

[23] Shao Y Y, Ding F, Xiao J, et al. Making Li-air batteries rechargeable: Material challenges. Adv Funct Mater, 2013, 23: 987-1004.

[24] Zakharchenko T K, Avdeev M V, Sergeev A V, et al. Small-angle neutron scattering studies of pore filling in carbon electrodes: Mechanisms limiting lithium-air battery capacity. Nanoscale, 2019, 11: 6838-6845.

[25] Janek J, Zeier W G. A solid future for battery development. Nature Energy, 2016, 1(9): 16141.

[26] Zhang R, Li N W, Cheng X B, et al. Advanced micro/nanostructures for lithium metal anodes. Advanced Science, 2017, 4(3): 1600445.

[27] Manthiram A, Yu X, Wang S. Lithium battery chemistries enabled by solid-state electrolytes. Nature Reviews Materials, 2017, 2: 16103.

[28] Stramare S, Thangadurai V, Weppner W. Lithium lanthanum titanates: A review. Chemistry of Materials, 2003, 15(21): 3974-3990.

[29] Khan W, Reshak A H. Specific features of $Li_5La_3M_2O_{12}$ (M=Nb, Ta) single crystals: Electrolyte for solid states batteries. Science of Advanced Materials, 2014, 6(8): 1716-1726.

[30] Zhao Y, Daemen L L. Superionic conductivity in lithium-rich anti-perovskites. J Am Chem Soc, 2012, 134(36): 15042-15047.

[31] Hood Z D, Wang H, Pandian A S, et al. Li_2OHCl crystalline electrolyte for stable metallic lithium anodes. J Am Chem Soc, 2016, 138(6): 1768-1771.

[32] Li Y T, Zhou W D, Sen X, et al. Fluorine-doped antiperovskite electrolyte for all-solid-state lithium-ion batteries. Angew Chem Int Ed, 2016, 55(34): 9965-9968.

[33] Ma C, Chen K, Liang C, et al. Atomic-scale origin of the large grain-boundary resistance in perovskite Li-ion-conducting solid electrolytes. Energ Environ Sci, 2014, 7(5): 1638-1642.

[34] Ma C, Cheng Y, Chen K, et al. Mesoscopic framework enables facile ionic transport in solid electrolytes for Li batteries. Adv Energy Mater, 2016, 6(11): 1600053.

[35] Luntz A C, Voss J, Reuter K. Interfacial challenges in solid-state Li ion batteries. J Phys Chem Lett, 2015, 6(22): 4599-4604.

[36] Kamaya N, Homma K, Yamakawa Y, et al. A lithium superionic conductor. Nat Mater, 2011, 10(9): 682-686.

[37] Seino Y, Ota T, Takada K, et al. A sulphide lithium super ion conductor is superior to liquid ion conductors for use in rechargeable batteries. Energ Environ Sci, 2014, 7(2): 627-631.

[38] Yao X, Huang N, Han F, et al. High-performance all-solid-state lithium-sulfur batteries enabled by amorphous sulfur-coated reduced graphene oxide cathodes. Adv Energy Mater, 2017, 7: 1602923.

[39] Murugan R, Thangadurai V, Weppner W. Fast lithium ion conduction in garnet-type $Li_{(7)}La_{(3)}Zr_{(2)}O_{(12)}$. Angew Chem Int Ed, 2007, 46(41): 7778-7781.

[40] Buschmann H, Berendts S, Mogwitz B, et al. Lithium metal electrode kinetics and ionic conductivity of the solid lithium ion conductors "$Li_7La_3Zr_2O_{12}$" and $Li_{7-x}La_3Zr_{2-x}Ta_xO_{12}$ with garnet-type structure. J Power Sources, 2012, 206: 236-244.

[41] Li Y, Cao Y, Guo X. Influence of lithium oxide additives on densification and ionic conductivity of garnet-type $Li_{6.75}La_3Zr_{1.75}Ta_{0.25}O_{12}$ solid electrolytes. Solid State Ionics, 2013, 253: 76-80.

[42] Bernuy-Lopez C, Manalastas W, Lopez Del Amo J M, et al. Atmosphere controlled processing of Ga-substituted garnets for high Li-ion conductivity ceramics. Chem Mater, 2014, 26(12): 3610-3617.

[43] Li Y, Xu B, Xu H, et al. Hybrid polymer/garnet electrolyte with a small interfacial resistance for lithium-ion batteries. Angew Chem Int Ed, 2017, 129(3): 771-774.

[44] Luo W, Gong Y, Zhu Y, et al. Transition from superlithiophobicity to superlithiophilicity of garnet solid-state electrolyte. J Am Chem Soc, 2016, 138(37): 12258-12262.

[45] Best A S, Forsyth M, Macfarlane D R. Stoichiometric changes in lithium conducting

materials based on $Li_{1+x}Al_xTi_{2-x}(PO_4)_3$: Impedance, X-ray and NMR studies. Solid State Ionics, 2000, 136-137: 339-344.

[46] Xu X, Wen Z, Yang X, et al. High lithium ion conductivity glass-ceramics in Li_2O-Al_2O_3-TiO_2-P_2O_5 from nanoscaled glassy powders by mechanical milling. Solid State Ionics, 2006, 177(26-32): 2611-2615.

[47] Mariappan C R, Gellert M, Yada C, et al. Grain boundary resistance of fast lithium ion conductors: Comparison between a lithium-ion conductive Li-Al-Ti-P-O-type glass ceramic and a $Li_{1.5}Al_{0.5}Ge_{1.5}P_3O_{12}$ ceramic. Electrochem Commun, 2012, 14(1): 25-28.

[48] Best A S, Newman P J, Macfarlane D R, et al. Characterisation and impedance spectroscopy of substituted $Li_{1.3}Al_{0.3}Ti_{1.7}(PO_4)_{3-x}(ZO_4)_x$ (Z=V, Nb) ceramics. Solid State Ionics, 1999, 126(1-2): 191-196.

[49] Ding F, Xu W, Shao Y, et al. H^+ diffusion and electrochemical stability of $Li_{1+x+y}Al_xTi_{2-x}Si_yP_{3-y}O_{12}$ glass in aqueous Li/air battery electrolytes. J Power Sources, 2012, 214: 292-297.

[50] Hasegawa S, Imanishi N, Zhang T, et al. Study on lithium/air secondary batteries—Stability of NASICON-type lithium ion conducting glass-ceramics with water. J Power Sources, 2009, 189(1): 371-377.

[51] Zhu Z, Hong M, Guo D, et al. All-solid-state lithium organic battery with composite polymer electrolyte and pillar[5]quinone cathode. J Am Chem Soc, 2014, 136(47): 16461-16464.

[52] Liu W, Lin D, Sun J, et al. Improved lithium ionic conductivity in composite polymer electrolytes with oxide-ion conducting nanowires. ACS Nano, 2016, 10(12): 11407-11413.

[53] Simon P, Gogotsi Y. Materials for electrochemical capacitors. Nat Mater, 2008, 7: 845-854.

[54] Thaller L H. Electrically rechargeable redox flow cells. Energy production and conversion. 1974, NASA^{TM}. 71540: N75.32586.

[55] Skyllas-Kazacos M. An historical overview of the vanadium redox flow battery development at the university of new south wales, Australia. www.ceic.unsw.edu.au/centers/vrb/overview.htm[2005-10-02].

第五章 电化学能量转换科学与技术发展战略研究

人类经济发展的基础依赖于能源，没有能源技术的革新就没有现代文明。人类历史上对能源的利用方式有过多次变革，每一次革新都极大地加速了人类文明的进程。随着对能源认识的深入，人们开始逐渐认识到传统的能源利用方式存在很多弊端，如能量转换效率较低、环境不友好以及不可再生等，是阻碍现代社会可持续发展的瓶颈。储存于燃料中的化学能首先必须转变为热能后才能被转变成机械能或电能，受卡诺循环原理的限制，最终获得的效率只有 33%～35%。因此，提高能源利用率和发展替代传统化石能源的新能源成为解决能源问题的主要奋斗目标。新能源主要包括水能（主要指小型水电站）、风能、生物质能、太阳能、地热能等，是可再生的清洁能源，其利用既是整个能源供应系统的有效改进，也是环境治理和生态保护的重要措施，更是人类社会可持续发展的最终能源选择和基本保障。

目前，多种清洁能源已经引起了广泛的关注，但由于其各自的特点（如太阳能和风能的地域分布及产出不规律性）造成以上能源在使用方式上有很大的局限性，实际应用受到限制。除了能源的来源外，能源的储存与转换同样重要。利用上述新能源产生的能量，并将其转换为便于存储与利用的化学能，是十分重要的新能源利用的解决方案，其中电化学能量转换正扮演着越来越重要的角色。例如，太阳能具有地域分布特点，具有间歇性和不可预测性，并且现在的并网技术还不是很成熟，产生的电能可以用来分解水制氢，这样可以通过形成氢气而间接储存电能。风能和水能等也是如此。氢能的化学能向电能的转换可以通过燃料电池实现，产生的电能可以用于日常汽车动力源、热电联产电厂、家用电源和移动电源、便携式电子产品等。综上，电化学能量转换是人类社会未来能源解决方案中必不可少的一种高效手段，为此，本章分别在科学与技术层面对电化学能量转换的活跃领域与方向，包括质子交换膜燃料电池、固体氧化物燃料电池、燃料电池工业化现况、水电解技术、染料敏化太阳电池、有机聚合物光伏（OPV）材料与器件，开展战略性研讨，通过对该领域的国内外研发现状、发展趋势、存在的主要问题进行深入的系统性分析，提出相关的关键科学与技术问题、解决思路、重点发展方向、总体战略布局等建议。

第一节　国内外现状分析

一、质子交换膜燃料电池与水电解技术及其耦合绿色能量循环

通过质子交换膜燃料电池［proton exchange membrane（PEM）fuel cells，PEMFC］与固体聚合物电解质（solid polymer electrolyte，SPE）水电解制氢技术可以实现化学能（氢能）与电能之间的高效转换，能够有效促进氢能这一理想的清洁能源的循环利用，有利于减轻当前社会对化石能源高度需求的问题，同时缓解由化石能源造成的环境污染问题，是21世纪影响国家安全和国民经济的重要技术。

近年来，在国际上燃料电池发动机的研究开发已取得重要突破，铂用量小于0.5 g/kW，运行寿命高达5000 h，并实现在–30℃温度下启动。丰田、本田、日产、现代等多家公司相继推出其燃料电池汽车。其中丰田的Mirai电池以Pt-Co合金为催化剂，电池功率能够达到114 kW，功率密度高达3.1 kW/L，可实现续航700 km。现代汽车的燃料电池电堆功率可以达到100 kW，功率密度1.65 kW/L。国内的新源动力股份有限公司（简称新源动力）生产的燃料电池功率目前能够达到45～80 kW。此外，美国可再生能源实验室也验证了10～100 kW级的可再生能源氢储能技术的可行性，美国能

源部也进行了“可再生能电–氢”（PTG）储能技术的实用性研究，并制定了电解制氢与燃料电池发展的详细阶段性目标与中长期（至2030年）路线图；欧洲一些国家（如丹麦、德国、法国等）已开展了可再生能源水电解制氢储能的大量商业化验证项目，极大地推动了分布式水电解技术、燃料电池及整个氢能产业的发展。有关数据比较如表5-1、表5-2所列。

表 5-1　国内外车用燃料电池产品技术指标对比 [1]

指标	丰田 Mirai	上汽荣威 950
电堆功率 / kW	110	44
功率密度 /（kW/L）	3.1	2
寿命 / h	5000	3000
冷启动温度 / 摄氏度	–30	–15

表 5-2　交通用商业化燃料电池产品 [1]

制造商	产品名	输出功率 / kW
Ballard Power System	FCvelocity-HD6	75 和 150
SymbioFC	ALP	300
	Model 80 APU	80
US hybrid	Model 150 APU	150
	UTC's Puremotion	120
Protom Motor	—	50
Hydrogenics	—	60、99、198
新源动力	—	40～50

随着20世纪90年代中期科技部与中国科学院将燃料电池技术列入“九五”科技攻关计划的推动，中国进入了燃料电池研究的高潮。燃料电池汽车已被列入国家中长期发展规划，并通过科技部重大专项的方式给予了大力度的支持，并以“十三五”重点研发计划为契机，开始了新的发展阶段。近年来，以大学和研究所为研究主体，企业也开始大力介入，从事燃料电池研究的机构和人员的数量均很可观，又各有侧重。资助主要来自政府各级机构和部门的科研计划项目，市场化前景比较明朗，企业投入力度逐渐加大。

催化剂与膜电极是燃料电池与水电解器的核心部件。目前我国在高效、低成本燃料电池、水电解催化剂及膜电极方面的研究取得了不少进展，某些领域已达国际先进水平。某些关键材料和技术、整体集成方面与先进国家尚有差距，但是差距已越来越小，如表 5-3 所示。

表 5-3 关键材料性能及产业化对比 [1]

材料	国外现状与水平（2011 年）	国内现状与水平（2015 年）
催化剂	铂族金属载量: 0.19 g/kW, 0.15 mg/cm^2； 三万次 CV 活化后性能衰减: 48%； 催化剂放大生产: 3M、JM、巴斯夫、Tanaka、Umicore 等	铂族金属载量: 1.1 kg/kW，0.6 mg/cm^2； 三千次 CV 活化后性能衰减: 8.6%； 催化剂小规模生产：中国科学院大连化学物理研究所
膜电极（MEA）	额定功率性能: 845 mW/cm^2； 工况寿命: 9 000 h； 成本: 16 美元 /kW； 已形成流水线生产能力: WL Core、3M、巴拉德等	额定功率性能: 800 mW/cm^2； 成本: 2 000～5 000 元 / kW（318～795 美元 / kW）； 制造工艺以湿法催化剂涂层膜（CCM）为主，主要是半手工生产
质子交换膜	从均质膜向复合膜发展; 国外垄断: Dupont、WL core、3M 等	国内已成功开发复合膜，但尚未量产：新源动力、武汉理工、山东东岳
电堆整体性能	功率密度: 3.0 kW/L，2.5 kW/kg； 工况寿命: 2 500 h，UTCP 大巴已实现上万小时寿命; 成本: 22 美元 /kW	功率密度: ≤1.1 kW/L，≤1 kW/kg； 工况寿命: <2 000 h； 成本: 5 000～10 000 元 /kW（795～1 593 美元 / kW）

燃料电池与水电解技术在应用领域迅猛的发展势头与广阔的应用前景对电催化材料和关键部件的研究提出了重要挑战，这些领域也是目前燃料电池与水电解等相关前沿的研究热点。

（一）燃料电池阴极催化剂

1. Pt 基催化剂

燃料电池的阴极反应——氧还原反应（ORR）是一个高度不可逆的动力学反应。在所有金属单质中，贵金属 Pt 具有最高的催化活性，但是其储量极少，价格昂贵。同时 ORR 过程通常需要富氧高电势的工作条件，电催化剂的稳定性也是阻碍电催化剂大规模应用的限制之一。目前，贵金属 ORR 电催化剂通常是异质载体担载的贵金属纳米颗粒。二者对于活性和稳定性都有较大的影响。这主要是因为载体材料和贵金属纳米颗粒之间存在相互作用，二者之间可以相互影响 [1]。国内外高性能 Pt 基催化剂发展情况如表 5-4 所示。

表 5-4 国内外高性能 Pt 基催化剂发展情况（0.9 V 时数据）

催化剂	质量比活性 /（A/mg Pt）	面积比活性 /（mA/cm^2）	区域
Au-Ti/Pt 纳米粒子 [2]	3.0	1.32	国际
Ni/FePt 纳米粒子 [3]	0.49	1.95	
PtPd 纳米笼 [4]	1.28	3.5	
Pt_3Co[5]	0.52	1.1	
Pd/Pt[6]	0.64	1.36	
Pt 纳米笼 [7]	1.12	2.48	
Pt_3Ni 纳米框架 [8]	3.26	5.98	
Pd/Pt 纳米线 [9]	1.56	0.98	国内
FePt 纳米线 [10]	0.844	1.53	
PtPb/Pt[11]	4.3	7.8	
Mo-Pt_3Ni[12]	6.98	10.3	

为提升 Pt 催化活性及降低 Pt 的载量，针对 Pt 基催化剂，可以通过加入过渡金属制备低铂合金催化剂、非贵金属 @ 铂核壳结构催化剂、金属间化合物（有序合金）、中空合金壳及纳米笼等手段，以期提升铂的利用率、催化活性和稳定性。通用、丰田、巴斯夫以及美国 Brookhaven 国家实验室均拥有大量关于低铂催化剂的专利，但批量化制备技术鲜有报道。目前主要提出了以下策略：调控催化剂的组成，如引入价格低廉的第二金属 [13]；大量暴露优势晶面，即制备特殊形貌的贵金属纳米粒子 [14]，发展具有高指数晶面的 Pt 基纳米粒子催化剂 [15]；发展 Pt 核壳甚至单层结构的纳米颗粒 [16]，不仅可以降低 Pt 的用量，同时可以通过调控表面 Pt 原子的电子结构和应力实现活性和稳定性的大幅度提升。在载体方面，催化剂载体的性质对催化剂活性和稳定性有着至关重要的影响。一方面，载体与活性金属粒子之间相互作用的强度影响着催化剂粒子的附着力，二者相互作用的增强可以防止催化剂活性金属粒子的团聚、迁移，这是提高催化剂稳定性的关键 [17,18]；载体自身的稳定性也会直接影响到电极甚至燃料电池整体的稳定运行。另一方面，载体对催化剂活性也会有影响。催化剂载体的改进可以从两方面着手，一是改进目前的碳载体材料，通过对碳载体的性质，如微观结构、表面的官能团、比

表面积、孔径分布、导电性等进行优化，采用高温石墨化处理、功能化等方法，增强高电位下碳载体的耐腐蚀性，以期获得高效的燃料电池催化剂载体材料。二是采用新型的载体材料，碳纳米管或氮掺杂的碳纳米管[19-21]、金属掺杂的二氧化钛[22]等含碳与非碳载体。这些新型载体材料在一定程度上提高了催化剂的耐腐蚀性，但在比表面积方面还不甚理想，均低于现有的载体材料。因此，具有高比表面积、高耐蚀性能和高导电性兼顾的载体材料还是研究的热点和难点。

2. 非贵金属催化剂

质子交换膜燃料电池的商业化应用成本长期受限于其对价格昂贵的铂催化剂的强烈依赖。探索以储量丰富的物质为原料，制备廉价高效的非贵金属氧还原催化剂对于大幅度降低燃料电池成本、推进其商业化应用具有决定性的意义。非贵金属催化剂的研究主要包括金属氮碳类、金属氧化物、导电聚合物、过渡金属硫化物、金属碳化物和氮化物等。热解型金属 / 氮共掺杂碳材料（M/N/C）是目前最具实际应用潜力的氧还原反应催化剂，尤其以 Fe/N/C 催化剂这类材料综合性能最佳，很有希望代替铂催化剂。

表 5-5 中统计了近年来文献中报道的高活性 Fe/N/C 催化剂在 PEMFC 中测试的性能。加拿大 Jean-Pol Dodelet 和美国洛斯·阿拉莫斯国家实验室的 Piotr Zeleney 是该领域的领军人物。2009 年，Dodelet 首先在《科学》（*Science*）报道了性能与商业 Pt/C 催化剂可比拟的 Fe/N/C 催化剂[23]。2011 年，他们利用金属有机框架（MOF）化合物作为基底在氨气中制备得到 Fe/N/C 催化剂，电流密度为 44 mA/cm^2 时的电压达到 0.887 V[24]。国内研究非贵金属电催化剂的机构主要有重庆大学、厦门大学、中国科学院长春应用化学研究所、上海交通大学、南京大学、华南理工大学、清华大学、中国科学院上海高等研究院、中国科学院化学研究所等一些研究团队，但多数以跟踪性研究为主，缺乏重大原创性成果。当前，Fe/N/C 应用于 PEMFC 时，其峰值功率可达 1.0 W/cm^2，但长期稳定性较差[23,24]。值得提出的是，2017 年 9 月，加拿大巴拉德动力系统（Ballard Power System）公司宣布与日新控股（Nisshinbo）合作，开发了世界首个商业化的基于非贵金属阴极催化剂的燃料电池堆（30-watt FCgen®-1040），将铂催化剂的使用量降低了 80% 以上（氢气氧化反应仍使用少量铂）。

表 5-5 目前综合性能最佳的 Fe/N/C 催化剂的 PEMFC 性能

电压 @ 44 mA /cm^2/$V_{iR\text{-}free}$	功率密度 @0.6 V/(W/cm^2)	峰值功率 /(W/cm^2)	背压 / bar	参考文献
约 0.86	0.32	0.45	1	Jean-Pol Dodelet [23]
约 0.887	0.75	0.91	1	Jean-Pol Dodelet[24]
约 0.875	0.53	0.63	1	Frédéric Jaouen[25]
0.88 0.871	0.82 0.73	1.03 0.94	2 1	Zhi-You Zhou[26,27]
—	0.86	1.06	1.38	Zhongwei Chen[28]
约 0.877	约 0.69	0.924	1	Di-Jia Liu[29]
0.87	约 0.67	0.94	1	Piotr Zelenay[30,31]
—	0.78	0.98	2	Yuta Nabae[32]

注:“+”越多,代表此项数值越大。

(二) SPE 水电解阳极催化剂

金属电极上的氧析出反应不是氧还原反应的逆反应。氧析出反应需要在较正的电位区进行。这就对催化材料的催化活性以及稳定性提出了非常高的要求。目前酸性体系中研究最多的阳极催化剂是贵金属铱(Ir)、钌(Ru)及其氧化物,价格较高昂。此外,Ru 及其氧化物虽然表现出较高的催化活性,但是稳定性较差,通常在工作 400 h 后迅速失活。而 Ir 及其氧化物虽然稳定性较好,但是过电位较大,催化活性仍有待提高。非贵金属催化剂方面,无论催化性能还是稳定性,都与贵金属催化剂之间存在巨大差距。因此,同时具有高催化活性、高稳定性的阳极催化剂,以及低贵、非贵金属催化剂的进一步开发,是该领域所面临的重要挑战,也是急需解决的重要问题。另外,钙钛矿类、尖晶石类材料以及过渡金属合金材料作为碱性条件下阳极催化剂材料的研究也广泛开展,但是性能及稳定性与实际应用的要求仍存在一定距离,需要对该类催化剂的结构、组成等因素进行更加深入的研究分析,以期有效提高该类催化剂的催化活性。表 5-6 列出了国内外水电解阳极氧析出催化剂发展情况比较。

表 5-6 国内外水电解阳极氧析出催化剂发展情况比较 [33-41]

催化剂	过电位 / (mV *vs.* RHE)	电势 / (V *vs.* RHE)	质量比活性 / (A/g Ir)	区域
3D Ir	270	—	—	国内
CuIr	286	1.51	73	
$Ir_{0.7}Co_{0.3}O_x$	260	—	—	
$IrO_2/Nb_{0.05}Ti_{0.95}O_2$	200	1.60	471	
$IrO_x/SrIrO_3$	270	—	—	国际
$IrNi@IrO_x$	—	1.50	约 130	
		1.53	约 630	
Ir-ND/ATO	—	1.51	70	
$IrNiO_x$ / Meso-ATO	—	1.51	约 85	
Ir/SnO_2: Sb-mod-V	—	1.51	121.5	

（三）膜电极工艺研究

膜电极组件（membrane electrode assembly，MEA）是燃料电池和 SPE 水电解器运行过程的“心脏”所在，对其性能起到关键作用。MEA 的性能除了与材料有关外，还与结构密切相关。伴随着燃料电池技术几十年的发展，MEA 技术已经经历了两次变革。第一代是将催化剂浆料制备到气体扩散层（gas diffusion layer，GDL）表面，并最终热压形成五合一电极的电池结构。但该方法所得催化层厚度较大、催化剂利用率低、性能较差。第二代是将催化剂直接涂膜，即催化剂涂层膜（catalyst coated membrane，CCM）制备方法，是以 PEM 为催化层支撑体的制备模式，直接把催化层喷涂或者刷涂到 PEM 两侧并经一定工艺处理后形成薄层 MEA。CCM 制备方法现已被广泛使用，是目前主流的商业化制备方法。然而，这两种制备方法所得电极均属于多孔复合电极。在催化层中，催化剂、离子交换聚合物与孔隙均为无序分布状态，致使催化反应所需的三相反应界面的边界长度减小，催化层中存在大量的无效区域，利用率有限。同时，电极中的气相传质通道不规则，传质极化严重。因此，构筑有序化的膜电解结构将为增加催化层三相反应界面、提高催化剂利用率和改善传质问题带来新的解决思路。

（四）离子交换膜

用于 PEMFC 的质子交换膜有以下要求：①高的质子传导性能，可以降低电池内阻，提高电流密度。②较好的水稳定性、氧化稳定性和化学稳定性，能够阻止聚合物链在活性物质作用下降解。③较低的尺寸变化率，防止膜吸水和脱水过程中的膨胀和收缩引起的局部应力增长而造成膜与电极剥离，使电池寿命缩短。④较高的机械强度，可加工性好，满足大规模生产要求。⑤较低的燃料渗透率，以免氢气和氧气在电极表面发生反应，造成电极局部过热，或者甲醇渗透导致混合电压，从而影响电池的电流效率。⑥适当的性能 / 价格比。质子交换膜种类繁多，主要包括全氟质子交换膜、部分氟化聚合物膜、新型非氟聚合物膜、复合膜四类。全氟磺酸树脂（PFSA）分子的主链具有聚四氟乙烯结构，具有优良的热稳定性、化学稳定性和较高的力学强度，聚合物膜的使用寿命较长；分子支链上的亲水性磺酸基团能够吸附水分子，具有优良的离子传导特性，是目前 PEMFC 主要采用的一种质子交换膜。该类磺酸膜的出现极大地促进了国内外质子交换膜燃料电池的发展。另外，为了回避酸性质子交换膜需要贵金属催化剂的难题，发展用于碱性 PEMFC 的碱性阴离子交换膜也是十分必要的。近年来，碱性阴离子交换膜发展势头迅猛，通过微相分离、辐射接枝等手段，阴离子交换膜的电导率已经可达 100 mS/cm。

二、固体氧化物燃料电池 / 水电解技术

固体氧化物燃料电池（SOFC）以具有氧离子或质子导电性的无机固体氧化物为电解质，因离子在固体中的迁移活化能高，SOFC 需要在高温下工作。SOFC 发电具有理论效率高、有害排放少、能量和功率密度高以及效率不受规模限制等优点[42]，在分布式发电、备用电源和便携式电源方面具有应用前景。

一些发达国家已在 SOFC 的研发上持续投入多年，近二十年来，不仅在 SOFC 的基础研究方面取得了长足的进展，众多的研发公司还在努力推动 SOFC 的产业化。美国 Bloom Energy（BE）是目前世界上最大的固体氧化物燃料电池公司，始建于 2001 年。2006 年，它将第一台 5 kW 的系统送到田纳

西大学现场测试；2009～2010 年，先后为 eBay 公司的总部安装了 500 kW 的 SOFC 发电系统、为沃尔玛公司的两家商场安装了 800 kW 的 SOFC 发电系统、为苹果公司的总部安装了 500 kW 的 SOFC 发电系统；2013 年，为 eBay 公司的电子支付中心安装了 6 MW 的 SOFC 供电系统；随后，BE 开始大规模扩建厂房，吸引更多投资。2018 年 7 月 25 日，BE 正式登陆纽交所，股票代码为“BE”。上市首日，BE 股价大涨 66.67%，收盘价 25 美元，首次公开交易日市值达 26.5 亿美元[43]。此外，日本、韩国及欧洲在 SOFC 研发中均有很好的基础，多家公司正在开发 SOFC 家用热电联供系统和小型电站系统。

目前，SOFC 的基础研究主要针对提高 SOFC 的稳定性和耐受性以及降低 SOFC 的制备和运行成本展开，包括中低温固体氧化物电解质及其电极材料的研究、直接使用碳氢化合物燃料的阳极催化剂研究以及 SOFC 的逆向运行［固体氧化物电解槽（solid oxide electrolysis cell，SOEC）］及其在储能中的应用研究。

我国对 SOFC 的研究有一定的基础，中国科学院上海硅酸盐研究所、中国科学院大连化学物理研究所、中国科学院宁波材料技术与工程研究所、华中科技大学已在组装千瓦级以上的电堆及系统；中国矿业大学、中国科学技术大学、哈尔滨工业大学、南京工业大学、上海交通大学、山东理工大学、华南理工大学等在 SOFC 的基础研究方面均有较好的基础并有所贡献。

我国学者在 SOFC 的高效阴极材料、阳极材料、直接使用碳氢燃料和碳燃料等研究方面取得了一些成果，有些方面更是形成了自己的特色，如直接碳 SOFC，但总体水平不高。在研究方法上，国际上已采用 3D 重构和原位表征的方法研究多孔电极过程，我国还普遍沿用一些常规手段；在材料研发方面，我国的理论基础研究欠缺，导致原始创新能力不足，SOFC 的新材料几乎都是国外机构发现的，如能在较低温度下（如 500℃）工作的质子导体电解质、抗积碳和耐硫的阳极材料等。这些新材料的使用，能够解决 SOFC 产业化过程中降低工作温度（从而降低制作和运行成本）以及直接使用（或加少量水蒸气使用）城市燃气的问题，但我国只有一些跟踪国际的实验室研究，研究机构与产业联系不够密切，相关实验室成果得不到及时转化。此外，针对 SOFC 衰减问题开展的机理研究不够，难以对实际应用中 40 000 h 以上的寿命要求提供理论和技术支撑。以 CO_2 为原料，通过 SOFC 进行电化学还原、加氢等生产化学品的研究才刚刚兴起。

经过多年的积累，加上海外优秀人才的引进，我国已经具有一支高水平的 SOFC 研究和开发队伍，已将国际上最前沿的技术（如原位表征）用于 SOFC 研究中。最近，我国政府对燃料电池的重视也给 SOFC 高起点的发展带来机遇。

在产业化方面，潮州三环（集团）股份有限公司（简称潮州三环）的 SOFC 制备技术较为成熟，在材料、部件、电池、电堆的性能和寿命指标方面都达到国际先进水平，已有少量的销售；已建立起电解质隔膜片和单电池生产线，2016 年完成接近 3 亿元的产值，但 100% 是出口欧美。国内的产业配套不完善，参与的企业单位较少。国内 SOFC 的产业化需要更多的单位参与 SOFC 系统开发、SOFC 用高温金属材料、零部件加工、热盒开发等环节，补齐产业链的空缺。

三、染料敏化太阳电池

以太阳能光伏发电为代表的可再生能源技术在国民经济和国防建设等领域有不可替代的地位与作用。近年来，以染料敏化太阳电池为代表的新型有机 / 无机杂化太阳电池由于具有制作工艺简单、成本低、质量轻、可制备成柔性及透明器件、功率转换效率对光强与环境温度依赖弱等突出优点，成为具有极大发展和应用前景的一类新型光电转换技术。自 1991 年瑞士洛桑联邦理工学院 Grätzel 小组利用二氧化钛纳米晶薄膜和宽光谱响应的染料取得了染料敏化太阳电池的重大突破以来[44]，其实用性受到全球科技和产业界的日益关注[45]。基于对这类新型太阳电池界面物理的初步认知，通过发展新型光伏材料和器件结构优化，近十年来，该类太阳电池能量转换效率及稳定性不断被提升，功率转换效率已达 14.5%[46]。更为重要的是，长期光热稳定型器件的功率转换效率已达 10%[47]。近年来，国际上众多一流科研机构都在积极开展这类太阳电池技术的研发工作（主要包括瑞士洛桑联邦理工学院、瑞士 H. Glass 公司、英国帝国理工学院、日本产业技术综合研究所等）。目前，中国在该领域的研究已处于国际先进水平。国内中国科学院长春应用化学研究所、中国科学院等离子体物理研究所、中国科学院上海硅酸盐研究所、华东理工大学、大连理工大学、华中科技大学、武汉大学、中山大学、浙江大学等均在推动该领域的进展中起到非常重要的促进作用。目前，以玻璃为衬底的透明染料敏化太阳电池已实现商业化应用[48]，但其大规模产业化仍面临受关键材料性能的制约问题。

四、有机聚合物光伏材料与器件

有机/聚合物太阳电池技术可将清洁、可再生的太阳能转换为可直接利用的电能，近年来引起了各国政府、学术界和产业界的广泛关注。有机/聚合物太阳电池器件的核心是由电子给体材料与电子受体材料共混形成的本体异质结光敏层。光敏层吸收光子后产生光生激子，光生激子利用给/受体间的能级差，在给/受体界面处发生电荷分离，通过电荷在器件中的选择性传输到达不同电极，最终被电极抽取产生光电流。作为一类质轻、性柔且可容易加工的半导体光敏材料，有机光伏材料制成的膜在数百纳米内即可实现有效的光电转换。相比于传统的无机太阳电池，有机/聚合物太阳电池具有光电特性调节范围宽、可实现半透明以及可制成大面积柔性器件等突出优点。有机/聚合物太阳电池可采用喷墨打印、涂布印刷等方法进行加工，并可通过“卷对卷”等加工工艺制造大面积、柔性薄膜器件。该生产工艺能够有效降低太阳电池的制造成本。有机/聚合物太阳电池的轻薄、半透明特性将使其具备多方面的应用潜力，如在建筑一体化、便携式电子设备甚至军用移动设施等领域，都具有广阔的市场化应用前景。

1958年，人们首次观测到有机光伏（organic photovoltaic，OPV）现象，1986年，有机异质结OPV效率达到1%[49]，1995年，有机异质结OPV效率达到1.5%[50]，有机太阳电池成为一种备受关注的新能源器件。2003年以后，一些新型、高性能的光活性材料的成功研发及新型器件结构和制备工艺的优化，使有机光伏器件的能量转换效率不断攀升[51-53]，目前有机太阳电池的最高能量转换效率已经超过17%[54]。最近几年，人们又开始致力于柔性、大面积、低成本有机/聚合物太阳电池的研究与开发。有机/聚合物太阳电池的总体发展过程和趋势是：利用有机纳米异质结和体异质结原理使效率实现实质性飞跃，同时通过新型有机给体和受体材料体系的优化使效率进一步大幅度提升，进一步使用追求低成本、大面积、柔性器件加工方法和技术使有机/聚合物太阳电池逐渐走向实用化。

目前国内外关于有机/聚合物太阳电池的研究主要集中在有机光伏材料的开发以及光伏器件效率的提升等方面。近几年，有机/聚合物给受体材料的发展取得了显著的进展，特别是我国在基于非富勒烯太阳电池的给受体材料开发方面取得了国际领先的研究成果。例如，北京大学占肖卫和中国科学院化学研究所侯剑辉等在非富勒烯电子受体材料的开发方面取得了系列进展，大幅提升了有机/聚合物太阳电池的能量转换效率，单节电池器件的最高能量转换效率达到14%以上。中国科学院化学研究所李永舫院士等在非富勒烯太阳电池的给受体材料方面取得重要进展，发展了一系列能量转换效率为12%～14%的有机/聚合物太阳电池给受体材料。在全聚合物太阳电池方面，华南理工大学曹镛院士课题组开发了新型系列宽带隙聚合物，成功制备了能量转换效率高达10.1%的单节全聚合物太阳电池和能量转换效率超过11%的串联全聚合物太阳电池。香港科技大学颜河等开发了系列用于富勒烯太阳电池的给体材料，制备了能量转换效率超过11%的富勒烯太阳电池。除此之外，国内多所大学及研究所，如北京大学、中国科学院化学研究所、华南理工大学、国家纳米科学中心、中国科学院长春应用化学研究所、南开大学、北京航空航天大学、北京师范大学、浙江大学、四川大学等，均在有机/聚合物太阳电池的给受体材料的开发方面取得了重要进展。

在器件方面，2018年，密歇根大学的研究人员成功制备了能量转换效率高达15%的叠层有机/聚合物太阳电池。最近，南开大学陈永胜教授等基于半经验模型的分析，利用叠层策略克服因有机材料低电荷迁移率导致的活性层厚度的限制和光吸收等问题，发展了能量转换效率超过17%的叠层有机太阳电池器件[54]。除此之外，三元策略作为提升器件效率的有效手段，也得到了广泛的研究。总而言之，经过多年的研究积累，我国在有机光伏领域研究积累、研究队伍和研究条件建设等方面已经打下了坚实的基础。中国科学院化学研究所、华南理工大学、南开大学、北京大学、国家纳米科学中心、中国科学院长春应用化学研究所等单位已经形成了结构合理的研究队伍，同时建立了完善的有机光伏材料、器件和机制的研究平台，为我国在该领域开展创新性研究，继续引领世界奠定了雄厚基础。

五、燃料电池工业化应用

（一）国内外 PEMFC 产品产业化现状

由于功率密度高、能够在室温下快速启动，PEMFC 在交通运输和固定电站领域有广泛的应用前景。PEMFC 在交通运输领域的应用，以燃料电池汽车产业化程度最高[55-57]。

1. 国内外 PEMFC 汽车产业化现状

在氢燃料电池商用车领域，中国成为全球氢汽车产业发展最快的地区之一。从产业构成看，PEMFC 汽车产业可分为整车、氢燃料电池系统集成、电堆和零部件四个领域。

国际上，从产业链布局和发展来看，PEMFC 汽车行业已经完成最初的商业化布局，具备了持续发展的基础和能力。在燃料电池商用车领域，2017 年 8 月，装载巴拉德 FCvelocity®-HD6 燃料电池发动机的客车在英国伦敦创造了超过 25 000 h 实际路况运行的耐久性记录，并且燃料电池组核心引擎组件没有显著的维护。巴拉德的七代 ®FCvelocity 燃料电池发动机，在过去 10 年中，已经部署在五大洲的 15 个国家的客车产业中。在这一时期，巴拉德已与 13 家客车制造商致力于开发各种燃料电池客车配置，并且已经部署其在广泛气候条件和一系列苛刻的工况下运行。巴拉德动力燃料电池公共汽车在全球范围内已经履行超过 1100 万 km 累计服务时间，相当于绕地球 275 圈。

商业化燃料电池乘用车主要有日本丰田汽车公司 Mirai、日本本田汽车公司 Clarity Fuel Cell 和韩国现代汽车公司 Tucson Fuel Cell/ix35 Fuel Cell 三款。2015 年，Mirai 产量达到 700 辆; 2016 年，Mirai 销售 2039 辆; 2017 年，Mirai 销售 2741 辆; 2019 年，Mirai 销售 2494 辆。2017 年，丰田汽车公司第二代氢燃料电池车 Mirai 的电堆寿命超 5000 h，单次充氢后续航超过 700 km，最大输出功率 114 kW[58]。2017 年 10 月底，丰田在中国正式启动“Mirai”实证实验，计划在未来 3 年针对“中国使用环境下的车辆行驶调查”“各种品质耐久性评测”等方面进行实验，并且参考实验成果将可行性研究对象扩大到巴士等商用车，积极探讨向中国引进的可能性。同时，丰田在中国首个加氢站也在位于江苏省常熟市的丰田汽车研发中心落成。2016 年 12 月，本田开始向普通消费者交付首批 2017 款 Clarity 氢燃料电池车。这款车搭载氢燃料电池动力系统，其加氢时间约为 3 min，JC08 工况测试下续航里程可以达到 750 km。另有锂离子电池组安置在车厢地板下方。其所搭载电机的最大功率约为 130 kW，燃料电池的功率为 103 kW。2017 年 3 月，这台氢燃料电池车在日本正式上市，售价约为 45 万元[59]。现代第二代燃料电池车量产版在 2018 年国际消费类电子产品展览会（International Consumer Electronics Show，CES）期间正式发布[60]。相比第一代现代 ix35 燃料电池汽车，第二代燃料电池车的动力效率提高 9%，高达 60%。新型 SUV 最大续航里程可达 580 km，相比 Tucson Fuel Cell 有显著提高。

国内，地方政府积极推动氢燃料电池发展，部分地区开展小规模燃料电池汽车运营。上汽大通汽车有限公司（简称上汽大通）FCV80 燃料电池轻客车的发布，标志着我国实现燃料电池商务车的商业化示范运营。全国以富氢优势、弃电较多或者产业领先为代表的地区重视燃料电池发展，多地市兴建氢能产业园区、氢能小镇和产业集群等，推动燃料电池公交、物流车示范运营。目前，超过 20 个省市明确推动氢燃料电池产业发展。仅上海、盐城、武汉、佛山和苏州五城规划显示，到 2020 年的燃料电池汽车数量就已近 1 万辆。2018 年，我国燃料电池汽车的销售量达到 1619 辆，佛山、北京和郑州已有燃料电池公交大巴运行，京东、申通等物流公司开始试用燃料电池物流车。

在国内燃料电池轨道交通运输领域，2017 年 10 月，由中车唐山公司研制的世界首列商用型氢燃料混合动力低地板现代有轨电车在河北唐山市唐胥铁路载客运营，这是在全球范围内氢燃料电池有轨电车的首次商业运营，同时也说明我国在新能源轨道交通领域实现重大突破[55]。当前这列电车的运营全程为 13.8 km，最高运行时速为 70 km，一次快速加氢只需 15 min，可持续行驶 40 km。

在燃料电池商用车领域，2015 年，在广东国鸿重塑能源科技有限公司（简称国鸿重塑）引进巴拉德燃料电池电堆技术基础上，佛山飞驰汽车科技有限公司（简称佛山飞驰）、国鸿重塑与北京亿华通科技股份有限公司（简称亿华通）联合开发氢燃料电池客车。同年 10 月，广东省第一辆氢燃料电池客车试制成功。2016 年，佛山飞驰、广东国鸿、亿华通再次合作，小批量生产氢燃料电池公交车，并于同年 10 月该批车辆启动示范运营，续航 300 km[61]。上汽大通在 2017 广州车展上正式发布了 FCV80 燃料电池车，其补贴后售价为 30 万元[62]。上汽大通 FCV80 是国内第一款运用全新准入标准的燃料电池轻客车型，同时也是国内率先实现商业化示范运营的燃料电池车型。FCV80 采用一套新源动力提供的氢燃料电池系统作为动力来源，车上配备的储氢罐可储存 6.2 kg 氢；电动机的最大功率为 100 kW，峰值扭矩为 350 N · m；40 km/h 平稳行驶，续航里程可达 430 km。2017 年 11 月，在第二届国际燃料电池汽车大会上，宇通客车表示该公司已经开发出三代燃料电池客车，并正在开发第四代燃料电池客车[57]。2017 年，该公司已开发出 8 m 和 12 m 的燃料电池客车，并进行实际道路测试。两辆车按照正常的公交工况运行，包括车辆的起点站、上坡、下坡、拥挤、靠边停车等所有的模式。截至 2017 年 11 月，两辆车已经运行 3.5 万多 km，满足城市工况的需求，并且燃料电池的寿命已接近 1000 h。第四代燃料电池客车的目标是重点突破集成和控制技术，提高燃料电池系统的寿命和环境适应性，同时延长整车的续驶里程。福田欧辉 8.5 m 氢燃料电池客车试验车从张家口市区到野狐岭，海拔由 700 m 连续上升到 1500 m，车体运行状况良好。并且，福田欧辉量产化 8.5 m 氢燃料电池车可以实现 -30℃超低温启动，-46℃低温存放，极大地保证了该车能够适应张家口冬季恶劣的寒冷天气。

在燃料电池乘用车领域，荣威 950 燃料电池轿车是国内首款实现公告、销售和上牌的燃料电池轿车。它具备“动力电池 + 燃料电池”双动力源，可实现纯电动、混动和制动能量回收等模式，同时具备外接电源慢充功能，实现真正意义上的能源多元化。荣威 950 燃料电池轿车的最大续驶里程达到 430 km，能在 –20℃环境温度下启动。国内外典型氢燃料电池乘用车性能参数对比如表 5-7 所示，国内外典型氢燃料电池客车参数对比如表 5-8 所示。

表 5-7　国内外典型氢燃料电池乘用车性能参数对比

参数	丰田 Mirai	本田 Clarity	现代 ix35	通用 Equinox	荣威 950
整车质量 /kg	1850	1890	2290	2010	2080
0～100 km/h 加速时间 /s	10	10	12.5	12	12
最大时速 / (km/h)	160	161	160	160	160
一次加氢续驶里程 /km	650	750	415	320	430
燃料电池堆功率 /kW	114	103	110	93	43
燃料电池堆功率密度	3.1 kW/L 2.0 kW/kg	3.1 kW/L	1.65 kW/L	0.7 kW/kg	—
铂用量 /g	20	—	40	30	—
低温性能 /℃	–30	–30	–30	–30	–20
储氢质量 /kg	5	5	5.6	4.2	4.2
动力系统构成	全功率型	全功率型	全功率型	全功率型	插电式

表 5-8 国内外典型氢燃料电池客车参数对比

参数	丰田 Sora	宇通	福田	安凯	大通 FCV80
整车质量 /kg	—	16 500	18 000	13 000	—
最大时速 /（km/h）	—	69	69	69	—
一次加氢续驶里程 /km	200	600	450	405	500
燃料电池堆功率 /kW	114 × 2	60	60	30	
燃料电池堆功率密度 /（kW/L）	3.1	—	—	3	—
铂用量 /g	20	—	—	—	—
低温性能 /℃	–30	—	—	—	—
储氢量	600 L	—	—	—	—
动力系统构成	全功率型	插电式	插电式	插电式	插电式

2. 国内外 PEMFC 固定电站领域产业化现状

在固定电站领域，国际上 PEMFC 燃料电池具备商业化推广能力；国内 PEMFC 燃料电池处在从工程示范到产业化推广的阶段。

国际上，2016 年 10 月，荷兰阿克苏诺贝尔工业化学品（AkzoNobel Industrial Chemicals）（简称阿克苏诺贝尔）、MTSA Technopower（MTSA）和荷兰氢电公司（NedStack）成功交付全球首座 2 MW 质子交换膜（PEM）燃料电池发电站[63]。这座 2 MW PEM 燃料电池发电站安装在中国辽宁省营口市的营创三征（营口）精细化工有限公司（简称营创三征）厂区内，用于废氢的增值利用，可生产 2 MW 的清洁电力。阿克苏诺贝尔在项目中负责与营创三征的沟通协调，MTSA 承担了燃料电池发电站的设计和建设，NedStack 为项目提供系统核心组件——燃料电池模块。2017 年 6 月，韩国斗山集团（DOOSAN）完成了韩国最大的氢能燃料电池发电站的建设。这座发电站的建设成本约为 3600 万美元[64]。据斗山集团报道，这座新的发电站可以满足市场的需求，并且每年可生产 144 台 440 kW 的燃料电池系统。

日本 ENE-FARM 项目是世界上非常成功的家庭用热电联供燃料电池商业化项目。到 2016 年，该项目已经支持部署超过 150 000 套家用燃料电池设备。这些燃料电池被安装在公寓及普通住宅内，由公寓开发商选择安装与否，并且有其他附件应用用途可供选择。该项目主要的合作商有东芝和松下，它们为该项目提供质子交换膜燃料电池（PEMFC），而丰田汽车公司的子公司AisinSeiki则主要提供固体氧化物燃料电池（SOFC）。其中，PEMFC可以连续运行超过60 000 h。松下宣称其2015款的燃料电池可以达到95%的热电联产综合效率，而其之前的模型只有80%～90%，电网的能源使用效率更是只有35%～40%。这种燃料电池可以和电网联网工作，根据用户对电力和热水的需求自动调节发电的功率。

国内，2014年6月，中国科学院大连化学物理研究所主持的863计划主题项目课题“质子交换膜燃料电池分布式发电系统技术”，研制出10 kW质子交换膜燃料电池分布式发电系统，实现天然气重整质子交换膜燃料电池一体化热电联供，标志着我国具备PEMFC在固定电站领域进行工程化推广的能力。

3. 国内外燃料电池系统技术现状

国际上，丰田、本田、现代、通用、巴拉德等公司在燃料电池系统开发及批量生产方面的能力很强。并且，他们生产的燃料电池系统在低温启动、实际工况下的可靠性和耐久性方面技术领先。2017年，丰田Mirai燃料电池系统的产量约为3000套；到2020年，丰田Mirai燃料电池系统的产量将达到30 000套。丰田、本田、现代、通用等公司所生产的燃料电池系统均可实现–30℃低温启动。在耐久性方面，丰田等公司的燃料电池系统在乘用车工况下的寿命超过5000 h，巴拉德等公司的燃料电池系统在客车工况下的寿命超过25 000 h。

国内，燃料电池系统自主开发及生产能力较强，以亿华通、上海重塑能源科技有限公司（简称上海重塑）、国鸿重塑为代表的企业，具备年产万台燃料电池系统的批量生产能力。2017年8月，中国首条自动化氢燃料电池发动机大批量生产线在河北张家口正式投产[65]。该生产基地由亿华通投资兴建，首条生产线已建成，年产规划2000台。2018年全部生产线完工后，该基地燃料电池发动机年产能达到10 000台，未来这些氢能动力将搭载福田欧辉新一代氢燃料电池客车，在张家口批量上线运营，助力2022年冬奥会。

上海重塑成立于2014年，公司主营业务为面向车企的燃料电池整车工程服务，包括燃料电池整车集成设计，燃料电池整车动力系统集成设计，燃料电池整车试制，调试和燃料电池汽车生产资质申请、整车公告咨询服务，同时研发车用燃料电池系统产品。目前拥有 Caven 3（32 kW）、Caven 4（46 kW）、Caven 7（74 kW）等多款车用氢燃料电池系统产品。广东国鸿成立于 2016 年 10 月，该公司建成国内第一条量产车用氢燃料电池系统 Caven 3 产线，一期产能 5000 套 / 年，扩产后产能 20 000 套 / 年。该生产线于 2017 年 6 月 30 日正式投产，使得公司成为全球最大的商用车燃料电池动力总成生产公司。

在燃料电池系统关键零部件方面，我国与国际先进水平差距较大，基本没有成熟产品，具体情况如表 5-9 所示。

表 5-9 燃料电池系统关键零部件国内外现状对比

零部件	国际现状	我国现状
压缩机	美国能源部支持 AD Little Inc.、Honeywell、VAIREX Corporation、Mechanology 等企业开发燃料电池专用压缩机；瑞典 OpconAutorotor 对多种压缩机进行开发。典型的是 Honeywell 离心式压缩机和 Opcon 双螺杆压缩机，已达到产品要求，在多款燃料电池系统中进行长时间运行	只有广东一家企业在进行燃料电池专用离心式压缩机开发，仍处于开发设计阶段；没有将电机及其控制器进行集成设计能力，可靠性和耐久性无保证
加湿器	多公司开发出 Gas-to-Gas 膜加湿器，能够满足备用电源到燃料电池公交车用加湿需要，并形成产品。美国 Perma-Pure 管式加湿器、加拿大 Dipont 板式加湿器、德国 Mann-Hummel 板式及管式加湿器和德国 Freudenberg FCCT 管式加湿器等；丰田采用先进系统设计，取消加湿器，提高低温冷启动性能	尚无零部件开发商供应此类产品，基本采购国外产品。一些研究单位开展基础研究；在如何小型化或取消增湿器方面，缺少系统优化的经验和能力
氢循环装置	美国 Park 公司的氢气循环泵，可用于不同燃料电池汽车；美国阿贡国家实验室开发氢气引射装置及与氢循环泵混合循环系统；各大汽车公司也开发了相应氢气循环装置，并用于燃料电池发动机	尚无厂家供应类似产品。一些研究单位开展基础研究。缺少大流量氢气循环泵及其驱动电机
DC/DC	丰田将 DC/DC 与燃料电池集成在一起，提高了系统集成度	已有从事针对燃料电池 DC/DC 研发及小规模生产厂家，针对燃料电池特殊控制和保护有待优化

4. 国内外燃料电池堆及关键材料部件技术现状

国际上，燃料电池乘用车电堆的先进生产技术主要掌握在丰田、本田和现在等车企手中；燃料电池商用车电堆生产技术主要掌握在巴拉德燃料电池企业手中。丰田的燃料电池堆经历几十年技术优化，形成自己的特色结构，如 3D 立体微流道技术通过更好地排出副产物水，让更多空气流入，从而有效改善发电效率。所以整个电池堆发电效率为3.1 kW/L，比2008年丰田技术提升2.2倍，达到世界先进水平。丰田Mirai搭载的燃料电池堆栈是由370片薄片燃料电池组成的，因此被称为“堆栈”，可输出的发电功率达114 kw。

国内，燃料电池电堆正在逐渐起步，电堆及产业链企业数量逐渐增长，产获得能量级提升，2018年，国内电堆产能超过40万kW。国内电堆厂商技术来源主要有两类：①自主研发，以新源动力、上海神力科技有限公司（简称神力科技）和安徽明天氢能科技股份有限公司（简称明天氢能）为代表；②引进国外成熟电堆技术，以广东国鸿为代表，其余还有南通百应能源有限公司、嘉兴爱德曼氢能源装备有限公司等。

新源动力长期致力于燃料电池研发生产，公司现有产能1.5万kW/a。其开发的HYMOD®-300型车用燃料电池电堆模块，采用高稳定性、高性能的“膜基催化层膜电极设计”和高可靠性的“复合双极板结构”，达到车用燃料电池5000 h的耐久性，实现电堆−10℃低温启动、−40℃储存。

广东国鸿于2016年5月引进加拿大巴拉德9SSL电堆生产线技术，并在国内建设年生产2万台电堆（30万kW）和5000套系统的生产线，生产线于2017年7月1日正式投产。9SSL系列燃料电池电堆是为交通领域设计的液冷式电堆产品，能够满足车载动态特性要求。它具有良好的单电池均一性，工作寿命超过2万h，最长寿命超过2.5万h。巴拉德9SSL系列电堆产品自2009年生产至今已累计生产电堆超过10 000台，部署量达到320 MW，产品成熟性已经过充分的市场验证。

明天氢能已经开发出30 kW、60 kW和80 kW氢燃料电池系列产品，能够满足包含通信指挥车、氢燃料环卫车、氢燃料客车、军用氢燃料车在内的各种商用车，以及燃料电池乘用车的电池需求。同时，明天氢能还将建设包含单极双极板、MEA电堆级系统组装车间在内的千台级工厂，并计划建设燃料电池专用压缩机、氢气循环泵、车用储氢系统、电控系统、质子交换膜、加湿器和燃料电池测试设备等工厂。明天氢能的核心技术来自中国科学院大连化学物理研究所和上海同济大学。目前，该公司已经掌握氢燃料电池电堆、空气供应系统、氢气供应系统、水热管理系统和控制系统的多项核心技术。其中，该公司的高功率燃料电池电堆技术与国际领先的丰田技术水平相当。明天氢能产业园建成后，将大大改善中国燃料电池生产规模小、成本高、关键零部件依赖进口的局面。

我国在整车、系统和电堆方面均已有所布局，但零部件方面的相关企业仍较少，特别是最基本的关键材料和部件（如质子交换膜、碳纸、催化剂、空压机、氢气循环泵等）的相关企业较少。国内已有相关企业开始介入，膜电极、质子交换膜和双极板具备国产化能力，气体扩散层有小批量供应，催化剂具备研发能力。但与国际先进产品相比，产品的可靠性和耐久性仍存在较大差距，大部分关键零部件仍依赖进口。

目前做膜电极的厂商分为两类，一类是具备膜电极产业化能力、能够自给自足的燃料电池厂商，以丰田和巴拉德为代表。另一类是专业的膜电极供应商，包括戈尔（Gore）、JM、3M、Toray（Greenerity）和国内的武汉理工新能源等，都已经具备了不同程度的自动化生产线，年产能在数千平方米到万平方米级。我国膜电极厂商具备万平米级产能，生产的膜电极在性能和产能方面可初步满足商业化需求。

市场上主要生产全氟磺酸膜的企业来自美国、日本、加拿大及中国，其中戈尔的 Select 复合膜广泛应用于燃料电池，丰田 Mirai、本田 Clarity 和现代 ix35 均采用戈尔 Select 系列膜。除此以外，质子交换膜还有杜邦（Du Pont）的 Nafion 系列膜、陶氏化学（Dow Chemical）公司的 Xus-B204 膜、3M 的全氟磺酸膜、日本旭化成（Asshi Chemical）公司的 Alciplex 系列膜、旭硝子（Asshi Glass）的 Flemion 系列膜、加拿大巴拉德的 BAM 膜和比利时 Solvay 系列膜。质子交换膜国产化能力已具备。山东东岳集团质子交换膜性能出色，具备规模化生产能力。2004 年，东岳集团联合上海交通大学研发出质子交换膜，经日本丰田公司和德国 Fuma.Tch 公司分别检测，东岳集团生产的质子交换膜性能出色，不逊于同类产品。目前，东岳 DF260 膜厚度做到 15 μm，在开路电压（open circuit voltage，OCV）情况下耐久性长于 600 h；膜运行时间达到 6000 h；在干湿循环和机械稳定性方面，循环次数都超过 2 万次。东岳 DF260 膜技术已经成熟并已定型量产，二代规划产能 20 万 m^2，而且东岳集团已建成年产 50 t 燃料电池离子膜所需要的全氟磺酸树脂生产装置，可满足 2.5 万辆燃料电池汽车的离子膜所需。表 5-10 列出国内外主要质子交换膜生产厂家及产品。

表 5-10 国内外主要质子交换膜生产厂家及产品

公司	国家	产品
杜邦公司	美 国	Nafion 系列膜: Nafion117、Nafion115、Nafion112、Nafion1135、Nafion105
陶氏化学	美 国	Xus-B204 膜
3M 公司	美 国	全氟磺酸膜系列
戈尔公司	美 国	Select 复合膜系列
旭化成	日 本	Alciplex 系列膜
旭硝子	日 本	Flemion 系列膜
巴拉德	加拿大	BAM 型膜
Solvay	比利时	Solvay 系列膜
东岳集团	中 国	DF260 系列膜

在燃料电池催化剂领域，国外企业处于领先地位，已经能够实现批量化生产，而且性能稳定，其中英国 Johnson Matthey 和日本 Tanaka（本田燃料电池乘用车 Clarity 催化剂供应商）是全球铂催化剂的巨头。国内企业尚处于研究阶段，主要有两类机构：①贵研铂业，主营汽车尾气铂催化剂，与上汽共同研发燃料电池催化剂；②研究机构，中国科学院大连化学物理研究所、新源动力等制备的 Pd@Pt/C 核壳催化剂，其氧还原活性与稳定性表现优异。催化剂生产厂家及产品如表 5-11 所示。

表 5-11 催化剂生产厂家及产品

公司	国家	产品
Tanaka	日 本	TEC10E 系列、TEC10V 系列、TEC66E50、TEC61E54、TEC62E58
Johnson Matthey	英 国	HiSPEC 系列
Umicore	比利时	Elyst Pt50 系列、Elyst Pt30 系列
BASF	德 国	TWC 系列

碳纸产品主要由几个国际大生产商垄断，包括日本东丽（Toray）和德国 SGL 等。日本东丽目前占据较大的市场份额，且拥有的碳纸相关专利较多，生产的碳纸具有高导电性、高强度、高气体通过率、表面平滑等优点。国内碳纸产品尚处于小规模生产。上海河森公司有小批量碳纸产品，燃料电池专

用高性能气体扩散层具备 1000 m^2/ 月的生产能力。台湾碳能科技股份有限公司的碳纸产品价格较低，获得了一定的市场认可。同时，中南大学、武汉理工大学以及北京化工大学等高校及研究机构也都开展了相关研究，其中中南大学提出化学气相沉积（CVD）热解碳改性碳纸的新技术，发明了与变形机制高度适应的异型结构碳纸，采用干法成型、CVD、催化碳化和石墨化相结合的连续化生产工艺，产品的耐久性和稳定性有所提升。表 5-12 列出国外主要气体扩散层生产厂家及产品。

表 5-12 国外主要气体扩散层生产厂家及产品

公司	国家	产品
SGL	德 国	SIGRACET-25BC、SIGRACET-10CA、SIGRACET-10BB
东丽	日 本	PAN 系碳素纤维、PAN 系碳素纤维织物、TGP-H 系列
巴拉德	加拿大	AvCarb 系列
E-TEK	美 国	Carbon Cloth A
Freudenberg FCCT	德 国	H2315 系列

乘用车燃料电池具有高能量密度需求，金属双极板较石墨及复合双极板有明显优势。金属双极板的设计及加工技术主要掌握在国外企业手中，国内企业尚处于小规模开发阶段。例如，日本丰田 Mirai 燃料电池汽车用金属双极板 PEMFC 模块的功率密度达到 3 kW/L，英国 Intelligent Energy 的新一代 EC200-192 金属双极板燃料电池模块的功率密度达到 5 kW/L。金属双极板使 PEMFC 模块的功率密度大幅提升，金属双极板已成为乘用车燃料电池主流双极板。目前金属双极板的主要供应商有瑞典 Cellimpact、德国 Dana、德国 Grabener、美国 Treadstone 等。国内上海治臻新能源装备有限公司（简称上海治臻）已经开发了包括氢空 / 氢氧、空冷 / 水冷等适用于各种环境的多款量产金属双极板。上海交通大学、新源动力、上海汽车集团股份有限公司和上海治臻联合开发的汽车燃料电池大面积超薄金属双极板设计与精密制造技术获得 2017 年度“中国汽车工业科学技术奖”一等奖。

石墨双极板因为耐久性长，广泛应用于商用车，国内外批量加工能力均较强。国际上，石墨基双极板的主流供应商有美国 POCO、美国 SHF、美国 Graftech、日本 FujikuraRubber LTD、日本 Kyushu Refractories、英国 Bac2、加拿大巴拉德等。石墨双极板已实现国产化，国产厂商主要有上海弘枫实业有限公司、杭州鑫能石墨有限公司、江阴沪江科技有限公司、淄博联强碳素材料有限公司、上海喜丽碳素有限公司、南通黑匣等。

复合材料双极板近年来也开始有应用，如石墨 / 树脂复合材料、碳 / 碳复合材料等，国内新源动力具备较强研制开发能力。

5. 国内外加氢站技术及建设现状

依据不同的功能，加氢站系统可分为制氢系统（自制氢）或输送系统（外供氢）、调压干燥系统、氢气压缩系统、储气系统、售气加注系统和控制系统六个主要子系统。氢气压缩机、高压储氢罐、氢气加注机是加氢站系统三大核心装备。加氢站通过外部供氢和站内制氢获得氢气后，经过调压干燥系统处理后转化为压力稳定的干燥气体，随后在氢气压缩机的输送下进入高压储氢罐储存，最后通过氢气加注机为燃料电池汽车进行加注。

由于高额的建设和运营成本，从国外经验来看，加氢站建设与运营主体一般由政府机构、能源公司、大型车企共同构成。欧洲、美国、日本的加氢站技术及其核心装备技术已经成熟，加氢站建设提速。欧洲、美国、日本的加氢站普遍采用与汽车配套的 70 MPa 压强标准，并实现设备量产。日本从制度上鼓励车载氢瓶单次充气压强安全上限值从 70 MPa 提高到 88 MPa，进一步实现技术升级。从具体设备来看，在氢气压缩机方面，美国 PDC 等公司已掌握具有三层金属隔膜结构的氢气压缩机制造技术，输出压强上限超过 85 MPa；在高压储氢罐方面，美国、加拿大、日本等国均可自主生产耐压超过 70 MPa 的碳纤维复合材料和铝合金内胆等材料制成的高压储氢容器；在氢气加注机方面，德国林德、美国空气化工等企业生产 70 MPa 氢气加注机安全性与智能化较高，并实现量产。

高额的建设投入和运营成本使加氢站在没有政策扶持的情况下很难实现盈利。加氢站的建设成本主要由核心设备采购费用、设备安装费用、土木工程费用组成。由于设备安装、土木工程费用相对固定，设备采购成本占建设投资的 70%，因此降低设备采购成本将是加氢站推广的工作重点。日本建设一座加氢站的投资成本约为 4.5 亿日元（约 3000 万元），是日本加油站建设成本的 5 倍。另外，加氢站每年还要承担 4000 万～5000 万日元（约 300 万元）的运营成本。

欧洲加氢站由包括化学气体公司（Norsk Hydro、Air Liquide、Mahler IGS 等）、能源公司（Shell、BP 等）和当地公交公司等在内数家企业联合承建。各合作方在项目中的主要分工为：化学气体公司负责站内制氢设备的设计、安装和调试，或外供氢气的制备、运输和储存，以交钥匙工程的方式向承担加氢站建设的能源公司提供稳定、可靠的氢源，并保证氢气的品质能够满足车载燃料电池的要求；能源公司对加氢站的各子系统进行系统集成，负责加氢站的安全保护，以交钥匙工程的方式向业主提供建成的加氢站，并保证加氢站的正常运转；公交公司作为加氢站和燃料电池大客车的业主，负责站和车的日常运营以及面向公众的宣传教育工作，并将积累的数据和发现的问题及时反馈给有关各方。欧洲政府的补贴达到建设成本的 50%。欧洲加氢站的建设投资主要来自欧盟 CUTE 项目经费和企业自筹经费，各国政府也提供一定的经济支持用于加氢站和燃料电池大客车示范运行。

日本政府给予加氢站建设高额补助。2014 年，日本官方新能源及产业技术综合开发机构发布《氢能源白皮书》。为缓解建设加氢站所需的巨额建设成本，日本政府专门制定“氢气供给设备整备事业费辅助金”制度，自 2013 年起对加氢站建设项目补贴其导入成本的一半，上限 2.5 亿日元，2014 年又增加定额性补贴政策，上限达到 2.8 亿日元。车企参与加氢站建设。2016 年，丰田、本田、日产三大车企响应政府号召，联手投资 4892 万美元（约 3 亿元）用于扶持加氢站项目。该计划中，每个加氢站的建设成本为 500 万美元（约 3000 万元），其中 50% 的建设费用将由政府补贴，30% 由三家车企承担，其余 20% 建设费用由日本其他企业赞助。

美国加利福尼亚州议会众议院通过第八号法案，加利福尼亚州州政府将一共拨款 2 亿美元于 2024 年前建设不少于 100 个公共加氢站。Black & Veatch 以及 First Element Fuel 两家公司正合作建设美国首个加氢站网络，加氢站数目为 19 座。项目由加利福尼亚州能源委员会提供资金支持，丰田、本田公司提供贷款支持。

我国加氢站核心设备依赖进口，亟须实现国产化。我国已建成可运行加氢站 10 个，典型代表为北京加氢站和上海安亭加氢站，均从国外引进核心设备和技术咨询服务。我国示范性加氢站及燃料电池客车车载供氢系统尚处于 35 MPa 压强技术水平，核心设备主要依赖进口。为与客车配套，现有加氢站采用 45 MPa 隔膜式压缩机、45 MPa 储氢罐和 35 MPa 氢气加注机等设备，压强标准提升还有待未来 70 MPa 燃料电池汽车普及。

加氢站核心设备研制处于起步阶段。在氢气压缩机方面，我国现有压缩机制造商仅能生产用于石油、化工领域的工业氢气压缩机，输出压强均在30 MPa以下，无法满足加氢站技术要求，中国船舶重工集团公司第七一八研究所通过与美国PDC公司技术合作可组装配套加氢站的高压氢气压缩机，但核心部件均需美方提供，距离国产化还有较远距离；在高压储氢罐方面，我国浙江大学攻克轻质铝内胆纤维全缠绕高压储氢气容器制造技术，解决超薄铝内胆成型、高抗疲劳性能的缠绕线形匹配等技术难题，但尚未实现成品量产；在氢气加注机方面，天然气设备制造商厚普清洁能源股份有限公司已成功研发氢气加注装置，并已进入产品测试阶段，氢气加注设备是目前最有可能实现国产化的核心设备。

（二）国内外SOFC燃料电池分布式发电/热电联供产业化现状

SOFC具有工作温度高、发电效率高、全固态、易于模块化组装等特点，非常适合用于分布式发电/热电联供系统。以美国、日本为代表的发达国家已突破SOFC诸多关键技术，推动SOFC从工程示范走向商业化应用。美国、日本等国对SOFC领域持续投入巨额资金，培育了Bloom Energy公司、三菱重工等众多企业。

Bloom Energy公司是2001年注册于美国加利福尼亚州桑尼维尔的一家清洁能源公司，依靠风险投资和私募资金开展大型高效SOFC发电系统研发并取得一定成果。Bloom Energy公司采用平板式电解质支撑单电池，陆续开发出100～250 kW单机发电系统，并投放市场应用。目前主打产品为ES系列能源服务器，包括ES-5000（100 kW）、ES-5400（105 kW）、ES-5700（210 kW）、ES-5710（262.5 kW），可采用天然气或沼气作为燃料，发电效率达到52%，拥有Google、eBay、Coca-Cola、Wal-Mart等多家客户和投资商。Bloom Energy公司的能源服务器由多个1 kW电堆集成，包括40片功率25 W平板式电池，电堆发电效率超过50%。

三菱重工于1984年开始开发SOFC技术。1986～1989年，它与东京电力株式会社（简称东京电力）合作研制管式SOFC电池堆；1991年，运行1 kW的SOFC电池堆，运行时间1000 h；1993年，研制新型1 kW的SOFC电池堆，并成功运行3000 h；1996年，10 kW常压SOFC连续运行5000 h。

2001年，三菱重工与东京电力共同开发成功10 kW级的加压管式SOFC发电系统。该系统以天然气为燃料，采用内部重整方式，连续工作超过755 h。该10 kW系统在64 A的设计电流运行时，电输出功率为10.2 kW，发电效率为41.5%高热值（high heating value，HHV），当电流为80 A时，系统电输出功率可达11.5 kW；2013年，三菱重工的200 kW的SOFC MGT复合发电系统在东京燃气的千住科技中心内连续运转四千多小时，该系统的工作温度约为900℃，发电效率为50.2%低热值（low heating value，LHV）。

爱信精机参与了日本政府推行“ENE-FARM”家用燃料电池热电联供系统项目，从2011年10月开始提供发电功率为700 W的SOFC系统。该系统由爱信精机、大阪燃气化学株式会社、京瓷株式会社和长府制作所合作开发和推行，命名为“ENE-FARM Type S”，可以使用管道天然气作为燃料，发电效率为46.5%，系统效率为90%。目前售价已经从最初的244万日元下降到175万日元，日本政府计划到2021年将售价降到100万日元。截至2017年4月，“ENE-FARM Type S”已经售出20万套左右。新一代SOFC系统也已经于2016年4月推出，新系统的体积更小，发电效率达到52%。

Ceres Power公司（英国）成立于2001年，主要从事住宅用SOFC微型热电联产系统（m-CHP）设计、制造、销售和维修。公司于2006年开发出家用1 kW热电联供系统，目前已经开发出第四代电堆，使用天然气作为燃料，衰减速率约1%/kh，该系统作为欧盟Ene. field项目的一部分在英国多地示范运行。Ceres Power公司在2014年接到英国Britich Gas公司和荷兰Itho-Daalderop公司174台m-CHP系统订单，并计划从2018年起正式将其产品推向大众市场。

目前，我国正加快SOFC技术研发向产业化转化进程，推进SOFC工程示范应用。中国科学院大连化学物理研究所、中国科学院上海硅酸盐研究所、清华大学、中国科学技术大学、华中科技大学、中国矿业大学（北京）等单位都取得了一定的研究成果，并且建立了数个千瓦级发电系统的示范项目，基本实现从理论设计、产品制造到市场应用的全产业链贯通。但是，我国SOFC研究目前仍以大专院校、科研院所等研究机构为主力，虽然已经具备自主制备千瓦级SOFC发电系统的能力，但是这仅解决了从无到有的问题，与国际先进水平还存在很大差距。

潮州三环股份有限公司创办于1970年，是国内电子元件、先进技术陶瓷产业基地。潮州三环从2004年开始研发生产SOFC电解质基片，是美国Bloom Energy公司、澳大利亚陶瓷燃料电池公司的电解质隔膜供应商。公司的主要产品包括阳极支撑平板电池、电解质基片等。

宁波索福人能源技术有限公司创立于2014年，主要从事SOFC发电技术中电池、电堆和系统的研发、制造、销售和服务，主要产品有ASC 30电堆（700 W）、ASC 30电堆（2 kW）、ASC 60电堆等。电堆工作温度为750℃，发电效率为44%，燃料利用率大于60%，衰减速率小于2%/kh。

苏州华清京昆新能源科技有限公司（简称华清京昆）创建于2010年，主要业务包括能源新技术、新材料技术产品等，以及与SOFC相关的具体产品SOFC单电池、电堆、发电系统和千瓦级测试系统等，其中电堆主要有HS-101型、HS-102型等。华清京昆HS-101型1 kW SOFC热电联产系统的发电效率为45%，系统效率为85%。

山东潍柴动力股份有限公司（简称潍柴动力）于2018年5月与Ceres Power公司签署战略合作协议，在SOFC动力系统领域展开合作。根据协议内容，Ceres Power公司将在中国市场独家授权潍柴动力产销其SOFC发电系统、电堆和单电池，应用范围包括分布式发电、客车和卡车市场。此外，潍柴动力与Ceres Power公司联合开发以压缩天然气为燃料的30 kW SOFC发电系统，用于电动客车的增程系统。2019年，该团队已生产出第一台30 kW SOFC系列扩展系统，符合所需的技术性能标准，可用于广泛使用的压缩天然气燃料的电动城市公交车的示范。

第二节 国际合作与交流分析

在燃料电池领域，目前各发达国家和地区均十分重视燃料电池的发展，美国、日本、欧盟等主要国家和地区将燃料电池纳入国家或地区战略发展体系进行规划，设立专项进行研发与示范推广，并制定各种政策抢占先机。目前，全球多个国家都在大力推出燃料电池汽车，并加大加氢站建设。截至2019年底，全球加氢站数量达493座，全球燃料电池汽车总保有量达24 132辆。产业巨头纷纷组成联盟进行燃料电池商业化的协同攻关，并与能源、矿产等企业形成更广泛的合作，呈现燃料电池牵引全产业链的发展趋势。中国同样高度重视燃料电池产业。近两年，国家相关部委密集出台政策，将发展氢能和燃料电池技术列为重点支持领域。

随着国家政策大幅度地向国际合作与交流倾斜，近年来，国内外研究小组之间的合作愈发密切。双方在发展新的电催化材料、探索新的电催化机理以及发明高时间、空间分辨率的原位表征设备等方面都有深入的合作与交流。随着研究程度的加深，这样的国际化合作交流势必会更加广泛。但是，在有序化膜电极构建等技术相关领域，出于技术秘密问题，中外合作尚且较少，因此，我国科技人员应在相关领域展开广泛而深入的合作，促进技术上的突破。在离子交换膜领域，国际合作与交流非常紧密，国内外多家单位共同撰写过多篇关于阴离子交换膜的综述文章，举办过多次国际学术会议，分工协同完成论文（full paper）。此外，国内外在人才交流方面的合作也非常紧密，陆续有国内优秀学生到国外研究领先的课题组深造，做出了优异的成果。一些学生归国后，充实了国内的离子交换膜燃料电池研究队伍，并提供了一些新的发展思想。

近年来，染料敏化太阳电池一直是国际重要能源与材料领域学术会议讨论的焦点方向。例如，MRS Meeting、International Conference on Hybrid and Organic Photovoltaics、International Conference on Photochemical Conversion and Storage of Solar Energy 等国际会议的举办持续推动了该领域中外科学家的深层次交流和合作。国内相关领域科学家多次在这些会议上做邀请报告，已获得国际学术界的广泛认可。通过优势互补与强强联合，中外科学家已开展实质性国际合作研究，建立了长期稳定的科研战略合作伙伴关系，取得了一系列重要的科研成果。国内相关科研人员长期在能源与材料领域众多国际著名学术期刊（如 *Chemical Society Reviews*、*Energy & Environmental Science*）担任编辑及顾问编委等职。此外，国内科学家在立足基础研究的同时，还积极与国内外能源企业开展合作研究。例如，浙江大学研究团队已与染料敏化太阳电池国际领袖企业瑞士 H. Glass 公司开展染料敏化太阳电池关键材料产业化的合作研究，共同推动染料敏化太阳电池的产业化进程。今后需要在已有的国际合作基础上，通过举办国际性前沿学术讨论会、派出骨干科研人员海外学习、开展合作项目研究等方式进一步加强国际合作的深度和广度。

在有机聚合物光伏材料与器件领域，其研究始于国外发展于中国。中国的优势在材料，国外的优势在物理机制（如英国剑桥大学）以及器件工程（如德国埃尔朗根－纽伦堡大学）。国外对国内的材料有很强的需求，已开展了一些有成效的合作，如国家自然科学基金与德国科学基金合作研究项目（21761132001），中方负责人为华南理工大学叶轩立教授，德方负责人为 Christoph J. Brabec 教授。

在今后的国际化合作与交流过程中，我国的研究人员应更加注重工作的原创性和实用性，不能只跟随国外的脚步，应更多地提出具有自主知识产权的科研成果。同时，在国际化交流与合作中我国的研究人员还应注重自主知识产权的保护，在全球范围内的专利申请、专利保护等方面加强关注。

第三节　发展趋势分析

一、质子交换膜燃料电池与水电解技术及其耦合绿色能量循环

（一）燃料电池

1. Pt 基催化剂

目前的研究工作表明，$Pt_3Ni(111)$ 电催化剂的 ORR 活性是商业 Pt/C 活性的 90 倍。因此构建具有更多 $Pt_3Ni(111)$ 晶面、尽量减少“死 Pt”存在的纳米催化剂、降低 Pt 用量、加强 Pt 基催化剂的形貌和组成优化依旧是未来的研究趋势之一。同时，最大限度地降低 Pt 用量、发展单分散 Pt 原子的 ORR 纳米催化剂也是未来发展的方向之一。

在载体方面，多孔碳黑仍然是当今最广泛使用的催化剂载体，同时也出现了一系列包括一维碳纳米管或碳纤维、二维石墨烯、三维碳材料、具有一定导电性的金属氧化物等在内的新型载体。其中，金属氧化物或金属氧化物/碳复合材料载体取得了一定的突破，但仍然不能满足目前实际应用的需求，主要原因是这些金属氧化物的导电性还不能和碳材料相比。因此，未来发展具有高导电性的金属氧化物载体材料是研究趋势之一。

2. 非 Pt 催化剂

目前,M/N/C 催化剂的活性虽然已大幅度提高，但与铂基催化剂相比仍有较大差距。PEMFC 中电压为 0.9 V 时，铂基催化剂的活性一般高于 0.44 A/cm^2，而 Fe/N/C 催化剂还未达到 0.044 A/cm^2。提高活性位的策略可以从两个方向进行：①提高 M/N/C 催化剂本征活性。通过改变金属周围元素的电荷状态，调控金属中心的 d 轨道电荷分布，从而改善催化活性。②提高催化活性位数量。提高催化的比表面积和金属中心的分散性是简单易行地提高活性位数量的方法，难点在于如何应对由此带来的传质问题。M/N/C 催化剂应用时往往通过增加载量以弥补其与铂基催化剂的活性差距，导致催化层较厚（约 100 mm），加剧了传质问题。目前，一般通过控制催化层孔径分布和调节催化剂表面的亲疏水性合理地设计各个传输通道。从微纳米尺度到宏观尺度优化构筑非贵金属 M/N/C 催化层仍处于起步阶段。随着 M/N/C 催化剂的活性和稳定性进一步提升，理性设计催化层孔道结构、强化传质将是其应用的必经之路。催化剂的稳定性是其应用的最大挑战。目前，M/N/C 催化剂在 0.4 V 放电条件下可维持 600 h，更高电位工作时稳定性会明显下降，这将是 M/N/C 催化剂的重点发展方向。

（二）SPE 水电解阳极催化剂

根据当前水电解技术的实际应用情况，酸性工作条件下催化剂的开发仍然是未来该领域的研究重点。但是目前酸性条件下 Ir、Ru 及其氧化物仍存在催化活性及稳定性难以满足实际应用要求的问题。因此，通过优化制备方法调节材料组分、结构、形貌等手段实现同时满足高催化活性、高稳定性的催化剂仍是该类材料未来发展的趋势之一。此外，为了降低成本，低贵金属载量催化剂甚至非贵金属催化剂的开发对于 SPE 水电解的广泛应用具有重要意义，也是该类材料未来发展的主要研究方向。载体有利于催化剂材料的分散和稳定。目前的碳材料在高电位下稳定性较差，容易被腐蚀，因此开发高电位下稳定、导电性好、高比表面积的催化剂载体（如金属氧化物、氮化物等）对于该类材料未来的发展也具有重要意义。碱性条件下常用非贵金属催化剂（过渡金属、钙钛矿类、尖晶石类材料）在催化性能上与贵金属仍然存在较大差距，通过组分、结构优化进一步提高该类材料的催化活性仍是该领域未来发展的主要趋势。

（三）膜电极的研究

目前，如何最大限度实现催化层的贵金属利用率，通过提升金属利用率的方式降低催化层所需贵金属用量，是MEA研究亟须解决的关键问题。目前，人们主要致力于开发基于碳纳米管的有序化膜电极和基于催化剂Pt薄膜的有序化膜电极两种类型。其中，在垂直排列的碳纳米管（VACNT）膜电极研究方面，功率密度在65℃下已达1.4 W/cm^2。但是这种结构的整体有序性尚需进一步提高，而传质阻力也需要进一步改善。在基于催化剂薄膜的有序化电极研究方面，美国3M公司开发的NSTF（nano structure thin film）有序化膜电极的发电性能已达2.0 A/cm^2 @0.6 V，同时Pt的载量已经降低至0.15 g/kW，是到目前为止的有序化结构经典代表。由有序化膜电极结构所表现出的巨大潜力可见，未来有序化膜电极结构的开发将是解决催化剂利用率和电极传质阻力瓶颈问题的重要解决方式，必将获得更多的研究关注。

（四）离子交换膜

PEMFC用质子交换膜以后的发展方向有以下几点：①将材料的改性与膜形态的改性相结合，在提高保水能力、增加质子传导性的同时，提高膜的稳定性。②改变膜的质子传导机理，提高膜在高温下的质子传导性能，开发高温质子交换膜燃料电池。③随着新的质子交换膜材料的出现，以及PEMFC技术的应用领域的扩大，质子交换膜的制造成本将大幅度下降。④加强高导电率、化学稳定性和力学稳定性方面的阴离子交换膜的研究。

二、固体氧化物燃料电池

（一）中低温固体氧化物燃料电池

目前普遍采用的以具有氧离子导电性的钇稳定化氧化锆（YSZ）为电解质材料的SOFC一般在800℃运行，高的运行温度带来很多材料、成本和运行寿命方面的问题，同时也限制SOFC的应用范围。通过采用具有更高氧离子导电率的掺杂氧化铈（如钆掺杂氧化铈GDC或钐掺杂氧化铈SDC）或掺杂镓酸镧（如LSGM）电解质，配合高催化活性的电极材料，可使SOFC运行温度降到 600℃。最近，基于铈酸钡和锆酸钡系列氧化物的质子导体电解质受到越来越多的关注，采用质子导体电解质的 SOFC 的运行温度可降到 500℃。

（二）用于大规模能量储存与转换的可逆固体氧化物电池

近年来，将 SOFC 逆向应用［即将其作为固体氧化物电解槽（SOEC）用于电解水或 CO_2 生成氢气或合成气］的研究受到重视。研究表明，SOEC 电解水产氢比低温电解效率高，用于电解 CO_2 具有很好的经济效益。将水和 CO_2 共电解能直接生产合成气或生产不同类型的化学品，从而将电能以化学品的方式储存起来，因此 SOFC 的逆过程（SOEC）也可看作一个储能过程。SOFC 和 SOEC 实际上是在一个装置上的两种运行模式，该装置统称为可逆固体氧化物电池（solid oxide cell，SOC）。可逆 SOC 技术有望发展成高效大规模储能技术，在可再生能源的有效利用和电网削峰填谷中有很好的应用前景。可逆 SOC 的优势主要有：①构成电解技术成本重要部分的外供能源（如地热能、核能）成本低；②能够很好地在电解槽和燃料电池两种模式下运行；③ H_2O 和 CO_2 共电解的灵活性，可提供各种各样的化学品（从甲烷到合成气、甲醇、二甲醚以及各种高碳的碳氢化合物）。

在固体材料中，质子比氧离子的传导活化能低，因此基于质子导体的 SOC 可在较低的温度下工作，如 300～500℃，有可能将其用于电化学加氢或脱氢，合成高附加值化学品。这方面可能成为最近兴起的研究热点。

（三）车用液态燃料固体氧化物燃料电池

美国 DOE 设立的项目“Advanced Research Project Agency-Energy”（ARPA-E）已启动车用液态燃料 SOFC 的相关研究。他们认为，只有使用液态燃料的燃料电池（不要分离的重整器）才能够实现汽车等交通工具使用的经济可行性。他们相信，直接使用液态燃料的中温 SOFC（不要分离的重整器）在这方面的应用具有最大的潜力，主要的挑战是开发液态燃料在燃料电池多孔阳极实现内重整的有效催化剂，分离重整器的使用会显著增加燃料电池系统的复杂性和成本，限制其商业化应用。

（四）直接碳固体氧化物燃料电池

SOFC 在高温下工作，可直接采用固体碳为燃料，且不需要任何气体或液体，这样的直接碳固体氧化物燃料电池（direct carbon solid oxide fuel cell，DC-SOFC）结构简单，输出性能可与使用氢燃料的 SOFC 相媲美。研究已表明，DC-SOFC 可采用生物质碳发电，还可能将其发展成一种气电联产技术。目前，我国在此方面的研究在国际上处于领先地位。

三、染料敏化太阳电池

染料敏化太阳电池的研究可追溯到 20 世纪 60 年代末德国著名科学家 Heinz Gerischer 教授等的工作。但在很长一段时间内，其能量转换效率都低于 1%，没有实用价值。1991 年，瑞士洛桑联邦理工学院的 Grätzel 等发表了能量转换效率有大幅度提高的论文。这个重大的科学突破，除了得益于 Anderson 等发展的高质量、大比表面积的二氧化钛薄膜，还与 Scandola 等所发展的钌染料（三核）具有直接联系。随后多年，作为染料敏化太阳电池中光生载流子及控制电荷复合的核心元件，金属配合物染料（钌染料、锌卟啉染料）在高效器件的发展中一直扮演着重要的角色。21 世纪初，日本科学家在不含金属的给受体有机染料方面做出了重要贡献，并引发国际上的研究热潮，功率转换效率节节攀升。结合新型电子媒介体的开发，通过多尺度修复纳米晶表面染料层针孔缺陷，科学家近乎完美地控制了半导体 / 电解质界面的电荷复合，目前有机染料的效率可达 14.5%，超越了传统金属配合物制备的器件。如今，如何进一步厘清有机染料敏化太阳电池光电转换的微观机理和提高电池效率是各国技术竞争极为激烈的一个前沿研究领域。

四、有机聚合物光伏材料与器件

OPV 的效率极限约为 20%，2019 年 11 月，在美国国家可再生能源实验室（NREL）发布的太阳电池效率图中，OPV 的效率纪录刷新至 17.4%，创新成果来自上海交通大学（刘烽）与马萨诸塞大学的合作。未来 3～5 年有望达到理论效率，届时 OPV 在主要性能上将与同类无机太阳电池相当。未来 3～5 年，将集中解决大面积器件制备的问题，包括稳定高效材料、全印刷加工工艺、封装工艺，并且将有大批能源相关公司介入。

目前，晶体硅太阳电池技术已发展得比较成熟并在太阳电池市场中占主导地位，但由于其成本较高，能量回报周期长，因此各国政府、企业都投入巨资，大力发展新型光伏技术。有机 / 聚合物太阳电池技术具有成本低廉、可采用溶液加工制备大面积器件，以及可制成柔性器件等突出优点，国内外学术界及产业界都在加大对这一领域的投入。近年来，新型的窄带隙有机半导体材料及非富勒烯电子受体材料发展迅速、光伏器件制备工艺日益成熟，为有机 / 聚合物太阳电池的产业化带来了契机。

美国、欧洲、日本等发达国家和地区的政府和机构都将有机 / 聚合物太阳电池列为重点资助研究方向，通用电气、壳牌、夏普、索尼、三菱化学、住友化学和东芝等知名公司及 Merck、Heliatek、Nanosolar、Solaronix 等专业光电企业，都将有机 / 聚合物太阳电池作为重要研发项目，着力发展有机光伏关键材料和关键技术。早在 1986 年，美国柯达公司邓青云博士等利用酞菁铜与四羧基苝衍生物成功制备了世界上首个双层有机太阳电池器件，效率达到 1% 左右，开创了有机 / 聚合物太阳电池研究领域的先河。近年来，有机 / 聚合物太阳电池的效率节节攀升。2010 年，美国 Konarka 公司和德国 Heliatek 公司相继实现 8.3% 的能量转换效率。2011 年，日本三菱化学公司再次宣布基于苯并卟啉与富勒烯衍生物的 p-i-n 结构有机薄膜太阳电池的光电转换效率达到 10%。2012 年，美国理波公司的太阳电池实验室宣布证实 Polyera 公司的聚合物 / 富勒烯有机 / 聚合物太阳电池的转换效率达到 9.1%。美国 Konarka 公司也公布了单结器件能量转换效率达到 9% 的太阳电池器件。2013 年，德国 Heliatek 公司报道了经德国独立测评机构证实，有效面积为 1.1 cm^2、效率达 12% 的低温沉积的串联太阳电池。该数值已经达到传统非晶硅电池的能量转换水平。有机 / 聚合物太阳电池具有轻、薄以及半透明效果，它与普通玻璃窗结合后，在保证可见光透过的同时，利用近红外光发电，既起到窗帘减光隔热的作用，又获取了电能，因此有望成为一种新的环保储能型建筑材料，应用前景广阔。美国 Konarka 公司已经推出 Power Plastic 20 系列柔性有机 / 聚合物太阳电池产品，能量转换效率为 3% 左右，已经初步实现了低成本、柔性、大面积加工技术。斯坦福大学的 McGehee 等研制出寿命长达 7 年的聚合物太阳电池，为聚合物太阳电池商业化应用提供了坚实的基础。

德国 Merck 公司致力于开发高效、稳定、对光活性层厚度不敏感且可采用环境友好溶剂加工的光伏器件，未来有望用于建筑集成光伏（BIPV）市场。与此同时，德国 Heliatek 公司大力发展高效、低成本、环境友好的电池加工工艺，目前可实现克服传统苛刻的器件加工条件、通过“卷对卷”（roll-to-roll）工艺制备稳定的柔性大面积电池器件。有机 / 聚合物太阳电池产品作为便携式充电装置，将进入移动设备、可穿戴式电子产品及野外装备等市场，产品有望集成到汽车、半透明玻璃窗装饰、发电式建筑等。表 5-13 列出了国外有机 / 聚合物太阳电池企业。

表 5-13　国外有机 / 聚合物太阳电池企业列表

企业名称	国家	产品
三菱化学公司	日本	有机 / 聚合物太阳电池薄膜
Armor Group 公司	美国	有机 / 聚合物太阳电池
Next Energy 公司	美国	太阳能光伏器件
Polyera 公司	美国	有机 / 聚合物太阳电池
Konarka 公司	美国	有机 / 聚合物太阳电池
Belectric 公司	德国	有机 / 聚合物太阳电池
Heliatek 公司	德国	有机 / 聚合物太阳电池
默克公司	德国	有机窄带隙半导体材料

目前，我国尽管在有机光伏材料和小面积太阳电池器件基础研究方面在国际上处于领先地位，但有机光伏的产业化显著滞后于基础研究。目前我国尚无专门从事有机 / 聚合物太阳电池产业化的单位或企业，有机 / 聚合物太阳电池的产业化之路仍然面临诸多挑战，主要体现在以下两个方面：

（1）我国关于有机 / 聚合物太阳电池的研究局限于实验室，对于商业化面临的具体问题研究不多，产业化的主体——企业几乎没有参与。未来，商业化的有机 / 聚合物太阳电池需要从材料和器件工艺两方面协同创新。在材料方面，目前对于光伏材料的放大工艺，低成本制备、重复性、纯度控制等的研究尚未开展。在器件工艺方面，我国针对大面积制备工艺，材料、器件寿命，衰减机理的研究较少，这将成为未来产业化的一大瓶颈。另外，尽管我国在有机 / 聚合物太阳电池的基础研究方面处于国际领先水平，但仅仅局限于高校及研究所，而产业化的主体——企业没有参与，产学研脱节严重。

因此，加强有机 / 聚合物太阳电池的产学研协同创新创业及成果转化，建立健全我国有机光伏的产业链对于我国在未来占据有机光伏产业制高点至关重要。

（2）我国大面积有机 / 聚合物太阳电池器件加工所需的柔性电极衬底、高精度卷对卷加工设备、喷墨打印设备等严重依赖进口。目前，国内尚无专注于有机 / 聚合物太阳电池产业化的设备厂商，大大限制了国内有机光伏产业化的进程，增加了有机光伏产业化的成本。此外，针对不同有机光伏材料的大面积加工关键技术的研究尚未开展。在未来有机 / 聚合物太阳电池商业化的残酷竞争中，只有我国真正掌握材料、器件制备、设备、集成加工等核心技术并高度国产化，方能不受制于人。

除此之外，我国在基础研究方面也存在一些瓶颈，极大地制约了有机光伏产业的发展。目前，有机半导体理论本身尚有许多未解决或不完善的地方。另外，目前有机光伏材料的设计大多以探索尝试为主，缺乏理论指导，尚不能精准设计。加强有机 / 聚合物太阳电池的基础研究可为有机光伏产业提供创新源头，具有重要的科学意义。

五、燃料电池工业化应用

（一）商用车带动加氢站建设，降低氢气与燃料电池成本

我国燃料电池汽车发展路径明确：通过商用车发展，规模化降低燃料电池和氢气成本，同时带动加氢站配套设施建设，后续拓展到私人用车领域。优先发展商用车的原因在于：一方面，公共交通平均成本低，而且能够起到良好的社会推广效果，形成规模后带动燃料电池成本和氢气成本下降；另一方面，商用车行驶在固定线路上且车辆集中，建设配套加氢站比较容易。当加氢站数量增加、氢气和燃料电池成本降低时，又会支撑更多燃料电池汽车。

（二）氢燃料电池车产业集群模式，促进全产业链发展，降低燃料电池成本

燃料电池关键零部件、电堆、系统、制氢储氢、检测及整车开发企业，以“产业集群”的形式，在上海、广州、江苏等地快速发展，促进燃料电池全产业链快速发展，有效降低成本。

第四节　存在的主要问题与解决思路

一、质子交换膜燃料电池与水电解技术及其耦合绿色能量循环

(一)燃料电池阴极催化剂

1. Pt 基催化剂

通常，尽管 Pt 单层催化剂可以显著降低贵金属 Pt 的用量，但是基底材料可能发生明显溶解，显著降低催化剂的催化活性。为解决该问题，制备表面完整的电催化剂、调控 Pt 壳厚度等手段都可以作为可能的解决思路。此外，尽管八面体 PtNi/C 催化剂具有高的活性，但是稳定性却难以满足实际需求。因此，制备高稳定性的 PtNi/C 催化剂是 ORR 催化剂发展的主要瓶颈。在保证催化剂的活性前提下，可以通过第三金属 M（如 Mo、Rh 等）及形貌的调控以实现稳定性的提升。虽然修饰后八面体 PtNi 催化剂的活性和稳定性可以进一步提升，但是 PtNi 催化剂的组成、表面 / 近表面结构和催化剂的稳定性、活性的关系等科学问题还需要进一步得到揭示。

在载体材料方面，尽管催化剂载体在 PEMFC 的性能和稳定性上起到重要作用，但是载体材料（通常为碳材料）在严峻的工作条件下会发生腐蚀行为，而电催化剂的载体腐蚀会改变包括孔隙率在内的催化剂结构及其表面化学状态，影响了活性位点的发挥和反应物的传质过程，从而导致 PEMFC 电催化剂性能的衰减。通常，载体的表面化学特性决定了金属颗粒的负载位点和数量；高的孔隙率、大的传输通道和低的弯曲度有利于传质过程。非碳材料载体（金属氧化物）和金属氧化物 - 碳复合载体的研究已经取得良好的进展，但是在目前材料的性质和实际需求之间还是存在差距和挑战。首先，大多数金属氧化物都存在电导率差和孔隙率低的问题，可以通过掺杂或者与其他导电金属氧化物（通常是贵金属）混合，达到提高导电性的目的。在金属氧化物 - 碳复合载体中，如果催化金属、金属氧化物和碳之间形成了特殊的结构，如“三相边界”结构，此时碳可以提供长距离的导电。但是，金属氧化物的选择、理想结构的可控合成和将催化剂整合在膜电极中的处理方法等需要系统研究。其

次，新颖的载体材料，包括非碳材料和金属氧化物－碳复合材料，需要在膜电极中评价。而由于复杂的工作条件（如热管理和水管理、组件间的相容性等），使用非碳载体的 MEA 所表现出的性能并不理想，这就需要对催化剂以及膜电极的制造工艺重新研究开发。在构效关系方面，尤其是在理解电催化剂与其他组分的相互作用和界面反应等复杂问题（如电催化剂与其他组件相互之间的关系以及电解液 / 电极界面是如何退化的）时，一些先进的测试手段（如原位特征、模拟等）可以起到关键性的作用，并且亟待开发。

2. 非贵金属催化剂

M/N/C 催化剂的活性位结构和氧还原反应路径是认识该类催化剂的基础，也是进一步理性设计高活性和高稳定催化剂的基础。然而经历数十年的研究，热解 Fe/N/C 的活性位结构依旧不够明确。不同实验室提出的活性位模型往往只能解释自己的数据而难以推广。其原因一方面在于热解 Fe/N/C 结构十分复杂，有可能存在多种形式的活性位；另一方面，现有研究所用的表征手段往往是非原位的（如 XPS、穆斯堡尔谱等），导致对活性位的理解造成偏差。深入认识热解 Fe/N/C 的活性位需要由简入繁，即研制结构明确单一的模型催化剂，再结合原位谱学技术，尤其是对成键结构非常敏感的分子振动光谱（拉曼光谱和红外光谱）及 DFT 计算等，从不同层次和角度开展研究。

如前文所述，M/N/C 催化剂的活性仍需进一步提高。与铂基催化剂的连续活性位和宽 d 带不同，一般认为 M/N/C 催化剂活性位为单金属中心，具有孤立的 d 轨道，与漆酶类似。然而，漆酶通常具有多金属中心联合与氧气配位，从而使得氧气分解过程变得更容易。漆酶的转化频率（TOF）也因此高于 M/N/C 近两个数量级（约 80 *vs.* 1.5 e/s）。M/N/C 催化剂未来的设计可以参照漆酶的多金属中心结构。多金属中心的结构也可能减少氧气分解过程中自由基的产生，将减少碳基底的腐蚀，提高催化剂的稳定性。

短期稳定性（50 h）和长期稳定性均是 M/N/C 催化剂目前的瓶颈问题。在 PEMFC 的初始运行中，Fe/N/C 催化剂的催化活性会快速衰减，衰减超过初始活性的 40%。这部分的衰减极有可能与金属 Fe 参与生成的芬顿试剂有关。芬顿试剂具有极强的活性，将会破坏 Fe/N/C 结构和质子交换膜的碳框架。正因如此，发展非 Fe 中心的 M/N/C 催化剂可能可以从根本上解决催化剂和 PEMFC 的稳定性问题。

（二）SPE 水电解阳极催化剂

在酸性条件下，贵金属 Ru 及其氧化物虽然具有较高活性，但是较差的稳定性限制了其应用。这主要是由于它在催化过程中生成的中间产物 $(Ru^{4+})O_2$ 会转变为 $RuO_2(OH)_2$ 物种并进一步被氧化到高价态的 $(Ru^{8+})O_4$，而这种高价 Ru 在酸性介质中极易溶解，从而导致 Ru 及其氧化物的稳定性较差。通过调节组分，制备双金属氧化物体系（$Ru_xIr_{1-x}O_2$）或者引入第三金属［$Ta(RuIr_{0.5}Ta_{0.5}O_x)$、$Sn(Sn_{0.5}Ru_{0.25}Ir_{0.25}O_2)$ 等］影响 Ru、Ir 的电子云结构，从而改善 Ru 基催化剂稳定性差以及 Ir 基催化剂催化活性稍差的问题。此外，开发新型金属氧化物、氮化作用制备负载型催化剂也能够有效改善催化剂稳定性与催化活性的问题。

（三）膜电极工艺研究

人们在有序化电极结构研究上已经取得了较可喜的进展，但有序化膜电极研究还处于初级阶段。首先，其制备方法仍然较烦琐，在制备中需要先制备出纳米阵列催化层，继而通过热压或转印到质子交换膜上制备电极，这给电极中各部件界面的相容性和稳定性带来了一定程度的挑战；而且对该电池结构分析尚不深入，对膜电极在长期复杂工作条件和环境中的形貌、微观结构及性能的演化规律尚不清晰，长期运行稳定性等亟待探索；同时，有序化膜电极特别是基于 3M 公司的 NSTF 型结构的电极的质子传输存在较大问题，质子在催化剂表面的传输机理尚不明确，其对氢气和氧气的传质机理与普通多孔电极传质机理的差异还需要进行进一步的研究。总之，在开发简便易行的有序化电极结构制备方法上还需要较多投入，电极的防水淹、质子通道的构建、电极稳定性等方面都还有很大的提升与发展空间。这需要配合新型的电极开发与多种在线、离线表征方法，深刻理解电极结构与化学过程间的内在联系。

（四）离子交换膜

酸性阳离子交换膜（主要是商业 Nafion 膜）存在成本高、高温膜易发生化学降解、质子传导性变差、燃料易渗透等问题。这就需要国内相关研究单位、企业的努力，加快该类材料的国产化进程以及相关材料的开发，以有效降低该类材料的价格。另外，可以通过掺杂、共混等手段来改善膜的性能，提高其保水性、质子传导能力以及降低其燃料渗透率。碱性阴离子交换膜（AEM）在目前的研究发展中有离子电导率低、碱稳定性能差两个问题急需被解决。离子电导率低是由于 OH^- 体积比 H^+ 的体积大，其质量是 H^+ 的 17 倍，因此 OH^- 在相同温度下的传导率比 H^+ 低；稳定性差则是因为在碱性条件下，季铵阳离子基团（QA）容易受到 OH^- 进攻，进而发生亲核取代和霍夫曼消除反应，季铵基团从聚合物主链脱离下来，从而电导率降低，同时耐碱性变差。因此开发耐碱性和高电导率的阴离子交换膜是未来的发展趋势与挑战。耐碱性问题的解决思路包括：采用具有共轭 / 非共轭体系的新型离子交换基团（如咪唑、螺环季铵阳离子、吡咯鎓阳离子等）构建共价交联结构可以改善侧链季铵型 AEM 的膨胀率和吸水率，还可以改善膜的拉伸强度，大分子交联形成的网状结构能够阻止 OH^- 进攻阳离子基团，改善 AEM 的化学稳定性优化聚合物主链；采用在碱性条件下稳定的聚合物框架，如不含芳醚键的高分子；引入保护基到 AEM 侧链，提升侧链耐碱性能等思路。提升离子传导率的方法包括构建相分离结构和采用强碱性离子交换基团等思路。

二、固体氧化物燃料电池 / 水电解技术

固体氧化物燃料电池 / 水电解技术面临的主要科学问题包括：①精确掌握材料的结构、成分、形貌和功能对 SOC 工作性能的影响并对其进行精准调控，从而实现对电池材料的整体理性设计；②准确地描述电化学系统中的异质表面和界面的结构、组成和形态在工作状态下的演变，设计和合成优化界面以提高离子和电子的传输速率并拟制衰变；③促进关键材料（或电池部件）自愈，消除有害化学，延长电池寿命，降低成本；④了解电极催化剂的耐硫、抗积碳和对含碳燃料的重整机理，对催化剂的性能及宏量制备实现精准控制。针对上述问题，需要采用先进的原位技术对电池在运行条件下的动态演变过程进行表征，并结合多尺度、多物理场模拟计算以获得电池内部的传质、传热及电化学过程的内部机制。

相关的工程技术问题包括：①电堆的衰减机理研究及其对应技术开发及工程化；②低温工作环境下，具有高催化活性电极材料、高电导率的电解质材料的开发及批量制备；③高可靠性密封材料和密封技术；④原材料、单电

池、部件、电堆的高一致性、稳定性批量化生产技术；⑤单电池、电堆的高加速寿命评价方法；⑥高效率 SOFC 热平衡系统开发；⑦高效率 SOFC 系统的集成技术；⑧针对发展大规模高效储能的可逆 SOC，发展用于可逆运行系统的双功能催化剂，包括氧还原 / 析出反应（ORR/OER）和氢氧化 / 析出反应（HOR/HER）的催化剂；⑨针对车用液态燃料 SOFC，开发液态燃料在燃料电池多孔阳极实现内重整的有效催化剂；⑩直接碳固体氧化物燃料电池（DC-SOFC）需要解决固体燃料的连续供应问题。

三、染料敏化太阳电池

目前染料敏化太阳电池领域主要存在以下两个问题。

（1）在原子 / 分子层次上表征半导体表面结构的手段仍显不足，光电功能分子的自组装机制也不甚明晰。近年来对器件中界面多通道电荷转移动力学及其与器件性能之间的内在关联获得了一定的认知，但由于表征手段缺乏，目前对染料敏化太阳电池真实器件中与多通道电荷转移动力学密切相关的原子 / 分子层次表面化学的认识尚不清晰，无法实现对材料分子结构和器件性能之间的理性关联，导致新材料的设计主要依赖于经验试错法。当前，建立和发展界面结构及聚集态结构的原位表征方法、深入理解材料微结构依赖的光电转换机制、阐明关键材料依赖的界面多通道电荷转移动力学与器件性能之间的内在关联，是进一步推动这类太阳电池性能发展的必经之路。

（2）如何实现“窄能隙染料激发态控制”将是器件效率突破的关键点，要想进一步提高染料敏化太阳电池的效率，需要设计更窄能隙的染料，实现器件对近红外光子的吸收，但目前报道的窄能隙有机染料普遍具有较低的外量子产率，究其原因主要是有机染料激子寿命短导致界面电子注入产率的降低。如何通过化学合成来实现“窄能隙有机染料的激发态控制”将是未来器件效率突破的一个制高点。针对这一问题，需要以基态和激发态的精确计算为指导，开展从头设计、可控合成新型先导有机染料的研究，结合超快光谱的测量构建材料化学结构及其组装体微结构依赖的激发态演化和电荷转移的物理图像，探索器件性能提升的新思路。

四、有机聚合物光伏材料与器件

（一）有机光伏

有机光伏涉及材料科学、化学、电子、光学、半导体物理等多个交叉基础学科领域。加强有机/聚合物太阳电池的基础研究需要在材料、器件及工艺等方面多管齐下，改善目前基础研究集中于材料开发与器件效率的现状。建议如下几点。

（1）优化评价体系。目前的评价体系侧重于发表高影响论文，而难以发表高档次论文的器件工艺、稳定性等技术问题得不到足够的重视。有机/聚合物太阳电池的工艺、稳定性等问题则是制约有机光伏产业化的瓶颈问题，加强该方面的投入以及优化评价体系将有利于促进有机/聚合物太阳电池产业化。

（2）优化基金资助格局。目前关于有机太阳电池的科研项目资金资助较为分散，难以引导不同优势单位之间进行协同创新。另外，目前的评估体系不利于不同单位、研究组之间的合作，容易造成资源浪费以及配置不合理等问题。

（3）引导相关重要企业参与有机/聚合物太阳电池的产业化。有机光伏的产业化需要企业的参与，企业可以解决高校及研究所难以解决的技术问题。从国家层面上，需要引导相关重要企业参与，促进成果转化，完善知识产权布局，培养产业化人才。

（二）有机/聚合物太阳电池

有机/聚合物太阳电池不仅具有重要的科学研究价值，还具有重要的应用价值，市场前景可期。为了加强国内关于有机光伏基础科学问题的研究，也为了在有机光伏的产业化中赢得先机，政策建议有如下几点。

（1）加强有机光伏材料的创新。有机光伏材料仍然具有很大的创新和突破空间，特别是低成本、可宏量制备、可绿色加工、高效率、高稳定性的给受体材料。寻找薄膜微纳结构及界面调控新方法，协同调控电池器件各物理层的微结构，实现以局部带动整体的宏观效果。

（2）加深有机光伏的机理理解。深入理解有机光伏体系中激发态光物理特性、载流子形成与输运过程，促进机理研究对材料设计以及器件加工的反馈指导作用。

（3）改善评价机制，优化基金资助格局。加强对于有机光伏的基本科学问题和制约有机光伏产业化的瓶颈问题的资助；树立一盘棋思想，促进各单位合作，优势互补，协同攻关。

（4）凝聚优势单位，创建有机光伏协同创新中心，并长期稳定支持；引导相关重要企业参与有机光伏的产业化进程，打造产学研平台，促进科研与产业化的接轨，加强成果转化，大力培养产业化人才。

五、燃料电池工业化应用

我国燃料电池在大规模推广过程中，存在燃料电池关键零部件的工程化与国产化问题，氢气的制、储、输、加上存在难点且经济性差的问题，也面临加氢站的土地获取难、用地性质不明确、加氢站建设责任划分等问题。

产业链不完善，导致成本高，需加强关键材料研究，实现核心材料、部件工程化与国产化，尽快建立生产线，完善产业链。国产燃料电池产品比国外贵的一个重要因素是关键材料都是进口，这些材料包括催化剂、隔膜、碳纸等。在上述方面，国内已经取得一定研发成果，如国内高活性催化剂、高强度高质子电导率复合膜、碳纸、低 Pt 电极、高功率密度双极板等从技术水平上已经达到或超过国外商业化产品，但多停留于实验室和样品阶段，需加强基础材料的机理与批量化生产研发，形成具有完全自主知识产权的材料制备技术，急需产业界投入建立批量生产线，实现国产化。空气压缩机和氢气循环泵等关键部件在国内尚无产品供应；鉴于我国在燃料电池车载空压机和氢气循环泵技术方面比较薄弱，建议采用引进技术与自主开发相结合，加强产品开发研究。

在氢燃料电池车的方面，原材料、生产、运输、存储、加注是一条产业链，同样要受到关注，需要汽车行业和能源行业优势互补、共同合作，促进我国的氢燃料电池车快速发展。加快低成本氢燃料电池电堆国产化，政府和车企支持氢燃料电池及其配套企业的项目。同时，瞄准燃料电池产业链缺失环节和关键环节，逐步完善产业链。在此基础上，积极推动氢燃料电池整车企业的生产，加快氢燃料电池产业园区的建设，形成氢燃料电池产业集群。总之，科研院所与企业界要联合攻关，继续完善燃料电池技术链，发展燃料电池产业链，加快促进我国燃料电池商业化发展。

燃料电池电堆和系统可靠性与耐久性有待提高的问题，需要加强燃料电池过程机理与环境适应性研究。目前，我国氢燃料电池车整体不比日本、美国、德国的车差，但是产品可靠性与耐久性仍与国际水平存在差距。我国燃料电池技术的工业化应用，需要加强燃料电池电堆及系统过程机理研究，提升可靠性与耐久性。燃料电池堆和系统在实际运行环境下（震动、气体杂质、低温启动、温度和湿度频繁波动）的可靠性和耐久性有待提高。燃料电池系统可靠性与寿命不完全由电堆决定，还依赖于系统配套，包括燃料供给、氧化剂供给、水热管理和电控等，需加强过程机理研究。

中国科学院大连化学物理研究所在燃料电池衰减机理及控制策略方面已经取得一定成果。研究表明，采用限电位控制策略，可以显著降低燃料电池启动停车、怠速等过程引起的高电位的衰减。采用“电 - 电”混合策略，可以平缓燃料电池输出功率的变化幅度，对延长燃料电池的寿命起到决定性的作用。此外，氢侧循环泵、MEA 在线水监测等措施可以有效改善阳极水管理，可以提高燃料电池的耐久性。因此，应在已有基础上进一步加强车载工况、低温、杂质等实际运行环境下的衰减机理与环境适应性研究，提高燃料电池产品的可靠性与耐久性。

加氢站少、用户加氢难的问题，需要完善加氢站建设法规及政策，通过政府和市场的努力促进加氢站建设。目前，制氢成本、运输氢气成本较高，以及加氢站等基础设施不完善，都对燃料电池汽车发展构成制约。因此需要：加快完善加氢站设计、建设及运营的管理体制和建设标准；各氢燃料电池车示范地方政府要加快加氢站的规划和建设，完善加氢站试点建设方案，满足氢燃料电池车示范运营需求；对列入试点建设方案拟建设的加氢站，由各地住建部门办理报建、验收等审批手续；鼓励加油（气）站与加氢站合建，利用加油（气）站已有用地建设的，免予办理规划选址、用地等手续。

技术标准、检测体系严重滞后的问题，需要完善标准法规体系，提升测试评价能力。目前氢能方面的标准远不能满足产业发展需求，但没有相应基础标准的支撑，新产品推广就会受限。标准法规是非常重要的制约因素，目前国内从车辆到关键零部件本身的法规标准不健全，特别是从制氢、储氢到加氢站的程序不明确。加氢站严重欠缺，现在加氢站都是各地在做，标准法规的完善至关重要。具体地有：①燃料电池汽车运行涉及的汽车、能源领域一系列新的技术标准、规范法规亟待设立和更新，检测能力也有待加强；②氢储/运、燃料电池全生命周期测试评价等方面的标准有待完善，加氢站建设法规亟须提升，审批主管部门不明确，运营规范不健全；③燃料电池电堆和燃料电池发动机的技术标准亟待完善，相应检测能力要继续加强，企业研发和生产的检测能力同样需要提高；④在燃料电池生态上，一系列零部件的行业标准、实验方法和检测体系也要规范发展和建设起来。

在氢能产业发展过程中，目前依然面临着“谈氢色变”的问题，需加强公众宣传教育。一听说燃料电池带高压氢，大家都害怕。其实氢气比较轻，它的扩散系数是汽油的22倍，氢气漏出来以后很快就向上扩散，不像汽油，漏出来后就滞留在车旁边。汽油着火是围绕车烧，氢气的火是在车辆上方，所以氢气在开放空间里非常安全。但氢气在封闭空间的安全性要引起足够重视。例如，家用氢燃料电池车在车库里，这个车库就要加氢传感器，而且要加上通风装置，以防发生危险。全球学术界和产业界已形成共识，只要按照标准来发展氢能产业，安全性是可保障的。加强宣传至关重要，现在仍然有部分人员将氢与不安全画等号，因此进行科学普及至关重要，需要进行一系列工作。

第五节　重点发展方向建议

一、质子交换膜燃料电池与水电解技术及其耦合绿色能量循环

（一）燃料电池阴极催化剂

1. Pt 基催化剂

Pt基催化剂在循环过程中的结构演化行为及活性衰减机制的阐明；进一步阐明第三金属M、表面/近表面结构、形貌等因素对Pt基催化剂活性、稳定性的影响；开发新型载体（如金属氧化物或复合材料等），以达到在酸性介质中的稳定性要求，提高此类载体的导电性和比表面积，用作常规碳载体的替换物。

2. 非贵金属催化剂

认识和理解活性位结构和氧还原反应路径是M/N/C催化剂研究和发展的基础，建议重点发展活性位研究，采取先进的（原位）谱学测量与理论计算相结合的方法，揭示活性位结构，为催化剂理性制备奠定基础；发展新型M/N/C催化剂，特别是多金属中心催化活性位，协同实现氧还原和腐蚀性中间体（如过氧化物）的分解，可能有望突破目前的M/N/C催化剂的活性瓶颈和稳定性瓶颈，建议重点发展；目前Fe/N/C催化剂已具有一定的应用潜力，但其在PEMFC的研究仍然较少。建议重点发展高活性M/N/C催化剂的宏量制备技术，构建适合M/N/C催化剂厚催化层的膜电极新工艺，开发基于非贵金属催化剂的燃料电池电堆技术。

3. Pt-非Pt复合型催化剂

基于Pt和非Pt催化剂各自存在的缺陷，建议开发新型单原子与团簇型催化剂，解决催化剂的利用率、催化效率、稳定性等问题。以团簇实现极低铂用量，针对各个电催化过程，匹配以非贵金属催化有效成分，通过协同催化效应，消除单一成分短板，实现优势互补，形成新型团簇－非贵金属复合催化剂，促进其发挥最大功效。

（二）SPE水电解阳极催化剂

进一步阐明掺杂金属对Ru、Ir基催化剂活性、稳定性的影响；开发新型载体（如金属氧化物、氮化物等），以达到在酸性介质中的稳定性要求，提高此类载体的导电性和比表面积；开发酸性条件下低贵金属载量催化剂以及非贵金属催化剂；探索有序纳米结构贵金属催化活性中心的可控合成、多金属复合纳米有序结构及其阵列的调控策略与方法。

（三）膜电极工艺研究

膜电极三相界面有序化、功能化构建及模型解析，开发简便易行的方法构建三维有序化膜电极；建立多层次的高效表征方法，对MEA的形貌、结构进行多尺度分析；分析其在长期复杂工作条件和环境中的形貌、微观结构及性能的演化规律，分析性能衰减机制；提高稳定性与寿命、燃料利用效率和能量转换效率。

（四）离子交换膜

首先，要加速该类材料的国产化进程，降低其成本；发展高耐碱性的阳离子交换基团，并系统、深入地对其机理进行研究；发展在低离子交换当量条件下具有高离子电导率的离子交换膜，以抑制吸水率，保证机械稳定性；发展超薄离子交换膜（可从 MEA 角度考虑）以降低电池欧姆电阻；进一步开发具有高质子传导能力、稳定并且能够有效阻止燃料渗透的新型酸性阳离子交换膜。

二、固体氧化物燃料电池 / 水电解技术

建议重点发展中低温 SOFC 及其关键材料研发；可逆 SOFC 的运行机制、关键材料及其在大规模储能方面的应用；车用液态燃料 SOFC；直接碳固体氧化物燃料电池；高可靠（耐热循环）、长寿命（＞20 000 h）、低成本（＜10 000 元 /kW）、高性能（发电效率＞60%）的电堆工程化及批量生产技术开发；小型家用 / 商用以及大型商用 SOFC 系统（1～5 kW）的开发。

三、染料敏化太阳电池

建议发展具有自主知识产权的高效、低能耗、环境友好的关键光伏材料体系；关注新型光伏器件中光电转换过程的相关机理，探索性能预测为导向的计算方法与器件物理模型；探索光伏器件界面微纳结构对光电转换性能的影响规律，建立和发展界面结构及聚集态结构的原位表征方法。

四、有机聚合物光伏材料与器件

材料是有机光伏领域中发展空间潜力最大的方向，最近有机太阳电池取得重要突破的原因之一就是新材料的研发。无论是给体材料还是受体材料均具有很大的创新和突破空间，因为有机材料一个最突出的特点是分子结构变化非常丰富，这为设计合成新型高性能有机光伏材料提供了可能。

有机光伏薄膜及界面结构对于器件的性能有本质性的影响，薄膜微结构以及界面调控的方法和技术有很多问题值得研究。结合纳米方法和技术，以及分子结构和分子聚集态结构的控制有可能形成一些有效调控有机光伏薄膜

微结构以及界面修饰的新方法和技术。

有机光伏薄膜体系中激发态光物理特性、载流子形成与输运过程等方面的认识还很不深入，这些问题的理解和认识对于材料的设计及器件结构的优化有重要的指导意义。

发展溶液喷涂印刷加工工艺、形成具有使用价值的低成本太阳电池技术是本项目的最重要目标之一，结合上面的材料、膜结构及机理等方面的创新，将可能在低成本、柔性工艺技术上取得突破。

第六节　总体战略布局建议

（1）燃料电池研究中应着重提升 Pt 基催化剂在酸性介质的稳定性；着眼于新型氧化物载体的研究，以应对苛刻条件下的应用需求；针对 Pt 替代型催化剂，建议能够组织“非贵金属催化剂活性位研究→理性设计和宏量制备→新型燃料电池膜电极构建”的研究团队，强强合作；开发 Pt–非 Pt 复合型催化剂，通过协同催化效应，消除单一成分短板，实现优势互补，设计相应的复合催化结构并促进其发挥最大功效。

（2）SPE 水电解催化，着重提高贵金属 Ru、Ir 在酸性介质中的催化活性及稳定性；开发新型、简单的合成具有高活性的特殊形貌、结构、组分的催化剂的方法；开发具有高稳定性、高比表面积、良好导电能力的新型载体；深入研究载体与催化位点的构效关系。

（3）在膜电极结构方面，进行三相界面有序化、功能化构建及模型解析，着重开发简便易行的方法构建三维有序化膜电极，提高稳定性与寿命、燃料利用效率和能量转换效率。

（4）在离子交换膜方面，以燃料电池的实际应用需求为导向，建立完善的离子交换膜性能需求评价机制，引导各科研单位按照统一的需求标准进行研究发展，尽快满足电池的实际需求。开展基于新型催化剂与离子交换膜的膜电极研究、单体电池研究及电堆。

（5）必须站在全球产业升级和能源革命的大背景下审视燃料电池汽车，考虑能源安全，减少国家对于能源的依赖，把氢能源作为能源架构当中的一分子和一个重要组成部分。另外，还需要考虑到环境的去碳化、氢能源战略规划，应把氢能作为一个新能源，最终实现无碳化社会，不断降低氢能成本，达到低于天然气和汽油成本的目标。

（6）在 SOFC 产业发展方面，我国一些 SOFC 公司的制备技术已达国际先进水平，但相关产业链跟不上，限制了 SOFC 产品的国产化进度。建议对 SOFC 相关的产业（如原材料粉体、浆料、双极板、涂层、高温热管、燃烧器等）进行扶持，借助 SOFC 的产业化带动相关产业的发展和升级换代。

（7）积极支持可逆 SOC 在储能和生产化学品方面的研究和开发，使我国在此新兴技术领域的知识产权方面掌握主动权，同时大力推进该技术与风能、太阳能等结合，解决我国可再生能源不能有效利用的问题。

（8）鼓励直接碳固体氧化物燃料电池的研发，形成我国具有原始创新的产业。

（9）建议国家从基础与应用方面同时布局 OPV 研发，特别出台政策鼓励企业进入这个领域。

（10）建立“上、中、下游一体化研究模式”，开展材料计算、材料制备、器件工程集成化研究，开展产学研联合攻关。

第七节　发展机制与政策建议

（1）平台建设：保障在大型设备如高分辨球差透射电镜、同步辐射光源等方面的财政支出，鼓励开发原位的电化学 - 物理表征手段；完善光伏器件界面表征平台尤其是界面结构及聚集态结构的原位表征平台；建立理论计算（模拟）平台；建立多单位协同测试平台，为燃料电池膜材料的发展提供系统保障。

（2）加大国家层面对燃料电池基础材料与过程机理研发经费支持，加强对于产业化发展项目支持力度，带动燃料电池技术和产业化发展。加大对燃料电池产业化支持，推动协同创新，提升我国从关键原材料到电堆、系统方面的可靠性、耐久性，降低成本，努力缩小国内产品与丰田等一流产品的技术差距。此外，选择有产业基础的重点地区开展商业化示范运营，通过一定规模的使用促进技术、产业链成熟，加快提高燃料电池的性能水平，促进氢能供应体系发展，大幅度降低氢能成本。

（3）对符合国家标准的日加氢能力不少于 200 kg 的新建燃料电池汽车加氢站给予奖励，增加燃料电池加氢站。

（4）由政府主导制定国家级氢能路线图，明确政府加氢站建设等行政审批流程。一方面，从国家层面布局规划氢能，增加我国在氢能领域的投入；建立氢燃料电池车标准体系，制订标准体系规划和路线图，建设氢能国家技术标准创新基地。另一方面，从国家层面，需充分明确加氢站的行业行政主管部门对规划、立项、发放牌照标准与规范，建立具体行政操作流程。政府需要持续加大对加氢站建设的扶持和推动力度，研究制定加氢站发展的总体规划布局，推动加氢站科学合理布点和对加氢站建设运营的行业监管，鼓励国有和社会资本参与加氢站的融资业务。

本章参考文献

[1] 刘艳秋，王贺武，于丹．动力电池蓝皮书：燃料电池发展现状与趋势．北京：社会科学文献出版社，2017：8.

[2] Hu J, Wu L, Kuttiyiel K A, et al. Increasing stability and activity of core-shell catalysts by preferential segregation of oxide on edges and vertexes: Oxygen reduction on Ti-Au@Pt/C. J Am Chem Soc, 2016, 138: 9294-9300.

[3] Zhang S, Hao Y, Su D, et al. Monodisperse core/shell Ni/FePt nanoparticles and their conversion to Ni/Pt to catalyze oxygen reduction. J Am Chem Soc, 2014, 136: 15921-15924.

[4] Wang X, Figueroa-Cosme L, Yang X, et al. Pt-based icosahedral nanocages: using a combination of {111} facets, twin defects, and ultrathin walls to greatly enhance their activity toward oxygen reduction. Nano Lett, 2016, 16(2): 1467-1471.

[5] Wang D, Xin H L, Hovden R, et al. Structurally ordered intermetallic platinum-cobalt core-shell nanoparticles with enhanced activity and stability as oxygen reduction electrocatalysts. Nat Mater, 2013, 12: 81-87.

[6] Wang X, Choi S I, Roling L T, et al. Palladium-platinum core-shell icosahedra with substantially enhanced activity and durability towards oxygen reduction. Nat Commun, 2015, 6: 7594.

[7] Zhang L, Roling L T, Wang X, et al. Platinum-based nanocages with subnanometer-thick walls and well-defined, controllable facets. Science, 2015, 349: 412-416.

[8] Chen C, Kang Y, Huo Z, et al. Highly crystalline multimetallic nanoframes with three-dimensional electrocatalytic surfaces. Science 2014, 343: 1339-1343.

[9] Li H H, Ma S Y, Fu Q Q, et al. Scalable bromide-triggered synthesis of Pd@Pt core-shell ultrathin nanowires with enhanced electrocatalytic performance toward oxygen reduction reaction. J Am Chem Soc, 2015, 137: 7862-7868.

[10] Guo S, Zhang S, Su D, et al. Seed-mediated synthesis of core/shell FePtM/FePt (M=Pd, Au) nanowires and their electrocatalysis for oxygen reduction reaction. J Am Chem Soc, 2013, 135: 13879-13884.

[11] Bu L, Zhang N, Guo S, et al. Biaxially strained PtPb/Pt core/shell nanoplate boosts oxygen reduction catalysis. Science, 2016, 354: 1410-1414.

[12] Huang X, Zhao Z, Cao L, et al. High-performance transition metal-doped Pt_3Ni octahedra for oxygen reduction reaction. Science, 2015, 348: 1230-1234.

[13] Stamenkovic V R, Mun B S, Arenz M, et al. Trends in electrocatalysis on extended and nanoscale Pt-bimetallic alloy surfaces. Nat Mater, 2007, 6(3): 241-247.

[14] Kang Y, Li M, Cai Y, et al. Heterogeneous catalysts need not be so “heterogeneous”: Monodisperse Pt nanocrystals by combining shape-controlled synthesis and purification by colloidal recrystallization. J Am Chem Soc, 2013, 135(7): 2741-2747.

[15] Xu X, Zhang X, Sun H, et al. Synthesis of Pt-Ni alloy nanocrystals with high-index facets and enhanced electrocatalytic properties. Angew Chem Int Ed, 2014, 53(46): 12522-12527.

[16] Sasaki K, Naohara H, Cai Y, et al. Core-protected platinum monolayer shell high-stability electrocatalysts for fuel-cell cathodes. Angew Chem Int Ed, 2010, 49(46): 8602-8607.

[17] Du L, Shao Y, Sun J, et al. Advanced catalyst supports for PEM fuel cell cathodes. Nano Energy, 2016, 29: 314-322.

[18] Sha Y, Yin G, Gao Y. Understanding and approaches for the durability issues of Pt-based catalysts for PEM fuel cell. J Power Sources, 2007, 171(2): 558-566.

[19] Yu K, Groom D J, Wang X, et al. Degradation mechanisms of platinum nanoparticle catalysts in proton exchange membrane fuel cells: The role of particle size. Chem Mater, 2014, 26(19): 5540-5548.

[20] Hu L, Hecht D S, Grüner G. Carbon nanotube thin films: Fabrication, properties, and applications. Chem Rev, 2010, 110(10): 5790-5844.

[21] Zhang W, Sherrell P, Park S, et al. Carbon nanotube architectures as catalyst supports for proton exchange membrane fuel cells. Energy Environ Sci, 2010, 3(9): 1286-1293.

[22] Huang S Y, Ganesan P, Park S, et al. Development of a titanium dioxide-supported platinum

catalyst with ultrahigh stability for polymer electrolyte membrane fuel cell applications. J Am Chem Soc, 2009, 131(39): 13898-13899.

[23] Lefevre M, Proietti E, Jaouen F, et al. Iron-based catalysts with improved oxygen reduction activity in polymer electrolyte fuel cells. Science, 2009, 324(5923): 71-74.

[24] Proietti E, Jaouen F, Lefevre M, et al. Iron-based cathode catalyst with enhanced power density in polymer electrolyte membrane fuel cells. Nat Commun, 2011, 2: 416.

[25] Zitolo A, Coellner V, Armel V, et al. Identification of catalytic sites for oxygen reduction in iron- and nitrogen-doped graphene materials. Nat Mater, 2015, 14(9): 937-944.

[26] Shi W, Wang Y C, Chen C, et al. A mesoporous Fe/N/C ORR catalyst for polymer electrolyte membrane fuel cells. Chinese Journal of Catalysis, 2016, 37(7): 1103-1108.

[27] Wang Y C, Lai Y J, Chen C, et al. S-doping of an Fe/N/C ORR catalyst for polymer electrolyte membrane fuel cells with high power density. Angew Chem Int Ed, 2015, 54(34): 9907-9910.

[28] Fu X, Zamani P, Choi J Y, et al. *In situ* polymer graphenization ingrained with nanoporosity in a nitrogenous electrocatalyst boosting the performance of polymer-electrolyte-membrane fuel cells. Adv Mater, 2017, 29(7): 1604456.

[29] Liu D J, Argonne national laboratory. Novel non-pgm catalysts from rationally designed 3-d precursors. 2015 DOE hydrogen and fuel cells program and vehicle technologies office annual merit review and peer evaluation meeting, 2015.

[30] Chung H T, Cullen D A, Higgins D, et al. Direct atomic-level insight into the active sites of a high-performance PGM-free ORR catalyst. Science, 2017, 357(6350): 479-484.

[31] Zelenay P. Los Alamos National Laboratory. Non-precious metal fuel cell cathodes: Catalyst development and electrode structure design. Hydrogen and fuel cells program 2016 annual merit review and peer evaluation meeting, 2016.

[32] Nabae Y, Nagata S, Hayakawa T, et al. Pt-free carbon-based fuel cell catalyst prepared from spherical polyimide for enhanced oxygen diffusion. Scientific Reports, 2016, 6: 23276.

[33] Pi Y, Zhang N, Guo S, et al. Ultrathin laminar Ir superstructure as highly efficient oxygen evolution electrocatalyst in broad pH range. Nano Lett, 2016,16(7): 4424-4430.

[34] Wang C, Sui Y, Xiao G, et al. Synthesis of Cu-Ir nanocages with enhanced electrocatalytic activity for the oxygen evolution reaction. J Mater Chem A, 2015, 3: 19669-19673.

[35] Hu W, Zhong H, Liang W, et al. Ir-surface enriched porous Ir-Co oxide hierarchical architecture for high performance water oxidation in acidic media. ACS Appl Mater Interfaces, 2014, 6: 12729-12736.

[36] Hu W, Chen S, Xia Q. IrO_2/Nb-TiO_2 electrocatalyst for oxygen evolution reaction in acidic medium. Int J Hydrogen Energ, 2014, 39(13): 6967-6976.

[37] Seitz L C, Dickens C F, Nishio K, et al. A highly active and stable $IrO_x/SrIrO_3$ catalyst for the oxygen evolution reaction. Science, 2016, 353(6303): 1011-1014.

[38] Nong H N, Gan L, Willinger E, et al. IrO_x core-shell nanocatalysts for cost- and energy-efficient electrochemical water splitting. Chem Sci, 2014, 5(8): 2955-2963.

[39] Oh H S, Nong H N, Reier T, et al. Oxide-supported Ir nanodendrites with high activity and durability for the oxygen evolution reaction in acid PEM water electrolyzers. Chem Sci, 2015, 6 (6) : 3321-3328.

[40] Nong H N, Oh H S, Reier T, et al. Oxide-supported $IrNiO_x$ core-shell particles as efficient, cost-effective, and stable catalysts for electrochemical water splitting. Angew Chem Int Ed, 2015, 54 (10): 2975-2979.

[41] Wang L, Song F, Ozouf G, et al. Improving the activity and stability of Ir catalysts for PEM electrolyzer anodes by SnO_2:Sb aerogel supports: Does V addition play an active role in electrocatalysis? J Mater Chem A, 2017, 5 (7): 3172-3178.

[42] Liu M, Lynch M, Blinn K, et al. Rational SOFC material design: New advances and tools. Mater Today, 2011,14 (11): 534-546.

[43] 高工锂电网 . https://www.gg-lb.com/asdisp2-65b095fb-33833-.html[2018-07-31].

[44] O'Regan B, Grätzel M. A low-cost, high-efficiency solar cell based on dye-sensitized colloidal TiO_2 films. Nature, 1991, 353: 737-740.

[45] Polman A, Knight M, Garnett E C, et al. Photovoltaic materials: Present efficiencies and future challenges. Science, 2016, 352(6283): 4424.

[46] Kakiage K, Aoyama Y, Yano T, et al. Highly-efficient dye-sensitized solar cells with collaborative sensitization by silyl-anchor and carboxy-anchor dyes. Chem Commun, 2015, 51(88): 15894-15897.

[47] Wang P, Yang L, Wu H, et al. Stable and efficient organic dye-sensitized solar cell based on ionic liquid electrolyte. Joule, 2018, 2(10): 2145-2153.

[48] Glass H. https://shop.h.glass/.

[49] Tang C W. Two-layer organic photovoltaic cell. Appl Phys Lett, 1986, 48(2): 183.

[50] Yu G, Gao J, Hummelen J C, et al. Polymer photovoltaic cells: Enhanced efficiencies via a network of internal donor-acceptor heterojunctions. Science, 1995, 270(5243): 1789-1791.

[51] Sariciftci N S, Smilowitz L, Heeger A J, et al. Photoinduced electron transfer from a conducting polymer to buckminsterfullerene. Science, 1992, 258(5087): 1474.

[52] Kim J Y, Lee K, Coates N E, et al. Efficient tandem polymer solar cells fabricated by all-solution processing. Science, 2007, 317(5835): 222.

[53] Peet J, Kim J Y, Coates N E, et al. Efficiency enhancement in low-bandgap polymer solar cells by processing with alkane dithiols. Nature Materials, 2007, 6: 497.

[54] Meng L, Zhang Y, Wan X, et al. Organic and solution-processed tandem solar cells with 17.3% efficiency. Science, 2018, 361(6407): 1094-1098.

[55] 央广网 . 世界首列氢燃料电池有轨电车在唐山载客运营 . http://china.cnr.cn/news/20171028/t20171028_524003249.shtml [2017-10-28].

[56] 凤凰网汽车 . 广州车展：大通 V80 燃料电池车补贴后售 30.00 万 . http://auto.ifeng.com/guonei/20171117/1100807.shtml [2017-11-17].

[57] 中国证券网 . 宇通客车正开发第四代燃料电池客车 . https://stock.qq.com/a/20171110/040155.htm [2017-11-10].

[58] 汽车科技 . 续航 700 公里的 Mirai 来了，我国氢燃料电池车的“未来”还有多远 . https://www.d1ev.com/kol/59095 [2017-11-28].

[59] 搜狐网 . 本田氢燃料电池车国内惊艳亮相：750 公里惊人续航 . https://www.sohu.com/a/203352801_114837 [2017-11-09].

[60] 环球网 . 现代第二代量产燃料电池车谍照曝光明年 1 月亮相 . https://auto.huanqiu.com/article/9CaKrnK5QgX [2017-11-27].

[61] 亿华通氢燃料电池发动机 . 国内第二批上路的氢燃料电池客车 . http://www.gd-auto.cn/news/show/id/315baeb3c8be40b6b7ddbf75482762db.html [2017-06-19].

[62] 搜狐网 .2017 广州车展：大通 FCV80 氢燃料电池版正式发布 . https://www.sohu.com/a/204870958_383324 [2017-11-17].

[63] 中国氢能网 . 世界首座 2MW PEM 燃料电池发电站交付 . http://www.360doc.com/content/16/1104/16/31887026_603925621.shtml [2016-11-04].

[64] 搜狐网 . 韩国最大的氢能燃料电池发电站建设完成 . https://www.sohu.com/a/147493061_704734 [2017-06-09].

[65] 证券时报 . 中国首条自动化氢燃料电池发动机大批量生产线正式投产 . http://finance.stockstar.com/SS2017082500008050.shtml [2017-08-25].

第六章 电化学分析和生物科学与技术发展战略研究

电化学分析是电化学及分析化学的一个重要组成部分，是利用电化学的基本原理和实验方法进行分析与测量，具有仪器简单、便于操作、易于自动化、选择性好、灵敏度高、响应速度快等优点。电化学分析的历史最早可追溯到 18 世纪，并在此后的时间里保持稳定的发展，尤其表现在电化学分析方法和技术的革新方面，包括早期极谱法、光谱电化学等的问世到近期电致发光法和光电检测技术的提出。科学发展的历史证明，探究生命的奥秘以及相关科学研究的关键在于灵敏、精准的测定。由于电化学分析的独特优势和长足发展，它与生命科学研究的联系日益紧密。一方面，电化学分析作为一类分析手段为生命科学研究服务，不断地揭示疾病标志物、生物分子新功能等，甚至在分子层面上描述生命的奥秘和规律并获取相关生命信息。另一方面，通过对生命体系在细胞和分子水平上的电荷能量传输运动规律的研究，反过来促进电化学理论和应用的发展。本章立足于生命科学相关的电化学分析，概括了国内外近些年来电化学生物传感器、电化学发光生物传感器、光电化学生物传感器、单细胞电化学分析、活体电化学分析、生物燃料电池及其传感分析和纳米孔电化学的研究现状和成果，同时从揭示生物电化学行为的角度出发，介绍了基于光学显微镜的电化学成像新技术，并阐述了以上八个领域的发展趋势、重点发展方向、重要科学问题和战略布局，最后对发展机制和政策提出了建议。

第一节　国内外现状分析

一、电化学生物传感器

电化学生物传感器是以测定目标底物的电学性质来对目标物定量分析的检测手段。它由生物活性物质作为识别元件，电极作为信号转换器，以电压、电流、电导和阻抗作为检测信号。因此，按照识别元件的不同可将其分为酶传感器、微生物传感器、免疫传感器、DNA 传感器和组织传感器等。而以信号转化器的不同，电化学生物传感器又可被分为电化学式、热敏电阻式、场效应晶体管式、光纤及荧光剂式以及表面声波装置式。电化学生物传感器由于其表面的微结构而提供了多种有利的势场，可以有效地分离和富集待测物质，同时通过控制电极电位还能进一步提高电化学生物传感器的选择性。所以，电化学传感器是一个集分离、富集和有选择性为一体的检测手段，在疾病诊断、环境分析、食品检测等方面发挥着不可忽视的重要作用。从电化学生物传感技术问世至今，人们对这种技术的研究热度从未衰减，已成为目前发展最成熟的一种传感器件[1,2]。

在生物机体内，尤其是在疾病的早期阶段，许多生物分子标志物的含量比较低，这对高灵敏电化学生物传感器的研制提出了新的挑战。随着科学技术日新月异的发展和进步，各种信号放大技术如雨后春笋般涌现，信号放大与电化学生物传感技术的有机结合为高灵敏电化学生物传感器的发展开辟了新的道路。目前，电化学生物传感器中运用较为广泛的信号放大方法主要包括：酶催化信号放大、纳米材料辅助信号放大、目标物循环信号放大和 DNA 自组装信号放大[3]。

（一）酶催化信号放大

酶催化信号放大方法是电化学信号放大技术中比较经典且运用较成熟的技术之一。酶具有较高的催化效率和高度的底物专一性，通过催化底物发生氧化还原反应来加快电子传递速率，从而产生放大的电化学响应信号。在酶催化信号放大方法中，常用的酶有葡萄糖氧化酶（GOD）、辣根过氧化物酶（HRP）和碱性磷酸酯酶（ALP）等天然蛋白酶。Du 等用 HRP 修饰的氧化石墨烯作为二抗的标志物，通过夹心法固定于电极表面后，由于 HRP 能够催化溶液中的过氧化氢分解，因此促进了电化学活性物质硫堇的氧化还原，进而实现信号放大的目的[4]。此外，其他一些人工模拟酶，如DNA核酸酶（DNAzyme）、纳米材料过氧化物模拟酶（贵金属纳米粒子、铁磁性纳米粒子、富勒烯衍生物和稀土纳米粒子）和金属有机框架（metal organic framework，MOF）材料模拟酶等由于具有成本低、催化性能可调控、稳定性高、易于大量生产等优点，也被广泛应用于电化学生物传感器中以实现疾病诊断和环境监测等诸多应用。例如，湖南大学陈金华教授课题组借助限制性外切酶循环对目标物进行信号放大，开发的双信号比率型电化学传感器实现了目标DNA的超灵敏检测，检测限低至4.16 fmol/L[5]。酶催化作为运用较广泛的信号放大方法之一，从经典的天然蛋白酶/底物催化体系到纳米材料模拟酶再到核酸生物酶及多酶联合应用，在国内经过多年的不断发展，已成为构建性能优良的电化学生物传感器的重要有效途径。目前，我国虽然在基于酶催化信号放大技术的电化学生物传感器上取得了巨大进步，但对于决定酶催化信号放大技术的酶活性中心、构象及电子转移与催化活性相关性等关键因素的机理研究相对比较薄弱。随着各种新表征技术的不断发现，可以预见对酶催化机理方面的研究在国内也将会得到加速发展。

（二）纳米材料辅助信号放大

近年来，随着纳米科技日新月异的高速发展，将纳米材料运用到电化学生物传感器中实现信号放大已逐渐成为新的研究热点。纳米材料是指在三维空间中至少有一维处于纳米尺度范围（1～100 nm）或由它们作为基本单元构成的材料。这种构成方式从根本上改变了材料的结构，使得纳米材料具有特殊的物理和化学性质，凸显出许多独特的优点，如大比表面积、强吸附能力、高生物相容性、优越的导电能力和催化性能等。借助纳米材料这些独特的性能，可以通过不同途径实现电化学信号放大。

目前，纳米材料在电化学生物传感器中实现信号放大的途径主要有[6]：①作为电极基底材料来构建传感平台。由于纳米材料优异的导电性，将其修饰在电极表面后，可以加快电子转移，促进电子传输效率，从而可以获得放大的电化学响应信号。基于这一原理，Li等以电沉积的树枝状纳米金为电极基底材料并固定巯基修饰的捕获DNA，构建了用于检测Pb^{2+}的电化学生物传感器。由于纳米金的存在改善了传感界面的导电性，传感器的灵敏度有了很大的改进[7]。②作为载体固载大量的探针或信号分子。纳米材料独特的表面和小尺寸效应使其具有大的活性比表面积和较高的表面自由能，容易功能化，有利于在其表面固载大量生物分子（如酶、电活性物质等），有效提高各种信号分子的固载量，从而实现电化学信号的放大。Yuan 等以聚酰胺修饰的石墨烯为纳米载体，用于固定具有电化学活性物质硫堇以及凝血酶第二适体。随后，加入 hemin 与适体形成 hemin/G-quadruplex 结构的第二适体复合物并利用夹心结构将其固载于电极表面。在检测底液中加入 NADH，由于 hemin/G-quadruplex 对 NADH 和 H_2O_2 的催化作用，使电流响应信号大大增强，从而成功制备了仿双酶的适体传感器[8]。③自身直接作为电化学活性标志物。某些纳米材料（如金纳米粒子、银纳米粒子和量子点等）本身含有的原子可以被电化学氧化或还原，可直接作为电化学活性物质来提供放大的电化学信号。于此，南京大学朱俊杰课题组报道了一种以 $CdSe_{0.5}Te_{0.5}$ 量子点作为信号标志物，用于检测基质金属蛋白酶 –2（MMP-2）的电化学多肽传感器[9]。④作为催化剂（纳米模拟酶）。纳米材料表面通常有很多活性位点，可以催化各种反应，将其应用于电化学生物传感器中可以实现信号放大。美国得克萨斯大学奥斯汀分校的 Richard M. Crooks 教授等利用 Pt 纳米材料的电催化信号放大性质，将 DNA 修饰在材料上，结合 DNA 双链特异性切割酶的信号放大作用，实现了核酸的灵敏检测[10]。另外，南京大学朱俊杰课题组利用 Fe_3O_4 对电化学活性物质小分子染料的催化作用及 Ag-Pd 合金纳米笼对 H_2O_2 的催化分解作用，构建了无酶型电化学细胞传感器。Fe_3O_4 和 Ag-Pd 纳米笼复合而成的 Fe_3O_4@Ag-Pd 纳米复合材料对 H_2O_2 的催化活性优于 HRP 生物蛋白酶，通过此纳米复合材料的双重催化作用有效地放大了电流信号[11]。我国在纳米材料辅助信号放大用于电化学生物传感器方面的研究发展十分迅速，相对来说已处于国际先进水平。目前国内该研究领域所面临的主要问题是如何解决这类电化学生物传感器在实际应用中传感器制备及操作过程相对复杂、稳定性及重现性相对较差的局限性。

（三）目标物循环信号放大

目标物循环放大方法是近些年发展起来的一种新颖的信号放大策略，被广泛应用于高灵敏电化学生物传感器中。目标物循环信号放大主要通过核酸酶（nuclease）辅助循环剪切 DNA 和触点（toehold）介导的 DNA 链置换反应（toehold-mediated DNA strand displacement reaction）来实现[12]。核酸酶辅助循环剪切DNA放大，通常是通过核酸酶剪切与目标DNA互补的核酸序列，释放出目标 DNA 进行下一个杂交 / 剪切循环。经过目标 DNA 的不断重复利用，达到信号放大的目的。Xiong 等设计了在环部和茎部分别标记 Fc 和 MB 的发卡型 DNA 并将其组装于金电极表面。目标物存在时，与发卡型 DNA 从标记了 MB 的自由末端互补至标记了 Fc 的环部，从而打开其发卡结构。核酸外切酶Ⅲ识别此互补序列，并从被打开的发卡型 DNA 的 3′-OH 末端将参与互补的 DNA 序列水解掉，释放出目标物，启动下一轮杂交及剪切的过程。此过程中标记的 MB 脱离电极表面，同时电极表面含有 Fc 的未被剪切掉的部分，通过自身的杂交互补形成发卡结构，使 Fc 靠近电极表面。通过 MB 信号的减弱及 Fc 信号的增强，构建了比例型的电化学 DNA 传感器[5]。触点介导的 DNA 链置换反应是在触点的辅助下，一条侵入单链 DNA 将另一条单链 DNA 从原来完全互补或部分互补的双链 DNA 中置换出来，得到热力学更稳定的双链 DNA 的一个过程。其依靠的是 DNA 本身严格的碱基互补配对性质，不需要任何酶的参与即可发生，并且可以通过调节触点的碱基数目和序列组成调控反应速率，为无酶循环信号放大提供新的方法构建策略，在电化学生物传感器中显示出广阔的应用前景。

（四）DNA 自组装信号放大

DNA 自组装是指 DNA 分子在非共价键作用力（包括氢键、范德瓦耳斯力、疏水作用力、碱基堆叠作用力、静电作用力等）的相互驱动下，严格按照沃森 - 克里克碱基互补配对原则自下而上的分子自发组装技术。近年来，随着 DNA 纳米技术的不断发展，DNA 自组装技术除了被用来构建各种复杂的 DNA 纳米结构之外，还可以作为信号放大方法联合电化学生物传感技术实现生物分子的高灵敏检测[13,14]。目标单链 DNA 可以通过杂交链式反应（hybridization chain reaction，HCR）引发两条稳定共存的发卡型 DNA 单体交替杂交组装形成具有多个重复单元的双链 DNA 聚合物或通过催化发卡自组装（catalytic hairpin assembly，CHA）的方式诱导多个发卡型 DNA 单体组装形成大量 DNA 双链或纳米结构，实现分析信号放大。此外，在燃料 DNA 链的辅助作用下，DNA 自组装还可以实现 DNA 分子机器的运转，使目标 DNA 得以循环利用达到信号放大，构建高灵敏电化学生物传感器。Liu 等结合 DNA 发卡结构催化自组装和杂交链式反应两种信号放大手段构建了一种无酶超灵敏的核酸分析方法。在该工作中，事先在金电极表面固载巯基修饰的发卡型 DNA。当目标 DNA 存在时，它与发卡型 DNA 部分互补并使其打开发卡结构。被打开的发卡 DNA 进一步打开发卡型的捕获 DNA，通过链置换反应将目标物释放出来引发下一轮的链置换反应。电极表面的捕获探针裸露的黏性末端作为引物，可以引发 MB 标记的信号探针和辅助探针之间的杂交链式反应，从而将大量的电化学活性物质 MB 引入电极表面，进而实现对目标 DNA 的超灵敏检测 [15]。青岛农业大学李峰教授课题组使用无标记的杂交链式反应放大了电化学信号，实现了核酸的超灵敏检测 [16]。南京大学朱俊杰教授课题组报道了联合使用纳米材料以及 DNA 纳米技术双重信号放大策略，实现了端粒酶延伸的 TTAGGG 重复 DNA 片段的超灵敏检测 [17]。我国在这方面的研究主要集中于 DNA 自组装的应用上，而用于自组装 DNA 序列的理论设计和动力学研究主要由美国加州理工学院的 Erik Winfree 教授和美国哈佛大学的 Peng Yin 及 William Shih 教授课题组所主导。中国科学技术大学梁好均教授课题组在这方面也进行了相关研究。就目前国内对这方面的研究来说，与国外主要实验室还存在一定差距，还需进一步加强相关研究。

除了利用放大技术来提高灵敏度外，当前电化学生物传感器也正朝着微型化和便携化的方向发展。已经被家庭广泛使用的血糖仪是成功的商业化电化学传感器。美国伊利诺伊大学香槟分校的 Yi Lu 教授课题组使用商业化的血糖仪，实现了一系列非葡萄糖目标物的检测，其中包括 DNA 序列 [18]。这一报道极大地推动了便携式、商业化 DNA 电化学传感器的发展。另外，美国哈佛大学的 George M. Whitesides 教授课题组开发了手持式电化学 DNA 传感器，结合重组聚合酶信号放大方法，实现了耻垢分枝杆菌中基因组 DNA 的灵敏检测，有望应用于食物与水质量的实时监测 [19]。实际样品的检测是电化学生物传感器发展的终极目标。然而，实际样品中的复杂组成往往会干扰电极界面的反应，造成电化学信号的漂移，而且不同批次制备的电极之间具有差别，使用前需要经过严格的校正。针对这些问题，美国加利福尼亚大学圣塔芭芭拉分校的 Kevin W. Plaxco 教授课题组开发了双频率方波伏安法 DNA 电化学传感器。该方法应用于未稀释血样中目标物检测时，无需进行电极的校正，并且检测的过程中电化学信号稳定，未出现信号漂移现象，有望推进 DNA 电化学传感器的实际应用 [20]。

二、电化学发光生物传感器

电化学发光（electrochemiluminescence，ECL）是指在电极上施加一定的电压，使电极反应产物之间或电极反应产物与溶液中某组分进行化学反应而产生的一种光辐射现象 [21]。电化学发光与化学发光的相同之处是二者的发光均由进行能量电子转移反应的组分所产生；不同之处是电化学发光由电极上施加的电压所引发和控制；而化学发光是由试剂的混合所引发和控制的，就使得电化学发光具有可控性强、试剂稳定性好和操作简单等优点 [22]。而电化学发光与荧光相比，由于其不需要光源激发，因此具有零背景、灵敏度高、线性范围宽和分析速度快等优点 [23]。基于以上优势，电化学发光方法已经成功应用于酶传感器、免疫传感器、核酸传感器和适配体传感器等 [24]。在北京宝灵曼阳光科技有限公司和罗氏公司等的推动下，基于三联吡啶钌标记和三丙胺共反应物的电化学发光免疫传感器和电化学发光核酸传感器在全球医院中广泛应用。随着我国综合国力的迅速上升和中国科学院长春应用化学研究所及西安瑞迈分析仪器有限责任公司联合研发的电化学发光仪器在国内院校的普及，我国在电化学发光生物传感器方面的研究成果不断递增，国际影响力也逐渐加强。

（一）单通道电化学发光分析方法

自电化学发光现象被发现以来 [25]，Bard 等就证明了可以使用一个光电倍增管（PMT）去实时收集电极表面产生的电化学发光强度 [26]，将其与电化学工作站搭配到一起，便构建了第一台电化学发光检测仪。因为 PMT 具有灵敏的光电响应和极大的动态范围，所以非常适合作为电化学发光的检测器。该检测装置的优点在于利用 PMT 直接探测电极表面发射出的所有光子，因此这种检测方法能够最大化地简化实验装置和避免光路中的光损失，展现出了较高的检测灵敏度。经过随后几十年的发展，基于 PMT 的电化学发光检测装置已经被广泛用作高效液相色谱、毛细管电泳、流动注射分析等分离装置的检测器[27]。

目前在商业和临床应用中使用最成熟的电化学发光传感体系是利用三联吡啶钌作为标志物，三丙胺作为共反应剂的检测体系[28]。此体系利用抗体或核酸修饰的磁珠去识别待测样品中的目标检测物，随后再利用免疫夹心或核酸杂交反应连接上标记有三联吡啶钌的二抗。通过对电极表面施加一定的电压来激发三联吡啶钌产生电化学发光并收集相应的电化学发光强度，就能够定量目标检测物的浓度。因为这种检测方法无需激发光源，所以能够极大地提高检测灵敏度和降低设备成本。基于此种检测技术，罗氏公司开发出了商用的罗氏电化学发光检测仪，目前这种仪器已经成为临床检验的金标准并且在全球各大医院中广泛使用，已经可以准确定量超过 150 种临床检测的标志物。

随着合成化学和纳米科学的不断发展，越来越多的电化学发光体和检测方法被相继报道。例如，以鲁米诺为代表的电化学发光传感体系被广泛应用于其共反应物过氧化氢及底物和酶的测定上[29]。由于过氧化氢能够有效地诱发鲁米诺的电化学发光信号，因此该体系可以用来测定过氧化氢，并在此基础上建立了一系列可经过酶催化反应产生过氧化氢的物质（如葡萄糖、乳酸、腺苷三磷酸等）的分析方法。量子点作为一种新兴的电化学发光体，具有发光稳定和光谱可调等优点[30]。通过调节量子点的组成和尺寸，可以将其发光波段调到近红外光区，从而避免生物体系的散射光干扰。尽管大量的电化学发光体被相继报道，但是所用的电化学发光检测模式仍然是通过比较单种电化学发光体的强度变化来获得待测物含量的信息。这种单通道的检测方法极容易受到环境变化、仪器波动和电极钝化等因素的影响，使得检测结果容易出现假阳性或者假阴性。因此，越来越多的研究工作者意识到这一问题并努力寻找解决方法来提高检测结果的可靠性。

（二）双通道比率电化学发光分析方法

不同于单通道“off-on”或“on-off”的 ECL 传感体系，双通道比率电化学发光分析方法利用两种电化学发光体的强度比值作为信号输出，通过这种方式来消除环境波动（如共反应剂浓度、pH 等影响），因此能够更加准确地检测待测物的含量。2013 年，Xu 等首次报道了双通道比率电化学发光生物传感器 [31]，此方法利用量子点与鲁米诺分别在阴极发光和阳极发光的差异，通过分子信标在识别目标物前后的构形变化，实现两个电化学发光信号此消彼长的变化。利用两种电化学发光体发光强度的比值作为测量信号的输出，便能够实现自校正地检测目标 DNA。目前这种双通道设计策略被广泛应用于蛋白质、肿瘤细胞、microRNA、DNA、抗体等生物分子的准确定量检测 [32]。一般而言，双通道电化学发光方法可以归纳为双电势模式和双波长模式两个大类。双电势模式是指通过测定阳极电化学发光体和阴极电化学发光体在不同电位下电化学发光光强的比值 [33]，来实现准确测定待测物含量；而双波长模式则基于电化学发光供体与荧光受体之间的能量转移过程 [34,35]，利用两个发光体在各自发光波长处的光强的比值作为信号输出，来校正环境的干扰并获得待测物准确的含量信息。最近，研究者开发出了双电势近红外电化学发光传感器 [36]，由于近红外光能够提高组织穿透能力并且减少生物体自发荧光干扰，实现对临床血清样品中凝血酶含量的测定。

尽管双通道比率电化学发光分析方法能够提高检测的准确性和选择性，但是这种方法需要选定的两种发光体之间不存在电化学反应的干扰以及发光波长的重叠，这在一定程度上限制了发光体的选择范围 [37]。另外，到目前为止，所有双通道比率电化学发光分析方法（双电势模式及双波长模式）都无法同时收集两个通道的电化学发光强度，这在实际应用中也会带来一定的测量误差。

（三）电化学发光光谱分析方法

传统的单通道和双通道检测方法都是使用 PMT 作为电化学发光的探测器，因此这种收集方式只能获得某个特定波长或特定电压下的总体电化学发光强度，并不具有光谱分辨能力。于是研究者想到利用电荷耦合器件（charge-coupled device，CCD）光谱仪代替 PMT 去采集电化学发光光谱作为信号输出 [38]，这样就能够实时获得在不同电压下激发的电化学发光的光谱信息，从而准确归属不同电压下的电化学发光所对应的发光体。更重要的是，利用电化学发光体作为能量供体，以相应的荧光染料作为能量受体，通过收集能量供体的电化学发光光谱就能够实时准确地监测能量转移过程的发生。利用这种方式，研究者就可以设计许多基于能量转移的生物传感体系[39]。例如，Jin等利用量子点作为电化学发光能量供体，花菁染料作为荧光能量受体。通过DNA双链杂交反应拉近量子点与花菁染料的距离以后，量子点的电化学发光便可以激发花菁染料产生荧光。利用电化学发光光谱中量子点的电化学发光发射峰强度与花菁染料的荧光发射峰强度之间的比值作为信号输出，便可以监测DNA杂交过程以及研究DNA构型的变化[40]。另一种光谱分析模式是利用电化学发光光谱的峰位移作为信号输出。例如，Zhu等通过香豆素部花菁染料对三联吡啶钌电化学发光的内滤效应来改变电化学发光峰位置[41]，利用硫化氢与香豆素部花菁染料的亲核加成反应来降低内滤作用，导致三联吡啶钌电化学发光发射峰蓝移。通过测定三联吡啶钌电化学发光光谱的峰位移，便可以准确定量待测样品中硫化氢的浓度。总之，相比于传统的以电化学发光强度作为信号输出的方法，电化学发光光谱分析法能够避免电化学发光信号在长时间扫描中的强度波动，因此展示出了更好的准确性与选择性。尽管电化学发光光谱检测方法具有如此多的优点，但是其仍然只能一次对一个样品进行检测，其检测速度与通量无法满足临床中大量样品快速测量的实际需求。并且光谱检测方法的灵敏度仍然不能够满足实际样品中痕量疾病标志物检测的需求，如血液中存在的肿瘤标志物、microRNA和循环肿瘤细胞等。因此，开发一种高通量和高灵敏的电化学发光检测技术是非常必要的。

（四）基于电化学发光成像检测方法

显微成像技术具有高时空分辨率和高通量等优点，因此被广泛应用于生命分析和临床检验。电化学发光成像相比于其他成像技术，具有零光学背景、仪器设备简单、无激发光源等优势[42]。区别于宏观的电化学发光检测方法，电化学发光成像技术能够成像单个发光微粒子或者微电极阵列，因此可以实现对目标分析物的高通量以及高灵敏检测[43,44]。例如，Sojic等利用三种不同抗体修饰的聚苯乙烯微球去识别三种不同的抗原[45]，通过夹心免疫反应连接标记有三联吡啶钌的二抗。对电极表面的聚苯乙烯微球施加电压，并利用显微镜镜头收集三联吡啶钌的电化学发光，就可以实现对样品中三种不同抗原的检测和成像。其检测灵敏度能达到单颗粒水平，并且能够对视野中几十个不同的粒子同时成像，从而满足高通量和高灵敏检测的实际需求。

由于具有时空分辨能力，电化学发光成像还能够对单细胞微区进行研究。例如，Sojic 等利用三联吡啶钌修饰的抗体去特异性识别细胞表面的膜蛋白 [46]，随后在电极表面施加电压去激发细胞膜表面蛋白上标记的三联吡啶钌产生电化学发光，就可以高选择性地对细胞表面膜蛋白成像。这种成像技术无需额外的激发光源，简化了整个成像装置并且避免了细胞自发荧光所带来的干扰，因此具有极大的商业应用前景。

由于细胞膜的绝缘作用，大部分的电化学发光成像工作只能对细胞膜表面或者细胞的胞外分泌物进行成像。为了能够研究单细胞内部组分的含量，Jiang 等开发出了一种鲁米诺修饰的微电极作为电化学发光探针 [47]，并结合 3D 微操作台和光学显微镜，将微电极准确地插入到单个细胞内部。基于鲁米诺与过氧化氢的电化学发光反应，实现对细胞内部过氧化氢含量的原位成像检测。这种方法突破了细胞膜天然绝缘的障碍，实现了对活细胞内部分析物的成像。

从以上论述中可以看出，我国在电化学发光生物传感器领域积累了丰富的研究经验，研究水平处于国际领先地位。其中，在单通道和双通道电化学发光传感器方面，具有代表性的研究团队有西南大学的袁若课题组和南京大学的徐静娟课题组，他们基于电化学发光技术已开发了一系列用于检测离子、核酸、蛋白质等的高灵敏生物传感器。另外，山东大学的金文睿课题组和邹桂征课题组在电化学发光光谱测量领域做出了许多开创性的研究工作。未来这些领域的研究重心将瞄准各类传感器的产业化。不同于这三方面，国内外的电化学发光成像分析仍然处于起步阶段，正逐步朝着微观的单纳米颗粒和单分子成像领域迈进。近几年来，国内在该领域也逐渐形成了一些研究力量，如南京大学的陈洪渊院士团队。他们依托材料化学和仪器科学的发展，有效地改善了时空分辨率和灵敏度的限制瓶颈。这些研究成果表明我国有实力在电化学发光成像技术领域取得新突破，最终使得该技术成为一项可推广的新兴基础研究工具。

三、光电化学生物传感器

光电化学分析是在电化学分析基础上发展起来的一种新分析法。光电化学分析利用光作为激发信号，电信号为检测信号，由于激发信号与检测信号的能量形式不同，该技术背景信号低、灵敏度较高[48]。与传统的光学方法相比，光电化学分析法继承了电化学分析法的优点，其实验装置简单、价格低廉，并且易于微型化，容易实现快速、高通量、高灵敏的生物分析检测。光电化学分析的应用主要在于构建光电化学生物传感器。光电化学生物传感器是将光电化学过程与特异性生物识别过程结合而发展起来的一种传感技术[49]。光电化学生物传感器是利用光电活性材料的光电化学性质实现对目标物分析检测的传感装置。光照条件下，光电材料的光电化学性质被激发，目标物与连接光电材料的识别探针结合后，会改变光电活性物质原本产生的光电流响应，这种光电流响应信号的变化与目标物浓度在一定单位内存在某种函数关系，因而可以通过测定光电流的改变程度实现对目标物浓度的测定，这就是光电化学生物传感器的检测原理[50]。

光电活性材料和生物识别探针是构建光电化学生物传感器的两大核心要素。光电活性材料的光电转换效率直接决定传感体系光电流响应的大小，进而对分析物的检测灵敏度产生重要影响。而在各种光电活性材料中，由于半导体纳米材料及量子点具有诸多优异的性质，使其成为当前光电化学传感中主要使用的光电功能材料。具有光电活性的材料主要分为三类。①无机光电活性材料：主要指无机半导体化合物以及半导体单质。依据电荷载流子的类型，无机半导体可以分为 N 型和 P 型两类[51]。简言之，N 型半导体是指电子是多数载流子而空穴是少数载流子的半导体；P 型半导体是指空穴是多数载流子而电子是少数载流子的半导体。常用的 N 型半导体包括 TiO_2、CdS、CdSe、ZnO、CdTe、Bi_2S_3 等，常用的 P 型半导体包含 NiO、BiOI、Cu_2O、PbS、CuS 等。②有机光电活性材料：主要指高分子聚合物和有机小分子光电材料。高分子聚合物有聚噻吩衍生物、聚对苯乙炔衍生物、聚对苯胺衍生物等，有机小分子有联吡啶类、酞菁类、偶氮类、卟啉类、叶绿素等。③复合型光电活性材料：主要包括不同种类无机光电材料复合而成的材料，无机光电材料与有机光电材料复合而成的材料，不同种类有机光电材料复合而成的材料，以及无机光电材料或有机光电材料与部分特殊的非光电活性物质复合而成的材料。一般情况下，复合物型光电活性材料比单一型光电活性材料具有更高的光电转换效率。由于 TiO_2 制备廉价而且具有很好的光稳定性，基于 TiO_2 的复合型光电活性材料是目前研究最多、最成熟的一种。当然，也有以 ZnO、SnO_2、Al_2O_3 等其他宽带隙半导体材料为主体进行复合的材料。此外，光电活性材料与一些特殊的非光电活性物质复合后也能够提高光电转换效率，这样的复合物有 CdS/ 金纳米粒子 [52]、TiO_2/ 金纳米粒子 [53-55]、CdS/ 碳纳米管 [56-58]、TiO_2/ 银纳米粒子 [59,60]、CdS/ 石墨烯 [61,62]、CdSe/ 富勒烯 [63,64]、卟啉 / 富勒烯 / 金纳米粒子 [65] 等。这些特殊的非光电活性物质能够提高光电转换效率的主要原因在于：它们的加入，或者提高了光电活性材料的导电性，从而促进了光生电子－空穴对的有效分离；或者增加了光电活性材料对光的吸收，从而提高了对光源能量的利用效率。光电化学传感的生物识别探针和其他类型的生物传感器相同，只是检测信号的产生原理及类型不同。生物识别反应主要可以分为亲和型和催化型。生物亲和型识别反应，主要是指生物识别探针与目标识别物之间特异性的结合作用。这种特异性结合作用包括抗原与抗体之间的免疫反应，DNA 序列之间的杂交反应，适配体与对应物质的结合反应，以及一些有机小分子或基团之间的特殊作用等。

由于生物识别探针的多样性，各种不同类型的光电化学生物传感器被设计用来特异性地检测相对应的目标物。从有无信号标志物的角度，可以分为无标记型和标记型。无标记型是指没有信号标志物，不能实现检测信号的放大；标记型是指有信号标志物，能够实现检测信号的进一步放大，相对比较灵敏。从生物化学反应的角度，可以分为生物亲和型和生物催化型。生物亲和型是利用生物识别探针与目标物之间特异性的结合，如 DNA 链之间的杂交反应以及抗原与抗体之间的免疫反应；生物催化型包含的生物组分主要是酶，酶能够辨别并催化其特定的底物。从产生电流类型的角度，可分为阳极光电流型和阴极光电流型。阳极光电流是指光电活性材料的光生电子向电极定向转移，而价带的光生空穴定向转移至材料表面被来自溶液中的电子所捕获；阴极光电流是指光电活性材料的光生电子向溶液定向转移，而价带的光生空穴定向转移至材料表面被来自电极的电子所捕获。目前绝大部分光电化学体系都是采用N型光电材料作基底，所构建的传感类型属于阳极光电流型。从信号变化策略的角度，主要有以下四种：空间位阻效应、酶催化反应、能量转移和敏化效应。以下从信号变化策略的角度介绍光电化学免疫传感、酶传感、DNA 传感以及细胞传感的研究现状。

（一）空间位阻效应

众所周知，大部分生物分子（如蛋白质、细胞等）都具有弱导电性，电子转移能力较差。因此，这些生物分子的固定势必会影响溶液中的电子向电极表面的转移，尤其是体积较大的蛋白质分子和细胞会对光电流响应产生明显的影响。因此，利用空间位阻效应产生信号变化的光电化学传感主要用于对生物标志物（各种抗原，绝大部分为蛋白质分子）以及细胞的检测。上述是利用目标物自身的空间位阻实现检测信号的变化，也可以采取标记策略产生空间位阻效应来实现检测信号的变化，如一些酶催化反应的产物可以生成不溶性物质，阻碍溶液电子传递；一些体积较大的不导电纳米颗粒及蛋白质分子的引入，阻碍溶液电子传递。2004 年 Haddour 等首次报道了无标记型光电化学免疫传感器[66]，以钌联吡啶配合物作为光电活性材料，通过吡咯的电聚合作用将生物素化的钌联吡啶配合物固定在电极表面。基于生物素－亲和素的特殊作用，将标记有亲和素的霍乱毒素修饰到光电化学电极表面。当传感电极孵育霍乱毒素抗体后，免疫复合物显著的空间位阻效应阻碍了溶液中电子供体与电极表面钌联吡啶配合物的电子交换，导致光电流响应降低，由此实现了对于霍乱毒素抗体的灵敏检测。

对于光电化学细胞传感，主要传感模式为细胞表面物与传感电极表面的修饰物特异结合后，由于细胞较大的空间位阻效应而引起检测电流的变化，从而实现对细胞的分析检测。Qian 等[67]采用电化学沉积先将 CdS/ 聚酰胺纳米复合物修饰 ITO 电极表面，然后利用戊二醛分子将刀豆蛋白 A（Con A）连接至光电化学电极表面，通过刀豆蛋白与细胞表面甘露糖基的特异识别作用实现了对 SMMC-7721 人类肝癌细胞的灵敏检测。此外，南京大学朱俊杰课题组通过在 TiO_2 纳米管上先后修饰 CdS:Mn 纳米晶以及 CdTe 量子点（CdTe QDs）形成 TiO_2/CdS:Mn/CdTe 共敏化结构，并以此作为光电化学基底电极用于固定金属基质蛋白酶 -2（MMP-2）捕获抗体（Ab1），利用 SiO_2@Ab2 连接物（Ab2 为信号抗体）显著增加的空间位阻效应构建了对 MMP-2 高灵敏检测的光电化学免疫传感。

（二）酶催化反应

酶是一类由生物体产生的具有高效性和专一性催化功能的生物大分子，

绝大多数的酶都属于蛋白质分子。光电化学生物传感中，酶催化反应有两个相反的应用目的：一是酶催化反应在电极表面产生不溶物形成空间位阻效应，从而阻碍溶液中的电子供体与光电活性材料进行电子交换，引发传感系统检测信号的降低；二是酶催化反应产生可溶性产物，直接或间接作为电子供体，引发传感系统检测信号的增加。光电化学生物传感中，酶生物分子与电极相连接主要有两条途径：①直接修饰于电极表面；②作为标志物间接连接于电极表面。

将酶生物分子直接修饰于电极表面的目的是利用酶催化反应的产物对电信号产生影响，从而实现对催化底物浓度的检测。Zhao 等 [68] 采用液相沉积法和化学浴沉积法先后将 TiO_2 和 CdS 纳米颗粒修饰于 ITO 电极表面，形成 ITO/TiO_2/CdS 光电化学电极，然后将辣根过氧化物酶（HRP）直接固定于 ITO/TiO_2/CdS 电极表面。HRP 能够催化氧化 H_2O_2，使同时存在的 4– 氯 –α– 萘酚分解产生苯基 –4– 氯己二烯。由于苯基 –4– 氯己二烯是不溶物，阻碍了传感系统电子的传递，使得光电流检测信号下降，进而实现了 H_2O_2 的灵敏检测。另外，Wang 等 [69] 采用静电吸附的方法将 CdTe QD 修饰于 FTO 电极表面，制备了 FTO/CdTe 光电化学电极，然后将葡萄糖氧化酶（GOx）直接固定于 FTO/CdTe 电极表面。在氧气存在条件下，GOx 可以催化氧化葡萄糖产生 H_2O_2，H_2O_2 作为电子供体，使传感系统产生稳定的光电流，从而实现对葡萄糖的灵敏检测。

将酶生物分子作为标志物间接连接于电极表面的目的是利用酶催化反应对已发生的识别反应产生电信号的改变，以增加该识别反应的检测灵敏度。An 等 [70] 首先在 TiO_2 阵列管上沉积 Au 纳米颗粒，然后将突触核蛋白（α-SYN）捕获抗体固定在电极上，通过夹心免疫反应将葡萄糖氧化酶包裹的金纳米粒子（Au@ALP）连接至电极表面，由于葡萄糖氧化酶能够催化氧化葡萄糖分解产生 H_2O_2，H_2O_2 作为电子供体使传感系统光电流明显上升，从而实现对目标抗原 α-SYN 的灵敏检测。Wang 等 [71] 将 Bi_2S_3 纳米棒和 Au 纳米颗粒（AuNP）先后修饰于 ITO 电极表面，然后固定识别 mRNA 的发卡型 DNA 探针，当 mRNA 存在时会打开发卡结构，生物素（Botin）化的 DNA 与探针 DNA 部分杂交，然后通过生物素 - 亲和素（SA）作用分别将 SA-AuNP 以及 Botin-ALP 连接至电极，由于 ALP 能够催化 L– 抗坏血酸 –2– 磷酸三钠盐（L-ascorbic acid 2-phosphate trisodium salt，AAP）分解产生抗坏血酸（ascorbic alid，AA），AA 作为电子供体使传感系统光电流明显上升，从而实现对 mRNA 的灵敏检测。

（三）能量转移

基于能量转移的光电化学生物传感是受发光共振能量转移的启发建立起来的[72]，是一个非辐射的过程，其中光电材料作为能量供体通过非辐射偶极子之间的相互作用将激发能量转移给邻近的能量受体。光电化学能量转移的发生能够使光电活性材料的电子－空穴对复合概率显著增加，从而使光电流强度减小。能量转移的发生需要具备两个基本条件：能量供体与受体之间的距离适中（10 nm ± 2 nm），以及能量供体的发射光谱与受体的吸收光谱重叠。半导体量子点（QD）具有光稳定性好、激发范围宽、发射光谱可调及生物相容性好等优点，是光电化学系统中能量转移供体的理想选择。金属纳米粒子特别是 AuNP，具有表面等离激元共振（surface plasmon resonance，SPR）强、消光系数高和吸收光谱范围宽等特点，已被广泛地应用于光电化学系统中的能量转移受体。DNA 序列由于具有较小的空间位阻，常被用来连接能量转移供体及受体，因此基于能量转移的光电化学生物传感主要应用于 DNA 分析及适配体传感。例如，Zhao 等[72,73]利用静电吸附将 CdS QD 修饰于 ITO 电极表面，形成 ITO/CdS 光电化学电极，通过共价键作用将探针 DNA 与 CdS QD 连接，然后将标记有金或银纳米粒子的目标 DNA 链与电极表面的探针 DNA 链杂交，使得金或银纳米粒子（能量受体）与电极表面的 CdS QD（能量供体）产生共振能量转移，由于能量转移的发生能够使 CdS QD 的电子－空穴对复合概率显著增加，光电流强度明显减小，从而实现对目标 DNA 的检测。另外，Zhang 等[74]首先在 ITO 电极表面修饰上石墨烯以及 CdSe QD 形成 ITO/GR/CdSe 光电化学电极，然后连接捕获 DNA，将适配体标记上 Au 纳米颗粒及有机化合物 V^{2+} 分子后，再与电极表面捕获 DNA 杂交。金纳米粒子（能量受体）与电极表面的 CdSe QD（能量供体）产生共振能量转移，光电流信号减小。由于 V^{2+} 分子是缺电子分子，具有较强的接受电子的能力，因此光电流信号进一步减小。当电极孵育凝血酶后，Au NP 及 V^{2+} 分子脱离传感电极表面，光电流显著恢复，基于此实现对凝血酶的高灵敏检测。Zeng 等 [75] 在 ITO 表面静电吸附上 CdTe QD 后，形成 ITO/CdTe 光电化学电极，然后通过癌胚抗原（CEA）适配体杂交反应将标记的石墨烯/金（RGO-AuNP）纳米复合物连接至电极表面，此时 RGO-AuNP 纳米复合物（能量受体）与电极表面的 CdTe QD（能量供体）产生共振能量转移，光电流信号显著减小。当传感电极孵育 CEA 后，RGO-AuNPs 纳米复合物脱离传感电极表面，能量转移消失，光电流显著恢复，基于此实现对 CEA 的高灵敏检测。

（四）敏化反应

光电活性材料是构建光电化学生物传感器的基础。当生物识别反应发生时，利用光电活性材料使传感系统检测信号发生变化的作用称为敏化效应，即利用光电活性材料作为信号放大元件。光电活性材料在传感电极上的固定有两种方式：一是作为光电化学基底直接修饰于电极；二是作为信号放大元件，通过生物识别反应间接修饰于电极。这两种方式可以单独存在，也可以级联共存。但只要存在利用光电活性材料做信号放大元件，就可称为敏化效应。目前，敏化效应的模式主要有两种，分别是光电活性材料嵌入型和光电活性材料标记型。

1. 敏化效应用于嵌入型

Gill 等 [76] 将标记有 CdS 纳米颗粒的探针 DNA 连接至金电极的表面，当电极孵育目标 DNA 后，探针 DNA 与目标 DNA 杂交形成双链 DNA。由于 CdS 纳米颗粒与电极表面相距较远，CdS 纳米颗粒的敏化效应被抑制。当加入电子传递体后，电子传递体将嵌入双链 DNA 中，使得 CdS 中光生电子顺利向电极传递，即 CdS 纳米颗粒的敏化效应被激发，光电流响应产生，基于此实现对目标 DNA 的检测。利用嵌入型敏化效应也可以进行 DNA 损伤分析。例如，Liang 等 [77] 利用静电吸附作用在 SnO_2 电极表面依次修饰上葡萄糖氧化酶及双链 DNA，当溶液中存在葡萄糖及 Fe^{2+} 时，葡萄糖氧化酶催化氧化葡萄糖产生 H_2O_2，H_2O_2 和 Fe^{2+} 能够氧化双链 DNA 发生芬顿反应，双链 DNA 产生损伤。加入 $Ru(bpy)_2dppz^{2+}$ 染料分子后，由于 DNA 损伤使染料分子嵌入双链 DNA 的量相比没有发生损伤时的嵌入量明显减少，因而光电流较小，基于此实现对 DNA 损伤的分析检测。

2. 敏化效应用于标记型

Tokudome 等[78]将 TiO_2 纳米颗粒及探针 DNA 先后修饰于透明导电氧化物玻璃上后，将标记有罗丹明 B 染料分子的目标 DNA 与光电化学电极表面的探针 DNA 杂交。DNA 的杂交使标记的罗丹明 B 染料分子十分靠近 TiO_2 电极表面，敏化效应被激发，光电流响应明显增加，基于此实现对目标 DNA 的检测。Fan 等用两种不同尺寸的 CdTe 量子点作为不同的光敏化剂标记于发卡型 DNA 探针末端，并与 TiO_2/CdS:Mn 光电化学基底电极形成共敏化结构，利用杂交前后探针 DNA 的构象变化，构建了一种新颖的高灵敏光电化学 DNA 传感器[79]。

四、单细胞电化学分析

传统的生物学原理基于“某一特定类型的所有细胞都相同”这一假说而建立。然而，最近单细胞分析的证据表明，相同类型的个体细胞具有显著的差异，且这种异质性在组织行为中的作用并未得到完整评估[80]。因此，迫切需要单细胞分析策略来完善这些基础生物学原理，用于疾病的最终诊断和治疗。电化学是单细胞分析领域最重要的方法之一，其利用电化学转换被测分子或分析物在电极表面的相互作用，产生电信号（如电流、电荷或电位）而加以测定。与荧光方法相比，电化学方法无需识别探针标记目标分子，使得测量过程对细胞扰动最小化。同时，电化学信号与被检分子浓度相关，针对单细胞内分子低丰度而高浓度的特征，可以不需要牺牲时间分辨率来实现高空间分辨率，从而提供高时空分辨的信号[81]。基于以上优势，电化学方法已经成功应用于单细胞分析，获取了一系列重要分子的定量信息，有助于在单细胞水平阐明重要生命过程及机制。

过去 20 年，纳米电极和相关理论的快速发展显著提高了电化学分析的灵敏度、特异性和时空分辨率，为研究单细胞中局部事件提供了理论和技术上的可行性。为了更好地适应生物学和临床研究，一系列具有高分辨率的电化学显微镜正在出现，成为单细胞高时空分辨分析的一大趋势。扫描电化学显微镜（SECM）作为一种经典的电化学显微镜，利用微电极 / 纳米电极在单个细胞表面扫描，并测量电流以获得空间分辨的电化学信号[82]。由于纳米电极提供的电流值很微弱，在单细胞表面获得蛋白质分布或神经递质释放的高质量图像仍然存在很大挑战。日本东北大学 Matsue 教授团队在 SECM 中采用了新型电压切换模式，将法拉第电流从受阻扩散反馈信号（用于距离控制和形貌成像）改变为可反映浓度梯度的电化学信号，从而首次利用电化学技术观察到 A431 细胞上的膜蛋白和 PC12 细胞释放的神经递质[83]。考虑到 SECM 技术受限于微弱电流信号这一挑战，通过记录流入 / 流出纳米毛细管的 nA 级离子电流进而测定纳米范围内表面形貌的扫描离子导电显微镜（SICM）开始迅速发展。伦敦帝国理工学院 Korchev 教授通过 13 nm 粒径的纳米管对来自云母表面的球形芽孢杆菌的S层蛋白进行成像，获得了 3～6 nm 的最高分辨率[84]。因为该技术不需要高灵敏度电化学仪器，因此已经广泛应用于形态学表征、生理活性评估以及亚细胞结构的动态观察等生物学研究。然后，与从 SECM 收集的信息相比，SICM 图像中缺少化学信息，需要持续创新以获得单细胞水平的化学和形貌信息。

虽然 SECM 和 SICM 等电化学显微镜为单细胞分析提供了高空间分辨率，但在使用扫描纳米电极获取图像的过程中，这样的高空间分辨率大多数时候是通过牺牲时间分辨率来换取的。美国亚利桑那州立大学和南京大学陶农建教授基于 SPR 对金膜（电极）表面电荷密度的灵敏依赖性特征，发展了新型电化学 SPR 显微镜，可对平面电极的电化学信号进行宽视野成像，兼具亚微米空间分辨率和亚毫秒的时间分辨率。已成功研究了包括单个细胞凋亡、电穿孔和 G 蛋白偶联受体（GPCR）刺激等过程，可为分子水平理解细胞行为提供有效工具[85]。为了实现对单细胞中低丰度分子的电化学成像，南京大学江德臣教授利用电致化学发光的高灵敏性实现了单细胞 ECL 成像分析，实现了对单个细胞表面胆固醇和外泄过氧化氢的成像，可对细胞外泄过氧化氢浓度低至 10 μmol/L 加以分析，且适用于大多数金属表面[86]。由于成像过程中活性氧中间体具有相对较长的寿命和扩散距离，因此该显微镜的空间分辨率仍需进一步提升。

过去几十年的单细胞电化学分析和成像主要局限于对细胞膜或者外部空间进行研究，而纳米电极的小尺寸和高灵敏度为单个细胞内的电化学测量提供了可能。美国纽约城市大学 Mirkin 教授率先使用 42 nm 铂电极穿透细胞膜，在单个细胞内尝试电化学分析。结果表明，尖端半径为细胞的 1/1000 左右的电化学探头在穿透细胞膜并在胞内行进时不会对细胞产生明显损伤，论证了细胞内纳米电极电化学分析的可行性[87]。在后续与法国巴黎高等师范学院 Amatore 院士的合作工作中，他们将铂黑电沉积在蚀刻的纳米腔内，观测到单个细胞内活性氧物种（ROS）和活性氮物种（RNS）从液泡到细胞质的微弱和短暂的泄漏，为进一步理解细胞氧化应激过程提供了科学依据[88]。我国武汉大学黄卫华教授进一步改进电极材料，使用半导体纳米线设计研制了独特的 SiC@C 核壳结构纳米线电极，用于定量测量活巨噬细胞的单个吞噬溶酶体中的 ROS / RNS[89]。

为了实现细胞内定量分析，瑞典哥德堡大学 Ewing 教授开发了细胞内囊泡电化学计量技术，即利用碳纳米电极扎入单个 PC12 细胞中，借助胞内囊泡中含有的茶酚胺在电极表面的氧化反应，定量研究了细胞外泌过程中囊泡数量[90]。南京大学江德臣教授则利用纳米毛细管电极扎入单个细胞内，借助电化学泵将管内的试剂盒成分精准注入细胞中，通过与被分析物一连串的化学和生物反应产生过氧化氢，用于毛细管尖端环形电极的电化学测量，从而定量测定了神经鞘磷脂酶的蛋白活性[91]。该技术借助生物实验室开发成熟的试剂盒，并将试剂盒组分和检测器集成在一个纳米尺寸的毛细管电极中，为单细胞内组分定量分析提供了一种新型电化学分析装置。

神经系统内信号传导依赖于突触间隙内神经递质信号分子的释放，然而对于不到 100 nm 突触间隙内部神经递质胞吐释放的实时探测，国际上一直存在重大挑战。为了实现纳米级突触间隙内高灵敏实时探测，武汉大学黄卫华教授发展了一种新型锥状碳纤维纳米电极，突破了纳米级突触间隙内神经递质胞吐释放动力学监测和神经信号传导过程实时跟踪难题，并提升了对突触内囊泡胞吐释放的认识水平[92,93]。

五、活体电化学分析

活体电化学分析旨在活体层次实现脑内神经化学物质的高时空分辨分析与检测，是电化学分析研究的重要组成部分。参与脑神经化学过程的部分生理活性分子本身即具有电化学活性，如儿茶酚胺类递质、抗坏血酸、尿酸及一氧化氮等，这些在常见的电极上即可发生电化学氧化还原进而输出电化学信号。另外一些神经化学分子（如葡萄糖、乳酸、丙酮酸、谷氨酸、次黄嘌呤、胆碱和乙酰胆碱等）虽然其本身不具有电化学活性或者电化学活性较差，但是这些分子可以通过各自的氧化酶或者脱氢酶转变成电化学可检测的物质，进而实现活体电分析检测。同时由于电化学分析方法本身具有仪器设备简单、灵敏度高、可实现原位实时分析和多组分同时测定等优点[94-96]，决定了该方法在脑神经科学研究中具有独特的优势，在活体神经化学分析研究中受到广泛的关注，因此活体电化学分析也常被称为神经电化学分析。目前活体电化学分析主要可以分为微电极活体伏安法、微透析活体取样－样品分离－电化学检测、微透析活体取样－在线电化学检测三种方法。这些方法由于各自的特点而决定了其在脑科学的研究中具有不同的优势和应用[97,98]。其中，微电极活体伏安法和微透析活体取样－在线电化学检测，由于无需样品分离、时间分辨率较高、能够实现空间分辨和动物实验结果能够自身对照等优点，在活体分析中具有独特的应用价值。

（一）基于微透析的活体电化学分析

微透析技术是一种从生物活体内进行动态微量生化采样并排除大分子等物质干扰的在线采样技术。它最早由 Delgado 提出并申请了美国专利，瑞典的 Ungerstedt 等于 1982 年报道了采用微透析技术检测多巴胺的实验结果，并于 1987 年申请了现在应用最为广泛的同心型探针的专利[99]。微透析探针特别适合于深部组织和重要器官的生化成分分析研究，该方法的最大特点是可减小取样对活体的生理干扰以及获得“干净”的分析样品。因为非常适用于脑内动态的生化代谢研究，微透析技术从 20 世纪 80 年代发展起来以后，在神经化学、药物学、生物行为化学、活体分析及药物开发等领域发挥着重要作用，并受到生物学界、医学界和分析化学界的高度重视。瑞典斯德哥尔摩大学药学院的 Arvid Carlsson 教授曾经利用微透析技术对大脑内多巴胺缺乏引起的疾病进行研究，研究成果获得了 2000 年诺贝尔生理学或医学奖。目前微透析采样技术已经被广泛应用于脑科学的研究。微透析技术与电化学结合主要以下面两种形式应用于活体分析中。

一种是活体微透析活体取样－样品分离－电化学检测方法，它是指从生物体内动态微透析采样后再进行样品分离和检测。样品分离多采用高效液相色谱（HPLC），可检测的物质有单胺类神经递质、氨基酸类神经递质、低分子量蛋白质、无机离子等。由于微透析样品不含大分子蛋白质或酶等，故样品不需要前处理即可直接进行高效液相色谱或毛细管电泳分离，然后进行检测。迄今，该方法已被广泛应用于脑神经活动过程中生理活性物质的检测以及生理和病理过程分子机制的研究[100-102]。近些年来，有人将微透析液直接收集于在线进样器中，定时自动地将样品注入 HPLC 系统进行样品分离和电化学检测，实现了人体或动物体内生物活性物质的在线检测。该方法尤其适合具有电化学活性的物质（如多巴胺、肾上腺素、去甲肾上腺素等儿茶酚胺类物质及其代谢产物、抗坏血酸、尿酸和 5-HT 等）的分析测定。Robinson 等对微透析活体取样 - 色谱分离 - 电化学分析法以及在脑神经过程中的应用做了详细的介绍[103]。

另一种是微透析活体取样 - 在线电化学检测方法，具体指微透析样品未经收集和分离即直接进行电化学检测。该方法与活体微透析活体取样 - 样品分离 - 电化学检测方法相比，具有样品保真、分析时间短、仪器简单、可实现样品近乎实时分析的特点。由于在线方法中微透析样品没有经过分离而直接进行电化学检测，所以在线检测的电化学传感器应该满足以下要求：①高的选择性，脑透析液中其他的电活性物质，特别是抗坏血酸、尿酸和多巴胺及代谢产物等物质对所测定物质不产生干扰；②高的灵敏度，特别是低浓度的物质（如多巴胺和乙酰胆碱等）在微透析取样过程中被稀释后浓度更低，因此对于在线检测器的灵敏度要求更高；③很好的稳定性和重现性，可以满足长时间持续的流动分析；④多组分同时测定时，电极间没有交叉干扰；⑤具有生物兼容性，能在实际生理病理条件下使用。虽然目前已存在大量的电化学生物传感器，如葡萄糖电化学生物传感器等，但因为活体分析特殊的要求，很多生物电化学传感器很难应用于活体分析。

针对上述问题，国内外研究小组经过长期研究，提出并发展了一些策略，建立了多种神经物质的活体电化学分析方法。但是，对电化学行为相近的儿茶酚胺类物质、5– 羟色胺、抗坏血酸和尿酸等，由于其在常用电极上的电化学氧化电位比较相近，同时这些物质也没有专一性的酶将其转换为可选择性检测的物质，它们的检测只有依赖特殊的催化剂或物质本身独特的电化学性质方能实现，因而建立针对这些物质的活体在线电化学分析方法具有很大的挑战性。迄今，在这些物质中，只有醌类物质、抗坏血酸和多巴胺能够实现活体在线电化学分析检测。醌是脑神经系统中具有电化学活性的生理活性物质之一，其产生于大脑缺血再灌注的过程中。因为在脑缺血过程中，儿茶酚胺类神经递质会释放到细胞间液中，再灌注时这些物质很容易被氧化而形成醌类物质。醌的还原电位比较负，其他共存的电化学活性的物质不会干扰其分析测定。基于此，Kauffmann 等在 -0.2 V 的电位下，建立了可用于直接检测醌的微透析取样——在线电化学分析方法，并检测了缺血再灌注时大鼠细胞间液中醌的含量 [104]。抗坏血酸不仅是多巴胺能和谷氨酸能神经元活动的神经调质，而且是一种小分子抗氧化剂和自由基清除剂，在脑神经传递和脑神经疾病的病理过程中均发挥着重要的作用 [105]。中国科学院化学研究所毛兰群课题组系统地研究了抗坏血酸在碳纳米结构电极上的电化学氧化行为，并发现了碳纳米管能够加快抗坏血酸界面电子转移的独特性能 [106]。基于此发现，他们随后创新性地提出并建立了基于碳纳米管电极的脑内抗坏血酸活体在线新方法，并用此方法系统研究了脑缺血过程中脑内抗坏血酸的变化规律 [107]。同时，他们基于漆酶对多巴胺的催化氧化和多巴胺氧化产物能够分子内成环的原理，利用固定有漆酶的磁性酶柱微反应器将多巴胺最终氧化转化为 5,6– 双羟基吲哚啉醌，并利用它在 –0.3 V 电位下的电化学还原性质，成功建立了多巴胺在线电化学分析体系 [108]。此外，他们还基于 Ca^{2+} 和 Mg^{2+} 能够增强聚氯化妥龙对 NADH 的电化学催化氧化作用这一性质，率先建立了 Ca^{2+} 和 Mg^{2+} 的活体在线电化学分析新方法 [109]。

针对非电活性神经化学物质的在线电化学分析，构建酶型生物电化学传感器是有效的途径之一。通过利用酶型生物电化学传感器，中国科学院化学研究所毛兰群课题组实现了一些非电活性神经化学物质的活体在线电化学分析，这些物质包括能量物质（如葡萄糖、乳酸）、神经递质（谷氨酸、乙酰胆碱、γ– 氨基丁酸等）、神经调质、自由基等 [110-112]。基于氧化酶的活体在线电化学方法按照检测过氧化氢的原理又可以分为两类，即非 HRP 体系的活体在线电化学分析方法和 HRP 的活体在线电化学分析方法。其中以 Os-gel 作为 HRP 和电极之间电子传递媒介体的原理，可以实现 H_2O_2 的电化学传感。基于此，研究人员已经成功实现了葡萄糖、乳酸、谷氨酸、胆碱和次黄嘌呤等神经化学物质的活体在线分析与检测 [101-118]。最近，毛兰群课题组将微流控芯片技术与活体在线电化学分析技术结合，实现了脑内葡萄糖、乳酸和抗坏血酸三组分同时分析 [119,120]。

（二）基于微电极的活体原位分析

活体伏安法（*in vivo* voltammetry）是将功能化的微电极植入到生物体组织（尤其是脑内），实现对于神经化学物质的活体原位实时分析与检测。该方法具有活体测定的优越性以及很高的时空分辨率。活体伏安法自1973年Adams创立以来，已成为脑神经化学研究的主要方法之一[121]。迄今，这种方法已经被应用于脑神经系统中多巴胺、抗坏血酸、氧气、葡萄糖、乳酸、谷氨酸、ATP和D-serin等物质的活体实时分析[96,122-125]。其中，对于具有电化学活性的物质，如多巴胺、抗坏血酸和NO等，活体伏安分析方法可基于这些物质本身的电化学性质而建立。对于这些物质分析的选择性一般可以通过两种方法得以实现：一种是提高电极本身的选择性，另一种是发展新的电化学原理和技术，如快速扫描伏安法等。例如，Wightman等利用快速扫描伏安法在DOPAC、5-HT和抗坏血酸共存的情况下，选择性地测定了多巴胺，从而实现了多巴胺的微电极活体伏安法分析，并将该方法应用于大鼠尾状核、前脑中皮层以及双侧基底核中多巴胺的活体原位分析。但是，这种方法也仅限用于释放多巴胺比较多的突触周围，因为多巴胺和去甲肾上腺素难以从电化学氧化电位上得以分开[94]。

在活体伏安分析中，Zhang等在微电极表面修饰了Nafion膜，避免了抗坏血酸等阴离子的干扰。他们也同时利用疏水性的膜，克服了多巴胺和DOPAC等物质的干扰，所制备的微电极对NO测定的线性范围为10～1000 nmol/L，并能够满足NO的活体伏安分析[126]。Chai和Zhou等在碳纤维电极上实现了超氧化物歧化酶的直接电化学分析，并基于此建立了超氧化物阴离子和金属Cu^{2+}的电化学分析方法[127,128]。毛兰群课题组基于抗坏血酸在碳纳米管上的快速电子转移，将碳纳米管修饰在碳纤维电极的表面，实现了脑内抗坏血酸的活体伏安分析[129]。为了进一步提高该方法的操作性和重现性，他们进一步将碳纳米管直接生长于碳纤维电极的表面，获得碳纳米管阵列碳纤维微电极，可以直接用于活体伏安分析[130]。同时，通过在阵列碳纳米管电极上电化学沉积铂颗粒，成功实现了脑内氧气高稳定性和高灵敏的活体伏安分析，克服了常规碳糊微电极原位分析氧气易产生过氧化氢的不足[131]。

对于非电活性物质的活体伏安电化学分析，其测定的原理基本和基于微透析活体取样的在线电化学分析的传感器设计相似，都是基于酶型的电化学生物传感器。例如，Kulagina 等在碳纤维电极修饰 Os-HPR-gel 和谷氨酸氧化酶，制备了谷氨酸电化学传感器，电极外再覆盖一层 Nafion 膜，增加了电极的抗污染能力和生物相容性。他们根据动物实验后电极的标准曲线，获得大鼠纹状体中谷氨酸的浓度为 73 μmol/L ± 50 μmol/L[132]。在这些微电极酶型传感器中，基于第一代生物传感器原理的活体伏安分析法在一些缺氧的动物模型中灵敏度会受到氧气浓度的影响。同时，相对于离体分析方法，电极容易受到体内大分子蛋白的非特征吸附和污染，从而导致电极在体内灵敏度的下降。另外，共存电化学活性物质尤其是单胺类神经递质等的干扰问题也是长期困扰该方法在实际应用中的最主要问题之一。

总的来说，无论是基于微透析技术还是基于微电极技术的活体分析方法，都是 20 世纪由欧洲和美国分别发展起来的，其在基础研究及应用研究等方面发挥了重要的作用。尤其是，微透析技术和基于快扫的多巴胺测定技术目前已经成为神经科学领域和药物研发领域认可的活体脑化学分析方法。鉴于此，目前国外从事此领域研究的相关人员依然在完善相关方法的准确度和拓宽其应用范围上面，对于活体电化学分析原理方面的研究尤其是发展新的可用于活体电化学分析研究的技术相对较少。

我国活体电化学研究的起步相对较晚，华东师范大学的金利通教授曾在 20 世纪 90 年代在国内率先开展活体电化学分析的研究，但受限于当时的研究环境和研究门槛，这方面的研究并没有在国内广泛开展。进入 21 世纪，随着我国综合实力的不断提升，中国科学院化学研究所毛兰群研究员于 2002 年回国以后一直从事活体电化学分析的研究。其结合自己的研究背景，在国际上率先发展了活体微透析 - 电化学检测在线系统以及抗坏血酸高分辨原位活体分析原理和方法。华东师范大学的田阳和施国跃教授、中国人民大学的张美宁教授、福州大学的林振宇教授以及首都师范大学的林雨青教授等也都在这个领域做出了出色的研究成果，充分说明我国在活体电化学分析领域已经形成了自己的研究队伍。更为重要的是，与国外利用电化学技术（如快扫）实现活体选择性的思路不同，我国学者利用修饰电极技术，充分结合化学领域的最新进展促进活体电分析化学领域的发展，已经逐渐由前几年的并跑慢慢进入了领跑阶段。虽然我们的研究思路目前是先进的，但是相对较小的研究队伍是目前限制我国在此领域发展的主要瓶颈问题之一。

六、生物燃料电池传感分析

生物燃料电池（biofuel cell，BFC）是一类以酶或者微生物作为催化剂直接将燃料中的化学能转换为电能的电化学反应装置[133-135]。在生物催化剂的作用下，糖类、醇类或有机污染物等燃料在阳极发生氧化反应产生电子。这些电子流经外部负载到达阴极，在阴极上被氧气等电子受体接受，产生电流[136-138]。根据所用催化剂的不同，BFC 可以被分为酶生物燃料电池（enzymatic biofuel cell，EBFC）和微生物燃料电池（microbial fuel cell，MFC）。与传统燃料电池相比，BFC 主要具有以下几方面的优势：①燃料来源广泛。自然界大量存在的葡萄糖、醇类、淀粉等可再生的有机化合物均可作为燃料，甚至可以利用光合作用或直接利用污水产电，燃料资源多种多样。②催化剂资源丰富。酶和微生物作为天然物质不仅在自然界中广泛存在，而且还能循环再生，避免了催化剂出现枯竭现象。③反应条件温和。酶以及微生物对燃料的催化反应通常在常温、常压及近中性 pH 条件下进行，易于操作、控制和维护，简化了燃料电池的结构。④生物相容性好。由于可以利用人体血液中的葡萄糖和氧气作为原料，葡萄糖生物燃料电池有望直接植入人体，作为心脏起搏器等人造器官、微型传感器和未来分子机器人等的电源。⑤环境友好。整个 BFC 体系并未引入贵金属催化剂等，主要反应产物是二氧化碳和水，不含有毒物质，是一种真正意义上的绿色能源。随着化石燃料日趋枯竭，环境污染日益加剧，BFC 这些优良特性使其成为极具潜能的新能源技术。

有关 BFC 的研究最早可以追溯到 1911 年，英国植物学家利用铂作为电极放进大肠杆菌的培养液中，成功制备了第一个生物燃料电池[139]。但是，由于当时电子传递机制研究的不完善，BFC 在随后的几十年里的发展一直较为缓慢。进入 20 世纪 90 年代后，纳米材料和生物技术的迅速发展为 BFC 的研究提供了巨大的物质、知识和技术储备，从而使得 BFC 的研究进入高速发展阶段，性能也有了很大的提升[140]。然而，截至目前，大多数生物燃料电池的性能，如电池的能量密度、使用寿命和稳定性仍然大大低于化学燃料电池。

近些年来，一些新兴的研究工作使得人们对 BFC 重新燃起了希望。不同于传统意义上将 BFC 作为发电的设备，这些工作集中将其应用于传感分析领域，即生物燃料电池自供能传感器[141,142]。生物燃料电池自供能传感器的检测思路是将目标分析物的浓度转换为生物燃料电池的性能（电压、电流和功率）变化[143-146]。与传统生物传感器相比，它的优势在于：①无需外部电源，快速便携的现场实时监测。只需用电压电流表这样的简单手段测量 BFC 本身的输出信号，就能够实现快速的现场实时监测[147,148]。②无需三电极体系，电化学传感发生在微生物燃料电池本身的阴阳两极，使得自身结构更精巧，更利于微型化。另外，电化学传感器也无需参比电极，自供能传感器的工作稳定性好[144,149]。③优异的抗干扰能力。生物燃料电池的自供能生物传感器的测试过程未引入外加电源，可以有效防止体系中其他电化学活性物质在电极表面发生氧化还原反应所带来的干扰[150]。因此，对于这种自供能传感器的开发和应用与日俱增。

（一）酶生物燃料电池自供能传感器

从目前酶生物燃料电池自供能传感器的相关报道来看，这类传感器的基本工作原理主要有底物效应、酶活抑制效应、酶负载量变化和位阻效应四大类。

1. 底物效应

酶生物燃料电池的输出性能与燃料的浓度呈现依赖关系。由于它所使用的燃料为两极固定的酶对应的底物，因此可以通过电池性能参数的变化来反映生物底物浓度的变化。借助这一构建思路，研究人员发展了多种基于底物效应的酶生物燃料电池自供能生物传感器。其中，以检测葡萄糖的酶生物燃料电池自供能传感器最常见。在 2001 年，Katz 和 Willner 最早将葡萄糖氧化酶（GOD）的活性中心黄素腺嘌呤二核苷酸（FAD）和葡萄糖脱氢酶（GDH）的活性中心烟酰胺腺嘌呤二核苷酸（NAD^+）固定到阳极上，将细胞色素 C 氧化酶固定到阴极上，构建了葡萄糖 / 氧气 EBFC[151]。该电池的开路电位与葡萄糖浓度存在依赖性关系，可用作检测葡萄糖的自供能传感器。这一研究开创了酶生物燃料电池检测葡萄糖的先河。在此工作的基础上，Zhang 等将光电技术引入到了自供能式葡萄糖传感器[152]。他们利用氢氧化镍 / 硫化镉/二氧化钛光电阳极和血红素/石墨烯修饰的阴极组建光燃料电池。研究表明，在光照的条件下，葡萄糖的氧化得到进一步促进，因此构建的光燃料电池的性能有很大提升，开路电压达到了1.21 V。受益于这一优良的性能，构建的葡萄糖传感器的线性检测范围为10～500 μmol/L，检测限低至5.3 μmol/L。这项工作的成功开展对在酶生物燃料电池自供能传感器中获得多重能量转移带来了启发，有望获得超灵敏的自供能式传感器。

另外，通过对酶的选择和替换，可以发展用于检测其他底物的自供能式传感器。Minteer等将乳酸氧化酶用作阳极生物催化剂构建酶生物燃料电池[153]。同样地，基于电池输出电流与底物乳酸浓度之间的依赖关系，开发的酶生物燃料电池可以用于检测分析乳酸。随后，Wang等借助丝网印刷技术在具有高度伸缩性的纺织物上构建了乳酸自供能式传感器[154]。这一传感器可以抵抗严重的形变，该团队将其直接构建在袜子上用于直接分析人体汗液中的乳酸含量，进而有助于推动可穿戴式自供能传感器的发展。另外，在酶生物燃料电池阴极，氧气作为电子受体，它的浓度也直接影响到电池的性能。因此，基于电池输出性能和氧气中的依赖关系，也可以发展检测氧气的自供能式传感器[155]。对上述工作的原理进一步深入，即可以开发针对底物的氧化产物的传感器。Dong等利用乙醇脱氢酶（ADH）和胆红素氧化酶（BOD）分别作为阳极和阴极生物催化剂，发展了可用于检测乙醛的自供能传感器[156]。在这一工作中，燃料是乙醇，ADH催化氧化乙醇产生乙醛并获得电子。当存在目标物乙醛时，阳极的催化反应平衡向左侧移动，产生的电子减少，酶生物燃料电池性能降低。因此，酶生物燃料电池的性能与乙醛之间也存在着依赖关系，可用于定量分析乙醛。这为拓宽基于底物效应的酶生物燃料电池自供能传感器的检测范围提供了新思路。

2. 酶活抑制效应

在酶生物燃料电池中，生物催化剂酶的活性必然会影响电池的性能。当检测的目标物影响酶的活性时，会引发酶生物燃料电池各性能参数的变化，这些参数的变化程度就可以反映出目标物的浓度，进而可以发展基于酶活抑制效应的酶生物燃料电池自供能传感器。早在2011年，Dong等基于Hg^{2+}对乙醇脱氢酶和胆红素氧化酶活性的抑制作用发展了Hg^{2+}的酶生物燃料电池自供能传感器，并将其用于分析实际水样（自来水、地下水和湖水等）中Hg^{2+}

的含量[157]。结果表明，该传感器具有优良的选择性，其他 15 种常见金属均无干扰；线性检测范围为 1～500 nmol/L，最低检测限为 1 nmol/L，远低于其他报道的方法。除了胆红素氧化酶外，漆酶也是酶生物燃料电池中常用的阴极酶。Minteer 等发现亚砷酸盐和砷酸盐均对漆酶的活性表现出抑制作用[158]。基于这一原理，发展了亚砷酸盐和砷酸盐的自供能传感器。同样地，基于全氟辛烷磺酰基化合物对谷氨酸脱氢酶活性的抑制作用，Xie 等开发了用于检测这种有机污染物的酶生物燃料电池自供能传感器[159]。

除了直接检测酶的抑制剂外，酶生物燃料电池自供能传感器还被用于分析酶抑制剂的掩蔽剂。Liu 等利用葡萄糖氧化酶和漆酶分别作为阳极和阴极的生物催化剂构建酶生物燃料电池，并用作 L– 半胱氨酸的自供能式检测[160]。在该工作中，Cu^{2+} 会与葡萄糖氧化酶活性中心还原态的辅酶 $FADH_2$ 形成络合作用，从而抑制酶的活性，进而获得较低的输出性能。而当加入 L– 半胱氨酸后，通过 Cu—S 键的作用，大量的 Cu^{2+} 会与 L– 半胱氨酸结合，即酶重新被激活，电池的输出性能重新恢复，性能恢复的程度与 L– 半胱氨酸的浓度呈依赖关系。相似的原理也被用于开发 EDTA 的酶生物燃料电池自供能传感器[161]。这两项检测掩蔽剂的传感器属于“signal-on”模式，可以避免假阳性信号的出现，能够更准确地反映检测物的实际浓度变化。

3. 酶负载量变化

酶生物燃料电池电极上酶负载量的变化势必会影响电池的性能。通过合理的设计，使得分析物浓度与电极上酶的负载量存在依赖关系，从而表现出电池性能的变化，这些变化反过来反映了目标分析物的浓度。借助这一理念，并结合免疫技术，Ge 等制备了一种用于检测肿瘤标志物的纸质自供能传感器[162]。在该工作中，电极阳极修饰上抗体 1 用于捕获癌胚抗原，同时将抗体 2 与葡萄糖脱氢酶一同修饰在多壁碳纳米管上。当存在癌胚抗原时，抗体 1、抗原及抗体 2 之间形成夹心结构，因而葡萄糖脱氢酶也同时固定到阳极表面。因此，电池的输出电流与癌胚抗原的浓度之间存在依赖性关系。相似的报道也见于 Guo 等发展的检测 Nε–（羧甲基）赖氨酸的工作[163]。该传感器的检测限低至 0.2 nmol/L，灵敏度比传统的 ELISA 法提高了 50 倍。DNA 互补技术也被用于酶生物燃料电池自供能传感器领域。Yu 等在酶生物燃料电池的阳极修饰上与目标 DNA 部分互补的 DNA1，同时将葡萄糖氧化酶装载到多孔金内并在多孔金表面通过 Au—S 键修饰上与目标 DNA 部分互补的 DNA2。当溶液中存在目标 DNA 时，基于 DNA 双链互补技术，葡萄糖氧化酶被固定到阳极上[164]。同样地，电池的性能提高程度与目标 DNA 的浓度呈现依赖关系。另外，该工作中还引入了超级电容器用于存储酶生物燃料电池产生的电能。这些产生的电能被大量累积，并被瞬间释放，因此整个体系可以获得更大的电流，进而可以提高传感器的灵敏度，为检测 DNA 错配提供了新途径。

在上述工作的基础上，南京大学朱俊杰课题组基于免疫竞争法构建了用于检测肿瘤细胞的酶自供能传感器[165]。在此工作中，阳极修饰上能够捕获肿瘤细胞的适配体，该适配体同时也是一段 DNA 序列。因此，我们将与其部分互补的 DNA 序列和胆红素氧化酶一同修饰在 DNA 上。基于 DNA 互补技术，阳极表面固定上大量的胆红素氧化酶。当存在肿瘤细胞时，发生免疫竞争反应，肿瘤细胞与阳极的适配体结合，同时互补的双链 DNA 被打破，胆红素氧化酶从阳极脱离，电池输出性能的降低程度与肿瘤细胞的浓度存在依赖关系。这项工作相当于在前面的工作原理上加了一步，目标物的作用不再是辅助生物催化剂的固定，而是促进生物催化剂从电极表面的脱离。研究结果表明，该传感器的检测限为 2 个细胞，有望成为临床肿瘤早期诊断的有力工具。最近，分子印迹技术也被用于酶生物燃料电池自供能传感器。Liu 等在酶燃料电池的阴极构建了硼酸盐亲和性的分子印迹聚合物，当目标物糖蛋白存在时，分子印迹聚合物识别目标物，并且通过亲和作用固定上硼酸亲和基团功能化的碳纳米管 / 胆红素氧化酶[166]。因此，酶生物燃料电池性能不同程度的提高反映了不同浓度的目标物。

4. 位阻效应

酶生物燃料电池的性能容易受到电极与酶之间电子传递效率以及酶催化底物速率的影响。当不同浓度的目标物被捕获到电极上时，会对酶与底物的接触和电极与酶之间的电子传递产生不同的阻碍作用或是去阻碍作用，进而不同程度地影响电池的性能。基于这一原理，Yu 等发展了一种检测前列腺癌特异性抗原的自供能传感器[167]。在该工作中，氧化亚铜用作阳极催化剂，胆红素氧化酶作为阴极催化剂。当阳极上固定的抗体与目标抗原蛋白结合后，抗原蛋白会充当绝缘层阻碍燃料与阳极催化剂的接触，进而使得酶生物燃料电池的性能降低。基于同类原理，南京大学朱俊杰课题组开发了一种用于检测循环肿瘤细胞的酶生物燃料电池自供能传感器[168]。该工作在电池的阴极修饰上肿瘤细胞的适配体，当目标细胞存在时，适配体捕获细胞，细胞固定到电极上。因此，基于位阻作用，电子受体铁氰化钾与阴极的接触受到阻碍；同时，带负电的细胞会静电排斥电子受体铁氰化钾，电子受体与阴极的接触会被进一步削弱。因此，该工作展现出了极高的灵敏度。另外，在加热的条件下（48℃），被适配体捕获的细胞会重新从阴极表面脱落，因此该传感器可以重复使用。研究结果表明，在重复使用 9 次后，该传感器仍能准确测定肿瘤细胞，进一步提高了该传感器的实用性。

多目标分析是传感器的一大目标之一，Dong 等开发了一种基于位阻效应的自供能适配体逻辑门传感器[169]。该工作构建了基于葡萄糖氧化酶 / 凝血酶适配体功能化的生物阳极和胆红素氧化酶 / 溶菌酶适配体功能化的生物阴极的无隔膜微流控芯片酶生物燃料电池。当只有凝血酶存在时即输入信号为（1，0）时，阳极的 TBA 层识别凝血酶，封闭电极界面，导致葡萄糖在电极表面发生氧化的过电位增加，因此（1，0）信号的输入降低了 EBFC 开路电压；反之，溶菌酶单独存在时，即输入信号为（0，1）时，会被阴极适配体捕获，导致氧气还原过电位的增加，电池性能降低。当两种目标物同时存在，即输入信号为（1，1）时，阴阳两极的适配体均捕获底物，电压的输出信号进一步降低，即此时的输出信号记为输出 0。当没有底物输入时，电池的电压输出几乎不会受到影响记为输出 1，这与逻辑门计算中的 NAND 逻辑门原理相似。因此，该传感器可以用于检测样品中两种目标物是否同时存在，但无法确定哪一种目标物存在，还需进一步提高。上述所有工作中，目标物都是起到阻碍作用，因此这些传感器都是“signal-off”的模式。在这些工作原理上再进一步，即可开发“signal-on”模式的自供能传感器。Li 等开发了一种检测氨苄西林的自供能传感器[170]。在该工作中，酶生物燃料电池的阳极修饰上葡萄糖氧化酶和适配体 1（也是一段 DNA 序列）；同时在二氧化硅 / 纳米金复合材料的表面修饰上适配体 1 的互补 DNA 序列。基于 DNA 互补技术，二氧化硅 / 纳米金复合材料固定到电极表面，充当绝缘层阻碍葡萄糖与酶的接触。当存在目标物时，由于免疫竞争反应，适配体 1 与目标物结合，同时二氧化硅 / 纳米金复合材料从电极表面脱落，位阻减小，电池的性能恢复。电池性能提高的程度即可以反映目标物的浓度，有望成为食品安全现场检测的有力手段。

（二）微生物燃料电池自供能传感器

不同于酶生物燃料电池自供能传感器拥有多元化的构建策略，微生物燃料电池自供能生物传感器的构建思路主要围绕着底物效应和微生物活性抑制。从目前报道来看，这类传感器主要用于生化需氧量（BOD）、挥发性短链脂肪酸、毒性物质、微生物数量和活性以及其他物质的分析研究。

1. 生化需氧量分析

生化需氧量（BOD）是指水中有机化合物等需氧污染物质的含量，它是衡量水质的重要指标，BOD 研究对评价污水处理技术的效果有非常重要的作用。研究发现，基于微生物的传感器能够有效地评估 BOD，而且展现出更短的响应时间（少于一天）[171]。另外，连续运行的微生物燃料电池甚至能够随着时间的变化持续测定 BOD，有望对 BOD 进行实时在线的监测[172]。因此，微生物燃料电池在 BOD 评估领域开始崭露头角。Karube 等开发了第一个微生物燃料电池型 BOD 传感器[173]。该传感器可以用于分析屠宰场、食品厂和酒精厂废水中的BOD，测定的结果与BOD_5法的相对误差不超过10%。此后，研究工作者甚至开发出可以在湿地和海水环境下测定 BOD 的微生物燃料电池传感器[174,175]，展现了其对 BOD 实时在线监测的巨大潜能。

随后，优化传感器的性能成为该领域的研究主题。通过调节燃料的供应速度和外电阻的阻值，Kim 等大大缩短了微生物燃料电池型 BOD 传感器的响应时间[176]。进一步将微生物燃料电池的体积从 25 mL 缩小为 5 mL 后，响应时间仅为 5 min ± 1 min。微生物燃料电池的隔膜能够阻止阳极室中底物的损失以及阴极室中氧气向阳极室的扩散，因而薄膜的选择会对传感器的性能产生重要的影响。Dharmalingam 等利用磺化聚醚醚酮膜（SPEEK）取代传统的萘酚膜构建微生物燃料电池 BOD 传感器[177]，将传感器的检测范围提高了 62.5%。在微生物燃料电池型 BOD 传感器长期监测的过程中，底物被微生物代谢会产生大量的质子，造成溶液的酸化，进而影响催化剂的活性和传感器的性能。Wang 等向微生物燃料电池型 BOD 传感器中加入零价铁，发现零价铁的加入可以抵抗阳极液的酸化，进而放大了传感器的响应信号并缩短了传感器的响应时间[178]。微生物燃料电池型 BOD 传感器往往面对的是复杂水样（如硝酸盐），难免会包含一些可以用作电子受体的物质。当水样进入阳极室中，这些物质会与阳极竞争电子使得电池的输出性能偏低，进而降低 BOD 传感器的灵敏度。于此，Kim 等向构建的微生物燃料电池型 BOD 传感器中加入叠氮化合物和氰基[179]。结果表明，它们的加入对不含电子受体的水样没有副作用，而对于含有其他电子受体（硝酸盐）的水样，它们的存在可以很好地消除其他电子受体对电流的抑制作用。然而，这些抑制剂的加入会对水样造成新的污染，因而研究工作者需要开发更优越的策略。此外，微流控技术[180]和三维打印技术[181]也被用于构建新型的微生物燃料电池装置，以便提高微生物燃料电池型 BOD 传感器的便携性。综上所述，随着对微生物燃料电池型 BOD 传感器的不断优化，它终将会成为在线监测生物处理过程的有力工具之一。

2. 挥发性脂肪酸检测

挥发性脂肪酸的研究对于监控和优化厌氧消化过程有极其重要的影响。不同于 BOD 的测定，挥发性脂肪酸的测定对于微生物燃料电池型传感器的选择有更高的要求[182]。要想微生物燃料电池的信号直接反映挥发性脂肪酸的浓度，那么电子的来源只能是挥发性脂肪酸而不是所有可代谢的有机化合物。为了实现这个目的，Zhang 等在传统的双室燃料电池的阴极室和阳极室中加入了一个样品室，组建微生物燃料电池并用于挥发性脂肪酸的检测[183]。当厌氧消化的流出物进入样品室时，只有挥发性脂肪酸可以透过阳离子交换膜进入阳极室，而其他可代谢的有机化合物仍然存在于样品室。因而，该传感器可以实现单纯的挥发性脂肪酸检测，取得与气相色谱法相近的测试结果。此外，重现性、响应时间、稳定性等也是这类传感器能否实用化的重要参数。Premier 等在阳极修饰上碳基材料和导电聚合物构建微生物燃料电池型挥发性脂肪酸传感器[184]。这些阳极材料的修饰或提高了阳极微生物的数量，或提高了电极与微生物催化剂直接的电子传递，因而改善了传感器的稳定性、重现性及响应时间。

除了检测混合的挥发性脂肪酸，微生物燃料电池型传感器也被开发用于单一脂肪酸的检测。例如，Kim 等利用 *Shewanellaputrefaciens* 作为微生物催化剂构建了用于乳酸钠检测的微生物燃料电池型传感器[185]。该传感器的线性检测范围为 2～25 nmol/L。不同的微生物可以催化不同的底物，因而通过改变燃料电池的催化剂的种类即可用于检测其他目标物。利用

Pesudomonasmonteilii LZU-3 和 *Clostridium butyricum* 作为催化剂构建的微生物燃料电池型传感器即可分别检测硝基酚和甲酸 [186,187]。

3. 毒性物质检测

这类传感器的设计思路主要是围绕着微生物活性效应展开的。Kim 等开发了用于检测 Pb 和 Hg 的微生物燃料电池型传感器 [188]。该工作发现，当水样中含有 Pb 和 Hg 时，电池的输出电流急剧下降；1 mg/L Pb、Hg 对电流的抑制率分别达到 46% 和 28%。同样地，Dong 等也构建了微生物燃料电池型传感器并系统地研究了六种重金属离子（Cu^{2+}、Hg^{2+}、Zn^{2+}、Cd^{2+}、Pb^{2+} 和 Cr^{3+}）对电池性能的抑制率 [189]。抗生素是另外一种可以影响细菌活性的物质，因此研究工作者也开发了大量的微生物燃料型抗生素传感器。Schneider 等分别将大肠杆菌（*Escherichia coli*）和金黄色葡萄球菌（*Staphylococcus aureus*）作为催化剂构建了微生物燃料电池型传感器并用于检测青霉素、氨苄西林等 β-内酰胺类抗生素的检测 [190]。该传感器在细菌接种 3～4 h 后即可对目标物进行分析，而传统的纸片扩散法需要 24～48 h，大大地提高了分析效率。虽然大部分毒性传感器的设计思路是微生物活性效应，但当目标物是有机污染物且可被微生物催化剂用作电子供体时，同样可以构建基于底物效应的毒性传感器。以甲醛为模式污染物，Choi 等构建了 *Shewanellaoneidensis* 接种的微生物燃料电池型生物传感器。该传感器的灵敏度很高，可检测到 0.001% 的甲醛 [191]。此外，当去除水样中的甲醛后，电池的电流逐渐恢复，展现了重复利用的潜能。

灵敏度是传感器的核心评价标准。Buisman 等研究了阳极过电位对微生物燃料电池型毒性传感器灵敏度的影响 [192]。当微生物燃料电池的阳极电位为 –0.3 V 时，获得的平均电流密度几乎是 –0.4 V 时的 10 倍，因而能够获得更高的灵敏度。考虑到阳极过电位会受到阳极电势、pH、底物浓度和碳酸氢盐浓度等因素的影响，因而优化这些参数将有望进一步提高传感器的灵敏度 [193]。在微生物燃料电池运行过程中，通入氮气和进样的过程都会造成剪切力。这些剪切力的切变速率会影响阳极生物膜的结构以及胞外聚合物的形成，从而改变微生物与毒性物质的相互作用，进而影响传感器的灵敏度。一般情况下，低的切变速率会提高生物膜的孔隙率，并且降低生物膜中生物量密度和胞外聚合物的含量，有助于提高传感器的灵敏度 [194]。此外，微生物燃料电池的运行模式也对毒性传感器的灵敏度有着重要的影响。Liang 等指出微生物燃料电池以“瞬态”模式运行能够获得更大的输出电流[195]，可将传感器的灵敏度提高 50%～247%，而 Girguis 等证实了流通式的电极能将传感器的灵敏度提高 15～40 倍[196]。

4. 微生物活性和数量分析

在微生物燃料电池中，微生物进行呼吸作用并将电子传递到阳极产生电流。在一定条件下，微生物燃料电池的电流取决于电池中微生物催化剂的数量和活性。因此，电池电流的变化也可以直接反映微生物的活性和数量。Puzrin 等设计了微生物燃料电池型传感器用于现场监控生物修复过程中 *Shewanellaoneidensis* MR-1 代谢乳酸的呼吸速率[197]。利用同样的方法，该课题组也研究了 *Geobactersulfurreducens* 代谢乙酸的呼吸速率[198]。选择合适的底物可以进一步提高这类传感器的选择性。Han 等分别以 4– 氨基苯 –*β*–D–半乳糖苷（4-APGal）、8– 羟基奎宁葡萄糖酸苷（8-HQG）和 4– 硝基苯 –*β*–D– 葡萄糖苷酸（PNPG）作为底物构建微生物燃料电池传感器，并用于大肠杆菌的检测[199]。在该工作中，所使用的底物在被细菌表面对应的 *β*–D– 半乳糖苷酶（GAL）和 *β*–D– 葡萄糖醛酸酶（GUS）水解后，形成了具有电化学活性的产物。这些产物可作为电子媒介体，因而提高了微生物燃料电池的性能，进而提高传感器的灵敏度。虽然微生物燃料电池型微生物活性传感器取得了不错的进展，但是仍然存在很大的局限性。对于那些不具有产电功能且无法借助电子媒介体来产电的微生物来说，该方法显然是不适用的。

5. 其他物质

除了以上提到的四大用途之外，研究工作者也开发了其他类型的微生物燃料电池传感器。这些传感器的设计思路主要是围绕着电子传递展开的，即目标分析物的存在会对微生物燃料电池的电子传递效率产生影响，因此电池的电流变化在一定条件下也可以反映目标分析物的浓度。电子媒介在微生物燃料电池中的加入，可以加速细菌与电极之间的电子传递速率，从而提高电池的电流。在一定范围内，电流的增加程度可以反映电子媒介体的浓度。基于这一策略，研究工作者开发了用于检测硫堇、核黄素和绿脓菌素的微生物燃料电池型传感器[200-202]。这些传感器均展现出很好的灵敏度、选择性和稳定性。其中，检测绿脓菌素的微生物燃料电池传感器的检测限低至 47 pmol/L，有望成为早期诊断绿脓杆菌感染的有力工具之一[202]。此外，基于目标物阻碍电子传递构建的微生物燃料电池型传感器也有初步报道。Ojani 等在微生物燃料电池的阴极修饰上目标 DNA 的互补序列用于检测 DNA。当目标 DNA 被捕获在阴极形成双链 DNA 时，会阻碍阴极的氧还原反应，从而降低微生物燃料电池的性能[203]。研究结果表明，该传感器的最低检测限低至 3.1 nmol/L，并且具有很好的选择性，甚至可以辨别单碱基错配的 DNA 序列。需要指出的是，该工作的传感元件放置于电池的阴极，避免了目标分析物对微生物催化剂稳定性的干扰，因此也为提高微生物燃料电池型传感器的稳定性提供了一条新思路。

综上所述，生物燃料电池传感分析领域已经取得了众多优异的研究成果，而我国对该领域的工作做了重要的贡献，尤其是在酶生物燃料电池自供能传感器方面处于国际先进水平。中国科学院长春应用化学研究所的董绍军院士团队是国内该领域的先驱。他们不断地优化传感策略，同时也创造性地将一些新技术引入酶生物燃料电池自供能传感器中，显著改善了检测灵敏度和反应选择性。另外，南京大学的朱俊杰课题组进一步拓宽了酶生物燃料电池自供能传感器的应用范围，实现了对单个癌症细胞的检测。考虑到酶生物燃料电池自供能传感器的可植入潜能和便捷性，未来的突破方向将是植入式医疗监测乃至治疗设备。不同于酶生物燃料电池自供能传感器，我国对于微生物燃料电池自供能传感器的研究相对较少。究其原因，我国有关微生物燃料电池研究的工作者主要来源于环境领域，借助酶生物燃料电池自供能传感器的研究经验，未来我国在微生物燃料电池自供能传感器领域有望展现出极强的竞争力。

七、纳米孔道电化学

从纳米孔自身的组成出发，可以将纳米孔分为生物纳米孔和固态纳米孔两大类。相比于生物纳米孔，固体纳米孔具有机械强度高、耐受性好、通道尺寸可控等优点。另外，根据孔的数量和排列可以分为单孔和阵列纳米多孔。其中，阵列纳米孔的研究尤其重要。通常情况下，大多数阵列纳米孔是由固态材料构成的，具有阵列多孔特性，因而能够将纳米通道内的分子事件直接放大为易于测量的电化学、光学信号，进而为认识纳米孔特性构建了良好的体系。除此之外，利用阵列纳米孔进行电化学分析能够直接测量自身没有氧化还原或电子转移发生的化学过程。

近年来，我国在纳米孔研究和应用领域取得了突飞猛进的进展。例如，龙亿涛团队以气单胞菌溶素纳米通道（aerolysin nanopore）单分子界面为例，通过单个分析物与野生型且无任何修饰的 Aerolysin 孔道内壁氨基酸之间的弱相互作用，将单链 DNA 的过孔速度降低了三个数量级（2.0 ms/ 碱基），从而极大地提高了电流检测的灵敏度，完成了对仅有单个碱基差异 DNA 分子的超灵敏识别，并实现了混合复杂体系的超灵敏检测和核酸外切酶“分步降解”单链 DNA 过程的实时观测[204]。在这一单个 Aerolysin 生物分子界面，实现了单个分子机器的构建与操控，即单个偶氮苯修饰的单链DNA作为“单分子火车”在电场力的作用下逐一通过单个 Aerolysin 分子界面。在紫外光照射下，寡聚核苷酸侧链的 *trans*– 偶氮苯基团作为“低速齿轮”减慢“单分子火车”的速度至 1.9 碱基 /s。在可见光照射下，*cis*– 偶氮苯基团作为“高速齿轮”控制“单分子火车”速度至 6.3 碱基 /s[205]。通过对单个分子瞬态离子流事件的超灵敏记录实现对每一个光控单分子运动轨迹的高时间分辨测量，发展了非平衡态测量新方法。进一步，通过设计孔道内单个氨基酸位点突变，实现对单链 DNA 过孔行为的选择性调控[206]，确定了 Aerolysin 孔道中对单链 DNA 检测的两个灵敏位区域。利用具有高电流分辨能力的 K238G 实现了单个随机 DNA 链上的甲基化胞嘧啶的超灵敏区分[207]。这一高灵敏的单分子界面随后被多个国内外课题组推广应用于单个多肽区分、DNA 甲基化鉴定、蛋白质构象分析等生物大分子检测研究中[208-212]。此外，清华大学李景虹教授利用酶与 DNA 结合引起通过生物纳米孔的离子电流变化实现了对甲基化 DNA 的检测[213]，而中国科学院化学研究所吴海臣研究员等利用适体的结构特性开展了基于纳米孔的金属离子和目标物单分子分析[214,215]。

除了生物纳米孔外，对固体纳米孔的研究同样也取得了一定的成果。固体纳米孔的制备通常是在 Si_3N_4、SiO_2 等机械强度较高的固体芯片材料上通过高能粒子束刻蚀并结合反馈调节技术制备的纳米尺寸小孔的芯片。然而，待测溶液较难进入这种高真空条件下制备获得的单个纳米孔道，造成固体纳米孔道电流噪声大、电流分辨率低等缺点。为获得性能更为优异的固体纳米通道，新的固体纳米孔制备方式探索也成为研究的热点之一。其中，电化学刻蚀法利用“介电质击穿”技术无需昂贵设备及超高真空制备系统，即可实现原位、快速、可控地单个孔径为1.5～30 nm的SiN_x固体纳米孔道。所制备的单个SiN_x固体纳米孔道具有噪声低、孔径小（<30 nm）、孔径可控的特点。通过调控电场作用，应用所制备的1.5 nm纳米孔道，获得了单个DNA发夹结构的纳米孔道特征解链信号[216]，证明了所制备的SiN_x纳米孔道检测灵敏度可与α–溶血素生物纳米孔道媲美。进一步，通过SiN_x固体纳米孔道限域空间效应增强了纳米孔道与短链核酸分子之间的弱相互作用，从而实现了单个核酸分子动态构象的超灵敏测量[217-219]，获得了特征阻断信号，应用于前列腺癌标PSA在血清样本中的直接分析[220]。在这些研究工作的基础上，中国科学院长春应用化学研究所金永东、美国华盛顿大学张波等分别利用纳米通道表面修饰，进行了碱基、蛋白等的测量[221,222]。

与之对比，国外有关纳米孔的研究更加明确地指向应用领域。美国华盛顿大学Jens H. Gundlach教授等发现了MspA纳米孔，并将其应用于DNA测序研究中[223]。基于MspA展现出的独特优点，Illumina公司随后购买了这一研究成果的专利。同样地，英国牛津大学Hagan Bayle教授在蛋白纳米孔研究方面进行了十余年的基础研究，其开发的生物纳米孔固定手段和电化学检测方法最终成为Oxford Nanopore Technologies公司的核心技术。此外，美国华盛顿大学Prezhdo教授等利用石墨烯纳米孔作为原子级厚度的纳米孔模拟了DNA过孔产生的信号[224]，从不同角度拓展了纳米孔的应用基础。

八、基于光学显微镜的电化学成像新技术

人类对客观世界的认知离不开观察测量工具的发展。其中各类显微成像工具（显微镜）以其直观性和高信息量等特点已经成为现代分析科学必不可少的基本工具。目前，各种光学显微镜和电子显微镜是显微成像技术的主流。此类显微镜通常用于获取观测对象的表面形貌和几何结构信息，难以对物质化学组成特别是化学反应活性的空间分布进行成像研究。电化学显微镜是一种原位获取观测对象表面二维甚至三维电化学活性分布信息的成像技术，是研究异相表面电化学性质最有效的技术手段之一。自1989年首个扫描电化学显微镜（SECM）由世界著名电化学家Allen J. Bard教授提出并随后由CH Instruments公司商品化以来。该类显微镜在材料表征和界面过程研究

方面体现出极大的应用价值，一直是电化学研究的热点领域。

与一些同类的扫描探针显微镜主要提供样品的空间形貌信息不同，SECM 着重研究观测对象的电化学活性分布，是一种能够提供丰富电化学反应信息的显微成像技术，因而获得了电化学工作者的青睐。不仅如此，近年来 SECM 更逐步应用于除了电化学之外的许多基础和应用研究领域，包括生命科学、纳米科学和表面科学等。在生命科学领域，SECM 已经被用于对从蛋白质和脱氧核糖核酸到单细胞和组织样本等多层次生物体系的电化学活性分布成像，从而获取生物分子相互作用及样本的生物电化学行为等方面的重要信息。在纳米科学方面，SECM 不仅被用于纳米尺度上表面形貌和化学反应性成像，更是一种实现纳米材料在特定区域内可控生长的有效技术手段。在表面科学领域，SECM 更是在异相电子转移速率测定、电化学腐蚀和化学修饰电极表征等诸多方面获得了广泛应用。

与 SECM 几乎同时提出并在近年来获得快速发展的扫描离子电导显微镜（SICM）是电化学显微镜家族的另一个成员。其技术特点是更高的空间分辨率和更可控的探针加工工艺。SICM 采用尖端直径数十纳米的玻璃微管电极作为探针对样品离子电导进行扫描以获取高分辨的电化学活性图像。Yuri E. Korchev 等于 1997 年应用 hopping 模式首次将 SICM 应用于单个活细胞成像，从而使 SICM 在细胞和蛋白成像领域获得了广泛的重视和深入研究。SICM 不仅能够进行单细胞样品的形貌分析，更令人振奋的是，研究者利用其高分辨率特性成功实现了对细胞膜表面离子通道受体分布甚至单个蛋白分子的成像。由于 SICM 技术在生物成像领域展现出巨大应用潜力，这个技术由英国 Ionscope 公司实现了商品化并于 2009 年进入市场。

然而，SECM 和 SICM 都属于扫描探针型显微镜，电化学图像的获得需要特定探针扫描整个分析表面。扫描探针的使用不可避免地带来了两个困难。第一，图像的空间分辨率受制于微探针尺寸，其成像质量同样受到探针制备技术的极大影响。而微电极探针的加工和制造目前仍然面临诸多技术挑战。第二，成像的时间分辨率受制于扫描速率和成像面积，通常难以有效应用于毫秒甚至微秒级的快速动态过程的实时研究。相比而言，经典的宽域光学成像技术以 CCD 相机同时获取空间各处的图像，不需要扫描探针，能够很好地兼顾时间和空间分辨率。因此，如果能够避免使用电化学探针进行扫描，而代之以类似光学成像的方法获取电化学图像，则可以有效解决目前 SECM 和 SICM 遇到的上述问题，改善其时间和空间分辨率，进一步拓展电化学显微镜的应用领域。

基于光学显微镜的成像技术利用光学显微镜测量电化学反应前后物质光学信号的变化，然后通过光电转换的模型将光学信号转化为电化学中最关心的电流、电压和电子转移速率等从而研究反应的动力学等信息。该成像技术的高空间分辨率是毋庸置疑的，尤其是其中超分辨荧光显微技术的发明，突破了光学衍射极限，将荧光显微成像的分辨率延伸到几纳米的水平，获得了 2014 年诺贝尔化学奖；而时间分辨率一般处于毫秒级别。常用于研究电化学的显微技术包含暗场显微术（dark-field microscopy，DFM）、荧光显微术（fluorescence microscopy，FLM）、表面等离子共振显微术（surface plasmon resonance microscopy，SPRM）、电致化学发光（electrochemiluminescence，ECL）技术和表面 / 针尖增强拉曼散射（surface / tip-enhanced Raman scattering，SERS）技术等。这些技术可以根据其优缺点研究不同的异质界面。总而言之，利用光学显微技术研究电化学反应与传统电化学的区别在于前者是通过观察电化学反应即氧化还原过程中反应物与生成物的光学性质的变化，而后者则是通过电学仪器直接对电流进行测量，能更直接地反映电学信息。

目前世界上有许多课题组在利用不同的显微技术进行电化学反应的研究工作，其中包括美国康奈尔大学 Chen Peng 教授、美国华盛顿大学张波教授、荷兰莱顿大学 Orrit Michel 教授和中国科学院长春应用化学研究所徐维林研究员。这几个小组擅长利用荧光显微技术的高分辨能力研究电化学反应的动力学信息。例如，用单分子荧光技术研究 TiO_2 纳米棒上的电催化活性位点分布 [225] 和单壁碳纳米管催化刃天青与试卤灵之间的氧化还原反应机理 [226] 等。美国阿拉巴马大学 Pan Shanlin 教授、澳大利亚墨尔本大学 Paul Mulvaney 教授、华东理工大学龙亿涛教授和法国巴黎七大 KanoufiFrédéric 教授小组常常使用暗场散射显微镜观察异质界面上不同微观物质的反应情况，如 Ag 纳米粒子在 ITO 电极上随时间变化的电沉积过程 [227]、碰撞及电氧化过程 [228] 和 Au 纳米棒在不同电介质中的充放电行为 [229]。南京大学的朱俊杰教授小组则结合了暗场技术与光热技术实现了对细胞内单个光热疗纳米探针的高精准温控[230]。美国亚利桑那州立大学陶农建教授和南京大学王伟教授则发展了基于平面表面等离子激元共振效应的 SPR 显微镜，利用其快速免标记的特点研究了 HeLa 细胞的电穿孔和凋亡过程[231]、单颗 Pt 纳米粒子在循环伏安下的电流变化[232]以及 Ag 纳米粒子与金电极之间的碰撞及电化学氧化过程[233]。美国天普大学 K. A.Willets 教授以及厦门大学任斌教授等根据 SERS 和 TERS 技术高灵敏度的特点研究了单个尼罗蓝分子在电化学反应中的变化[234]和 Pd/Au(111) 界面上不同位置的电学性能和催化活性[235]。浙江大学苏彬教授等则利用 ECL 技术对身份识别的一项重要指标——指纹，进行了一系列的成像工作[236]。南京大学徐静娟教授等也利用 ECL 这一技术研究了 Au-Pt 不对称纳米粒子在鲁米诺的电化学催化氧化过程中发挥的重要作用[44]。大阪大学的 MajimaTetsuro 教授和中国科学院苏州纳米技术与纳米仿生研究所周小春研究员等在能源和催化领域做了大量的研究工作[237]。综上可知，基于光学显微镜的成像技术已经成为一种新兴的研究与检测技术，在可预见的将来会在微观物质的研究领域大放异彩。

总体而言，我国在以上八大领域都展现出不俗的研究水平。其中，电化学生物传感器、电化学发光生物传感器、光电化学生物传感器和生物燃料电池传感器四个领域研究成果丰硕，在相关电极材料的制备、传感策略的构建和传感领域的拓展等方面均起到极强的推动作用，处于国际领先地位，但在实际应用的推广方面还有待进一步的加强。其他四个领域受到起步时间晚、研究门槛高等因素的影响，距离国际顶尖水平仍然有一定的距离。但是，随着近十年来我国科技水平的不断提升和科研工作者的不断努力，也逐渐形成了一些具有重要国际影响力的研究团队，如中国科学院化学研究所的毛兰群课题组、华东理工大学的龙亿涛课题组和南京大学的陶农建课题组分别对活体电化学、纳米孔道电化学和光学显微镜电化学成像领域的发展做出了重要的贡献。另外，南京大学的陈洪渊院士团队和武汉大学的黄卫华课题组在单细胞电化学分析领域也取得很多先进性的研究成果，表现出很高的研究水平。这些现状充分说明我国在这四个领域已具备良好的研究基础并有望取得更为突出的研究新进展。

第二节　国际合作与交流分析

在经济全球化、发展一体化、影响共同化的趋势下，科学研究特别是前沿领域的研究进入区域合作乃至全球合作的新时代。科学技术方面的国际合作与交流可以实现科研上的强强联合与优势互补，有助于解决重大基础性研究课题。因此，对于我国来说，科学技术上的国际合作与交流不仅是当代科学发展的必然趋势，也是我国科学发展的客观需求，更是提高我国科研水平的一条重要途径。可以说，国际合作与交流已不再是一种选择，而是一种必然。只有通过国际合作与交流，才能提升我国科学研究的整体水平，巩固我国在世界科技领域的先进地位，跟踪国际科研前沿领域的热点研究，避免在世界科技领域中落后。通过国际合作与交流可以学习和吸收新的科学思想理论和先进的科研方法，追寻世界前沿的科研方向，开拓新的科研思路，避免低水平的重复研究，保证高质量地完成科研项目，尽早取得具有国际先进水平的科研成果，扩大国际影响。

近年来，国家自然科学基金委员会以及国际合作局等相关部门顺应科学研究国际化和全球化的发展趋势，积极争取各种资源，开拓各种渠道，持续稳定地支持我国电化学工作者参与国际合作与交流，不断加大对生物科学相关的电化学分析领域在国际合作与交流方面的研究资金投入。正是在这样的高度重视和充分支持下，我国与其他国家在生物科学相关的电化学分析领域的国际合作与交流呈现良好的发展势头。通过国际合作与交流，充分利用国际学者智力资源促进了该研究领域的国际化，同时也发挥了海外优秀华裔学者和国际著名科学家的引导作用，进一步提升了研究水平，推动了我国该领域的高速发展。目前，国际合作与交流的形式主要有国际会议、合作项目、学术任职、赴国外研究交流（访学、博士后研究、攻读学位）及外方科研人员来华研究和来华攻读学位等。

一、国际会议

在国际会议方面，中国学者一直积极参与并组织国际上与生物相关的电化学分析会议，并且开始展现出自己的实力。2014 年，中国科学院长春应用化学研究所的汪尔康院士和中国科学技术大学的崔华教授等作为学术委员会委员参与组织了在意大利召开的第一届国际电化学发光会议。2016年，中国科学院长春应用化学研究所的徐国宝研究员作为学术委员会委员参与组织了在法国召开的第二届国际电化学发光会议。2019年，第三届国际电化学发光会议在中国科学院长春应用化学研究所召开。2018年，法国波尔多大学的Neso Sojic教授、意大利博洛尼亚大学的Francesco Paolucci教授、中国科学技术大学的崔华教授和澳大利亚拉筹伯大学的Conor Hogan教授合作组织了在法国召开的第二届国际生物发光和化学发光会议的电化学发光分会。2017年，在美国召开的第六十八届国际电化学年会上，南京大学和美国亚利桑那州立大学的陶农建教授做了关于用光学显微技术对电化学电流[238]、反应[239]和表面压力[240]成像的报告；美国阿拉巴马大学潘善林教授做了关于用暗场和ECL技术观察单个纳米粒子上的局部电化学反应的报告[227,241]。这些研究领域相近的专家学者在ISE年会上畅所欲言，交流科研心得，很大程度上推动了该领域的发展。除了ISE年会之外，Faraday Discussions这一国际性学术会议也是国内外学者交流的一大平台。2018年6月，华东理工大学龙亿涛教授作为大会主席组织了英国巴斯大学召开的Faraday Discussions：Electrochemistry at nano-interfaces。该会议的第一个讨论方向即为“Processes at nanopores and bio-nanointerfaces”，邀请了中国科学院理化技术研究所、中国科学院院士江雷教授，美国加利福尼亚大学欧文分校Siwy教授，法国国家科学研究院欧洲膜技术研究所Balme教授，德国Ulm University Kranz教授等做口头报告，并达成共识：纳米孔道电化学分析是电分析化学的重要发展方向之一。同时，龙亿涛教授与法国塞吉－蓬图瓦兹大学Pelta教授保持长期友好交流，于2018年6月在上海组织召开“中－法纳米孔会议”。此外，中国科学院化学研究所毛兰群研究员作为大会主席于2013年10月和2015年10月连续举办两届“活体分析国际研讨会”（International Symposium on *In Vivo* Analysis）。

二、国际合作项目

在国际合作项目方面，我国学者也取得了许多成果。2016年，中国科学技术大学的崔华教授、意大利博洛尼亚大学的Francesco Paolucci教授、法国波尔多大学的Neso Sojic教授及中国科学院长春应用化学研究所的徐国宝研究员作为客座编辑与 *Anal. Bioanal. Chem.* 期刊合作组织出版了 *Analytical Electrochemiluminescence* 专刊。2017 年，荷兰代尔夫特理工大学的 Liza Rassaei 教授、中国科学院长春应用化学研究所的徐国宝研究员、加拿大西安大略大学的丁志峰教授及荷兰格罗宁根大学的 Klaus Mathwig 教授与 *ChemElectroChem* 期刊合作组织出版了 *Electrochemiluminescence: Fundamentals to Applications* 专刊。另外，武汉大学黄卫华教授与 Amatore 院士在单细胞电分析方面保持长期合作关系，在高性能微纳米电化学传感器构建及其用于单 / 亚细胞实时动态监测方面取得了一系列合作研究成果，多次在 *Angewandte Chemie* 上共同发表研究成果。以此为基础，巴黎高等师范学院、雷恩第一大学、厦门大学和武汉大学成立了纳米 - 生物催化电化学（Nano-BioCatEChem）国际联合实验室。除了单细胞分析，我国学者也与国际纳米孔领域学者开展了紧密的合作。华东理工大学龙亿涛教授与 Aerolysin 结构学专家瑞士 EPFL Matteo Dal Peraro 教授合作搭建了 Aerolysin 孔道分子动力学模型，解析了 Aerolysin 对于核酸检测的灵敏位点 [242]。他们同时与固体纳米孔分子动力学模拟专家美国伊利诺伊大学厄巴纳—香槟分校 Aksimentiev 教授合作测定了单个蛋白 –DNA 复合体的动态构象 [218]。此外，我国的一些生物研究公司（如华大基因、北京诺禾致源科技股份有限公司）也纷纷开展纳米孔电化学测序研究。2018 年 1 月下旬，深圳宣泽生物医药有限公司也与英国牛津纳米孔科技有限公司签署合作协议，实现资源共享，联合开发纳米孔应用平台。

三、学术组织任职

随着我国在生物科学相关的电化学分析领域的国际影响力逐步提升，越来越多出色的学者受到广泛的认可。2016 年，厦门大学的田中群院士首次当选为 ISE 主席，反映出我国学者在相关领域的国际学术影响力。上海高等研究院的李小鹏博士，中国科学院物理研究所的胡勇胜研究员和北京大学工学院材料科学与工程系的郭少军研究员在 2015 年和 2016 年举办的 ISE 年会上获得了重要奖项。中国科学院化学研究所的毛兰群研究员也于 2016 年作为亚洲唯一代表入选神经分子监测会议委员会。除了学术会议任职之外，我国也有很多学者在国外知名学术期刊编辑部任职。厦门大学的田中群院士于 2012

年就受邀成为 *Chemical Society Reviews* 亚洲地区唯一的副主编。2017 年，湖南大学的谭蔚泓院士受邀成为 *Journal of the American Chemical*（《美国化学会志》）的副主编。2013 年，北京大学的张新荣教授成为 *Analytical Chemistry* 首位来自中国的副主编。华东理工大学的龙亿涛教授和南京大学及美国亚利桑那州立大学的陶农建教授分别受邀成为 *ACS Sensors* 的副主编。随着我国对国际合作的愈发重视，一些海外相关领域知名学者也在我国学术组织中任职。2013 年，单细胞电分析的先驱法国科学家 Amatore 院士当选为中国科学院院士。以上介绍充分说明我国学者在国际合作中取得了丰富的成果。

四、中外留学

由于我国科技实力和经济实力提高，该领域具有国际合作与交流的学者人数日益增多。一方面，在国家自然科学基金委员会的支持下，越来越多的硕士研究生、博士研究生和青年学者赴海外相关领域知名学者的课题组开展学习交流活动，并取得了优异的成果。例如，南开大学的王鑫教授曾在微生物燃料电池领域知名学者 B. E. Logan 处访问学习，江苏大学的雍阳春教授曾在新加坡南洋理工大学的 Hao Song 课题组从事博士后研究工作。这部分出国访问交流和留学人员学成回国后继续开展生物相关的电化学分析的研究，为国内课题组在这些领域的研究带来了新思想。另一方面，随着国外高层次人才的不断回国，进一步推动了国内相关领域的发展。例如，南京大学的王伟教授、东北师范大学的邹明教授分别在光学显微镜电化学成像和生物燃料电池传感分析领域均展现出不俗的实力。此外，在中方资助下来华合作研究和来华攻读学位等的人数（包括来自科技教育发达的国家和地区的人数）日益增多。例如，在中国科学院国际人才计划的资助下，波尔多大学的 Neso Sojic 教授，乌克兰哈尔科夫国立无线电电子大学的 Yuriy T. Zholudov、Dmytro Snizhko 及 Kateryna Muzyka 副教授，巴基斯坦巴哈瓦尔普尔伊斯兰大学的 Aziz-ur-Rehman 副教授等多名外国学者，来自巴基斯坦和埃塞俄比亚等多国的留学生来中国科学院长春应用化学研究所开展电化学发光合作研究。一些发达国家的研究组（如前国际电化学会主席 Amatore Christian 院士等）在电化学发光理论和计算机模拟技术方面具有雄厚的研究基础。随着通信技术及计算机模拟技术的发展，通过互联网开展一些实验结果的理论和计算机模拟合作研究正在兴起。总之，国际合作与交流正成为推进生物科学相关的电化学分析领域发展和培养创新人才的重要途径。

第三节　发展趋势分析

经过多年的发展，生物科学相关的电化学分析领域取得一系列进展，有少部分成果甚至达到实际应用的水平。例如，电化学发光生物传感器已在世界各地的医院广泛用于体外诊断，且产值日益增长。尽管如此，生物科学相关的电化学分析领域仍然面临诸多挑战和机遇。纵观其发展历程，并结合国内外最新研究进展，该领域今后将向更强、更高、更广和更深的趋势发展。

一、更强的抗干扰能力

目前大部分该领域的研究成果距离实用化可能还需要一段时间，解决干扰性问题是实用化的基础，也是未来该领域的一大发展趋势。在光电化学传感器中，相较于阳极光电化学生物传感，阴极光电化学生物传感对实际生物样品的检测具有较好的抗干扰能力和选择性。因此，开发阴极生物传感类型成为近些年来光电化学生物传感器领域的主要发展趋势。此外，对于涉及活体的众多电化学分析领域，提高研究过程中电极的抗干扰性也是一种必然趋势。例如，在单细胞电化学方面，美国哈佛大学 Lieber 院士制造的基于石墨烯的电极阵列，实现了光学成像和电生理学同步记录，为动态神经元活动的高时空分辨光电成像指出方向。考虑到生物体系分析过程中金属电极的严重污染问题，寻找新型电极材料并发展有效的电极抗干扰技术对于刺激并记录细胞内信息至关重要[243,244]。在生物燃料电池传感分析方面，由于其可以利用体内的葡萄糖作为燃料，无需外界额外能源，因此利用其作为可植入式的医疗设备一直是该领域的重大目标之一。但是，生物体内体系复杂，必然会对电极乃至酶的活性产生影响。因此，提高生物燃料电池自供能传感器的抗干扰能力以实现上述目标也将是该领域的重要发展趋势。

二、更高的灵敏度及分辨率

为了改善电化学分析的灵敏度，研究工作者已经开发出多种信号放大技术。借助这些放大技术，各类传感器的灵敏度均有了很大的突破。然而，随着对疾病早期诊断的需求不断提升，未来高灵敏度仍然是传感器发展的趋势之一。一方面，人们不断地开发新的放大策略，使其从复杂和高成本不断向简单和低成本过渡。另一方面，人们不断地研究多种放大策略的联用进一步提高灵敏度以符合应用需求。除了传感器向高灵敏度发展外，基于光学显微镜的电化学技术也将向高分辨率发展，以满足肉眼观察微观界面上（单颗粒、单细胞等）发生的不同于宏观条件下的电化学反应的好奇心和求知欲。目前拥有单分子级别分辨能力的光学显微技术主要就是荧光光谱技术和拉曼光谱技术，而这两者有一些本质的缺陷，因此将更多的光学显微技术的分辨率延伸到分子级别并利用这些技术研究更多值得关注的单分子级别的电化学反应是一个重要的发展方向。

三、更广的研究范围

生命科学相关的电化学分析领域经过数十年的发展，其研究分析对象已经扩展到各类生物小分子（如 DNA、蛋白质、癌细胞等），但仍然存在一些空白区域。在未来的一段时间里，随着各类技术的发展及多学科的交叉，进一步拓宽该领域的研究范围也将是未来的发展趋势之一。在活体电化学领域，目前主要的分析方法是在微透析和微电极技术基础上发展的。一方面，随着物理化学和微纳加工技术的发展，将会出现新的可应用于活体分析的高时空分辨技术，这些技术的出现将会进一步拓展活体电化学研究的涉及范围。此外，不同于其他类型的电化学生物传感器，生物燃料电池自供能传感器起步时间较短、涉及的研究对象种类相对较少。另一方面，由于具有便捷性、操作简单、无需额外能量适用于长期监测等特点，生物燃料电池自供能传感器还具有其他的应用潜能，如“诊断 - 治疗 - 预后评估”一体化体系。借助于 DNA 技术、纳米技术及传感策略的发展，未来生物燃料电池自供能传感器的研究对象将会得到进一步的发展。同样地，基于光学显微镜的成像技术已经在电池电极材料、能源转换与储存、痕量物质检测和生物传感分析等诸多领域有了广泛的应用，为高效筛选性能优异的纳米材料和各类生物细胞和大分子的性质研究铺设了道路。但是，由于传统光学显微镜一般体积较大，远远不能满足便携的要求，不利于提高基于光学显微镜的成像技术更广泛的应用。北京大学的多学科交叉研究团队已于 2017 年研发出新一代微型化双光子荧光显微镜，质量仅 2.2 g，可以用于实时监控多个神经元和神经突触的动态变化，得到包括诺贝尔奖得主在内的国内外神经科学家的高度赞誉。这类微型化显微镜的成功研发将对实现光学显微镜成像技术更广泛的应用提供有效的保障。

四、更深入的系统研究

随着各种新需求的不断出现，未来该领域的发展趋势之一将会是不断提升该领域的研究深度。一方面体现在单分子内涵或单细胞内目标物的探究，另一方面反映在分析方法或技术的多功能性。纳米孔道单分子电化学检测方法融合化学、生物学、材料学、信息学等多个学科，具有高通量、高灵敏度、瞬态的特性，不仅要依靠分析化学测量机制的突破，更需要多学科交叉融合，如借助现代信息学中数据挖掘、机器学习、大数据分析等智能分析方法，提高单分子电化学测量的准确性和快速性，以期获得更丰富的单个分子内涵特征。最近，国内学者在纳米孔道数据分析研究中引入具有大数据自学习能力的隐马尔科夫模型（hidden Markov model，HMM）对纳米孔道界面单分子瞬态信号进行智能聚类分析，通过 Fuzzy c-Means 算法自动优化了聚类参数，Viterbi 算法提高隐马尔科夫模型对瞬态信号的学习效率[245]，“二阶微分降噪”和“电流积分还原”算法有效还原了单分子瞬态电信号的真实信息[246,247]，从而精准地在滤波噪声中辨别单个分子信号的阻断时间和阻断电流，获得了单个分子质量、动力学等信息。当前，单细胞电化学分析专注于开发新的电极结构以实现对单个培养细胞的测量，对动物行为中的单细胞检测很少进行。因此，实现活体中单细胞的定量测定以获取能够便于理解生物行为的重要信息也将是该领域的关键。例如，瑞典哥德堡大学 Ewing 教授发展了一种在果蝇幼虫系统中定量测定静脉曲张释放章鱼胺的新方法。通过量化单个囊泡释放的神经递质量，证明释放过程可能与开放囊泡的机制有关，因此有助于更加清晰地理解神经细胞行为[244]。在另一个层面上，随着脑科学的不断发展，人们对脑的了解已经上升到环路和连接的研究，因此单一位点、单物质的分析已经很难满足神经科学家的要求，发展多位点、多物种的高时空分辨分析方法必将成为该领域的重要突破口。另外，电化学分析虽然能够给出脑内物质的变化规律的信息，但是要想了解大脑的神经传递机制和信号处理方式，需要多种信号的同时获取和分析，因此需要深入地研究并发展可与其他方法和技术（如光遗传、电生理和成像）联用的活体电分析方法。同样地，即时、高通量的需求也会促使各类生物传感器向多功能性发展。

第四节　存在的问题与主要解决思路

一、电化学生物传感器

电化学生物传感器的不断发展为各种生物分子的定量检测提供了新的途径，为临床诊断和疾病分析提供了可靠的理论依据。然而，随着科学研究的不断深入，需要对生物分子进行痕量甚至单分子检测分析，这对电化学生物传感器提出了新的挑战。对多种信号放大方法有机结合、背景信号降低以及新型高选择性探针分子筛选方面的研究将会为超灵敏电化学生物传感器的研制提供有力支撑。此外，常规高灵敏电化学生物传感器通常依赖酶或纳米材料进行信号放大，增加了其复杂性和检测成本。无酶/无纳米材料信号放大方法以及均相电化学检测技术的发展将逐渐成为解决这一问题的有效途径。

二、电化学发光生物传感器

发展至今，电化学发光生物传感器仍然面临着一些主要问题。首先，电化学发光试剂的发光效率普遍较低，许多材料的荧光效率很高但电化学发光效率却很低，难以预测电化学发光试剂的发光效率，特别是纳米电化学发光试剂的发光效率，需要投入更多的人员和经费开展更多的探索性实验。其次，除了铱配合物和纳米电化学发光试剂外，其他类的电化学发光试剂的波长难以调节，限制了基于波长分辨的多组分分析方法的发展，通过合成新的配体或复合材料可能是调整波长的有效途径。另外，在电化学发光高通量分析中，

CCD 和 CMOS 是最常用的检测器，但是它们的检测灵敏度比光电倍增管低很多。因此，需要发展高效的信号放大方法和高灵敏的成像分析装置以提高电化学发光高通量分析的灵敏度。最后，虽然电化学发光生物传感已在医院广泛应用多年，但我国至今仍然没有自己的电化学发光生物传感产品。通过投入更多的人员和经费，给予稳定的支持，并积极鼓励开展产学研合作和国际科技合作，打造产学研创新全链条，集中攻关，将有助于其早日实现产业化。

三、光电化学生物传感器

光电化学生物传感器存在的主要问题是它极易受外界因子的干扰。众所周知，实际生物样品的组成非常复杂，各种还原性物质（如谷胱甘肽、多巴胺、抗坏血酸和烟酰胺腺嘌呤二核苷酸等）共存于其中[62,248-250]。当用光阳极传感电极在实际生物样品中孵育后，共存的还原性物质将会不可避免地吸附在传感电极表面，尽管传感电极已被彻底清洗。这些吸附的还原性分子将和传感体系的电子供体产生竞争，共同与光阳极 / 电解液界面的光生空穴发生反应，导致不真实的阳极光电流响应。由于光阳极 / 电解液界面发生的是固有的空穴氧化反应，简单地通过改变光阳极的组成很难解决这一不足。与光阳极不同，光阴极 / 电解液界面发生的是固有的光生电子还原反应，这样使得实际生物样品中吸附的还原分子对还原反应没有任何影响，从而产生真实的阴极光电流响应。因此，阴极光电化学生物传感具有对实际生物样品检测较好的抗干扰能力和选择性，开发阴极生物传感器是解决上述问题的有效途径。然而，由于光阴极是空穴为多数载流子的 P 型半导体起主导作用，它需要电子受体而不能有效利用电子供体；绝大部分 P 型半导体电子 - 空穴对复合率高，导致阴极光电化学生物传感的光电流响应相对较低，传感器灵敏度受限；相比于 N 型半导体，P 型半导体材料相对较少，大大限制了阴极光电化学生物传感器的开发。针对这些问题，未来该领域的研究人员应当巧妙地结合阳极光电化学传感和阴极光电化学传感的固有优势，发展新型的同时具有高灵敏及抗干扰的光电化学生物传感模式。

四、单细胞电化学分析

“测量影响系统”这一分析领域历史性挑战显然是限制单细胞和细胞内

分析的主要障碍。测量过程消耗或转换目标分析物，会改变其热力学和 / 或生物学活性，因此从严格的意义上说，实现无干扰地映射细胞交互作用极具挑战。而且，细胞内很多关键功能分子只有几个拷贝，因此量化这些功能分子数量及活性并建立对应的模型也极具困难。再者，虽然电分析在单细胞研究领域取得了很大进展，但绝大部分均在容易获得的理想体系中进行，这与实际疾病状态相关的临床工作之间存在脱节。此外，我们目前对细胞生物学和生物化学的详细描述尚缺乏亚细胞（如细胞器和囊泡等）层面的化学和动力学信息。

这些挑战正在推动开发新型电极结构和电化学方法，并快速应用于单细胞研究，进一步通过对生命化学的更深入了解和不同领域之间的合作，才能使单细胞电化学分析对人类疾病与健康状况产生积极影响。在未来工作中，通过新型材料的使用和电极界面的精细设计，构建多功能电极界面是发展的关键之一，有望进一步改进方法的灵敏度和时空分辨率，并降低对细胞检测的干扰。同时，在电化学测量中引入新的物理原理和电化学 / 场调制无疑将成为未来几十年的一个促成因素。加之，电子行业和化学行业的快速进步，将有望为生物科学家提供可实现单分子、单颗粒的高时空分辨工具箱，通过与其他分析方法如荧光、电致化学发光和质谱联用，最终推进单细胞分析在临床实验室的常规使用。

五、活体电化学分析

尽管活体电化学分析已经发展了四十多年，实现了多种神经物质的活体伏安或者微透析活体取样 - 在线电化学分析，为脑科学的发展做出贡献，但其在活体的复杂环境中应用仍面临着巨大挑战。首先，选择性仍然是最大的挑战。脑神经系统中许多物种不仅共存，而且电化学性质相近、彼此干扰严重，因此如何提高脑内活性物质的选择性仍然是活体电化学分析的最大挑战之一。尤其是抗坏血酸的浓度很高且具有很好的电化学性质是主要的干扰之一。另外，儿茶酚胺类物质（如多巴胺及其代谢产物、肾上腺素等）的电化学性质极其相近，仅依靠这些物质本身的电化学性质很难将其区分开来。因此，需要发展其他的识别模式或者电化学技术，如基于配体的识别模式[251]或者纳米孔技术[252]等。其次，测定物种的种类仍然有限。除了部分单胺类递质、能量代谢物质、谷氨酸、乙酰胆碱等物质能够实现活体分析以外，其他重要的神经化学物质（如氨基酸、自由基、多肽、基因、蛋白等）的活体分析测定仍然充满挑战，已有的方法尚无能为力。因此，发展新的原理和方法、进一步拓宽活体电化学分析的研究范围是电化学、电分析化学不可回避且亟待解决的问题和挑战。另外，时间分辨率需进一步提高。活体伏安法和基于微透析活体取样的在线电化学检测虽然相比微透析活体取样 -HPLC 分离 - 在线电化学检测，时间分辨率提高了，但是这些方法仍不能反映神经传递过程中递质浓度的瞬时变化，表现的仅仅是特定时间内的平均变化。突触间隙内的神经化学物质的瞬时变化尚无法跟踪和检测。因此，大幅度减小微电极的尺寸以实现瞬间变化的跟踪和检测将是今后工作的重点。最后，多物种、多脑区的同步分析仍然是一个难题。生理病理活动往往涉及多种神经物质和多脑区的协同和联动，因此为了充分精准地描述这些过程分子机制的全貌，就必须实现多物质在多脑区的同时活体分析。

六、生物燃料电池传感分析

第一个酶生物燃料电池于五十多年前被报道，但是酶生物燃料电池的输出性能至今仍不令人满意，这就意味着这种自供能传感器的灵敏度仍相对不高。为了解决自供能电化学生物传感器灵敏度低的问题，有些科研人员把电容器引入酶生物燃料电池的外电路，对酶生物燃料电池产生的电量进行“富集”，再依靠电容器储存的电能进行测量，进而提高传感器灵敏度。但是，直接改善电极材料或者筛选催化活性更优异的酶以增加酶生物燃料电池的输出功率仍是相对更有效的方法。另外，与基于贵金属的燃料电池相比，酶生物燃料电池的寿命和工作稳定性较差，这也将影响酶生物燃料电池自供能传感器的寿命和工作稳定性。优化酶的修饰方法可使酶基单电极具有更长的寿命和最高的工作稳定性。另一个可能的途径是利用酶的基因工程对酶进行改造，使其具有更长的寿命和最高的工作稳定性。最后，大多数酶生物燃料电池自供能传感器仍然处于原理性验证阶段，它在实际中的应用仍需进一步探索。例如，酶生物燃料电池自供能传感器工作原理之一是不同种类的分子（如金属离子和有机分子等）对酶的抑制作用，但每种酶的抑制剂并不是单一的，这可能对基于酶基生物燃料电池的自供能电化学生物传感器的选择性产生影响。同样地，对于酶生物燃料电池自供能逻辑传感器，虽然它们展现出独特的“自我决策”性能，但这些逻辑传感器通常不是由生理浓度激发，这将大大限制这些自供能生物计算传感体系在实际生物医学中的应用。随着生物计算逻辑系统的复杂程度和种类的增加，对于数据分析和系统噪声降低的研究也将有利于其实际应用。

通常情况下，微生物可以看成是一种集成多种酶的整体，因而它能通过不同的反应途径代谢多种不同的底物，也就造成了微生物燃料电池传感器选择性较差。利用基因工程对微生物的代谢途径进行优化，筛选出底物专一性的微生物变异体将有望改善这一不足。另外，由于微生物催化底物的过程伴随着自身的生长，检测过程中其他干扰物质的存在会对催化剂的稳定性造成很大的影响，从而影响微生物燃料电池传感器的使用寿命以及检测结果的准确性。目前已有报道对微生物进行表面功能化，一来可以对微生物进行保护，二来可以引入其他特殊的功能。将该技术引入微生物燃料电池自供能传感有望提高其稳定性和实验寿命，并确保检测结果的准确性。另外，基于底物效应构建的微生物燃料电池传感器的测定模式可以归纳为电流模式和电量模式。电流模式是指微生物燃料电池的输出电流直接取决于目标底物浓度。理论上，底物浓度越高，电流的值越大，因此该模式可适用于对目标底物的长期监测。然而，根据莫诺方程理论，微生物底物的利用率存在一个饱和值，当底物浓度超过这个值时，电池的电流达到平台，不会再提高。因此，对于目标底物含量远高于饱和值的样品，这种模式会造成很大的测定误差。相反，电量模式则适用于高目标底物含量的样品分析。由于在高浓度底物的情况下，微生物催化氧化底物的速率处于饱和状态。因此，在一定时间内，微生物燃料电池产生的总电量与样品中目标底物的含量在一定范围内呈线性关系。而且，随着测定时间的延长，传感器的线性检测范围也拓宽了。但是，该方法通常需要较长的响应时间以供微生物氧化底物，且只能间断性地检测。因此，无论是电流模式还是电量模式的微生物燃料电池自供能传感器仍存在一些问题。根据样品的需求，选择合适的测定模式显得十分重要。最后，目前微生物燃料电池自供能传感器的检测原理和对象都相对单一。相对于阳极来说，微生物燃料电池阴极的不确定因素更少。因此，可以尽可能多地在阴极构建传感元件。例如，可以依靠目标物对阴极 ORR 反应的影响构建传感关系，也可以通过目标物对阴极 ORR 反应催化剂数量的影响进行检测。

七、纳米孔道电化学

纳米通道单分子检测技术在 DNA 测序、生物分子间弱相互作用、瞬态构象分析等方面都得到应用，并且其应用领域正在不断拓宽。为了能够实现特定的分析目标，无论是固态纳米孔还是生物纳米孔，都必须做到严格控制其结构。虽然生物纳米孔具有可复制和固定的三维结构，但如何改造其特性使之更加适合研究的目标是目前纳米孔电化学分析存在的主要问题。可从以下几个角度提高生物纳米通道单分子电化学检测技术的选择性和灵敏度，进而解决上述问题：①利用单个生物分子传感界面概念[253,254]，通过设计生物纳米孔内部氨基酸，调控单个生物纳米孔道直径，精准控制单个待测物与生物纳米孔道间弱相互作用种类及强度，从而提高生物纳米孔到灵敏度与选择性；②继续探索新型生物成孔蛋白及固体成孔材料，发展重现性好、孔径可控、易于推广应用的纳米孔道制备技术，从而推动纳米孔道技术发展成为一种普适化的单分子测量技术；③为了得到单个分子更为精确的信息，可将纳米通道电分析技术与光谱技术结合，如荧光光谱技术、拉曼光谱技术、等离子共振散射光谱技术，以获得多重单分子行为信息，实现多层次、多角度地对待测物进行实时、动态、在线分析研究；④纳米通道单分子电化学检测技术可与质谱联用，纳米孔道提供空间分辨能力，结合质谱提供的单分子定性信息，从而实现单分子质谱成像分析。

八、基于光学显微镜的电化学成像新技术

将 DFM、FLM、SPRM、ECL 及 SERS 等显微技术与电化学结合使我们能够通过更加直观的方式“看到”界面上不同位置上发生的电化学反应有不尽相同甚至截然相反的电化学行为，但与 SECM 等直接检测电流的技术相比，仍然是一种较为间接的研究电化学反应的方式。并且，上述几种显微技术都有其自身缺陷。例如，DFM 只适合研究金、银、铜等散射性质较好的纳米粒子，而难以研究聚乙烯小球和 SiO_2 纳米粒子等十分常见但散射能力不强的粒子；FLM 的实验中荧光分子的漂白和扩散导致其定量分析有一定困难，且荧光分子的加入对于生物传感实验体系的影响难以确切测定；SPRM 中用于

产生隐失波的金基底限制了电势的施加范围，并且相对于荧光和暗场等背景信号几乎为零的技术而言，SPRM 图像的信噪比不够高从而限制了该项技术的分辨能力；SERS 技术虽然可以达到单分子级的分辨能力，但是在不同次的实验中的重现性是个大问题，并且到目前为止还不能对 SERS 的信号进行定量的分析。上述基于光学显微镜的成像技术的缺陷是真实存在并且不容忽视的，但这并不妨碍基于光学显微镜的成像技术为电化学反应的研究提供广阔的视野和巧妙的思路。值得注意的是，为了更好地观察微观世界，将多项显微技术进行联用是一种可以相互弥补各自不足的解决之道。

第五节　重点发展方向建议

可以说，在国家的大力支持下，生物科学相关的电化学领域已经取得了很大的进展，同时也具备了殷实的研究基础。在不断探究新技术、新理论的基础上，未来该领域的研究应同时着眼于解决实际问题。围绕这一目标，建议重点发展以下几个方向。

一、放大策略

放大策略是电化学生物传感器的核心，直接关系到它们的性能。如第一节介绍的，目前的信号放大技术主要有酶催化信号放大、纳米材料辅助信号放大、目标物循环信号放大和 DNA 自组装信号放大四大类，是否存在其他更优越的信号放大类型，或是传感原理及信号放大级联策略，能够更进一步地提高生物传感器的灵敏度。另外，新型电化学发光试剂和功能性纳米材料的开发也属于放大策略的发展范畴。例如，在电化学发光传感器中，电化学发光试剂的发光效率严重影响传感器性能。如何有效地从分子层面和纳米材料等微观角度构建化学结构与发光效率之间的联系，并且依此确立发光试剂的改性方向将会是发展的突破口。同样的，新型功能纳米材料，如具有良好光电转换功能的光电纳米材料或是具有良好导电性、生物兼容性、大比表面积的纳米材料，分别对光电流及生物燃料电池的性能提升具有重要的作用，进而也会影响对应的传感器的性能。因此，新型放大策略的开发是重点建议发展方向之一，它的发展将有助于实现超灵敏痕量电化学生物传感器。

二、电化学分析在现代大健康中的应用

健康问题是生命科学的研究目标之一，而生命体中的电化学现象和电化学信息十分丰富及重要，它们有的可以直接或间接反馈疾病。因此，我们要继续加强活体电化学的研究。一方面，结合电化学的最新进展，针对活体分析的需求，发展一些可与电信号兼容且可同步记录的活体电化学分析原理和技术。另一方面，可借鉴柔性传感的概念，利用电化学可与实现电子和离子信号转变的优势，发展基于电化学的人机交互界面。另外，我们要开发电化学传感器在治疗方面的潜能。目前的电化学传感器在治疗方面的主要切入点是疾病标志物的诊断，应该在此基础上进一步发展其治疗的功能，如借助电场或磁场的作用或者在传感器中整合药物系统。在这一方面，生物燃料电池自供能传感器是有优势的。相比于其他电化学传感器，它具有两个电极可以构建识别元件，因此在一个电极保证诊断和释放治疗药物的同时，另一个电极也能够对治疗效果进行评估，实现“诊疗–评估”一体化。此外，它也具有可植入的潜能。因此，开发这些类型的研究有望使电化学分析在现代大健康中发挥更大的作用。

三、单分子精准动态测量

单分子精准动态测量的挑战在于亟须建立高灵敏、精准可控的传感界面。可以利用纳米孔道“电化学空间限域”效应，构建新型单个生物分子多维传感界面，从而将纳米孔道单分子传感界面与光谱、质谱、电化学反应相结合，获得单个待测分子化学组成、能量、质量、电化学性质等信息，从而发展动态、原位、实时、具有高时空分辨的界面分析新方法。同时，由于单个分子个体行为受多种性感分子、受体及生理微环境协同和联动影响，因此还需进一步发展纳米孔道限域非稳态精准测量的新机制，从而实现多种物质在生理微环境的同时单分子水平测量，进而获得单个分子个体行为与功能的关系。除了纳米孔道单电化学外，单分子成像技术也是实现单分子精准动态测量的有效手段。由于与 CCD 和 CMOS 等图像传感器结合，电化学发光成像技术能够实现高灵敏和高通量的靶细胞筛选及特定细胞微区的成像分析。然而，目前该领域的研究报道相对较少，而且相关的研究主要强调灵敏度，

因此应该进一步发展该技术在原位现场实时方面的研究。

四、传感器的实用化

最辉煌的电化学传感器就是Clark电极和葡萄糖传感器。随着社会的不断发展，许多领域（如游戏、生物、野外、军事和防恐等）对于传感器的需求越来越大。在这些领域中，当前流行的传感技术都是光学或力学方面的。其实，电化学传感器在这方面非常有潜力，应该进一步提高已开发的电化学传感器的实用性，以满足这些领域的传感技术需求。基于传统的微流控技术发展的高通量芯片技术，其实对未来生物能在核酸检测以及界面控制和调控方面都非常重要，如现在提出的AI智能也可以在这样的平台上发展。因此，可以整合传感技术、微流技术、微芯片技术和电极表面的构筑，并且结合信息学最终发展新一代的电化学生物传感器器件。另外，随着可穿戴材料的快速发展，为提高传感器器件的便捷性提供了新机遇，因此应当进一步发展可穿戴式的电化学生物传感器器件。

五、电化学分析与人工智能的结合

人工智能与电化学结合最好的结合点就是电分析化学，因为分析化学最能获得大数据，其他的无论是能源还是合成都不容易获得大数据。在未来的研究中，可以利用电分析化学的学科特点将已经具有的、零散但是繁多的某一应用的分析数据进行结构化整合。例如，在血糖的测定方面，目前的电极型血糖仪测试原理科学，性能可靠。但是，其测定的结果与血液中的血糖浓度存在一定的差异。若能将分散的血糖测试数据进行结构化，并与其他的相关数据结合，就能从概率的角度对血糖患者的状况进行有针对性的建议和指导。同样地，近年来无创式血糖检测仪器的研发，引起了人们的广泛关注和期待。这种仪器利用电力或者超声波等物理手段即可测定患者的血糖水平。例如，若用一束光透过患者的皮肤，即可通过光谱仪分析他们血液中的血糖含量。上述分析方法的开发，使多种血糖监测方式成为可能。另外，对应孔道电化学分析领域而言，也亟须发展针对纳米孔道单分子电化学的大数据智能分析方法。这样的发展能够使得我们从复杂背景信号中对庞大的单个分子实验数据进行快速高通量读取、信号识别、分类、统计并形成图谱，进而获得“隐含”单分子瞬态电流特征信息。以上目标的实现，更有赖于电分析化学技术、人工智能技术和其他物理技术的协同合作。而在大数据和云计算为代表的技术创新大幕的衬托下，这些原本看起来很难收集和使用的数据变得更易被收集及利用。因此，应当不断创新，发展以大数据为应用平台的电分析技术，逐步为社会创造更多的价值。

六、电化学新理论的研究

电化学分析领域目前的成果多为技术方面的，对于理论研究的比较少。实际上在生命科学领域，我们所接触的电化学体系与常规的电化学体系是完全不一样的。以细胞中最基本的水为例，它与我们经常研究的水完全是两回事，是一个挤满了各式各样的蛋白质以及其他物质的特殊体系。因此就会涉及传质过程这样的科学问题。通常情况下，电化学里面涉及三类传质，但尚未确定是否这样一个体系会涉及第四类传质类型，如通过分子识别或者多重的弱相互作用导致的协同传质。这些都是一些带电粒子的传质，大部分都需要用电化学方法来分析。首先，关于分子之间有什么作用，中国科学院长春应用化学研究所的汪静老师做了很多模拟研究。例如，在抗体和抗原的识别方面，正常情况下大分子的运动是比较慢的，但是识别过程实际上是非常快的，证实了分子之间确实存在一些特殊的相互作用。其次，双电层经典理论在平面电极和单颗粒之间存在一些差异。借助现有的高空间分辨技术（如纳米级别分析方法）研究单颗粒的双电层，可以对双电层理论有进一步的补充与理解。再次，电分析化学着重于利用化学能与电能之间相互转换过程中的信息来实现对待测物的定性和定量分析，如表界面电荷转移、动力学和机理分析等。但从更深层次的角度考虑，能量转换过程中还涉及电子传递、电子流、电位降以及电子自旋等微观变化。上述微观过程更能体现能量转换过程的本质。但是到目前为止，还未有以电化学分析方法为研究手段进行研究和阐述。最后，随着清洁和可循环利用能源的需求不断扩大，从分子级的微观层面上探究其中涉及的电化学过程对于制造清洁电化学能源和电催化电极材料的筛选尤其重要。因此，应当充分发展电化学分析技术（如光学显微镜的成像技术）对这些电化学过程的理论研究，为能源相关学科的发展提供有力的理论保障。

第六节　总体战略布局建议

在当下，生命科学相关的电化学分析已成为分析化学、生物化学、生物物理、信息学、电子学、医学、神经科学以及材料学高度交叉的前沿研究领域，本领域的发展对于揭示单个分子的结构与功能关系、了解脑神经传递的化学本质、临床疾病诊断、食品安全、环境监测、新能源发展等方面都具有极其重要的意义。在过去的十多年里，我国学者在生命科学相关的电化学分析领域开展了系统且深入的研究和探索，并取得了显著的成效。这些积累为我国在该领域的进一步发展提供了前所未有的但也稍纵即逝的契机。但是，我们也清醒地认识到，为了更进一步提升我国在该领域的研究实力和国际影响、抢占研究的制高点，我们必须革新传统的科研模式，以满足国家重大需求为导向，突出创新驱动战略，整合优势力量，形成合力，集体攻关。因此在总体战略布局方面建议有如下几点。

（一）全面加强电化学基础理论研究

电化学分析的技术原理主要是依靠电流、电压和传质，但现在一些光、磁及成像技术也逐渐与电化学分析紧密结合，这就为电化学基础理论的深入研究提供了新的机遇。因此，在该领域的战略布局方面应当更加重视基础理论的研究，更深层次地探究生命科学中的电化学现象及这些电化学现象所关联的生物体的行为及表现形式，并且以获得的信息和理论为指导进一步发展能够解决实际问题的电化学新技术和新方法，实现“理论研究指导实际应用，实际应用反馈理论创新”的良性循环，最终使得电化学分析在生命科学领域的地位不断提升。

（二）全面提高电化学分析仪器的研制水平

电分析化学仪器是该领域研究的基本保障。当前，生命科学领域对单分子研究的需求与日俱增，而单分子研究的开展无疑需要借助一些新的电化学分析仪器（如光学显微镜）。光学显微镜是否能高灵敏度地分析在很大程度上取决于所使用的检测器。然而，我国在目前常用的发光检测器特别是 CCD 和 CMOS 方面的研制基础十分薄弱。另外，虽然我国对各类生物传感器的研究水平处于国际领先水平，但是对于这些生物传感器的实用化进程还未有突破，使得一些生物传感器的临床分析产业仍然被国外公司所垄断。因此，应当着力突破关键核心技术瓶颈，全面提高电化学分析仪器的研制水平，抢占制高点，推动具有自主知识产权的电化学分析仪器。

（三）全面加大活体相关的电化学分析研究力度

活体相关的电化学分析研究是理论研究走向实际应用的重要桥梁。然而，真正致力于活体电化学研究的团队规模较小，而且研究实力很薄弱。究其原因，一是该领域的研究涉及化学、神经科学、电子学、信息和医学等领域的深度交叉，是一个全新的领域，存在一系列的科学和技术问题，研究需要的知识积累和信息甚多，研究门槛相对较高；二来是所涉及的研究对象复杂，难度大，挑战强，从而导致研究周期长且不易短平快地产出有影响的成果。挑战与机遇并存，我们应当鼓励学科交叉，加大活体相关的电化学分析的基础及应用研究力度，发展和建立可靠的活体电化学分析原理、方法和技术甚至是发展生物电化学传感器的植入方式，奠定电化学分析在各类医学中的重要地位，最终在现代的大健康中发挥更大的作用。

第七节　发展机制与政策建议

电化学分析目前已渗入生命科学的很多领域，并推动生命科学大踏步地前进。在过去的几十年时间里，我国学者在生命科学相关的电化学分析方面开展了系统而又深入的研究，取得了大量卓越的成果。其中一些领域（包括电化学生物传感器、电化学发光生物传感器、光电化学生物传感器和生物燃料电池自供能传感器）由于研究起步早且投入的人力物力较充足，基本上达到国际的先进水平，今后的主要任务是实现其产业化。相反，一些领域（如活体电分析化学、单细胞电分析化学、纳米孔电化学和基于光学显微镜的电化学成像技术）由于起步较晚、研究对象复杂、技术门槛高以及所需知识广，较之国际先进水平仍有一定的差距，今后仍然需要投入大量的人力、物力进行基础研究，以便提升我国在相关领域的研究实力和影响力。于此，特提出以下政策方面的建议和需求。

（一）加大财政投入，以保障科学研究的顺利进行

生命科学相关的电化学分析一直是电化学研究的一个热点。其中，生物传感技术具有灵敏度高、选择性好、响应速度快、易于实现微型化等优点，是最有可能实现产业化的一种技术，并有望在疾病诊断、临床应用中发挥重要作用，但在实现生物传感技术临床应用之前还有很长一段路要走。因此需要有关部门加大在这方面研究工作中的财政支持力度，以保证产业化研究的顺利进行。另外，活体电分析化学、单细胞电分析化学、纳米孔电化学和基于光学显微镜的电化学成像技术属于新兴领域，其发展对于促进电分析化学、脑科学、神经生理学等的发展具有重要的意义，但目前我国在此领域的研究队伍和资金支持相对偏弱。因此，需要有关部门为这些领域的基础研究提供充足的资金保障，以保证研究工作的顺利进行。

（二）加强人才队伍建设，加大对优秀人才的支持，重视对青年人才的培养

加大人才培养力度，完善人才资助格局是科学发展的基本保障。

在人才队伍的建设方面，一方面，要继续重视对现有人才的延续支持，加大对杰出科研工作者的资助力度，建立一些相关的发展机制制度，给优秀科研工作者以长期稳定的支持，培养未来世界一流的科学家。另一方面，要合理分配、均衡发展，重视对青年人才的培养，为未来创新型人才的培养做好人才储备工作。鼓励青年学者努力创新，开展具有一定影响力的系统性和原创性的科学研究工作。为青年人才提供机会，鼓励青年学者多参加一些学术会议。

在人才培养方面，需要加强对西部和欠发达地区优秀人才和青年人才的资助，稳定西部和欠发达地区的研究队伍，为区域协调发展做出贡献。

（三）鼓励学科交叉，协助组织跨领域、跨部门、跨学科的协作研究

学科交叉是未来科学研究发展的必然趋势，努力推动学科的交融交叉才能不断促进科学的发展。有关部门可以制定相关的措施协助组织跨领域、跨部门、跨学科的协作研究，为学科的交叉提供有利的交流平台。

（四）注重国际交流合作，提供良好有利的国际交流平台

国际交流与合作不仅是当代科学发展的必然趋势，同时也是我国科学研究进步的客观要求，是提升我国科研水平的重要途径。因此重视国际交流与合作，为国际交流与合作提供有利的交流平台，才能更好地推动我国科学技术的创新与发展。

（五）保护知识产权，加强项目管理，建立成果共享机制

注重对知识产权的保护，完善相应的保护制度措施。只有对知识产权进行合理有效的保护，保障科研工作者的根本权益，才能更有效地激发科研工作者的积极性，使他们更有创新的动力。此外，还需要建立成果管理信息分布系统和成果展示与利用平台，促进基础研究学术信息资源的共享和利用。

本章参考文献

[1] Lubin A A, Plaxco K W. Folding-based electrochemical biosensors: The case for responsive nucleic acid architectures. Acc Chem Res, 2010, 43(4): 496-505.

[2] Kimmel D W, LeBlanc G, Meschievitz M E, et al. Electrochemical sensors and biosensors. Anal Chem, 2012, 84(2): 685-707.

[3] Xiao T, Wu F, Hao J, et al. *In vivo* analysis with electrochemical sensors and biosensors. Anal Chem, 2017, 89(1): 300-313.

[4] Du D, Wang L M, Shao Y Y, et al. Functionalized graphene oxide as a nanocarrier in a multienzyme labeling amplification strategy for ultrasensitive electrochemical immunoassay of phosphorylated p53 (S392). Anal Chem, 2011, 83(3): 746-752.

[5] Xiong E, Zhang X, Liu Y, et al. Ultrasensitive electrochemical detection of nucleic acids based on the dual-signaling electrochemical ratiometric method and exonuclease Ⅲ-assisted target recycling amplification strategy. Anal Chem, 2015, 87(14): 7291-7296.

[6] Ding L, Bond A M, Zhai J P, et al. Utilization of nanoparticle labels for signal amplification in ultrasensitive electrochemical affinity biosensors: A review. Anal Chim Acta, 2013, 797: 1-12.

[7] Li F, Yang L M, Chen M Q, et al. A selective amperometric sensing platform for lead based on target-induced strand release. Analyst, 2013, 138: 461-466.

[8] Yuan Y, Liu G, Yuan R, et al. Dendrimer functionalized reduced graphene oxide as

nanocarrier for sensitive pseudobienzyme electrochemicalaptasensor. Biosens Bioelectron, 2013, 42: 474-480.

[9] Zheng T, Zhang R, Zhang Q, et al. Ultrasensitive dual-channel detection of matrix metalloproteinase-2 in human serum using gold-quantum dot core-satellite nanoprobes. Chem Commun, 2013, 49: 7881-7883.

[10] Castañeda A D, Brenes N J, Kondajji A, et al. Detection of microRNA by electrocatalytic amplification: A general approach for single-particle biosensing. J Am Chem Soc, 2017, 139(22): 7657-7664.

[11] Zheng T, Zhang Q, Feng S, et al. Robust nonenzymatic hybrid nanoelectrocatalysts for signal amplification toward ultrasensitive electrochemical cytosensing. J Am Chem Soc, 2014, 136(6): 2288-2291.

[12] Zhang F T, Cai L Y, Zhou Y L, et al. Immobilization-free DNA-based homogeneous electrochemical biosensors. Trac-Trend Anal Chem, 2016, 85: 17-32.

[13] Zhao Y, Chen F, Li Q, et al. Isothermal amplification of nucleic acids. Chem Rev, 2015, 115(22): 12491-12545.

[14] Jiang Y, Li B, Milligan J N, et al. Real-time detection of isothermal amplification reactions with thermostable catalytic hairpin assembly. J Am Chem Soc, 2013, 135(20): 7430-7433.

[15] Liu S, Wang Y, Ming J, et al. Enzyme-free and ultrasensitive electrochemical detection of nucleic acids by target catalyzed hairpin assembly followed with hybridization chain reaction. Biosens Bioelectron, 2013, 49: 472-477.

[16] Hou T, Li W, Liu X, et al. Label-free and enzyme-free homogeneous electrochemical biosensing strategy based on hybridization chain reaction: A facile, sensitive, and highly specific microRNA assay. Anal Chem, 2015, 87(22): 11368-11374.

[17] Wang W J, Li J J, Rui K, et al. Sensitive electrochemical detection of telomerase activity using spherical nucleic acids gold nanoparticles triggered mimic-hybridization chain reaction enzyme-free dual signal amplification. Anal Chem, 2015, 87(5): 3019-3026.

[18] Xiang Y, Lu Y. Using personal glucose meters and functional DNA sensors to quantify a variety of analytical targets. Nat Chem, 2011, 3: 697-703.

[19] Tsaloglou M N, Nemiroski A, Camci-Unal G, et al. Handheld isothermal amplification and electrochemical detection of DNA in resource-limited settings. Anal Biochem, 2018, 543: 116-121.

[20] Li H, Dauphin-Ducharme P, Ortega G, et al. Calibration-free electrochemical biosensors supporting accurate molecular measurements directly in undiluted whole blood. J Am Chem Soc, 2017, 139(32): 11207-11213.

[21] Richter M M. Electrochemiluminescence (ECL). Chem Rev, 2004, 104(6): 3003-3036.

[22] Hu L, Xu G. Applications and trends in electrochemiluminescence. Chem Soc Rev, 2010, 39: 3275-3304.

[23] Wu P, Hou X, Xu J J, et al. Electrochemically generated versus photoexcited luminescence from semiconductor nanomaterials: Bridging the valley between two worlds. Chem Rev, 2014, 114(21): 11027-11059.

[24] Miao W. Electrogenerated chemiluminescence and its biorelated applications. Chem Rev, 2008, 108(7): 2506-2553.

[25] Hercules D M. Chemiluminescence resulting from electrochemically generated species. Science, 1964, 145: 808-809.

[26] Santhana K S V, Bard A J. Chemiluminescence of electrogenerated 9,10- diphenylanthracene anion radical. J Am Chem Soc, 1965, 87(1): 139-140.

[27] Yin X B, Dong S, Wang E. Analytical applications of the electrochemiluminescence of tris (2,2′-bipyridyl) ruthenium and its derivatives. Trac-Trend Anal Chem, 2004, 23(6): 432-441.

[28] Yang H, Leland J K, Yost D, et al. Electrochemiluminescence: A new diagnostic and research tool. Bio-Technology, 1994, 12: 193-194.

[29] Wroblewska A, Reshetnyak O V, Koval'chuk E P, et al. Origin and features of the electrochemiluminescence of luminol-experimental and theoretical investigations. J Electroanal Chem, 2005, 580(1): 41-49.

[30] Li L, Chen Y, Lu Q, et al. Electrochemiluminescence energy transfer-promoted ultrasensitive immunoassay using near-infrared-emitting CdSeTe/CdS/ZnS quantum dots and gold nanorods. Sci Rep, 2013, 3: 1529.

[31] Zhang H R, Xu J J, Chen H Y. Electrochemiluminescence ratiometry: A new approach to DNA biosensing. Anal Chem, 2013, 85(11): 5321-5325.

[32] Wu P, Hou X, Xu J J, et al. Ratiometric fluorescence, electrochemiluminescence, and photoelectrochemical chemo/biosensing based on semiconductor quantum dots. Nanoscale, 2016, 8: 8427-8442.

[33] Cheng Y, Huang Y, Lei J, et al. Design and biosensing of Mg^{2+}-dependent DNAzyme-triggered ratiometric electrochemiluminescence. Anal Chem, 2014, 86(10): 5158.

[34] Feng Q M, Shen Y Z, Li M X, et al. Dual-wavelength electrochemiluminescence ratiometry based on resonance energy transfer between Au nanoparticles functionalized g-C_3N_4 nanosheet and $Ru(bpy)_3^{2+}$ for microRNA Detection. Anal Chem, 2016, 88(1): 937-944.

[35] Wu M S, Shi H W, Xu J J, et al. CdS quantum dots/$Ru(bpy)_3^{2+}$ electrochemiluminescence resonance energy transfer system for sensitive cytosensing. Chem Commun, 2011, 47: 7752-7754.

[36] Shao K, Wang B, Ye S, et al. Signal-amplified near-infrared ratiometric electrochemiluminescence aptasensor based on multiple quenching and enhancement effect of graphene/gold nanorods/g-quadruplex. Anal Chem, 2016, 88(16): 8179-8187.

[37] Han F, Jiang H, Fang D, et al. Potential-resolved electrochemiluminescence for determination of two antigens at the cell surface. Anal Chem, 2014, 86(14): 6896-6902.

[38] Li L, Li M, Sun Y, et al. Electrochemiluminescence resonance energy transfer between an emitter electrochemically generated by luminol as the donor and luminescent quantum dots as the acceptor and its biological application. Chem Commun, 2011, 47: 8292-8294.

[39] Hu X, Zhang X, Jin W. Applications of electrochemiluminescence resonance energy transfer between CdSe/ZnS quantum dots and cyanine dye (Cy5) molecules in evaluating interactions and conformational changes of DNA molecules. Electrochim Acta, 2013, 94(1): 367-373.

[40] Li L, Hu X, Sun Y, et al. Electrochemiluminescence resonance energy transfer between quantum dots (QDs) as the donor and Cy5 dye molecules as the acceptor in QD-Cy5 conjugates with biomolecules as the linker. Electrochem Commun, 2011, 13(11): 1174-1177.

[41] Ma C, Wu W, Peng Y, et al. A Spectral shift-based electrochemiluminescence sensor for hydrogen sulfide. Anal Chem, 2018, 90(2): 1334-1339.

[42] Wilson A J, Marchuk K, Willets K A. Imaging electrogenerated chemiluminescence at single gold nanowire electrodes. Nano Lett, 2015, 15(9): 6110-6115.

[43] Szunerits S, Tam J M, Thouin L, et al. Spatially resolved electrochemiluminescence on an array of electrode tips. Anal Chem, 2003, 75(17): 4382-4388.

[44] Zhu M J, Pan J B, Wu Z Q, et al. Electrogenerated chemiluminescence imaging of electrocatalysis at a single Au-Pt janus nanoparticle. Angew Chem Int Ed, 2018, 130(15): 4074-4078.

[45] Deiss F, LaFratta C N, Symer M, et al. Multiplexed sandwich immunoassays using electrochemiluminescence imaging resolved at the single bead level. J Am Chem Soc, 2009, 131(17): 6088-6089.

[46] Valenti G, Scarabino S, Goudeau B, et al. Single cell electrochemiluminescence imaging: From the proof-of-concept to disposable device-based analysis. J Am Chem Soc, 2017, 139(46): 16830-16837.

[47] He R, Tang H, Jiang D, et al. Electrochemical visualization of intracellular hydrogen peroxide at single cells. Anal Chem, 2016, 88(4): 2006-2009.

[48] Liang M, Liu S, Wei M, et al. Photoelectrochemical oxidation of DNA by ruthenium tris (bipyridine) on a tin oxide nanoparticle electrode. Anal Chem, 2006, 78(2): 621-623.

[49] Zhao W W, Xu J J, Chen H Y. Photoelectrochemical bioanalysis: The state of the art. Chem Soc Rev, 2015, 44(3): 729-741.

[50] Gill R, Zayats M, Willner I. Semiconductor quantum dots for bioanalysis. Angew Chem Int Ed, 2008, 47(40): 7602-7625.

[51] Hisatomi T, Kubota J, Domen K. Recent advances in semiconductors for photocatalytic and photoelectrochemical water splitting. Chem Soc Rev, 2014, 43(22): 7520-7535.

[52] Sheeney-Haj-Ichia L, Pogorelova S, Gofer Y, et al. Enhanced photoelectrochemistry in CdS/Au nanoparticle bilayers. Adv Funct Mater, 2004, 14(5): 416-424.

[53] Chandrasekharan N, Kamat P V. Improving the photoelectrochemical performance of nanostructured TiO_2 films by adsorption of gold nanoparticles. J Phys Chem B, 2000, 104(46): 10851-10857.

[54] Li H, Bian Z, Zhu J, et al. Mesoporous Au/TiO_2 nanocomposites with enhanced photocatalytic activity. J Am Chem Soc, 2007, 129(15): 4538-4539.

[55] Zarazúa I, De La Rosa E, López-Luke T, et al. Photovoltaic conversion enhancement of CdSe quantum dot-sensitized TiO_2 decorated with Au nanoparticles and P3OT. J Phys Chem C, 2011, 115(46): 23209-23220.

[56] Banerjee S, Wong S S. *In situ* quantum dot growth on multiwalled carbon nanotubes. J Am Chem Soc, 2003, 125(34): 10342-10350.

[57] Robel I, Bunker B A, Kamat P V. Single-walled carbon nanotube-CdS nanocomposites as light-harvesting assemblies: Photoinduced charge-transfer interactions. Adv Mater, 2005, 17(20): 2458 -2463.

[58] Sheeney-Haj-Ichia L, Basnar B, Willner I. Efficient generation of photocurrents by using CdS/carbon nanotube assemblies on electrodes. Angew Chem Int Ed, 2005, 44(1): 78-83.

[59] Hou Y, Li X, Zhao Q, et al. TiO_2 nanotube/Ag-AgBr three-component nanojunction for efficient photoconversion. J Mater Chem, 2011, 21(44): 18067-18076.

[60] Jiang W, Liu H, Yin L, et al. Fabrication of well-arrayed plasmonic mesoporous TiO_2/Ag films for dye-sensitized solar cells by multiple-step nanoimprint lithography. J Mater Chem A, 2013, 1(21): 6433-6440.

[61] Tu W, Wang W, Lei J, et al. Chemiluminescence excited photoelectrochemistry using graphene-quantum dots nanocomposite for biosensing. Chem Commun, 2012, 48(52): 6535-6537.

[62] Zhao X, Zhou S, Shen Q, et al. Fabrication of glutathione photoelectrochemical biosensor using graphene-CdS nanocomposites. Analyst, 2012, 137(16): 3697-3703.

[63] Biebersdorf A, Dietmüller R, Susha A S, et al. Semiconductor nanocrystals photosensitize C_{60} crystals. Nano Lett, 2006, 6(7): 1559-1563.

[64] Brown P, Kamat P V. Quantum dot solar cells. Electrophoretic deposition of CdSe-C_{60} composite films and capture of photogenerated electrons with nC_{60} cluster shell. J Am Chem Soc, 2008, 130(28): 8890-8891.

[65] Hasobe T, Imahori H, Kamat P V, et al. Photovoltaic cells using composite nanoclusters of porphyrins and fullerenes with gold nanoparticles. J Am Chem Soc, 2005, 127(4): 1216-1228.

[66] Haddour N, Cosnier S, Gondran C. Electrogeneration of a biotinylated poly [pyrrole-ruthenium(ii)] film for the construction of photoelectrochemical immunosensor. Chem Commun, 2004(21): 2472-2473.

[67] Qian Z, Bai H J, Wang G L, et al. A photoelectrochemical sensor based on CdS-polyamidoamine nano-composite film for cell capture and detection. Biosens Bioelectron, 2010, 25(9): 2045-2050.

[68] Zhao W W, Yu P P, Xu J J, et al. Ultrasensitive photoelectrochemical biosensing based on biocatalytic deposition. Electrochem Commun, 2011, 13(5): 495-497.

[69] Wang W, Bao L, Lei J, et al.Visible light induced photoelectrochemical biosensing based on oxygen-sensitive quantum dots. Analytica Chimica Acta, 2012, 744: 33-38.

[70] An Y, Tang L, Jiang X, et al. A photoelectrochemical immunosensor based on Au-doped TiO_2 nanotube arrays for the detection of α-synuclein. Chem Eur J, 2010, 16(48): 14439-14446.

[71] Wang M, Yin H, Shen N, et al. Signal-on photoelectrochemical biosensor for microRNA detection based on Bi_2S_3 nanorods and enzymatic amplification. Biosens Bioelectron, 2014, 53: 232-237.

[72] Zhao W W, Yu P P, Shan Y, et al. Exciton-plasmon interactions between CdS quantum dots and Ag nanoparticles in photoelectrochemical system and its biosensing application. Anal Chem, 2012, 84(14): 5892-5897.

[73] Zhao W W, Wang J, Xu J J, et al. Energy transfer between CdS quantum dots and Au nanoparticles in photoelectrochemical detection. Chem Commun, 2011, 47(39): 10990-10992.

[74] Zhang X, Xu Y, Yang Y, et al. A new signal-on photoelectrochemical biosensor based on a graphene/quantum-dot nanocomposite amplified by the dual-quenched effect of bipyridinium relay and AuNPs. Chem Eur J, 2012, 18(51): 16411-16418.

[75] Zeng X, Ma S, Bao J, et al. Using graphene-based plasmonic nanocomposites to quench energy from quantum dots for signal-on photoelectrochemical aptasensing. Anal Chem, 2013, 85(24): 11720-11724.

[76] Gill R, Patolsky F, Katz E, et al. Electrochemical control of the photocurrent direction in

intercalated DNA/CdS nanoparticle systems. Angew Chem Int Ed, 2005, 44(29): 4554-4557.

[77] Liang M, Jia S, Zhu S, et al. Photoelectrochemical sensor for the rapid detection of *in situ* DNA damage induced by enzyme-catalyzed fenton reaction. Environ Sci Technol, 2007, 42(2): 635-639.

[78] Tokudome H, Yamada Y, Sonezaki S, et al. Photoelectrochemical deoxyribonucleic acid sensing on a nanostructured TiO_2 electrode. Appl Phys Lett, 2005, 87(21): 213901.

[79] Fan G C, Han L, Zhang J R, et al. Enhanced photoelectrochemical strategy for ultrasensitive DNA detection based on two different sizes of CdTe quantum dots cosensitized TiO_2/CdS: Mn hybrid structure. Anal Chem, 2014, 86(21): 10877-10884.

[80] Altschuler S J, Wu L F. Cellular heterogeneity: Do differences make a difference? Cell, 2010, 141(4): 559-563.

[81] Wightman R M. Probing cellular chemistry in biological systems with microelectrodes. Science, 2006, 311(5767): 1570-1574.

[82] Bard A J, Fan F R F, Kwak J, et al. Scanning electrochemical microscopy. Introduction and principle. Anal Chem, 1989, 61(2): 132-138.

[83] Takahashi Y, Shevchuk A I, Novak P, et al. Topographical and electrochemical nanoscale imaging of living cells using voltage-switching mode scanning electrochemical microscopy. Proc Natl Acad Sci USA, 2012, 109(29): 11540-11545.

[84] Korchev Y E, Bashford C L, Milovanovic M, et al. Scanning ion conductance microscopy of living cells. Biophys J, 1997, 73(2): 653-658.

[85] Wang W, Yang Y, Wang S, et al. Label-free measuring and mapping of binding kinetics of membrane proteins in single living cells. Nat Chem, 2012, 4(10): 846.

[86] Zhou J Y, Ma G Z, Chen Y, et al. Electrochemiluminescence imaging for parallel single-cell analysis of active membrane cholesterol. Anal Chem, 2015, 87(16): 8138-8143.

[87] Sun P, Laforge F O, Abeyweera T P, et al. Nanoelectrochemistry of mammalian cells. Proc Natl Acad Sci USA, 2008, 105(2): 443-448.

[88] Wang Y, Noël J M, Velmurugan J, et al. Nanoelectrodes for determination of reactive oxygen and nitrogen species inside murine macrophages. Proc Natl Acad Sci USA, 2012, 109(29): 11534-11539.

[89] Zhang X W, Qiu Q F, Jiang H, et al. Real-time intracellular measurements of ROS and RNS in living cells with single core-shell nanowire electrodes. Angew Chem Int Edit, 2017, 56(42): 12997-13000.

[90] Li X, Majdi S, Dunevall J, et al. Quantitative measurement of transmitters in individual vesicles in the cytoplasm of single cells with nanotip electrodes. Angew Chem Int Edit,

2015, 54(41): 11978-11982.

[91] Pan R R, Xu M C, Jiang D C, et al. Nanokit for single-cell electrochemical analyses. Proc Natl Acad Sci USA, 2016, 113(41): 11436-11440.

[92] Li Y T, Zhang S H, Wang L, et al. Nanoelectrode for amperometric monitoring of individual vesicular exocytosis inside single synapses. Angew Chem Int Edit, 2014, 53(46): 12456-12460.

[93] Li Y T, Zhang S H, Wang X Y, et al. Real-time monitoring of discrete synaptic release events and excitatory potentials within self-reconstructed neuromuscular junctions. Angew Chem Int Edit, 2015, 54(32): 9313-9318.

[94] Robinson D L, Hermans A, Seipel A T, et al. Monitoring rapid chemical communication in the brain. Chem Rev, 2008, 108(7): 2554-2584.

[95] Zhang M N, Yu P, Mao L Q. Rational design of surface/interface chemistry for quantitative *in vivo* monitoring of brain chemistry. Acc Chem Res, 2012, 45(4): 533-543.

[96] Khan A S, Michael A C. Invasive consequences of using micro-electrodes and microdialysis probes in the brain. Trends Anal Chem, 2003, 22(8): 503-508.

[97] Watson C J, Venton B J, Kennedy R T, et al. *In vivo* measurements of neurotransmitters by microdialysis sampling. Anal Chem, 2006, 78(5): 1391-1399.

[98] Wilson G S, Gifford R. Biosensors for real-time *in vivo* measurements. Biosens Bioelectron, 2005, 20(12): 2388-2403.

[99] Ungerstedt U, Pycock C. Functional correlates of dopamine neurotransmission. Bull Schweiz Akad Med Wiss, 1974, 30(1-3): 44-55.

[100] Kehr J. Determination of glutamate and aspartate in microdialysis samples by reversed-phase column liquid chromatography with fluorescence and electrochemical detection. Chromatogr B, 1998, 708(1-2): 27-38.

[101] Schltz K N, Kennedy R T. Time-resolved microdialysis for *in vivo* neurochemical measurements and other applications. Annu Rev Anal Chem, 2008, 1: 627-661.

[102] Stamford J A, Justice J B. Probing brain chemistry. Anal Chem, 1996, 68(11): A359-A363.

[103] Robinson T E, Justice Jr J B. Microdialysis in the Neurosciences. Amsterdam: Elsevier, 1991.

[104] Pravda M, Bogaert L, Sarre S, et al. On-line *in vivo* monitoring of endogenous quinones using microdialysis coupled with electrochemical detection. Anal Chem, 1997, 69(13): 2354-2361.

[105] Rice M E. Ascorbate regulation and its neuroprotective role in the brain. Trends Neurosci, 2000, 23(5): 209-216.

[106] Zhang M N, Liu K, Gong K P, et al. Continuous on-line monitoring of extracellular

ascorbate depletion in the rat striatum induced by global ischemia with carbon nanotube-modified glassy carbon electrode integrated into a thin-layer radial flow cell. Anal Chem, 2005, 77(19): 6234-6242.

[107] Liu K, Lin Y Q, Yu P, et al. Dynamic regional changes of extracellular ascorbic acid during global cerebral ischemia: studied with *in vivo* microdialysis coupled with on-line electrochemical detection. Brain Res, 2009, 1253: 161-168.

[108] Lin Y Q, Zhang Z P, Zhao L Z, et al. A non-oxidative electrochemical approach to online measurements of dopamine release through laccase-catalyzed oxidation and intramolecular cyclization of dopamine. Biosens Bioelectron, 2010, 25(6): 1350-1355.

[109] Zhang Z P, Zhao L Z, Lin Y Q, et al. Online electrochemical measurements of Ca^{2+} and Mg^{2+} in rat brain based on divalent cation enhancement toward electrocatalytic NADH oxidation. Anal Chem, 2010, 82(23): 9885-9891.

[110] Lin Y Q, Liu K, Yu P, et al. A facille electrochemical method for simultaneous and on-line measurements of glucose and lactate in brain microdialysate with prussian blue as the electrocatalyst for reduction of hydrogen peroxide. Anal Chem, 2007, 79(24): 9577-9583.

[111] Lin Y Q, Zhu N N, Yu P, et al. Physiologically relevant online electrochemical method for continuous and simultaneous monitoring of striatum glucose and lactate following global cerebral ischemia/reperfusion. Anal Chem, 2009, 81(6): 2067-2074.

[112] Lu X L, Cheng H J, Huang P C, et al. Hybridization of bioelectrochemically functional infinite coordination polymer nanoparticles with carbon nanotubes for highly sensitive and selective in vivo electrochemical monitoring. Anal Chem, 2013, 85(8): 4007-4013.

[113] Niwa O, Kurita R, Horiuchi T, et al. Small-volume on-line sensor for continuous measurement of gamma-aminobutyric acid. Anal Chem, 1998, 70(1): 89-93.

[114] Niwa O, Torimitsu K, Morita M, et al. Concentration of extracellular L-glutamate released from cultured nerve cells measured with a small volume online sensor. Anal Chem, 1996, 68(11): 1865-1870.

[115] Zilkha E, Obrenovitch T P, Koshy A, et al. Extracellular glutamate-online monitoring using microdialysis coupled to enzyme-amperometric analysis. Neurosci Methods, 1995, 60(1-2): 1-9.

[116] Niwa O, Horiuchi T, Kurita R, et al. On-line electrochemical sensor for selective continuous measurement of acetylcholine in cultured brain tissue. Anal Chem, 1998, 70(6): 1126-1132.

[117] Parkin M C, Hopwood S E, Strong A J, et al. Resolving dynamic changes in brain metabolism using biosensors and on-line microdialysis. TrAC Trends Anal Chem, 2003, 22(8): 487-497.

[118] Mao L Q, Osborne P G, Yamamoto K, et al. Continuous on-line measurement of cerebral hydrogen peroxide using enzyme-modified ring-disk plastic carbon film electrode. Anal Chem, 2002, 74(15): 3684-3689.

[119] Lin Y Q, Yu P, Hao J, et al. Continuous and simultaneous electrochemical measurements of glucose, lactate, and ascorbate in rat brain following brain ischemia. Anal Chem, 2014, 86(8): 3895-3901.

[120] Gao X, Yu P, Wang Y X, et al. Microfluidic chip-based online electrochemical detecting system for continuous and simultaneous monitoring of ascorbate and Mg^{2+} in rat brain. Anal Chem, 2013, 85(15): 7599-7605.

[121] Kissinger P T, Hart J B, Adams R N. Voltammetry in brain tissue: A new neurophysiological measurement. Brain Research, 1973, 55(1): 209-213.

[122] Wilson G S, Johnson M A. *In-vivo* electrochemistry: What can we learn about living systems? Chem Rev, 2008, 108(7): 2462-2481.

[123] Dale N, Hatz S, Tian F M, et al. Listening to the brain: Microelectrode biosensors for neurochemicals. Trends Biotechnol, 2005, 23(8): 420-428.

[124] Polcari D, Kwan A, van Horn M R, et al. Disk-shaped amperometric enzymatic biosensor for *in vivo* detection of D-serine. Anal Chem, 2014, 86(7): 3501-3507.

[125] Liu Y Z, Yao Q Q, Zhang X M, et al. Development of gold nanoparticle-sheathed glass capillary nanoelectrodes for sensitive detection of cerebral dopamine. Biosens Bioelectron, 2015, 63: 262-268.

[126] Zhang X J, Kislyak Y, Lin H, et al. Nanometer size electrode for nitric oxide and S-nitrosothiols measurement. Electrochem Commun, 2002, 4(1): 11-16.

[127] Chai X L, Zhou X G, Zhu A W, et al. A two-channel ratiometric electrochemical biosensor for *in vivo* monitoring of copper ions in a rat brain using gold truncated octahedral microcages. Angew Chem Int Edit, 2013, 52(31): 8129-8133.

[128] Zhou J Q, Luo Y P, Zhu A W, et al. A reliable and durable approach for real-time determination of cellular superoxide anion based on biomimetic superoxide: Dismutase stabilized by a zeolite. Analyst, 2011, 136(8): 1594-1598.

[129] Zhang M N, Liu K, Xiang L, et al. Carbon nanotube-modified carbon fiber microelectrodes for *in vivo* voltammetric measurement of ascorbic acid in rat brain. Anal Chem, 2007, 79(17): 6559-6565.

[130] Xiang L, Yu P, Hao J, et al. Vertically aligned carbon nanotube-sheathed carbon fibers as pristine microelectrodes for selective monitoring of ascorbate *in vivo*. Anal Chem, 2014, 86(8): 3909-3914.

[131] Xiang L, Yu P, Zhang M N, et al. Platinized aligned carbon nanotube-sheathed carbon

fiber microelectrodes for *in vivo* amperometric monitoring of oxygen. Anal Chem, 2014, 86(10): 5017-5023.

[132] Kulagina N V, Shankar L, Michael A C. Monitoring glutamate and ascorbate in the extracellular space of grain tissue with electrochemical microsensors. Anal Chem, 1999, 71(22): 5093-5100.

[133] Logan B E. Exoelectrogenic bacteria that power microbial fuel cells. Nat Rev Microbiol, 2009, 7(5): 375-381.

[134] Xie X, Criddle C, Cui Y. Design and fabrication of bioelectrodes for microbial bioelectrochemical systems. Energy Environ Sci, 2015, 8(12): 3418-3441.

[135] Leech D, Kavanagh P, Schuhmann W. Enzymatic fuel cells: Recent progress. Electrochimica Acta, 2012, 84(S1): 223-234.

[136] Zhao C E, Gai P P, Song R B, et al. Nanostructured material-based biofuel cells: Recent advances and future prospects. Chem Soc Rev, 2017, 46(5): 1545-1564.

[137] Davis F, Higson S P J. Biofuel cells-recent advances and applications. Biosens Bioelectron, 2007, 22(7): 1224-1235.

[138] Moehlenbrock M J, Minteer S D. Extended lifetime biofuel cells. Chem Soc Rev, 2008, 37(6): 1188-1196.

[139] Potter M C. Electrical effects accompanying the decomposition of organic compounds. Proc R Soc London Ser B, 1911, 84: 260-276.

[140] Logan B E. Extracting hydrogen electricity from renewable resources. Environ Sci Technol, 2004, 38(9): 160A-167A.

[141] Yang H J, Zhou M H, Liu M M, et al. Microbial fuel cells for biosensor applications. Biotechnol Lett, 2015, 37(12): 2357-2364.

[142] Xu S, Qin Y, Xu C, et al. Self-powered nanowire devices. Nature Nanotech, 2010, 5(5): 366-373.

[143] Liu H, Xiang Y, Lu Y, et al. Aptamer-based origami paper analytical device for electrochemical detection of adenosine. Angew Chem Int Edit, 2012, 51(28): 6925-6928.

[144] Lin Z H, Cheng G, Wu W Z, et al. Dual-mode triboelectric nanogenerator for harvesting water energy and as a self-powered ethanol nanosensor. ACS Nano, 2014, 8(6): 6440-6448.

[145] Liu J, Mattiasson B. Microbial BOD sensors for wastewater analysis. Water Res, 2002, 36(15): 3786-3802.

[146] Sun J Z, Kingori G P, Si R W, et al. Microbial fuel cell-based biosensors for environmental monitoring: A review. Water Sci Technol, 2015, 71(6): 801-809.

[147] Han Y J, Chabu J M, Hu S Q, et al. Rational tuning of the electrocatalytic nanobiointerface

for a "turn-off" biofuel-cell-based self-powered biosensor for p53 protein. Chem Eur J, 2015, 21(37): 13045-13051.

[148] Abrevaya X C, Sacco N J, Bonetto M C, et al. Analytical applications of microbial fuel cells. Part 1: Biochemical oxygen demand. Biosens Bioelectron, 2015, 63: 580-590.

[149] Katz E, MacVittie K. Implanted biofuel cells operating *in vivo*-methods, applications and perspectives-feature article. Energy Environ Sci, 2013, 6(10): 2791-2803.

[150] Bai L, Jin L H, Han L, et al. Self-powered fluorescence controlled switch systems based on biofuel cells. Energy Environ Sci, 2013, 6(10): 3015-3021.

[151] Katz E, Bückmann A F, Willner I. Self-powered enzyme-based biosensors. J Am Chem Soc, 2001, 123(43): 10752-10753.

[152] Yan K, Yang Y H, Okoth O K, et al. Visible-light induced self-powered sensing platform based on a photofuel cell. Anal Chem, 2016, 88(12): 6140-6144.

[153] Hickey D P, Reid R C, Milton R D, et al. A self-powered amperometric lactate biosensor based on lactate oxidase immobilized in dimethylferrocene-modified LPEI. Biosens Bioelectron, 2016, 77: 26-31.

[154] Jeerapan I, Sempionatto J R, Pavinatto A, et al. Stretchable biofuel cells as wearable textile-based self-powered sensors. Mater Chem A, 2016, 4(47): 18342-18353.

[155] Jia W Z, Ramírez G V, Bandodkar A J, et al. Epidermal biofuel cells: Energy harvesting from human perspiration. Angew Chem Int Edit, 2013, 52(28): 7233-7236.

[156] Zhang L L, Zhou M, Dong S J. A self-powered acetaldehyde sensor based on biofuel cell. Anal Chem, 2012, 84(23): 10345-10349.

[157] Wen D, Deng L, Guo S J, et al. Self-powered sensor for trace Hg^{2+} detection. Anal Chem, 2011, 83(10): 3968-3972.

[158] Wang T, Milton R D, Abdellaoui S, et al. Laccase inhibition by arsenite/arsenate: Determination of inhibition mechanism and preliminary application to a self-powered biosensor. Anal Chem, 2016, 88(6): 3243-3248.

[159] Zhang T T, Zhao H M, Lei A Y, et al. Electrochemical biosensor for detection of perfluorooctane sulfonate based on inhibition biocatalysis of enzymatic fuel cell. Electrochemistry, 2014, 82(2): 94-99.

[160] Hou C T, Fan S Q, Lang Q L, et al. Biofuel cell based self-powered sensing platform for L-cysteine detection. Anal Chem, 2015, 87(6): 3382-3387.

[161] Meredith M T, Minteer S D. Inhibition and activation of glucose oxidase bioanodes for use in a self-powered EDTA sensor. Anal Chem, 2011, 83(13): 5436-5441.

[162] Wang Y H, Ge L, Wang P P, et al. A three-dimensional origami-based immuno-biofuel cell for self-powered, low-cost, and sensitive point-of-care testing. Chem Comm, 2014,

50(16): 1947-1949.

[163] Cheng J S, Han Y J, Deng L, et al. Carbon nanotube-bilirubin oxidase bioconjugate as a new biofuel cell label for self-powered immunosensor. Anal Chem, 2014, 86(23): 11782-11788.

[164] Wang Y H, Ge L, Ma C, et al. Self-powered and sensitive DNA detection in a three-dimensional origami-based biofuel cell based on a porous Pt-paper cathode. Chem Eur J, 2014, 20(39): 12453-12462.

[165] Gai P P, Song R B, Zhu C, et al. Ultrasensitive self-powered cytosensors based on exogenous redox-free enzyme biofuel cells as point-of-care tools for early cancer diagnosis. Chem Comm, 2015, 51(94): 16763-16766.

[166] Ouyang J, Liu Z J, Han Y J, et al. Fabrication of surface protein-imprinted biofuel cell for sensitive self-powered glycoprotein detection. ACS Appl Mat Inter, 2016, 8(51): 35004-35011.

[167] Gao C M, Wang Y H, Su M, et al. A dual functional analytical device for self-powered point of care testing and electric energy storage. Chem Comm, 2015, 51(46): 9527-9530.

[168] Gai P P, Ji Y S, Wang W J, et al. Ultrasensitive self-powered cytosensor. Nano Energy, 2016, 19: 541-549.

[169] Zhou M, Du Y, Chen C, et al. Aptamer-controlled biofuel cells in logic systems and used as self-powered and intelligent logic aptasensors. J Am Chem Soc, 2010, 132(7): 2172-2174.

[170] Gai P, Gu C, Hou T, et al. Ultrasensitive self-powered aptasensor based on enzyme biofuel cell and DNA bioconjugate: A facile and powerful tool for antibiotic residue detection. Anal Chem, 2017, 89(3): 2163-2169.

[171] Chang I S, Jang J K, Gil G C, et al. Continuous determination of biochemical oxygen demand using microbial fuel cell type biosensor. Biosens Bioelectron, 2004, 19(6): 607-613.

[172] Zhang Y, Angelidaki I. A simple and rapid method for monitoring dissolved oxygen in water with a submersible microbial fuel cell (SBMFC). Biosens Bioelectron, 2012, 38(1): 189-194.

[173] Karube I, Matsunaga T, Mitsuda S, et al. Microbial electrode BOD sensors. Biotechnol Bioeng, 1977, 19(10): 1535-1547.

[174] Xu L, Zhao Y, Fan C, et al. First study to explore the feasibility of applying microbial fuel cells into constructed wetlands for COD monitoring. Bioresour Technol, 2017, 243: 846-854.

[175] Quek S B, Cheng L, Cord-Ruwisch R. Microbial fuel cell biosensor for rapid assessment of assimilable organic carbon under marine conditions. Water Res, 2015, 77: 64-71.

[176] Moon H, Chang I S, Kang K H, et al. Improving the dynamic response of a mediator-less microbial fuel cell as a biochemical oxygen demand (BOD) sensor. Biotechnol Lett, 2004, 26(22): 1717-1721.

[177] Ayyaru S, Dharmalingam S. Enhanced response of microbial fuel cell using sulfonated poly ether ether ketone membrane as a biochemical oxygen demand sensor. Anal Chim Acta, 2014, 818: 15-22.

[178] Jia H, Yang G, Ngo H H, et al. Enhancing simultaneous response and amplification of biosensor in microbial fuel cell-based upflow anaerobic sludge bed reactor supplemented with zero-valent iron. Chem Eng J, 2017, 327: 1117-1127.

[179] Chang I S, Moon H, Jang J K, et al. Improvement of a microbial fuel cell performance as a BOD sensor using respiratory inhibitors. Biosens Bioelectron, 2005, 20(9): 1856-1859.

[180] Di Lorenzo M, Curtis T P, Head I M, et al. A single-chamber microbial fuel cell as a biosensor for wastewaters. Water Res, 2009, 43(13): 3145-3154.

[181] Di Lorenzo M, Thomson A R, Schneider K, et al. A small-scale air-cathode microbial fuel cell for on-line monitoring of water quality. Biosens Bioelectron, 2014, 62: 182-188.

[182] Kretzschmar J, Koch C, Liebetrau J, et al. Electroactive biofilms as sensor for volatile fatty acids: Cross sensitivity, response dynamics, latency and stability. Sensor Actuat B: Chem, 2017, 241: 466-472.

[183] Jin X, Angelidaki I, Zhang Y. Microbial electrochemical monitoring of volatile fatty acids during anaerobic digestion. Environ Sci Technol, 2016, 50(8): 4422-4429.

[184] Kaur A, Ibrahim S, Pickett C J, et al. Anode modification to improve the performance of a microbial fuel cell volatile fatty acid biosensor. Sensor Actuat B: Chem, 2014, 201: 266-273.

[185] Kim H J, Hyun M S, Chang I S, et al. A microbial fuel cell type lactate biosensor using a metal-reducing bacterium, Shewanella putrefaciens. J Microbiol Biotechn, 1999, 9(3): 365-367.

[186] Matsunaga T, Karube I, Suzuki S. A specific microbial sensor for formic acid. Euro J Appl Microbiol, 1980, 10(3): 235-243.

[187] Chen Z, Niu Y, Zhao S, et al. A novel biosensor for p-nitrophenol based on an aerobic anode microbial fuel cell. Biosens Bioelectron, 2016, 85: 860-868.

[188] Kim M, Hyun M S, Gadd G M, et al. A novel biomonitoring system using microbial fuel cells. J Environ Monit, 2007, 9(12): 1323-1328.

[189] Yu D, Bai L, Zhai J, et al. Toxicity detection in water containing heavy metal ions with a self-powered microbial fuel cell-based biosensor. Talanta, 2017, 168: 210-216.

[190] Schneider G, Czeller M, Rostás V, et al. Microbial fuel cell-based diagnostic platform to

reveal antibacterial effect of beta-lactam antibiotics. Enzyme Microb Technol, 2015, 73: 59-64.

[191] Yang W, Wei X, Fraiwan A, et al. Fast and sensitive water quality assessment: A μL-scale microbial fuel cell-based biosensor integrated with an air-bubble trap and electrochemical sensing functionality. Sensor Actuat B: Chem, 2016, 226: 191-195.

[192] Stein N E, Hamelers H V, Buisman C N. Influence of membrane type, current and potential on the response to chemical toxicants of a microbial fuel cell based biosensor. Sensor Actuat B: Chem, 2012, 163(1): 1-7.

[193] Stein N E, Hamelers H V, Buisman C N. Stabilizing the baseline current of a microbial fuel cell-based biosensor through overpotential control under non-toxic conditions. Bioelectrochemistry, 2010, 78(1): 87-91.

[194] Shen Y, Wang M, Chang I S, et al. Effect of shear rate on the response of microbial fuel cell toxicity sensor to Cu(Ⅱ). Bioresour Technol, 2013, 136: 707-710.

[195] Jiang Y, Liang P, Liu P, et al. Enhancement of the sensitivity of a microbial fuel cell sensor by transient-state operation. Environl Sci, 2017, 3(3): 472-479.

[196] Jiang Y, Liang P, Zhang C, et al. Enhancing the response of microbial fuel cell based toxicity sensors to Cu(Ⅱ) with the applying of flow-through electrodes and controlled anode potentials. Bioresour Technol, 2015, 190: 367-372.

[197] Tront J M, Fortner J, Plötze M, et al. Microbial fuel cell technology for measurement of microbial respiration of lactate as an example of bioremediation amendment. Biotechnol Lett, 2008, 30(8): 1385-1390.

[198] Tront J M, Fortner J, Plötze M, et al. Microbial fuel cell biosensor for *in situ* assessment of microbial activity. Biosens Bioelectron, 2008, 24(4): 586-590.

[199] Kim T, Han J I. Fast detection and quantification of *Escherichia coli* using the base principle of the microbial fuel cell. J Environ Manage, 2013, 130: 267-275.

[200] Patchett R A, Kelly A F, Kroll R G. Use of a microbial fuel cell for the rapid enumeration of bacteria. Appl Microbiol Biotechnol, 1988, 28(1): 26-31.

[201] Yu Y Y, Wang J X, Si R W, et al. Sensitive amperometric detection of riboflavin with a whole-cell electrochemical sensor. Anal Chim Acta, 2017, 985: 148-154.

[202] Yang Y, Yu Y Y, Wang Y Z, et al. Amplification of electrochemical signal by a whole-cell redox reactivation module for ultrasensitive detection of pyocyanin. Biosens Bioelectron, 2017, 98: 338-344.

[203] Asghary M, Raoof J B, Rahimnejad M, et al. A novel self-powered and sensitive label-free DNA biosensor in microbial fuel cell. Biosens Bioelectron, 2016, 82: 173-176.

[204] Cao C, Ying Y L, Hu Z L, et al. Discrimination of oligonucleotides of different lengths

with a wild-type aerolysin nanopore. Nature Nanotech, 2016, 11(8): 713.
[205] Ying Y L, Li Z Y, Hu Z L, et al. A time-resolved single-molecular train based on aerolysin nanopore. Chem, 2018, 4(8): 1893-1901.
[206] Wang Y Q, Cao C, Ying Y L, et al. Rationally designed sensing selectivity and sensitivity of an aerolysin nanopore via sitedirected mutagenesis. ACS Sensors, 2018, 3(4): 779-783.
[207] Wang Y Q, Li M Y, Qiu H, et al. Identification of essential sensitive regions of the aerolysin nanopore for single oligonucleotide analysis. Anal Chem, 2018, 90(13): 7790-7794.
[208] Piguet F, Ouldali H, Pastoriza-Gallego M, et al. Identification of single amino acid differences in uniformly charged homopolymeric peptides with aerolysin nanopore. Nat Commun, 2018, 9(1): 966.
[209] Yu J, Cao C, Long Y T. Selective and sensitive detection of methylcytosine by aerolysin nanopore under serum condition. Anal Chem, 2017, 89(21): 11685-11689.
[210] Payet L, Martinho M, Merstorf C, et al. Temperature effect on ionic current and ssDNA transport through nanopores. Biophys J, 2015, 109(8): 1600-1607.
[211] Wang Y, Tian K, Du X, et al. Remote activation of a nanopore for high-performance genetic detection using a pH taxis-mimicking mechanism. Anal Chem, 2017, 89(24): 13039-13043.
[212] Wang Y, Montana V, Grubišic V, et al. Nanopore sensing of botulinum toxin type B by discriminating an enzymatically cleaved peptide from a synaptic protein synaptobrevin 2 derivative. ACS Appl Mater Interfaces, 2014, 7(1): 184-192.
[213] Rauf S, Zhang L, Ali A, et al. Nanopore-based, label-free, and real-time monitoring assay for DNA methyltransferase activity and inhibition. Anal Chem, 2017, 89(24): 13252-13260.
[214] Li T, Liu L, Li Y, et al. A universal strategy for aptamer-based nanopore sensing through host-guest interactions inside α-hemolysin. Angew Chem Int Ed, 2015, 54(26): 7568-7571.
[215] Wen S, Zeng T, Liu L, et al. Highly sensitive and selective DNA-based detection of mercury (Ⅱ) with α-hemolysin nanopore. J Am Chem Soc, 2011, 133(45): 18312-18317.
[216] Lin Y, Shi X, Liu S C, et al. Characterization of DNA duplex unzipping through a sub-2 nm solid-state nanopore. Chem Commun, 2017, 53(25): 3539-3542.
[217] Ying Y L, Long Y T. Single-molecule analysis in an electrochemical confined space. Sci China Chem, 2017, 60(9): 1187-1190.
[218] Shi X, Li Q, Gao R, et al. Dynamics of a molecular plug docked onto a solid-state nanopore. J Phys Chem Lett, 2018, 9(16): 4686-4694.
[219] Li Q, Lin Y, Ying YL, et al. Detection of single oligonucleotide with an electrochemical

confined solid-state nanopore. Sci Sin Chim, 2017, 47(12): 1445-1449.

[220] Lin Y, Ying Y L, Shi X, et al. Direct sensing of cancer biomarkers in clinical samples with a designed nanopore. Chem Commun, 2017, 53(84): 11564-11567.

[221] Chen L, He H, Jin Y. Counting and dynamic studies of the small unilamellar phospholipid vesicle translocation with single conical glass nanopores. Anal Chem, 2014, 87(1): 522-529.

[222] Oja S M, Fan Y, Armstrong C M, et al. Nanoscale electrochemistry revisited. Anal Chem, 2015, 88(1): 414-430.

[223] Manrao E A, Derrington I M, Laszlo A H, et al. Reading DNA at single-nucleotide resolution with a mutant MspA nanopore and phi29 DNA polymerase. Nat Biotechnol, 2012, 30(4): 349.

[224] Nelson T, Zhang B, Prezhdo O V. Detection of nucleic acids with graphene nanopores: *ab initio* characterization of a novel sequencing device. Nano Lett, 2010, 10(9): 3237-3242.

[225] Sambur J B, Chen T Y, Choudhary E, et al. Sub-particle reaction and photocurrent mapping to optimize catalyst-modified photoanodes. Nature, 2016, 530(7588): 77.

[226] Xu W, Shen H, Kim Y J, et al. Single-molecule electrocatalysis by single-walled carbon nanotubes. Nano Lett, 2009, 9(12): 3968-3973.

[227] Hill C M, Pan S. A dark-field scattering spectroelectrochemical technique for tracking the electrodeposition of single silver nanoparticles. J Am Chem Soc, 2013, 135(46): 17250-17253.

[228] Brasiliense V, Patel A N, Martinez-Marrades A, et al. Correlated electrochemical and optical detection reveals the chemical reactivity of individual silver nanoparticles. J Am Chem Soc, 2016, 138(10): 3478-3483.

[229] Collins S S, Wei X, McKenzie T G, et al. Single gold nanorod charge modulation in an ion gel device. Nano Lett, 2016, 16(11): 6863-6869.

[230] Chen X, Xia Q, Cao Y, et al. Imaging the transient heat generation of individual nanostructures with a mechanoresponsive polymer. Nat Commun, 2017, 8(1): 1498.

[231] Wang W, Foley K, Shan X, et al. Single cells and intracellular processes studied by a plasmonic-based electrochemical impedance microscopy. Nature Chem, 2011, 3(3): 249.

[232] Shan X, Díez-Pérez I, Wang L, et al. Imaging the electrocatalytic activity of single nanoparticles. Nature Nanotech, 2012, 7(10): 668.

[233] Fang Y, Wang W, Wo X, et al. Plasmonic imaging of electrochemical oxidation of single nanoparticles. J Am Chem Soc, 2014, 136(36): 12584-12587.

[234] Wilson A J, Willets K A. Visualizing site-specific redox potentials on the surface of plasmonic nanoparticle aggregates with superlocalization SERS microscopy. Nano Lett,

2014, 14(2): 939-945.

[235] Zhong J H, Jin X, Meng L, et al. Probing the electronic and catalytic properties of a bimetallic surface with 3nm resolution. Nature Nanotech, 2017, 12(2): 132.

[236] Xu L, Li Y, Wu S, et al. Imaging latent fingerprints by electrochemiluminescence. Angew Chem Int Ed, 2012, 51(32): 8068-8072.

[237] Li S, Du Y, He T, et al. Nanobubbles: An effective way to study gas-generating catalysis on a single nanoparticle. J Am Chem Soc, 2017, 139(40): 14277-14284.

[238] Shan X, Patel U, Wang S, et al. Imaging local electrochemical current via surface plasmon resonance. Science, 2010, 327(5971): 1363-1366.

[239] Wang Y, Shan X, Wang H, et al. Plasmonic imaging of surface electrochemical reactions of single gold nanowires. J Am Chem Soc, 2017, 139(4): 1376-1379.

[240] Wang H, Shan X, Yu H, et al. Determining electrochemical surface stress of single nanowires. Angew Chem Int Ed, 2017, 129(8): 2164-2167.

[241] Pan S, Liu J, Hill C M. Observation of local redox events at individual Au nanoparticles using electrogenerated chemiluminescence microscopy. J Phys Chem C, 2015, 119(48): 27095-27103.

[242] Cao C, Li M Y, Cirauqui N, et al. Mapping the sensing spots of aerolysin for single oligonucleotides analysis. Nat Commun, 2018, 9(1): 2823.

[243] Fu T M, Hong G, Zhou T, et al. Stable long-term chronic brain mapping at the single-neuron level. Nat Methods, 2016, 13(10): 875.

[244] Majdi S, Berglund E C, Dunevall J, et al. Electrochemical measurements of optogenetically stimulated quantal amine release from single nerve cell varicosities in Drosophila larvae. Angew Chem Int Ed, 2015, 127(46): 13813-13816.

[245] Zhang J, Liu X, Ying Y L, et al. High-bandwidth nanopore data analysis by using a modified hidden Markov model. Nanoscale, 2017, 9(10): 3458-3465.

[246] Gu Z, Ying Y L, Cao C, et al. Accurate data process for nanopore analysis. Anal Chem, 2015, 87(2): 907-913.

[247] Dunbar W B. Comment on accurate data process for nanopore analysis. Anal Chem, 2015, 87(20): 10650-10652.

[248] Ali S R, Ma Y, Parajuli R R, et al. A nonoxidative sensor based on a self-doped polyaniline/carbon nanotube composite for sensitive and selective detection of the neurotransmitter dopamine. Anal Chem, 2007, 79(6): 2583-2587.

[249] Kaya M, Volkan M R. New approach for the surface enhanced resonance Raman scattering (SERRS) detection of dopamine at picomolar (pM) levels in the presence of ascorbic acid. Anal Chem, 2012, 84(18): 7729-7735.

[250] Schubert K, Khalid W, Yue Z, et al. Quantum-dot-modified electrode in combination with NADH-dependent dehydrogenase reactions for substrate analysis. Langmuir, 2009, 26(2): 1395-1400.

[251] Fang X, Tan W. Aptamers generated from cell-SELEX for molecular medicine: A chemical biology approach. Acc Chem Res, 2009, 43(1): 48-57.

[252] Reiner J E, Balijepalli A, Robertson J W, et al. Disease detection and management via single nanopore-based sensors. Chem Rev, 2012, 112(12): 6431-6451.

[253] Long Y, Zhang M. Self-assembling bacterial pores as components of nanobiosensors for the detection of single peptide molecules. Sci China Ser B: Chem, 2009, 52(6): 731-733.

[254] Ying Y L, Cao C, Hu Y X, et al. A single biomolecule interface for advancing the sensitivity, selectivity and accuracy of sensors. Natl Sci Rev, 2018, 5(4): 450-452.

第七章 电化学工业发展战略研究

电化学工业有悠久的历史，类别很多，应用广泛，至今规模可观，是重要的工业领域。20 世纪 80 年代以来，化学品电合成的研发工作一直保持强劲的发展态势，电化学工业的许多方面与其他工业技术相互促进或者竞争，尤其在加工工业中占有重要地位，展现出电化学路线作为“绿色生产过程”的广阔前景。近年来，绿色、节能、高效、可持续发展对电化学工业提出了新的挑战。电化学生产过程以电极反应为中心，辅以其他化工单元操作，具有投资大、耗电多的特点，如何降低能耗和提高设备利用率已成为电化学工业技术进步面临的关键问题。同时，电化学工业正在向新领域发展，资源、能量转换和电化学储能已经成为战略性新兴产业发展不可或缺的基础。

第一节　国内外现状分析

电化学工业属于典型的能量消耗型产业，主要包括氯碱、电化学冶金、电镀与表面精饰、有机电合成等工业领域。

一、氯碱工业

氯碱工业是以原盐和电作为原料，生产烧碱、氯气和氢气的基础原材料工业。氯碱产品的种类很多，主要有烧碱、钾碱、液氯、盐酸、氯化聚合物系列（包括聚氯乙烯）、漂白消毒剂系列、甲烷氯化物、C_2氯化物类、氯化苯系列、环氧化合物系列、水合肼系列、农药中间体等，衍生产品达上百种，具有较高的经济延伸价值，每万吨氯碱产品可带动国内生产总值10亿元以上。氯碱产品广泛应用于农业、石油化工、轻工、纺织、电力、冶金、国防军工、建材、食品加工等国民经济命脉部门，在经济发展中具有举足轻重的地位。由于氯碱工业所具有的特殊地位，我国一直将主要氯碱产品产量及经济指标作为我国国民经济统计和考核的重要指标。

（一）氯碱电解生产方法

当前世界氯碱电解生产主要有三种方法。

1. 水银法电解

产品质量好，但能耗高，对环境污染严重。此工艺在中国已被淘汰。

2. 隔膜法电解（包括石墨阳极电解槽和金属阳极电解槽）

电解槽碱液浓度低，含有大量氯化钠，不能直接作为产品使用，尚需经过蒸发、浓缩、除盐后方能作为产品销售，且只能用于一般的纺织、造纸等工业，不能用于人造纤维等需要高纯烧碱的工业。

3. 离子膜法

当今世界最新制碱技术。该法碱液浓度高、含盐量低、质量好、能耗低、无汞害、无石棉绒污染，代表着氯碱工业的发展方向。

电解槽是电解法制烧碱技术的核心设备。氯碱工业使用的电解槽由槽体、电解液、阳极和阴极组成，用隔膜将阳极室和阴极室分开。离子膜电解槽是随着离子膜应用于电解烧碱而发展的特殊设备，其基本功能是在阴极和阳极之间安装离子选择性交换膜，保持阳极、阴极和膜正常平稳运行。这样电解槽需要对单张膜进行逐一固定和密封，组成有一个阳极、一个阴极和一个离子膜的单元槽，多个单元槽组成一台离子膜电解槽。为保证阴极、阳极、膜的工作条件，需要对电解过程供电、阴阳极溶液循环和控制电极间距离。因此，电解槽从开发之日起，人们就不断开展研究和改进工作，主要集中在电槽供电方式、溶液循环方式、电极有效面积、电极间距离等方面。

离子膜电解槽技术的进步主要表现在节能降耗方面。电解槽的阴阳极间距（极距）是一项非常重要的技术指标，其极距越小，单元槽电解电压越低，相应的生产电耗也越低。当极距达到最小值时，即为“膜极距”，也称之为“零间隙”。用该技术制造或改造的离子膜电解槽与普通极距电解槽相比，吨碱可节电 70～100 kW·h，使离子膜法制碱技术达到更先进的水平。离子膜法电解槽已由普通的有极距电解槽到窄极距电解槽，发展到目前的零极距电解槽。尤其是 2008 年以后新建的烧碱装置均为膜极距电解槽，吨产品耗电逐渐降低，节电效果非常明显。

（二）节能降耗

目前氯碱行业的节能降耗水平已基本达到一定水平，现有的技术完全使用后基本不再具有节能空间。

（1）隔膜法电解槽经过了普通阳极到扩张阳极 + 改性隔膜技术改造，加上一次盐水过滤技术的不断提高，使得烧碱单位产品综合能耗不断降低。

（2）离子膜膜极距电解槽等相关节能技术的不断应用，以及离子膜法电解槽不断替代隔膜法电解槽技术，节能降耗趋势比较明显。

（3）自 2008 年起，离子膜电解槽均为膜极距电解槽，同时部分有极距电解槽被膜极距电解槽取代的比例逐年提高。2016 年，隔膜法电解制碱已全部退出市场，膜极距电解槽产能已占到总产能的 55% 左右。

氯碱技术从发明以来并没有根本的方法创新，只有膜法和水银法。水银法逐步被淘汰，膜法进化到离子膜时代，未来技术将以离子膜法为基础，围绕氧阴极技术进行创新。长期以来，人们一直探索氧阴极技术用于氯碱生产，其原理是膜电解原理与燃料电池原理的结合，在盐酸电解中实现了氧阴极技术工业化。盐酸氧阴极电解技术的大规模工业化应用，可以大幅度节电，适用于 MDI、TDI 等生产工厂的副产盐酸回收。

中国氯碱工业起步于1930年的上海天原电化厂，日产烧碱2 t。到1949年时，全国只有少数几家氯碱厂，烧碱年产量仅 1.5 万 t，氯产品只有盐酸、液氯、漂白粉等几种。2018 年，我国烧碱生产企业 160 家，产能达 4141 万 t，占世界比重为 44%。生产烧碱主要采用石墨阳极隔膜电解法和苛化法。随着电解生产技术的进步，生产工艺发生了一系列变化。20 世纪 70 年代，世界离子膜制碱工艺逐渐实现工业化，我国于 1986 年引进首套离子膜电解生产装置。目前，离子膜烧碱生产装置在国内已经占据主要地位。我国能够生产的耗氯产品有两百多种，主要品种七十多个。消耗氢气的产品主要有聚氯乙烯、合成盐酸及其他加氢产品、氢燃烧锅炉以及氢燃料电站等。

通过技术进步降低能耗水平，是引领主导氯碱行业可持续发展的主要趋势。在成为世界氯碱生产大国的过程中，技术进步已越来越成为中国氯碱产业转型升级的主导力量，一批氯碱清洁生产技术、装备技术、节能技术、安全生产技术、污染物防治和处理技术得以研发突破、引进消化和良好应用，资源综合利用水平不断提高。

二、电化学冶金工业

有色金属是国民经济、人民日常生活及国防工业、科学技术发展必不可少的基础材料和重要的战略物资，中国有色金属产量位居世界第一。多种有色金属冶炼以电化学冶金技术为主，如铝、镁、锂、锌、铜、镍、锰、钴等，其中100%的金属铝、镁和锂，90%的锌，30%的铜，以及近100%的金属锰，都是由电化学冶金技术提取获得最终产品。以下介绍主要几种有色金属电化学冶金技术现状。

（一）电解铝技术

电解铝是冶金工业的最重要的产品，代表着全行业的发展。因为其耗电量大，所以电解铝工业节能的核心是降低电耗。技术改造是电解铝工业的特征之一。

现代电解铝工业生产采用冰晶石－氧化铝融盐电解法。其中，熔融冰晶石是溶剂，氧化铝是溶质，以碳素体作为阳极、铝液作为阴极，通入强大的直流电后，于950～970℃下在电解槽内的两极上进行电化学反应。电化学反应主要通过如下方程进行：

阳极： $$2O^{2-} + C - 4e^- = CO_2 \uparrow \qquad (7\text{-}1)$$

阴极： $$Al^{3+} + 3e^- = Al \qquad (7\text{-}2)$$

总反应： $$2Al_2O_3 + 3C = 4Al + 3CO_2 \qquad (7\text{-}3)$$

阳极产物主要是二氧化碳和一氧化碳气体，其中含有一定量的氟化氢等有害气体和固体粉尘。为保护环境和人类健康，需对阳极气体进行净化处理，除去有害气体和粉尘后排入大气。阴极产物是铝液，铝液通过真空抬包从槽内抽出，送往铸造车间，在保温炉内经净化澄清后，浇铸成铝锭或直接加工成线坯、型材等。

我国是全球第一大电解铝生产国，近年来产量一直保持高速增长态势，2010～2015 年年均复合增长率为 14.45%，而同期全球其他地区的年均复合增长率为 -0.31%。2018 年，全球电解铝产量约为 6433.6 万 t，中国产量为 3648.5 万 t，占比 56.7%，中国依旧是电解铝主产国。

目前中国电解铝工业吨铝的直流电耗是 13 500～14 000 kW·h，电耗占铝销售价格的 35%～50%（各地电价不一）。中国铝工业在经历了数年的蓬勃发展及迅速壮大后，正面临越来越大的资源、能源和环境的压力。国际铝土矿、氧化铝及铝工业技术研究委员会（International Committee for study of Bauxite，Alumina & Aluminium，ICSOBA）认为，在今后相当长的时间内，提产提质、节能降耗、节约资源、保护环境将成为电解铝技术发展的主旋律。降低铝电解综合能耗是行业发展的关键。

（二）金属锰冶金技术

锰的用途广泛。在钢铁工业中，锰的用量仅次于铁。85%～90% 的锰消耗于钢铁工业，10%～15% 的锰消耗于有色冶炼、化工、电子、电池等部门。锰在电池材料中已广泛使用。锰行业在近二十年期间的发展变化巨大。中国从 20 世纪 90 年代中期的十几万吨产量发展到现在的一百多万吨产量，高峰时期接近两百万吨产量，现产量已占到全球 95% 以上，技术水平已处于全球最高端。

锰与钢铁工业相关，所以价格变化巨大。近十年期间，锰价曾高达3.7万元/t，最低为 0.8 万元 /t。锰尤其与不锈钢行业息息相关。在有些不锈钢系列中，锰可以代替镍，使不锈钢成本大幅下降，所以镍价高时，锰的需求量大，反之则需求量小。锰行业是高耗能行业，目前吨锰耗电为 5000～6000 kW·h，所以节电对锰企业至关重要。目前国内除新疆外已无高品位矿源，大企业较依赖进口矿源，所以提高设备效能意义重大。

中国现有锰生产企业一百六七十家，电解产能约为二百六七十万吨，单家企业产量规模从几千吨到数十万吨不等。近年呈整合之势，无矿、无电的企业自然被淘汰，装备水平低、管理水平低的企业逐步退出或被兼并，常年生产的企业大约有三四十家，产量保持在 120 万～150 万 t 之间，约有 1/5 的产量出口。企业为了生存发展，都在不停更换、更新效率更高的生产设备。

（三）金属锌冶金技术

锌的熔点低，熔体流动性良好，锌合金容易压铸成型。在汽车、航空、电子等工业中，锌及锌合金得到广泛应用。另外，锌抗腐蚀性好，主要用于镀锌方面，作为被覆物以保护钢材或钢铁制品。所以，锌的冶炼技术一直为各国所重视。2014 年美国地质调查局的数据显示，全球锌资源的储量达 25 000 万 t，其中澳大利亚有 6400 万 t，中国有 4300 万 t，秘鲁有 2400 万 t。

锌的冶金工艺主要有火法炼锌和湿法炼锌两大类。自 20 世纪 60 年代起，热酸浸出及铁、锌有效分离的湿法炼锌工艺被研究出来并应用于生产以后，湿法炼锌得到快速发展。此外，随着人们环保意识的提高和矿产资源的日益枯竭，有价金属的综合回收利用，如湿法提取铜、镍、铬、锰、钴等新技术、新工艺，在全国很多冶炼厂、废品回收站或矿山也得到越来越多的应用。

根据 2016 年中国有色金属工业协会的报道，2015 年全球锌锭产量大约为 1430 万 t。2015 年，我国电锌产量超过 600 万 t，占世界总产量的 41%，是第一大产锌国。目前我国电解锌工业吨锌的直流电耗是 3200～3500 kW·h，电耗占锌销售价格的 20%～30%（各地电价不一）。中国锌工业在经历了数年的蓬勃发展及迅速壮大后，正面临越来越大的资源、能源和环境的压力，电耗、环保已成为影响中国电解锌工业可持续发展的关键因素。

三、电镀与表面精饰工业

电镀与表面精饰涉及的领域比较广泛，主要包括电镀、化学镀、阳极氧化、磷化、钝化、蚀刻、抛光、电解加工等，属于电化学工业范畴，已有两百多年历史。电镀中被处理的材料通常是指钢铁材料，也包括铜及铜合金、铝及铝合金、锌合金等材料；非金属材料（如塑料、陶瓷等）经过特殊的预处理也可以进行电镀。

（一）镀层

镀层可按两种方式进行分类：一是按镀层用途进行分类，通常将镀层分为防护性镀层、防护－装饰性镀层和功能性镀层等三类；二是按镀层与基体的电化学关系进行分类，通常将镀层分为阳极性镀层和阴极性镀层。

1. 防护性镀层

目前，钢铁材料电镀防护性锌镀层在电镀生产中占有较大比例。电镀锌的溶液包括氰化物镀液、锌酸盐镀液、氯化物镀液和硫酸盐镀液等。除个别军工企业外，氰化物镀液已基本被淘汰。因此，电镀锌本身已经不存在重污染，但是锌镀层的后处理－钝化处理的污染问题还亟待解决。钝化处理采用的溶液包括铬酸盐（Cr^{6+}）钝化液、三价铬（Cr^{3+}）钝化液和无铬钝化液等。从工艺的操控性、稳定性和钝化膜的性能等方面综合考虑，铬酸盐钝化是优于其他钝化方式的，因此铬酸盐钝化的生产应用还非常广泛，Cr^{6+}的污染问题是电镀锌所面临的主要问题。除电镀纯锌外，为提高镀层的防护性能，电镀锌合金（包括 Zn-Ni、Zn-Fe、Zn-Co 合金等）也得到实际应用。

2. 防护－装饰性镀层

电镀防护－装饰性镀层主要指电镀 Cu/Ni/Cr 组合镀层及仿金的合金镀层等。电镀铜的溶液包括氰化物镀液、硫酸盐镀液和焦磷酸盐镀液等。氰化物镀液主要用于钢铁的预镀，应用面不断缩小。目前广泛使用的是硫酸盐镀液，由于开发了多种优异的添加剂，其镀层、镀液性能都很理想。电镀镍通常采用氯化物镀液，其主要成分毒性较小，污染不太严重。电镀铬的溶液主要是铬酸镀液，其不仅含有高污染的 Cr^{6+}，而且电镀时由于阴极电流效率较低而产生大量氢气，溢出时携带镀液形成铬雾，造成严重的环境污染。虽然现在已有三价铬电镀工艺得到应用，但由于性能尚有不足，镀液成分复杂，维护管理困难，尚未得到全面推广。

3. 功能性镀层

电镀功能性镀层种类繁多，其中以耐磨、减摩用电镀硬铬和电子电镀用电镀金、银、铜、锌合金等为主。电镀硬铬的现状与电镀装饰铬基本一致。电镀金、银的溶液主要是氰化物镀液。虽然国内外都在大力开发无氰镀液，但由于其综合性能没有氰化物镀液好，且国家尚未出台全面限制氰化物电镀的禁令，因此无氰电镀的应用还比较少。电镀 Sn 合金中的铅属于高污染物质，电镀所用的镀液多为氟化物镀液，也是对环境有害的，因此迫切需要开发替代工艺，如电镀 Sn-Ag-Cu 合金等。

（二）发展状况

近年来，电镀与表面精饰技术的相关研究得到迅速发展，全行业技术水平提高很快，但仍然相对落后，集中表现在新工艺发展不快，合金电镀、绿色电镀、低氰（或无氰电镀）亟须发展。电镀工业的环保压力巨大，电镀废水处理、清洁生产工艺技术发展对电镀行业的可持续影响大，节能、降耗、减排、循环用水、发展绿色电镀新技术、新工艺是今后行业发展面临的任务。

半导体集成电路制造中涉及大量的电化学技术（图 7-1），如晶圆（芯片）制造中的大马士革铜互连电镀成形工艺、表面化学（电化学）机械抛光（CMP）工艺、硅通孔（TSV）垂直互连电化学镀铜填充工艺，电子封装集成中的芯片表面再布线（RDL）电化学镀铜工艺、高密度键合凸点（Bump）电化学镀铜 / 锡工艺、IC 引线框架封装基板等电化学沉积与蚀刻工艺，印制电路板（PCB）的覆铜板电化学蚀刻工艺等。上述制造过程中涉及的电镀、化学镀种类主要包括铜、银、金、锡、镍、钯、钴等金属或合金，以及各种

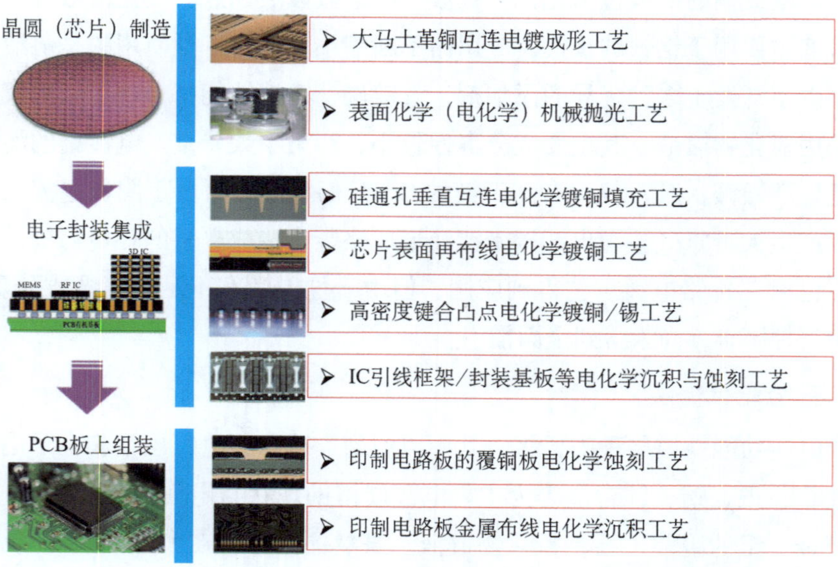

图 7-1　半导体集成电路制造中主要涉及的电化学技术

电化学蚀刻、表面处理技术。单就搭载芯片的封装基板而言，其中与电化学有关的制程就有铜的蚀刻（线路制作）、铜表面的粗糙化和改性（棕化）、树脂表面金属化（胶体钯催化化学镀铜）、硫酸体系电镀铜、化学镀镍、化学镀金、化学镀银、电镀金钴合金等。

除此以外，其他很多电子元器件也大量用到电化学技术，如线材（各类粗细和用途的导线）、存储器（磁带、光盘、硬盘等磁性材料）、被动元器件（电容、电感、电阻）、传感器（光、电、力、生物等传感器，各种 MEMS 微机电系统，射频天线等）、接插件和端子、太阳能面板、显示器面板等。

目前，虽然上海新阳半导体材料股份有限公司等国内少数企业正在致力于发展高端电子制造用电化学超高纯化学药品及相关电镀、化学镀、表面处理等添加剂，并在大马士革镀铜超高纯镀液、高速镀锡、高密度键合凸点电镀、硅通孔超填充镀铜、芯片清洗液等方面取得较大进步，但市场份额极为有限，在市场上占据主导地位的仍然是陶氏化学、安美特、株式会社 JCU、上村工业株式会社等国外企业。他们自身研发能力极强，又与元器件厂家有长期的合作关系，集研发、生产、销售于一身，并且通过设置知识产权障碍，在行业内形成寡头垄断。电子元器件制造过程复杂，对原材料、设备和工艺技术水平要求严格。目前绝大部分电子元器件的生产技术掌握在欧、美、日企业手中，即便这些企业在我国设立工厂，其设备、原材料等供应链体系和核心技术也仍处于保密状态，加上我国企业自主研发实力薄弱、投入低、从业人员素质不高等，造成我国在电子电镀设备、材料、化学品等行业都极度依赖国外技术，民族企业还处于技术的初级阶段，远远落后于最新技术水平（三代以上的代差）。目前我国企业在印制电路板、被动元器件制造等领域取得了一定的成绩，但在设备和原材料方面还全面依赖进口。研究和发展电子电镀产业，需要国家的重视和大量投入。

四、有机电合成工业

（一）国际发展状况

有机电合成的第一个实验可以追溯到 19 世纪中期。1834 年法拉第发现，当电解乙酸钠溶液时有乙烷生成，从而实现了第一个电有机合成转换。详细的研究是在1849～1854年，柯耳伯（Kolbe）发现有机羧酸化合物电氧化二聚生成烷烃（$2RCOO^- \longrightarrow R—R + 2CO_2 + 2e^-$，被称为柯耳伯反应）。直到20世纪80年代，该反应都被很多国家（苏联、日本、印度和联邦德国）用于工业化生产。另一个重要的反应是在1960～1970年，丙烯腈电氢化二聚生成聚己二酰己二胺（尼龙66）中间体己二腈工艺。这是第一个成功商业化的、最杰出的电合成反应，重要意义在于它表明有机电合成工艺真正能用于工业生产。

有机电合成是一种新型而有效的有机化合物合成方法。与传统的有机合成法相比，有机电合成借助电子这一最清洁的试剂，避免了其他还原剂或氧化剂的使用，可在常温常压下进行，环境友好，还可以借助调节电压和电流（电流密度）控制反应速率，便于整个过程的自动化控制。因此，有机电合成技术不仅是实现传统有机合成工艺绿色化的一条重要途径，也已经成为解决传统合成工艺降低能耗、减少污染、提高产品质量等重大问题的有效方法。从公开的文献看到，世界上许多著名公司都在不间断地、积极发展有机电合成技术，期待发现新的机会。各工业发达国家，特别是英国、美国、日本、德国及印度，在该领域的开发和应用相当活跃，专利数和工业化的实例也越来越多。目前全球已经先后有数百个有机电合成项目实现了小试、中试和商业化，如美国的孟山都公司（Monsanto Company）、明尼苏达矿务及制造业公司（Minnesota Mining and Manufacturing，3M）、陶氏化学、奥林波司（Olimbos），加拿大的诺兰达矿业公司（Noranda Inc.）和魁北克水电公司（Hydro-Quebec），英国的英力士（INEOS）和ERDC，法国的SORAPEC公司，德国的巴斯夫（BASF）、科莱恩（Clariant），荷兰的阿克苏诺贝尔（AkzoNobel），日本的朝日化学、大冢化学株式会社、东曹株式会社等。

根据国际电化学的发展趋势，从经济、市场、产品的选择性和其他因素考虑，有机电合成技术更适合用于医药、香料、农药以及中间体等高附加值的精细化学品的合成，其关键作用在于“官能团的转化”。主要原因如下：

（1）许多有机电合成方法可以缩短反应途径（进行关键反应）或者目前别的方法难以取代；

（2）精细化学品的附加值高，电费在成本中所占比例极小（不超过10%）；

（3）产品纯度高，其他方法常不能办到；

（4）精细化学品产量小，生产时涉及的工程问题较少，对强化生产的要求不那么迫切。

有机电合成过程的经济性与产品的附加值、生产成本和生产设备是否多目的性等因素有关。由于电费及电解槽、整流器等费用较高，精细化学品虽然价格高，但需求量一般较小且不稳定，设备费所占比例很高，因此必须考虑电解设备的多用性，即采用只改变电、电解液和溶剂就可以实现产品转换的设备。这对于提高有机电合成技术的竞争力至关重要。

（二）国内发展状况

我国电有机合成工业起始于 1982 年，主要是由 L– 胱氨酸电合成生产 L– 半胱氨酸盐酸盐一水合物。经过几十年的发展，我国在有机电合成研究领域已经具有良好的研究基础，将有机化学、电化学和绿色化学的概念、方法和技术引入化学键的电化学活化及其原位转化中，成功开发了 2– 甲基 –2,5– 二甲氧基二氢呋喃电化学合成新工艺，建成了 50 t/a 的生产装置。在产业化方面，建成了 500 t/a 3,6– 二氯吡啶甲酸和 1 万 t/a 丁二酸电化学合成清洁生产线，同时在电极材料及电解槽的开发方面也取得了一定的成果。“十三五”期间我国重点研发计划中设立了“精细化学品的电化学制备技术”研究专项，以乙酰基吡嗪、*α*– 羟基酮、*N*– 乙酰 –L– 半胱氨酸、D,L– 高半胱氨酸硫内酯盐酸盐这四种高附加值精细化学品为目标产品，探讨有机电化学氧化、还原共性技术，为传统有机合成工业的节能减排及技术升级提供依据。

然而，我国的有机电合成工业与发达国家在技术和规模上还存在相当大的差距，缺乏工程经验，设计出的电解槽结构常常不够理想。例如，固定床电解槽在国外已经应用，而我国尚处在实验室理论研究阶段。在主要部件上，不仅缺乏耐强酸、耐高温与耐有机溶剂的离子膜，还缺乏规范化的电极生产。此外，我国现在的开发工作大多集中在少数几种产品上，重复劳动很多。国内电合成技术研究的技术力量较薄弱，缺乏标志性的电化学合成技术工业化应用范例。

第二节　国际合作与交流分析

电化学工业方面的国际合作与交流的渠道很多。

（1）“中国国际氯碱会议”：该会议由中国氯碱工业协会和中国氯碱网共同主办，获得世界氯协会（World Chlorine Council）、欧洲氯协会（Euro-Chlor）的支持。中国国际氯碱会议自2012年举办以来，已成功举办六届，已经成为世界氯碱行业的高端会议品牌，历届参会代表均达到两百余人，近二十个国家的氯碱行业高层人士共聚一堂，探讨全球行业热点、技术创新及市场走势。

（2）“中日化工学术研讨会”：由中国化工学会和日本化学工学会主办，其中第八届中日化工学术研讨会的主题为智能化工的绿色可持续发展，重点关注方向为生物技术与制造、能源环境技术、绿色精细化工生产、工厂安全技术过程模拟和系统集成及化学工程大数据。

（3）国际电化学学会（ISE）年会中设立的电化学工程和技术分会，主要关注电化学工程放大和反应器设计中的电化学理论和应用。美国电化学学会设有工业电化学和电化学工程分会，包括工业电化学、电化学反应器和器件的数学模拟、化合物的电化学合成等方面。

（4）全国有机电化学与工业学术会议每两年举办一次，2018年在安徽举办了第16届会议，其中国际会议举办了三次。

（5）“世界表面精饰大会”和“亚太表面精饰大会”每四年召开一次。

（6）“美国电镀及精饰年会”每年一次，会议由美国电镀工程师协会承办，参会代表来自世界各地。

此外，国际上有影响的产品、设备公司纷纷在国内设厂、办公司，也极大地推进了我国电化学工业界与国外同行的合作与交流。在学术界，通过举办双边、多边学术会议及邀请国外专家来访，很好地带动了我国电化学工业与国外同行的交流与合作。

第三节　发展趋势分析

对于一个绿色电化学过程，电能是一个可持续发展的原料，是生态兼容的。目前世界上所使用的电能主要来自不可再生的化石能源。随着未来风能、太阳能等可再生能源的应用开发，工业电化学技术将大有发展前景，它将在科技、经济、社会、环境或国防安全等方面发挥重要作用。展望未来，电化学工业将以实现“可持续、节能减排、环境相容”为目标，更加明显地围绕能源、材料、环境等领域，形成以电化学理论为基础的工业体系，以下几项技术能集中、充分地体现电化学的特征和方法。

一、节能技术开发

电化学工业的能耗巨大，所消耗电量约占总发电量的6%，因此降低能耗与开发新产品、提高产品品质一样，成为推动电化学工业技术进步的动力。基于降低能耗的目的，需要降低原材料单耗、增大单位容积的反应速率，操作、维修方便，使电解槽工艺更加合理，达到长期运转，因此对电解槽和附属设备的开发和设计已经成为当今世界电化学工业发展的基础。

在电解铝工业中，世界各国企业正在研究开发电解铝的最新技术。例如，为减少阳极消耗，美国铝业公司开发了惰性阳极湿润性阴极电解技术，法国彼施涅公司开发了500 kA特大型电解槽，澳大利亚新建了导流式电解槽，中国开发了低温铝电解技术等。这些新技术的探索应用，将大幅度提高单槽和系列槽的产量，而且更加重视环保和节能，进一步降低电解铝成本。采用大容量、高效能的智能化铝电解槽是21世纪电解铝技术发展的主流。这种电解槽电流强度大、单槽及系列槽的铝产量高、消耗低、电流效率高、使用寿命长、污染少。

氯碱工业的节能问题贯穿整个发展历史。从金属阳极、活性氢阴极到离子膜电解技术，无不集中在降低能耗问题。槽电压每降低0.1 V，每生产1 t烧碱就会节电70 kW·h。目前，离子膜技术的进一步完善和细节进步是氯碱工业的迫切需求。例如，膜极距技术阴极结构的优化和完善，可降低导电电压和提高抵御反压差能力；提高阴极析氢活性涂层性能，能降低析氢电位。氧阴极又称为去极化氧阴极（oxygen depolarized cathode，ODC），是一种全新概念的离子膜电解技术，最先源于氢燃料电池的原理。由于其在节能和环保方面的出色表现，自其诞生之日起即引起国内外广泛关注。在氯碱行业，氧阴极技术的工业化应用主要集中在氯化钠电解与盐酸电解方面。与普通离子膜电解槽相同，氧阴极电解槽中使用的离子膜阳极也是在阳极侧生成氯气。不同之处在于阴极结构，氧阴极电解槽中使用的离子膜阴极通过向阴极区供应纯氧，使 H^+ 在阴极表面与 O_2 反应生成水。因在阴极侧没有氢气放出，降低了阴极的放电电位，降低了单槽电解电压（与析氢电极相比约降低1 V），电耗减少明显，有显著的经济效益。该技术在美国、欧洲和日本已实现工业化。中国也把氧阴极技术，包括零极距、氧阴极等离子膜烧碱电解槽节能技术，涉及副产氯化氢的综合利用以及废盐酸制氯气等技术列入重点支持的项目。

二、电化学清洁生产技术

化学及相关工业面临的工艺问题（如能源供给、节能、减少废物排放和节约用水）将阻碍其产业发展并且影响其竞争力。把电化学过程引入传统的化学工业，有可能创造出工艺流程大大简化、能耗大大降低的新工艺、新过程，这是近年来在国际上十分活跃的领域。电化学过程对反应条件要求不高且具有高选择性，不仅减少了副反应产物，还使一些特殊的化学反应成为可能，它可以实现有用原料的循环利用，减少污染物的产生和排放。以下是两个实例。

（一）传统的氯醇法环氧丙烷生产工艺的绿色化改造

皂化废水污染问题是制约氯醇法环氧丙烷行业发展的首要因素。美国陶氏化学公司为此开发了电化学法环氧丙烷生产工艺。此法是利用氯化钠的水溶液经电解生成氯气和氢氧化钠的原理，在阳极区通入丙烯，生成氯丙醇，在阴极区，氯丙醇与氢氧化钠作用生成环氧丙烷，全部反应过程在一个电解槽内进行。该法虽然使用了氯气，但氯气并未带出电解槽之外。同时，电解过程中还可得到高纯的氢，电解后的产物经分离可得产品环氧丙烷。该法避免了氯醇法中氯化钙废水的处理问题，目前工艺的缺点是耗电量高。

陶氏化学公司还通过替换皂化原料，利用电化学方法开发了改良的氯醇法工艺。该工艺将氯醇法装置与氯碱装置组合，用烧碱代替石灰乳与氯丙醇发生皂化反应，提高了氯丙醇的转化率和环氧丙烷的收率，同时皂化副反应得到抑制，环氧丙烷的选择性明显增加。

$$C_3H_6ClOH + NaOH \longrightarrow C_3H_6O + NaCl + H_2O \quad (7\text{-}4)$$

这种皂化原料的替换避免了氯化钙的产生，根除了废渣的来源和污染。但废水的总量并未减少，每生产 1 t 环氧丙烷仍产出 37 t 左右的废水，其中含 7%～8% 的 NaCl，以及丙二醇和其他微量有机物质。该法的特点是与盐水电解组合，不仅可以回收皂化副产物 NaCl，还可以为氯醇法生产提供必需的原料。其方法是将上述废水通过特定的处理，除去其中的有机物杂质，经过重新饱和之后进入电解槽。

$$2NaCl + 2H_2O \longrightarrow Cl_2\text{（阳极）} + 2NaOH + H_2\text{（阴极）} \quad (7\text{-}5)$$

这样，NaCl 实现了闭路循环，电解产生的氯和碱用于平衡环氧丙烷合成的氯碱原料消耗，避免了废水污染，整个体系形成绿色组合工艺，其总体结果是:

$$C_3H_6 + H_2O \longrightarrow C_3H_6O + H_2 \quad (7\text{-}6)$$

这种组合用在陶氏化学公司的一个年产 40 万 t 环氧丙烷生产装置获得了良好的经济效益和环境效益。

（二）有机氟化物的电化学合成

近年来，一批具有生理活性的含氟化合物在医药、农药等领域成功应用，进一步促进了有机氟化学的发展。含氟有机化合物非常重要，但自然界存在极少，如何将氟引入有机化合物中成为人们急需解决的课题。有机氟化物的制备一般用 F_2 直接氟化，也可用 XeF_2、次氟酸、高价金属氟化物、N_2F 类化合物等氟化试剂间接氟化的方法。这些化学氟化方法的反应和操作都较复杂，需要的设备条件比较苛刻，使用的氟化试剂毒性高或极不安全，有的非常昂贵且不易控制加氟量，难以得到目标产物，因此人们不得不寻求其他的方法。1941 年，美国化学家 Simons 发明了电化学氟化（ECF）方法。它的发明“为氟碳化合物的制备开辟了一条崭新而又奇妙的途径”。

电化学氟化多年来备受科学界和工业界的关注，其原因主要在于它的高产率、高附加值的产品和以下工艺特点:

（1）反应过程使用廉价的原材料，相对于昂贵的氟碳产品来说，无水氟化氢和碳氢化合物的价格十分低廉。

（2）由于是电化学反应过程，理论上可预先知道生成的产物，电压、电流等参数可精密控制。

（3）相对于化学氟化装备如高压釜来说，装置简单、费用低廉。

（4）电化学氟化可以方便地一步合成出特定的氟化物，如醚、羧酸、磺酸等，而用其他方法制备非常困难。

（5）电化学氟化条件温和，不使用毒性高或危险的试剂，可减少污染。

（6）电能是相对低廉的“试剂”。

（三）短流程–绿色化工艺和高纯–功能化产品是电化学冶金工业的发展趋势

在传统电化学冶金以效率和能耗为目标的基础上，更加注重多元、复杂体系选择性绿色电化学分离方法，并实现冶金产品从初级原材料向高纯–功能材料短流程“快速成材”的转变。

三、环境污染物电化学治理技术

电化学技术在环境污染物的治理方面发挥了不可低估的作用，同时也为检测、预防提供了重要的技术方法。环境污染物的治理已有若干比较成熟的技术，比常规方法有竞争力，其优点是：①多功能性，除破坏污染物外，在某些情况下可同时实现有用物质的回收，被处理的废液容积可从几微升直到几百万升；②设备相对简单，投资费用不大，易于实现自动化，且能量效率高。

环境污染物的电化学处理和监测方法有多种形式：利用电还原或电氧化处理废水及含重金属、砷、氰化物类废水；利用电化学方法去除二氧化硫、氮氧化物；利用电气浮和电絮凝可大幅度降低金属加工、造纸、纤维、油脂、食品加工等工业部门的排放水中悬浮物或油污的含量；利用电渗析清除废水中的带电粒子、电沉积净化放射性液体；利用电动力学进行土壤修复；利用电化学监测和自控对污染大气、江河湖海进行监测并对污染源进行控制。

许多电化学技术已经达到商业化阶段，这意味着电化学技术可以与其他替代技术在市场上竞争。然而，电化学处理系统和工艺参数都会影响电化学方法的有效性和可靠性，所以要根据电化学机理和它所涉及的各种参数（处理器的几何形状、电流密度、电解时间、电极材料和工序设计）完善电化学处理技术，使它发展成为一种可行的污染处理技术。因此，电化学环境污染治理技术今后的重点将主要集中在对电化学处理过程、先进电极材料可行性和应用性研究、电解反应器的开发和优化、降低技术成本和能耗等方面。

四、电化学合成高附加值化学品的技术

我国化学工业规模已达世界第一。然而与美国、欧洲、日本等发达国家和地区相比，我国化学工业的精细化率还很低，目前仅为 40% 左右。附加值低、资源消耗高、高污染、工艺技术水平低、产品质量差一直是我国精细化工领域面临的主要问题。因此，高附加值精细化学品绿色合成技术的开发和应用推广已成为我国化学工业结构调整的一个重要任务。

氧化、还原反应是药物（化工）中间体等精细化学品制备的重要手段。传统方法采用危险且有毒的氧化还原剂导致环境污染、有毒物质残留和产品质量问题。有机电化学反应通常是复杂有机合成中的一个关键步骤，具有原位制备不稳定试剂、反应条件温和、选择性高等特点。因此，有机电合成技术是实现传统有机合成工艺绿色化的一条重要途径。近几十年来，英国、美国、日本、德国等工业发达国家把电化学制备技术作为化学品合成中减少污染、降低能耗、提高产品质量的重要方法，特别是近年来已经在一些化工产品生产过程中充分发挥了作用。有机电化学合成在制备精细化学品方面表现出非常大的潜力，有关专利文献迅速增加。目前已商品化或进行中试的有机电化学合成产品有己二腈、氨基辛醇、氟甲烷磺酸、乙醛酸、蒽醌、对甲氧基苯甲醛、乙基麦芽酚等近百种，正在开发中的还有氨基乙腈、甲酸酯类、山梨酸、环氧丙烷、香叶醇、异氰酸酯、喹啉等四十余种产品。

20 世纪 80 年代以来，化学品电合成的研发工作一直保持强劲态势，主要特点在于研发目标的调整，即不再是像过去那样强调大吨位化学品的制备，而是把重点放在规模仅为 1～10^4 t/a 的精细化学品或专用化学品的电合成，同时展示出电化学路线作为“绿色生产过程”的广阔前景。对于一个绿色电化学过程，电能是一个可持续发展的原料，是生态兼容的。目前世界上所使用的电能主要来自不可再生的化石能源，随着未来风能、太阳能等可再生能源的应用开发，电化学制造业能够为化学品及相关产业提供机会，电合成技术将大有发展前景，将在科技、经济、社会、环境等方面发挥重要的

作用。

五、电池工业发展①

世界各国正在大力发展和利用可再生能源和清洁能源。未来三大新兴产业——新能源、智能电网和电动汽车的发展瓶颈都指向了同一项技术——储能材料（储能电池）技术。储能材料和器件成为制约各国新能源发展和利用的技术瓶颈，许多国家都将大规模储能技术定位为支撑新能源发展的战略性技术。欧盟、韩国、日本等国家和地区都设立专项经费支持储能技术的研究与开发，加快用于交通和电网的电池储能技术的研究开发。中国新能源和新能源汽车产业发展战略的提出与实施，不仅促进了作为其配套电池的发展，也为电池提供了广阔的市场空间。市场的快速发展给电池产业带来一个新的飞跃。

化学电源储能技术是指化学能与电能之间的相互转换技术，即通过充电将电能转换成化学能储存在电池中，通过放电将化学能转换成电能释放。电化学能源转换和存储器件主要包括一次电池（如锌锰电池等）、二次电池（如铅酸电池、镍氢电池、锂离子电池等）、燃料电池、金属-空气电池以及超级电容器等。中国电池工业发展迅速，已成为世界电池生产和出口大国，面对激烈竞争的国内外市场，中国电池工业发展的重点是调整产品结构向高技术、高附加值的产品发展，形成中国电池工业发展的一个新的热点。

六、电子电镀技术

以芯片为代表的高端电子制造作为信息化、智能化技术的载体，在引领未来工业革命中起到关键作用。高端电子制造是一门当今学科交叉最广泛、创新思想最活跃、高端科学技术最集中的研究领域之一。一颗芯片的制造工艺非常复杂，一条生产线大约涉及五十多个行业、2000～5000道工序，其涵盖信息技术、电子材料、器件物理、微纳电子互连、表面科学、纳米技术、精密机械等各个不同的技术领域。

而电化学技术尤其是电子电镀技术是高端电子制造中的关键技术之一

① 由于在整个项目中专门有章节做详细论述，该部分仅做简单介绍。

（图 7-1），它作为芯片大马士革铜互连、3D 电子垂直互连、高密度封装基板布线及焊接微凸点等表界面微纳米超精细加工成形的重要手段，涉及由晶圆制造到封装集成的整个过程，在高端电子制造中发挥着不可或缺的作用。但由于电子电镀技术所涉及的装备、工艺、材料等对性能、质量及可靠性门槛要求高，加上我国起步晚，重视程度不够，高校等研究机构又多以发表论文为导向，严重缺乏相关理论和应用基础研究，因此电子电镀技术长期以来被国外所垄断。其中，性能要求最高、技术难度最大，处于技术顶端的芯片大马士革铜互连镀铜技术其“卡脖子”问题更为严重，所需特殊功能的添加剂、超高纯化学药品等特种电子化学品近 100% 依赖进口。

2018 年以来，中美贸易摩擦、华为事件等进一步暴露出我国高端电子制造受制于人的严重现状。为突破国外技术壁垒，解决“卡脖子”问题成为当前我国高端电子制造的首要任务。目前的状况虽然短期内对我国高端电子制造产生不利影响，但着眼于未来，它也会带来重大发展机遇。鉴于此，预计在国家重大需求的牵引下，作为电子制造核心技术的电子电镀及电化学技术近年将会有一个飞跃性的进步，并大大推动我国电化学工业的发展。

另外，从电子电镀自身的技术发展来看，它受到电子产业“摩尔定律”的牵引，不断向“短、小、轻、薄”方向发展，随着集成电路的特征尺寸计入 5 nm 时代，其发展速度将进一步加快更新换代的频率。

例如，就芯片大马士革铜互连电镀而言，随着互连尺寸减小，对影响铜互连电性能的晶体缺陷、取向、杂质含量等提出了更高的要求，从而要求电镀药品的纯度更高，电镀添加剂功能更加强大，要求添加剂在实现沟道镀铜填充作用的同时，还要求添加剂具备减少镀层杂质含量和缺陷，提高晶体完整性，改善电性能，调控热稳定性及机械性能的诸多作用。如果没有大量的基础研究，这一苛刻的技术要求是很难实现的。这也给我国从源头打破国外技术垄断，并使我国的高端电子制造及电子电镀技术实现超越性发展带来难得的机遇。

目前电子元器件个头越来越小，功能集成度越来越高，信号传输频率越来越快，需求量也越来越大。因而电子电镀发展的主要趋势有：

（1）更加精细化发展：例如，硫酸盐电镀铜方面，分化发展出芯片电镀铜技术（纳米级铜填充技术）、TSV 技术（亚微米级、微米级铜填充技术）、

PCB 盲孔填充技术（微米级）、PCB 通孔填充技术（微米级）、PCB 通孔电镀技术等，其镀液组成和添加剂结构、配方等都必须根据应用场景进行调整和开发。

（2）更加精密，更加注重尺寸效应：随着电子元器件的不断小型化，常规技术的误差变得无法被接受。开发更精密的制造技术和相应的配套电子化学品就越来越迫切。

（3）对镀液均镀能力、深度能力提出更高要求：封装基板等在制作过程中，通孔、盲孔的填充质量，直接决定了封装基板的高频高速信号传输性能以及可靠性。

（4）对效率、效益有更高要求：环保政策越来越严格，设备投资也越来越高，提高空时产率就成为一个急迫的问题。

（5）更多的新技术：电子元器件种类越来越多，集成度越来越高，需要引入更多新技术才能够满足电子产品的生产需求。

第四节　存在的主要问题与解决思路

根据 ISI 数据检索，近五年在总共约 6750 份研究报告中，电化学工业领域发表的学术论文排名前十的国家分别为中国、美国、印度、韩国、西班牙、德国、加拿大、巴西、意大利、法国。开展工程应用试验研究工作的有中国、西班牙、法国、德国、美国等，表明我国的电化学工业在基础研究和工业应用上引起了高度重视。发达国家在规模化、前沿课题、基础研究投入相当高的比例，主要集中在能量转换、节能降耗、电能储存、湿法冶炼、化学品储备等方面的研究。

尽管我国发表论文数量居首，但研究内容范围较窄，主要集中在废水的电化学处理方面，研究机构以大学和科研院所为主，企业参与较少。从战略层面上考虑，重点在政策上指引，鼓励企业为主的科技创新，形成标志性的工业化应用范例。例如，快速计算机中高精多层电路板所用的精炼铜，只有电化学冶炼（精密电沉积技术）才能达到微电子级或电学工程应用所要求的大于99.99% 的纯度。表面工程是电化学工业的另一重要领域，如广泛应用于钢铁防腐的电镀工业或使用最近的新型自修复涂料。此外，难以加工的硬质合金和复杂形状的器件可以通过电化学加工得以实现，即选择性溶解的制备技术。电渗析是通过离子渗析膜在电极间形成的电场以驱动微咸水淡化用于城市供水或农业灌溉有广泛用途，同样的技术也可以用于电动力土壤修复过程。电去离子技术或电浓缩技术，可以从废水中提取低含量的稀有金属、重金属、营养盐，同时还能净化形成可再生水资源。随着对二氧化碳排放后果的担忧，促进了各国在可再生能源系统的发展和战略性部署，其中可以通过间歇性能量储存以缓解对能源的需求。例如，将二氧化碳电化学还原为甲酸，既能将可再生能源（风能、光电能）储存，又能生产化学品。甲酸是直接甲酸燃料电池的原料，而燃料电池作为电动车辆供电的一种新能源动力系统在经济上可行性也已得到充分的认可。电化学技术和生物技术之间的衔接也得到迅速发展，如微氧生物发酵产脂肪酸与微生物燃料电池耦合的一些工业应用。

电化学工业、材料科学和化学工程互为基础工业，但对比于传统工业如化学工程，电化学工业所占有的份额目前还是比较小。这可能与人们对电化学知识或认识不足有关，克服电化学利用的障碍是本节讨论的重点，对于存在的主要问题提出相应解决思路。

一、主要问题

（1）电化学工业布局不合理，与我国新能源产业的发展不相适应。新能源产业和新能源汽车产业的发展改变了世界能源结构，大大降低了电能成本，这对电化学工业的发展无疑是非常有益的；同时发展电化学工业有助于提高新能源的消纳水平，符合我国的新能源发展战略。

（2）电化学工业结构和产品结构还不能满足我国经济社会发展的需求。我国高附加值产品的电化学制备与发达国家相比在技术、规模、质量上均存在相当大的差距，缺乏标志性的工业化应用范例。

（3）电化学工业过程研究不适应工业的发展需要，缺乏工程开发经验。电化学工业生产日趋复杂化、大型化、自动化，因而对电化学应用的开发、设计、控制和管理提出新的要求。电化学工业的进一步发展要求有更强有力的工程手段。

（4）基础研究与应用研究衔接不紧密，研究成果产业化机制尚未形成，原创性的工艺、过程、产品和技术不多。电化学是应用面十分广泛的科学，并且应用领域仍有扩大、深化的趋势，应重视电化学工业的研究和应用。

（5）电化学清洁生产技术的开发，对传统工艺技术进行绿色化升级改造迫在眉睫。清洁、绿色和高效是电化学过程的突出特点，探索节能、减排、降耗的新工艺体系是解决与电化学生产有关的实际问题的重要途径。

（6）缺乏科学、工程和管理相结合的复合型人才，缺乏具有国际视野和经济眼光的学术带头人。大学和研究所拥有高水平的学术性研究人才，但大多数不具备工程经验，导致基础研究与工业需求的脱节。

（7）与新能源相关的电化学研究团队相比，我国从事电子制造用电化学技术研究队伍不断萎缩，存在电化学研究方向与国家重大需求不相匹配的不合理现象。

从全世界范围看，美国的高校中电化学研究团队数量遥遥领先，欧洲紧跟其后，强大的专业电化学团队储备为保证高端科技研发提供了可靠的人才储备。然而，整个亚洲的高校专业电化学团队数量仅为美国的1/5。而我国具有国际影响的电化学研究团队数量相对较少，大部分具有一流科研资源和实力的电化学团队在近年大量转向新能源电池的相关研究。近十年来，中国在太阳电池、燃料电池、锂离子电池、超级电容器等新能源技术领域发表的SCI论文数量远远超过世界其他国家，充分说明大部分的电化学研究团队均转向新能源研究阵营，造成电子制造领域电化学研究团队的严重缺失，近年参会人数达到近两千人的全国电化学年会，从事高端电子制造电化学技术研究的只有寥寥数十人，这与我国的重大需求极不相称。当今我国的电子制造行业人才奇缺，迫切需要高等院校中既了解电子制造，又有强大电化学研究为支撑的交叉学科科研团队在国家政策和基金的支持下，开展有针对性的、有高端科技研发水平的电化学研究。

二、解决思路

（一）能源、环境问题导致人们越来越重视节能降耗和新能源产业的发展，越来越依赖于电化学和电化学工程学科的基础研究和应用开发

电化学反应器为电化学过程实现提供了高效、环境友好、精致而又规模

化的转换手段，体现在电能转换为化学能或化学能转换为电能。这是一个高效的能量储存和转换系统，两个工艺过程只要交替地有机耦合就能组成作为一个储能和供能系统，或可提供电网管理中削峰填谷功能。这种动态平滑电力供应需求波动的有效手段应用于电力系统中，目前已有百万吨级规模的电化学过程响应系统施加于电流波动的电厂。

传统化石燃料发电这种将化学能转换为电能的方式，效率通常只有约40%，并大量排放 CO_2、SO_2 和 NO_x，而且需要进行昂贵的尾气处理。因此，一种本地化、分布式的电力转换系统有越来越多的市场需求。例如，石油（包括如天然气、甲醇、甲酸、氨等衍生产品）可以在本地进行重整以产生氢气，然后供给（固体氧化物）燃料电池产生热能和电能输出用于商用和民用。这种形式的产能其整体能量转换效率可以达到＞90%，是一种十分有效的远程可再生能源的储运方式。

目前，世界范围内的工业界和学术界对电化学研究主要集中在如何降低现有工业电化学过程的能量消耗，开发和部署新工艺用于能量转换和存储的新型装备，并能减轻 CO_2 排放。如氯碱工业的新材料（电极、膜等）的概念提出、开发和制造在技术上产生革命性而非进化性的变化。

电解过程是能源密集型的，耗能占生产成本的绝大部分，如氯碱生产的 40%～50%，氯酸钠生产的 80%。在美国，超过 6% 的发电量用在电解过程中。随着电能成本的增加，节能降耗电解工艺的发展变得越来越重要。目前，国内外的发展趋势是研究和开发出使电解过程更加节能的工艺，重点是研发新型电极材料或替代电极反应体系，当然环境友好工艺也是人们所关心的，举几个实例说明。

例 1：氧去极化阴极。在氢气不作为重要产品的情况下，采用气体扩散电极：通过氧还原代替析氢阴极反应，可以显著节约能源，即氧去极化阴极（ODC）。拜耳公司目前正在用氧气扩散阴极从封闭循环的盐酸中回收氯。德国的阿特克雷菲尔德公司用空气扩散阴极从盐水中生产氯，从而使热力学电池电势差从约 2.15 V 降至 0.93 V，并且工作电解槽电位差降到 2.1 V。因此，电能消耗能显著地减少到约 1800kW · h/t Cl_2，表明 ODC 的替代方案具有可行性[1]。

例 2：氢燃料电池。氯碱厂燃料电池应用 ODC 技术能节省大量电能，但需对原有设备进行改造以安装新电解槽。替代方案是以氢为燃料组成燃料电池，即将常规氯碱电解槽所产生的氢气供应给燃料电池。在燃料电池中获得的电能返回到氯碱过程中，从而节省电能消耗达 20%。比利时 Nedstak 公司安装了一个大型燃料电池系统，其中有 12 600 个 PEFC（聚合物电解质燃料电池）。它产生 1 GW 的电能和另外 500 kW 的热量，也是目前最大的 PEM 系统用于氯碱装置。

氯碱厂副产品氢主要用作生产过氧化氢等化学物质的原料，或用作生产蒸汽的燃料。在欧洲，氯碱厂大约只有 10% 的氢被利用，其余的被直接排放了。

例 3：新型 DSA 电极开发。全世界年产大约 300 万 t 的氯酸钠（$NaClO_3$），大约有一半能量损失掉了，主要是氢析出的阴极反应并发热耗损。目前使用的大多是 CuO-ODE 材料为低碳钢或钯合金钛电极，还没有适宜氯酸盐的阴极。类同于 DSA 的概念，基于钛基的涂钌具有较高活性，可省电 10%。此外，氯碱工业在长期稳定性运行方面也有许多问题尚未解决，加入铬酸盐以提高氯酸盐工艺的电流效率。但是，由于 Cr(Ⅵ) 有毒，亟待新型环境友好的替代铬酸盐。

对于电解铝，主要是通过在冰晶石熔体中电解还原氧化铝的 Hall-Héroult 过程，其中还含有一定的添加剂以提高工艺的电流效率和降低操作温度。但是，现有的阳极工艺中，碳电极为阳极，将氧化成 CO_2 和 CO 废气，在生产每千克铝时消耗 0.4～0.5 kg 碳，也造成许多环境问题。惰性阳极替代反应，以尽可能降低成本、减少能耗和利于环境，最有价值的电极为氢气气体扩散电极。

（二）世界能源结构发生大变革，大大降低电能成本，这对电化学工业的发展既是机遇也是挑战

我国幅员辽阔，西部地区丰富的光能、风能和沿海地区的洋流能等可再生能源，通过以化学能的储运方式最为合理。随着世界能源结构的变化，各国均部署新能源战略和加大力度开发新工艺、新技术用于能量转换和存储，其中将能量以合成化学品并以化学能形式储存是前沿研究课题。

例如，在工业合成生产过程中，高浓度的氧化剂 H_2O_2 有重要的用途和需求。H_2O_2 在有机合成中反应温和，被广泛采用。由于运输困难，这类氧化剂通常要求就近采购或原位生产。H_2O_2 虽然可以通过多种途径获得，但在所有

可用的方法中，还原 O_2 的电化学生成 H_2O_2 可能是最方便的方法，因为它没有副产物产生。该方法相对简单，时间效率高，已用于研究 O_2 与其他物质的反应动力学。南开大学周明华团队提出以空气电极合成 H_2O_2，并在亚铁存在下的电芬顿方案形成强氧化性羟基自由基，可用于废水处理、氧化分解有机污染物。在电化学冶金工业中，可研发利用可再生能源的电解技术。

（三）建设我国电化学工业研发与成果转化平台，有助于提高新能源的消纳水平，符合我国的新能源发展战略

在过去的几十年中，高温电化学过程在应用电化学和电化学工程中得到了重要的应用，逐渐占据主导地位。这是由于高温下运行所提供独特的优势，如更快的动力学和质量传递。尤其是固体电解质或混合离子电子导体开发，高温电化学过程迅速得以发展并在各个领域得到应用，包括能量转换、电解生产氢气或回收 CO_2、气体分离净化、传感器、减少排放、推动电化学与电催化应用飞跃发展。这些应用既依赖于主要发生在固体电解质 / 电极 / 气体三相界面上的电催化反应，在许多情况下也取决于气体电极表面上的催化反应。因此，高温电化学系统的研究和开发主要任务是：充分理解和认识这些体系中的电催化和催化作用、寻找满足新技术需求的新材料、通过建模和仿真以优化高温电化学与电催化，包括系统设计和运作。固体氧化物燃料电池（SOFC）和固体氧化物电解槽（SOEC）或称可逆 SOFC 是高温电化学的典型代表。

SOFC 与其他类型的燃料电池相比具有某些优点，特别是相对高得多（高达约 90%）的化学 - 电 / 热效率、不使用外部重整器（内部重整 SOFC 或 IR SOFC）直接使用天然气或其他碳燃料作为燃料的运行能力。

固体电解质、电池阳极和电池阴极材料的选择在 SOFC 组件和 SOFC 的制造中是非常重要的。为了提高性能，出现了许多可替代的概念，有一些典型的例子表明了目前的发展趋势：纳米结构的 SOFC 电极将催化金属纳米颗粒或纳米复合材料引入微米级预烧结电极或电解质框架工程中，以制备纳米结构电极基于其优异的性能而引起人们的广泛关注。通过常规混合和烧结制备的相同电极结构的纳米级工程，实现了溶液浸渍或渗透以及声化学或声电化学，绕过高温烧结过程以确保 SOFC 中良好的电极 / 电解质

接触。微反应管的 SOFC 有显著的性能，允许增加体积功率密度也更易于密封。

SOFC 的工作原理上是可逆的，即燃料电池可以与能量源集成在反向或电解模式下运行是可行的。在这种反向运行模式中，固体氧化物电池作为电解池（也称 rSOFC），其中输入电能用于驱动产生电化学反应，如从 H_2O 中电解制 H_2。SOEC 技术的优点在于：在固体氧化物电池中，高温（600～900℃）的 H_2O 电解比低温电解更有可能是一种更有效的方法，因为既有良好的热力学又有更快的动力学，也不需要贵重的金属催化剂。用 CO_2 或 H_2O 和 CO_2 的混合物来生产合成气（CO 和 H_2）用于烃类合成和有效回收 CO_2 在今日已成为可能。

SOEC 设计是基于 SOFC 的技术，涉及几何（平面或管状）和电解槽支撑（电解质、电极或金属支撑），而 SOEC 电极性能的优化策略与 SOFC 也相似。因此，SOFC 和 SOEC 产氢 / 产电的同时还可获得“热 - 电 - 氢”联产。目前，用于提高 rSOFC 实用化和大规模商业运营，仍需要做一些工作来解决 SOFC 的特殊性能，如 SOFC/SOEC 循环操作中的热应力和耐久性。最近报道指出，在 750℃和 364 mA/cm^2 的电流密度下，千瓦级规模的 rSOFC 连续运营已经超过 5000 h，每天 100 次 SOFC/SOEC 循环的衰解速率大约为 5%/1000 h。

SOEC 技术的指向性非常明确，即环境污染物的处理、新型电催化剂开发、工程反应器和系统的实际应用。如：

（1）挥发性有机化合物（volatic organic compound，VOC）的降解，特别是氮氧化物为氧化剂对烷烃或烯烃氧化，通常称之为选择性催化还原（SCR），即选择性地还原污染物 NO_x 为无害的 N_2。

（2）CO 和烃类的低温氧化，称之为低温催化氧化，汽车尾气的净化。

（3）CO_2 加氢还原，旨在回收 CO_2 以在一步过程中用 SOEC 制燃料。

这是一个非常有价值的技术，在环境上有极重要的反应。即污染物的处理不再是一个耗能的过程，而是可能获得有效的电能。

同理，液相中的污染物如氨或尿素同样也能产生足够的电能。对于这方面的工作，浙江大学联合英国华威大学做了很好的探索性研究。

（四）从电化学原理和关键技术两方面解决能源、材料、环境方面的应用问题，将推动智能化能源生产消费基础设施的发展

电化学工程在环境问题修复方面有许多应用。通过电沉积回收被金属离子污染的废物中的有用物质从而使污染物得到修复，是电化学工程在环境问题修复中的一种应用。虽然这一应用具有许多吸引人的地方，但是这种优化技术在效率和选择性方面仍需加以改善。

通过电解可以去除工业废水中含有的高难降解或有毒的人为污染物。在这一应用中，电化学技术成为其他高级氧化工艺（AOP）的替代品。这种环境应用的突出事件是使用导电金刚石基电极，有证据表明，电极上羟基自由基的形成能有效地用于污染物的氧化。有些可惜，目前的BDD电极面积太小，BDD电极制备技术有待突破。

电絮凝去除废水中的有机化合物含量、电氧化去除炼油厂产生的硫化氢气体、电渗析法净化工业废液，都是目前该技术的研究热点。除此之外，电渗析法淡化苦咸水被认为是一项成熟的技术，与反渗透技术有竞争上的优势。

有报道称，在美国城市污水处理过程中所消耗的电能约占城市总用电量的3%（15 GW），在中国的一个中等城市所需耗能也不少于1亿kW·h。事实上，城市废水中50%～80%的电能消耗在硝化反硝化上了，而占城市废水1%体积的尿液却含有80%以上的氨氮，因此电化学法提取氨氮不仅可以解决城市污水厂的能耗问题，更是一个资源再利用的课题，是千万亿元的产业。

对于未来，电化学最有应用价值的场景是：

（1）去除城市污水中的胶体或磷酸盐阴离子（回收废水）或地表水调节。

（2）消毒的水，这种电化学技术广泛应用于游泳池或食品生产。

（3）电动土壤修复是当今电化学和环境工程研究和应用有效结合的成功课题之一，通过电动与可渗透反应屏障组合，强化污染物的去除，适合地下水修复。

（4）涉及电动修复技术，一个非常有前途的应用是电化学脱水。这项技术被用于处理不同类型的污泥。

（5）N、P的提取，《自然》（*Nature*）报道说世界上磷矿不久将消失，人

们不得不从城市生活废水中提取在工农业中都有广泛用途的磷。

（6）超重电化学，金属和放射化学的共沉积分离将推动超重电化学的发展。

（五）重视电化学过程开发

有效提高原子经济性，符合绿色化学的理念；有助于解决传统生产面临使用有毒或危险的氧化还原试剂、能量/资源消耗高、“三废”排放量大等问题。

只有当电力充足时，大规模电解生产化学品才成为可能。相比于热化学过程，电解生产的一大优点是氧化还原反应仅是通过以电子电流的形式来实现。强氧化剂和还原剂也是在施加的电池电压作为反应驱动力时而发生反应，无需添加额外的化学品。目前，电解生产的化学品大多是无机产品，如氯和碱、铝、氯酸盐、氢气、铜和锌的生产。

电冶金技术也称湿法冶金，区别于采用火或电的火法熔炼技术。所谓湿法冶金，就是从电解液中电沉积出金属的过程，是冶金工业部门提取金属的重要方法之一，同时也是提纯有色金属和制取贵重金属的主要方法。

与火法冶金比较，电冶金具有制品纯度高、能处理低品位矿石或复杂多金属矿的优点，也就是说可以以工业废渣/废物为原料，称为“城市矿山”。电冶金技术的要点是将矿石经焙烧、粉碎等处理后，用酸（如盐酸、硫酸）或碱（如硫化碱，即硫化钠加氢氧化钠）、盐（如硫酸亚铁）等将矿石中的金属盐进行溶解，再对这种含金属离子的电解液进行电沉积加工。这时采用的阳极是不溶性阳极，从阴极上获取金属材料。当然在电解制取前还要对这种电解液进行提纯，将电位较正的异种金属离子先行取出，然后才进行所需金属的制取。

电冶金还用于对不纯有色金属的精炼。这时的阳极则是需要提纯的金属，如铜、镍等。通过电解加工后，从阴极上获得的是纯度很高的金属材料，其纯度通常可以达到99.99%以上。金属的电解冶炼和精炼提纯，大部分都是在电解质的水溶液中进行的。用水溶液电解体系制取的金属现在已经达到三十多种，主要有铜、锌、钴、镍、铁、铬、锰、镉、铅、锑、锡、铟、金、银等，其中电解精炼提取的有铜、镍、钴、锡、铅、汞、金、银、锑、铟等。我国郴州市一家企业从矿渣中提冶银和多种稀有金属，残余硅酸盐还制成了陶瓷，就是一个很好的实践案例。

除了水溶性电解质，在金属的熔融盐中也可以电解冶金，并且是制取铝等重要现代工业材料的重要技术。通过熔盐电解大规模生产的金属有铝、镁、钠、锂、钾、钙、锶、钡、铍、铀、钛等。这些材料在国民经济中的重要性早已超过钢铁，与铜、镍、锌等一样成为重要的战略性金属材料。

在电冶金中，相当于以电能为"燃料"，推动化学反应的进行。这种燃料的优点在于不向体系引入杂质。举例来说，火法冶金中使用焦炭，不可避免地向反应池中引入 SiO_2、Al_2O_3 和硫。火法冶金中使用的溶剂和药剂都不可能是纯物质。因此，电化学反应对于生产高纯度和高活性材料表现出明显的优越性。

钛和钽等活泼金属元素的电化学冶金通常比较困难，剑桥大学 D. J. Fray 及其同事利用熔融 $CaCl_2$ 中钛箔的电化学脱氧过程将钛氧化物还原成金属钛。当钙沉积在钛箔阴极上时，它与箔中的氧反应形成 CaO，CaO 可溶于熔融 $CaCl_2$。另一种可能的情形是氧离子化发生在比钙沉积低的阴极（负）电位，因此，钛氧化物直接还原成钛金属可以通过电化学而不是通过与钙的化学反应实现。化学计量也说明钛氧化物和 CaO 的吉布斯自由能值符合这一假设。固体金属氧化物在阴极过程中被还原成金属，比现有的那些工艺既复杂、步骤又多的方法生产效率要高很多。

各种化学品大规模生产是未来的研究方向。随着环境法规严格推行和对各种定制材料的需求提升，新工艺新概念不断涌现，借助于现代先进的建模手段特别是高速运算计算机预测，将进一步优化电化学冶金工艺过程。

（六）确定发展模式和目标

（1）以市场为导向、企业为主体，示范作用明显，必将带动相关产业的发展，支撑产业升级，间接经济效益更为显著。

（2）缩短与发达国家之间存在的差距，扭转落后的局面，个别领域可实现反超。

（3）抓住我国新能源和新能源汽车产业发展的机遇，从经济发展需求和产业发展两方面实现转折。

（4）强化电化学工程研究，解决电化学工业发展的关键基础问题。

（5）针对我国电力资源和经济特色，调整电化学工业发展布局。

（6）发展电化学清洁生产技术，加快传统工业的绿色化升级改造。

（7）结合经济建设和新兴产业发展的战略目标，在电化学工业领域取得一批成果和示范性项目。

（8）建立若干符合电化学学科发展趋势和产业结构调整需求的具有国际水平的电化学工程研究基地，培养一批具有国际影响的学术带头人和创新团队，为解决电化学工业发展的科学和技术问题提供技术支撑。

（七）有机电化学合成工业存在的主要问题及解决思路

有机电化学已有近两百年的发展历史，尽管已有上百种有机电合成产品供应市场，但其发展速度，尤其是在工业化应用方面的影响力相对较低。对于大多数有机化学家来说，电化学方法仍然是“最后手段”，而非常规方法。近年来，随着能源、环境问题的日益严峻，有机电化学方法作为一种绿色合成技术受到广泛关注。电化学技术在有机合成反应中的应用取得了一些突破性的进展，如 P. S. Baran 课题组报道了烯丙基位碳氢键的电化学氧化羰基化[2]、S. S. Stahl 课题组报道了间接电化学氧化醇制备醛[3]及武汉大学雷爱文教授课题组实现的 C—S 电化学键构建[4]等。根据 2017 年化学研究情况，美国化学会旗下的 C&EN 期刊将有机电化学合成评为八类重大研究进展之一，位列第二，这预示着有机电化学即将进入一个快速发展的新时期。

在此同时，随着环保意识和执法力度的强化，迫使越来越多的企业寻求更为绿色的化工生产技术，这为有机电化学技术的工业化应用，尤其在医药、农药、染料、香料等高附加值精细化学品生产领域的应用创造了契机。国内的有机电化学研究起步相对较迟，但在过去的三十余年中，已实现了四甲基氢氧化铵、丁二酸、乙醛酸、3,6– 二氯吡啶甲酸、2,5– 二甲氧基二氢呋喃、二茂铁、D,L– 高半胱氨酸、己二腈、对氨基苯酚、卤代芳醛、茴香醛、维生素 K_3 等多个产品的中试及产业化，其中浙江工业大学、山东科技大学、华东理工大学、北京工业大学、郑州大学、吉林大学等在有机电合成技术的产业化推广方面取得了良好的成绩。但我国有机电化学工业的发展尚存在一系列问题，主要表现在以下几个方面。

1. 应用基础理论研究不足

我国的有机电化学早期着重于应用研究，相关的工业化应用基本上均围绕简单有机化合物（如丁二酸、葡萄糖酸盐、乙醛酸等）的合成。近年来，随着有机化学家对电化学合成技术的重视，从有机合成角度出发，借助电化学技术实现传统有机反应难以进行或步骤复杂的反应过程，从而使有机电化学合成反应体系得到了极大的丰富。但由于各种原因，有机化学家们对电化学技术的运用仍限于非常低的水平，如采用最常规的电极（铂、金、玻碳等）、最简单的电解槽（烧杯、烧瓶等）对有机电化学反应的可行性进行探讨，对收率的评价也仅限于电解液成分的分析，很少考虑分离产率等后续工业化放大问题。

电化学反应涉及复杂的电极/溶液界面过程，而有机化合物参与的电极过程则更为复杂，因此从微观角度提示电极表面的反应机制对后续工程放大具有指导意义。近年来，电化学原位波谱技术（电化学原位红外光谱、紫外光谱、拉曼光谱等）在有机电化学反应领域的应用，为揭示电极表面有机化合物的微观反应机理提供了强有力的手段。但该方面研究的系统性及深度仍有待加强；将电化学技术与一些新型的界面表征手段相结合实现表征的技术手段仍非常稀少。

电极材料本性、表面性质等对有机化合物在电极表面吸附及得失电子等有重要影响，但目前不管是在实验室研究还是工业化放大过程中对电极的筛选仍采用“试错”法，效率低下。因此有必要强化计算化学技术在有机电化学领域的应用，借助现代计算机的强大功能，从理论上预测适宜的电极材料、电极和电解槽结构等，为有机电化学的研究及工业化提供理论指导。

有机电化学反应通常在常温、常压下进行，这被认为是有机电化学反应比一些需在高温、高压条件下进行的有机合成反应优越之处。但这也有“画地为牢”之嫌，限制了电化学技术在一些特殊反应领域的应用。此外，尽管对光、磁场、超声、超重力场等作用下的有机电化学反应有一些文献报道，但相应的研究均不深入，基本未见有工业化方面的应用报道。

2. 电化学反应器标准化程度低

有机化学家对电化学技术的重视，使得有机电化学反应的体系得到拓展。但缺乏电极、电化学反应器，使得有机化学家对电化学技术的应用均处于非常低的水平，甚至导致研究结果的重现性非常差。标准化的电极、电解槽对于有机电化学的重要性等同于有机合成反应中的标准化试剂。近年来，国内出现了一些从事电极、电解槽加工的企业，但整体技术水平与国外的老牌企业相比仍有较大差距。

这一现象在工业化电极及电解槽领域更为严重。国内尽管也有像蓝星（北京）化工机械有限公司这样专业化的电解槽生产设计企业，但其主要从事氯碱电解槽的研制。而有机电化学反应的复杂性远高于无机电化学反应，其对电极材料、电解槽结构的要求差异巨大。以浙江工业大学的研究为例，在其所实施的几个工业化产品中均由课题组自行设计电极和电解槽，并委托相应的机械加工企业进行加工，标准化及专业化方面均难以保证。

3. 电化学工程化技术研究不足

国内最早从事有机电化学研究的前辈们基于化工生产需要，从应用角度开发有机电化学合成技术，推动了我国有机电化学工业的发展。但近年来，随着这批科学家的退役，有机电化学工程化的力量在衰弱。如何将实验室技术放大并最终实现工业化成为有机电化学领域的一个难题。此外，由于在实验室技术开发与企业工业化应用之间缺乏一个工艺研究机构，导致目前由从事基础研究的科技人员直接对接企业。从事基础研究的实验室人员往往缺乏工程化经验，从而导致大量技术在产业化实施过程中以失败告终，严重影响了企业对高校技术的信任度。

工程化技术研究的不足也导致缺乏一批标志性的有机电化学合成工业化应用示范生产线，无法对实验室技术人员和企业家产生示范作用，从而不利于有机电化学技术的推广。近年来，浙江工业大学成功开发了万吨级的丁二酸电化学合成技术，但由于后续产品 PBS 缺乏政策支持，其市场一直未能打开，从而也使得该生产线的运转受到了影响。另外，青岛科技大学开发的十万吨级己二腈电合成技术由于生产安全问题影响到了正常运行。

针对上述问题，可从以下几个方面入手进行相关工作：

（1）目前我国科研的主力军来自高校及科研院所，但由于受到现有人才评价机制的限制，从事工程化研究的人员难以发表或出于技术保密角度无法发表高水平的论文，其研究成果的衡量标准较难量化，从而使相关研究人员对工程化研究的积极性不高。因此，应从政策角度，对从事工程研究领域的科研工作者予以鼓励和扶持，以吸引更多的人才从事电化学工程相关技术的研究。

（2）电解工业通常被认为是高能耗的行业，包括大部分从事电化学行业的科研人员也这样认为，从而使得很多企业望而却步。其实，有机电化学合成反应通常是与传统的化学法进行竞争的，有机电合成反应能够取得成功的必备条件是生产成本低，或者传统化学法污染严重，或者传统化学法无法进行。在此前提下评价有机电合成反应与化学法的能耗时，应将电解过程中的电能等同于传统化学反应中的氧化剂或还原剂，按照统一的标准计算氧化剂或还原剂的制备能耗，电合成过程的能耗通常更低。因此，有必要全面地评价有机电化学合成，甚至电解工业的能耗问题。

（3）有机合成化学家对电化学技术的关注，促进了有机电化学的发展。在此过程中，建议中国电化学专业委员会、全国有机电化学工业与电化学工业联合会等组织通过各种手段传播电化学的基础理论，尤其是电化学工程方面的基础知识，引导从事有机电化学研究的科研人员，在重视方法学研究的同时，关注后续的工程化问题。

（4）从国家层面上引导有机电化学反应工业化中一些共性难题的研究。例如，当前关于电解水的析氢、析氧反应受到材料科学家的关注，这两类反应的电催化过程被广泛研究。但在有机电化学合成中更为重要的是高析氢过电位和高析氧过电位的功能化电极材料，这方面的研究报道很少，但决定着有机电合成体系工业化的成败。

第五节 重点发展方向建议

我国工业领域一直关注电化学工业技术的发展，“节能、降耗、减排、增效”是重大需求，工业界希望我国的电化学工作能够“顶天立地”，为传统技术的革新开辟道路，促进新工艺的工业化。根据电化学工业发展趋势，本领域将在以下重要方向面临新的挑战并得到进一步发展。

一、电化学工程基础研究

人们对工业电化学过程充满了希望，但实现工业规模的电化学过程则必须至少满足下面几个方面的条件：商业电解槽；电催化电极、高选择性膜或者新型电极 / 膜复合材料等电解槽组件；具有电化学和电化学工程方面良好的理论和实践知识；具有集研发、工程、设计、施工和开车能力经验丰富的团队。电化学工业的发展需要将电化学及其工艺技术系统化，将与电化学及电化学反应过程直接或间接有关的工程学方面的各项问题归纳起来，即要求有更强有力的工程手段。

（一）电化学过程和技术的开发研究

电化学反应过程的实现通常是使用为特定目的而设计的电池（或电解槽）及通过控制操作参数完成的。这些操作单元包括传质过程、电流和电位分布、热力学、动力学、放大、传感、控制和优化等，这些操作单元的突出特征可以用简洁的数学模型表现出来，因此它可以用来预测电解槽反应过程，如电合成、燃料电池、金属冶炼等电化学过程。很明显，这里包含着电化学工程的基本原则，电化学工程对电化学工业的发展影响很大。电化学工程就是灵活运用多学科性的科学知识和技术，在所要求的范围内使电化学工艺过程能够在最适宜的经济和投资回报率条件下进行的操作方法、单元过程以及设计的研究。

电化学工程学萌发于20世纪40年代末，60年代末形成初步理论框架，人们开始重视电化学工程以及相关的技术经济问题，从而结束了电化学过程开发、设计与操作全凭经验的漫长历史，进而得到迅速发展，被广泛用于电化学工业各个部门的技术改造和新过程的开发研究。主要内容包括：

（1）电化学过程的开发、设计与操作。

（2）电化学反应器的开发、优化设计和制造。

（3）电化学过程工艺的优化和管理。

（4）工厂的安全和环境保护。

（二）电化学工程研究的时空范围

随着电化学科学和电化学工程的复兴，传统工业的改造与新的实际应用相结合使电化学工程面临着一个新的挑战，现代电化学工程已经成为从分子现象到宏观过程的桥梁，如氯碱工业的发展（传统工业）、在微电子工业中的应用。

（1）随着可持续发展战略的展开和人们的环境意识、资源意识的提高，绿色科技将成为时代的迫切需求。电化学工业在社会效益和经济效益两个方面，都将日益显著。

（2）从化学的角度研究和发展反应界面（电极与介质）的多样化的设计与修饰，发现新的表面或中介催化，提高反应的选择性，增加电极使用寿命，发现更多新的合成反应等，许多新概念、新方法将从中发现。

（3）从分子水平认识电极/界面上以及本体相中的电化学现象及反应机理，为电化学反应工程学的研究与开发提供了强有力的支持。

（4）提高多尺度、多现象的数值模拟方法的应用能力。

发展建议：

（1）电流和电位分布，解决腐蚀问题。

（2）数学模型，用于预测性能以及提供工程设计基础数据，中试、最优化设计、过程控制。

（3）电化学反应速率。

二、电极材料和电化学反应器

电极材料和电化学反应器是实现电催化过程最为关键的部分，直接影响到电催化过程的效率和选择性。然而，由于缺乏合适的电极材料以及相应的电化学反应器，研发工作滞后，许多电化学过程难以工业化应用。早期的研究主要考虑电极的催化性能和传质的影响，缺乏电化学反应器设计的概念。近年来新型高效的电催化电极的研制、作用机理、应用方法以及电化学反应器开发等方面的研究吸引了越来越多关注的目光。

（一）电极材料

在电化学研究中，电极材料处于“心脏”地位，是实现电化学反应及提高电流效率的关键因素，不同的电极材料可以使电化学反应速率发生数量级上的变化，所以适当选择电极材料是提高电化学催化反应效率的有效途径。

发展高效的阳极是电解工业化的关键，既要发展低析氢、低析氧电极，还要开发高析氢、高析氧电极。氯碱工业的钌钛阳极是最成熟的电极，它不仅价格低而且使用寿命长，使用寿命可达8～10年。钛基氧化铱电极虽然已经在工业上得到广泛应用，但是它的价格和使用寿命不能满足需求，如果应用温度超过 70℃其使用寿命就大大缩短到几个月，使许多行业无法采用，如冶金行业仍然采用廉价的铅或铅合金电极。掺硼金刚石膜电极（boron-doped diamond，BDD）、钛基锡锑系电极（Sb-SnO_2）、钛基二氧化铅系电极（PbO_2）、钛基锰系电极（MnO_2）、碳电极的性能还有待进一步完善。

尺寸稳定阳极（dimensionally stable anode，DSA）和 BDD 电极是当前电化学工业领域最有希望的电催化材料，也是商业应用中最合适的候选材料。阳极材料的析氧电位直接影响电催化氧化活性和电流效率，表 7-1 给出了不同类型阳极材料的析氧电位及其氧化能力的大小。阳极的析氧电位越高，析氧副反应越小，大部分电流用于有机化合物的电催化氧化过程，表明该材料具有更高的电催化活性和电流效率。活性阳极（IrO_2、RuO_2 及 Pt）能够部分氧化有机化合物，而非活性阳极（SnO_2、PbO_2 和 BDD）可将有机化合物完全矿化为 CO_2 和 H_2O，尤其是 BDD 电极近年来的研究进展很快。被视为水溶液中最为理想的电催化氧化电极材料。

表 7-1 酸性条件下不同类型阳极材料的析氧电位及其氧化能力对比表

阳极类型	对比	析氧反应活性	氧化电位 /V	析氧过电位 /V	M-OH 吸附能力	氧化能力
活性	RuO_2-TiO_2（DSA®-Cl_2）	好	1.4～1.7	0.18	化学吸附	低
	IrO_2-Ta_2O_5（DSA®-O_2）	好	1.5～1.8	0.25		
	Ti/Pt	好	1.7～1.9	0.30		
	碳和石墨	好	1.7			
非活性	Ti/PbO_2	差	1.8～2.0	0.50		
	Ti/SnO_2-Sb_2O_5	差	1.9～2.2	0.70		
	BDD	差	2.2～2.6	1.3	物理吸附	高

在电催化氧化水中有机化合物的过程中，BDD 电极具有高电势窗口、高稳定性及弱表面吸附等特点，能够达到近 100% 的去除率同时保持较高的电流效率，可以预期 BDD 电极将得到广泛应用。目前世界上 BDD 电极主要由瑞士及德国的几家商业公司制备，价格很贵。我国关于 BDD 电极的研究仅限于

实验室应用研究，在制备以及基础研究方面还很少有人涉足，一些基本问题急需解决，如BDD电极的制备方法、尺寸、稳定性、未来反应器设计及成本等。

钛基体具有机械性能好、导电性高和耐腐蚀性强等优点，特别是强度高、价格便宜，可作为沉积金刚石薄膜的理想基体材料。Ti/BDD薄膜电极成功制备使其实际应用成为可能。BDD薄膜电极相对于传统的电极材料而言展现出优异的物理和化学性质：①极宽的电势窗口，可达−1.25～2.3 V（*vs.* SHE）；②优良的稳定性和抗腐蚀性；③表面惰性和弱吸附性；④低的背景电流。众所周知，电极的电催化活性与其表面结构密切相关。传统的BDD薄膜通常沉积在二维基体上，导致电极表面空间利用率较低，一定程度制约了BDD电极的高氧化能力。高比表面能够为电化学反应提供更多的活性位点。人们一般通过制备多孔电极来提高BDD电极的比表面积。多孔BDD电极已经成为一个新的方向。

发展建议：

（1）金属掺杂提高电极的稳定性和使用寿命，减少贵金属用量、降低电极的制造成本。

（2）通过金属掺杂来调控电极的过电位，根据过程需要开发高过电位或低过电位的电极。

（3）发展BDD电极材料。

（二）电化学反应器

至今，电催化技术的应用仍受到限制，主要表现为电流效率低、能耗高、操作费用大，主要原因是不能从技术和经济角度合理设计电化学反应器。传统的电化学反应器采用的是二维平板电极，这种反应器电极有效面积小，传质效果差。为了提高电化学反应器的传质性能，人们从不同角度开展研究，如改变操作参数、开发新型反应器、改变电极的几何结构优化流动和电解液分布。人们相继开发了平板电极、填充床、流化床、固定床、喷淋床、旋转桶、网状玻璃碳、网状金属、喷射循环等多种电化学反应器体系。随着扩张阳极、多孔电极的开发和应用，大大改善了反应器的传质性能，人们开始重新重视传统的滤压式电解槽。滤压式电解槽是最重要的电化学反应器之一，它具有许多优点：①组件可靠性强，结构简单，易规模化；②电位分布均匀；③可单极式和复极式连接，可安装某些片状立体电极（可方便地使用多种催化涂层电极）、湍流促进器、折流板；④容易操作、维护费用低，气体容易排出，温度和流动容易控制；⑤应用范围广，可用于许多不同的工艺过程，适用于实验室、中试和工业化规模。

平板电极反应器内部结构及设置（如电解液进出口位置、电解液通道、湍流促进器、折流板等）对提高传质性能具有重要作用。例如，英国 FM01-LC 电解槽在反应区域中引入隔网和泡沫以改进流体分布，大大提高了反应器的效率。然而，尽管人们进行了反应器结构和运行模式等方面的研究，但由于电催化过程的复杂性，人们对反应器的流体动力学过程还缺乏普遍化的理论分析。

离子交换膜中用于氯碱的磺酸 / 羧酸复合的阳离子交换膜用量最大，性能最好，但目前没有针对电解用的阴离子交换膜。普通的阴离子交换膜和阳离子交换膜都是为电渗析和扩散渗析开发的，其耐温耐氧化性能差，不适合电解工业使用。随着含盐废水处理技术的发展，利用双极膜电渗析由盐制备酸碱的需求剧增，但是双极膜国外仅有日本 Astom 公司和德国 Fumatech 公司能够提供，但是其性能、尺寸、价格及供应量远远不能满足市场需求。国内虽然也有部分企业能供双极膜，但是质量和性能与外国还有较大差距。

箱式反应器和压滤机式反应器是两类应用最广泛的典型的电化学反应器。它们的电极既可以是二维电极，也可以是三维电极。它们是最常用的组装成型电解槽的形式。

为了降低电耗，零极距电化学反应器在氯碱工业和水电解中广泛应用，毛细间隙反应器在有机电合成中得到应用。为了提高表观电流密度满足工业生产能力要求，三维固定床电化学反应器、流化床电化学反应器在有机电合成和含金属废水中得到应用。早期的三维电极多采用微小的颗粒状或球状材料，包括碳粒、石墨粒、各种金属球，如美国公司电解合成四乙基铅时就采用充填铅粒的塔式固定床电化学反应器。另外，旋转电极反应器、滴流塔式电化学反应器、固体聚合物电解质电化学反应器、叠层电化学反应器、两膜三室及多膜多室电化学反应器在某些体系显示出其独特优势。

发展建议：

（1）采用计算流体力学（CFD）等数学手段模拟电解槽内部流场分布、

原料分布、产品分布、电流密度分布、温度分布，优化反应器结构。

（2）发展多种类型的电化学反应器。

（3）中试研究是工业化过程的关键步骤，不仅要研究电化学反应器的放大规律，还要研究材料，如离子膜和电极、电解槽的结构等。成立中试研究风险基金或引入风险基金用于中试放大研究。

三、电化学合成技术

自工业革命以来，能源过度消费和由其产生的环境污染是阻碍当今社会发展的主要问题。现今工业生产上高排放、高污染、低效率的现状和社会与经济的绿色可持续发展严重不符，所以采用绿色、可持续的工业生产过程则变得尤为重要。电合成是一种可直接使用电力来合成有价值化合物的技术，该技术通过直接控制电流实现物质的氧化或还原，而且电化学过程对反应条件要求不高且具有高选择性，不仅减少了副反应产物，还可以实现有用原料的循环使用，从而减少污染物的产生和排放。虽然电合成具有产物选择性高、副产物少、污染少甚至无污染等优点，但是电合成方法的应用比例还很低，需要进一步加强应用开发研究。具体方向如下几个。

（一）有机电合成

自20世纪80年代以来，我国有机电化学基础研究出现了飞速的发展，也引起了国内工业界的极大关注，激发了大专院校和研究院所的研究热情，涌现出一批应用成果。例如，四甲基氢氧化铵和丁二酸、四乙基氢氧化铵、四丙基氢氧化铵、四丁基氢氧化铵、L–半胱氨酸和高半胱氨酸等产品的生产完全由电解法所取代，部分产品的生成规模已达到数万吨。

今后主要发展方向：发展能缩短工艺过程的有机电合成反应；发展使用廉价原料的高附加值有机电合成产品，发展间接电合成方法，发展成对电合成技术，发展同时得到电能和有机产品的过程，发展超临界电合成、高压电合成、超声电合成、超重力电合成等新方法；加强工程化研究和商业化开发。例如：

（1）发展有机电合成新路线和加强机理研究。有机电化学通过电子的得失来实现官能团转化及化学键的形成与断裂，可以发生加成、取代、裂解、消去、偶联、环化等反应类型，不仅可以直接电合成，也可利用介质进行间接电合成。电化学在有机合成，包括天然产物关键中间体的合成中已经取得了一些重大的突破。有机电合成过程还是一个复杂的反应过程，通常都涉及多步反应，还存在多个副反应。当新的电合成路线开发成功后，为了提高产品收率就必须开展电化学过程的机理研究，就要弄清电合成过程中详细的中间过程。

因此，建议重点开发结构复杂的、高附加值的药物中间体、精细化学品的电合成工艺研究；探索反应历程，发现新的电极反应规律。

（2）有机电合成工艺需要进一步加大工程化研究和商业化开发。我国有机电解也取得了长足发展，L–半胱氨酸、高半胱氨酸、四甲基氢氧化铵、四乙基氢氧化铵、四丙基氢氧化铵、四丁基氢氧化铵和丁二酸等产品实现了工业化。现在，四甲基氢氧化铵、四乙基氢氧化铵、四丙基氢氧化铵、四丁基氢氧化铵、丁二酸、L–半胱氨酸、高半胱氨酸等产品的生产已完全被电解法所取代，四甲基氢氧化铵的年产量已达十几万吨，四乙基氢氧化铵和丁二酸的生成能力也达万吨级。

但是，世界上电解法产量最大的有机产品——丙烯腈电解二聚生产己二腈在中国还没有实现工业学。全球己二腈生产装置共有 14 套，总生产能力约为 200 万 t，其中，美国英威达公司、德国巴斯夫公司、美国首诺公司、法国罗地亚公司、日本旭化成公司 5 家公司合计产能达到 172 万 t。丙烯腈电解是最早的生产方法，产能为 50 万 t。该工艺路线于 1965 年美国孟山都公司率先开发成功了丙烯腈电解合成己二腈的万吨级工业生产技术，并逐步从隔膜式电解法发展到无隔膜式电解法。目前，国外采用该工艺生产己二腈的企业有日本旭化成公司、美国首诺公司、德国巴斯夫公司。

因此，建议在我国重点开展相关产品的工程化工作，加强电解过程工程放大的研究，让更多的小试结果进入中试研究，促进更多有机电解工业化。

（二）无机电合成

氯碱工业是无机电解产量最大的工业，也是世界上产品产量最大的电解工业；无机电解产品还有氯酸盐、高氯酸盐、过硫酸铵、氢氧化钾、氢氧化锂、锰化合物以及电解制氟气、溴素；金属材料的电化学制备，如金属铬、镍、镁等以及电解铜、电解铅、电解铝等；纳米材料的电化学合成是近年来发展的新方向。如前所述，今后在无机电合成领域重要的发展方向是传统工艺的升级换代、节能降耗和绿色化改造、微纳结构材料的电化学制备。

（三）电化学资源转换

从资源、能源发展战略的角度来看，利用低品阶的可再生电能将 CO_2 高效电化学还原成化学品或燃料，既可以“变废为宝”、减少 CO_2 排放，又能减轻人类对化石燃料的依赖，对于缓解能源与环境双重压力具有重要的现实意义。CO_2 电化学转换不仅仅是提供了一种将温室气体 CO_2 转化为有价值产品的重要方法，更重要的是开启了一种新型可再生能源储存和 CO_2 资源化转化利用的可持续发展模式。实现 CO_2 电催化转化是一条值得探索的路线，然而在达到实用化和工业化规模之前，有很多关键问题亟须解决。例如，目前在 CO_2 电化学还原的电催化剂材料、反应机理等方面的研究工作不断取得重大突破，CO_2 电化学还原技术在未来 10 年有望成为 CO_2 转化利用的重要手段。

目前在生物质的催化转化中使用的主要是传统的化学手段，如很多氧化还原反应需要在高温高压下进行，并且需要外加的氢源或者氧源，很多反应所用的溶剂或者催化剂属于有毒有害物质，会对环境带来很大的危害。近年来，随着经济社会的不断发展，绿色化学的方法在生物质转化领域中的应用得到了越来越多的关注，电催化合成生物质基高附加值的化学品成为近年来研究的热点。例如，糠醛和 5– 羟甲基糠醛（HMF）等呋喃类化合物，利用这些源自生物质的平台分子作为起始反应物来进行电催化转化，进而制备聚合物、精细化学品和生物燃料。

建议：CO_2 电解转化为高附加的精细化工产品，开展高压电解反应的研究和气相电解反应研究。

（四）超净高纯微电子化学品

超净高纯微电子化学品的三大应用领域为半导体、平板显示和光伏太阳能。根据《2020 年中国湿电子化学品行业发展概况及市场需求分析》报告，2020 年国内半导体、平板显示和光伏太阳能行业用湿电子化学品需求量分别为 45 万 t、69 万 t 和 41 万 t。其中，半导体领域对湿电子化学品的质量要求最高，平板显示领域对其需求量最大，光伏太阳能领域的国产替代率最高。

电化学过程以电子作为氧化还原试剂，电解过程只需要一种原料就可在电极上经氧化或还原为目标产物。电合成作为电子化学品制备的重要方法，例如微电子级四甲基氢氧化铵已经在工业大规模生产，常用的硫酸、盐酸、氨水、氢氟酸都可采用电解法提纯。四乙基氢氧化铵、四丙基氢氧化铵、四丁基氢氧化铵、胆碱和柠檬酸都有可能应用在微电子工业，高纯的电池电解液是未来的重点发展方向。

建议：分别开发酸类和碱类电子化学品制备的通用方法和技术，开发去除杂质离子的方法。针对微电子行业的发展需求逐步提高电子化学品的品质。

四、环境电化学

随着我国工业的快速持续发展，环境污染问题日益严峻。电化学氧化技术以环境兼容性和友好性的特点，特别是可以直接或间接电化学氧化难生物降解有机污染物等优点，引起了人们的广泛关注。

（一）环境电化学的反应过程研究

深入了解界面结构和性质如何影响催化过程是非均相催化中最具挑战性的问题之一。最近的研究表明，催化剂的界面将极大地影响其催化性能。由于不同的催化活性位点位于催化剂的周边，所以电极 / 介质界面通常可以充当活化中心用于反应物的反应。不仅如此，探究反应物在电极 / 介质界面的反应历程对于反应机理的研究则更为重要，尤其是在环境电化学研究领域，不同污染物由于受反应条件的影响，反应历程复杂多变，中间产物的毒性有可能比待处理污染物的毒性更强。所以在环境电化学领域，研究人员期望采用合理的手段揭示污染物的反应机理，并最终实现对污染物处理过程的控制。通过电化学原位表征技术可以观测电极 / 介质界面的结构，从原子 / 分子水平认识反应界面以及本体相中的电化学现象及反应机理，并为环境电化学技术的开发和应用提供科学依据，其已成为异构催化研究中最热门的领域。

（二）在废水处理中的应用

生物法难以奏效的有机氯、磷、硫等合成药物废水，造纸、印染废水，采用电化学方法处理可获得满意的效果。同样，电化学方法也适于处理多种含无机污染物的废水，如有毒重金属离子、氰化物、硫氰酸盐、硫酸盐、硫化物、氨等。近年来，随着环保标准中对排放液中金属离子的含量要求越来越严格，电化学处理稀废液成为研究重点。

1. 含盐废水

在化工、冶金、印染、农药等领域产生大量的含盐废水，很多高含盐废水中含有大量的有机化合物，在蒸发浓缩过程中高温聚合黏附在换热壁上，造成换热效率下降，甚至失效。电渗析技术可将废水中的无机盐从废水中脱出后再进行蒸发浓缩。无机盐可通过电解或双极膜电渗析将无机盐转化为酸和碱，如硫酸钠转化为硫酸和氢氧化钠。

2. 无机废液

无机废液有含酸废液，如含有硫酸、盐酸、硝酸、氢氟酸等酸液，含氢氧化钠、氢氧化铵的碱废水，以及含有锌、铜、钴、镍、锡、钒、汞、铅、镉、铬等重金属废液。废酸含量高的材料酸洗液，湿法冶金废酸、印制电路板厂的废蚀刻液都可用扩散渗析或电渗析法将无机酸、碱回收。重金属含量高的电镀废液可采用分步直接电解法，将多种重金属分步还原为金属，还可采用电渗析法将重金属离子从废水中分离、浓缩。

3. 有机废液

电化学氧化水处理技术用于处理难降解的有机化合物具有很好的效果，可以使非生化降解的有机化合物转化为可以生化降解的有机化合物，或使非生化降解的有机化合物“燃烧”而生成 CO_2 和 H_2O，也可以采用间接电化学氧化方法，在电化学过程中优先产生氧化活性物种，这些氧化活性物种来自溶液中的水或者电解质，其在电极上先于污染物发生反应，产生诸如羟基自由基（·OH）、活性氯、过硫酸根、过磷酸根、高价铁等具有强化学反应势的物质，根据这些物质产生的方式不同可将其分为电芬顿氧化技术、电助光催化技术、光电协同催化技术，以及高压脉冲等离子体放电分解难降解污染物，高频脉冲电絮凝处理高浓度污染物废水。

4. 活性污泥生化出水的深度降解

地表水标准提高后，活性污泥生化处理后的水不能直接外排，需要深度处理。例如，V类地表水的化学需氧量（COD）为 40 mg/L，五日生化需氧量为 10 mg/L，氨氮 2 mg/L，等等。活性污泥生化处理后 COD 为 100 mg/L，国内废水处理的末端都是采用的活性污泥法，环保处理设备都需要改造，目前环保行业处理重点采用臭氧深度氧化，但是目前臭氧的利用率不高，且生产臭氧需要耗电较大，造成处理费用提高。电化学深度氧化降解生化废水具有明显优势，可依据废水 COD 浓度来调整电流密度，提高 COD 降解的电流效率。电解同时也可将氨氮氧化达标。

发展建议：

（1）含盐废水和无机废液开展全组分的分离利用，建立分步回收金属，或将其转化为有用物质。

（2）针对有机废液和生化后废水的 COD 降解可采用阳极氧化降解有机污染物同时阴极产生氢气，用于燃料电池和其他氢气利用。

（3）将降解过程中产生的小分子酸分离作为产品。

（三）在废气处理中的应用

采用电化学方法可处理净化热电厂排放的废气。电化学方法去除气态污染物包含两个步骤：一是气态污染物通过电解液吸附或吸收，二是污染物直接在电极上发生电化学转换或利用均相、异相氧化还原媒介对污染物进行转换，使其转化为无害物质。目前研究较多的是对同时含有 SO_2 和 NO_x 的废气进行处理，将 SO_2 和 NO_x 分别氧化为硫酸和硝酸；组织排放 VOCs 也可采用电化学吸附氧化为二氧化碳和水；温室气体二氧化碳采用电化学还原转化为甲醇、甲酸、一氧化碳，以及与其他有机原料电化学反应生成碳酸酯。

建议加强气体电化学过程的研究，研究气体电解机制，提高气体电解效率。

（四）在废固处理中的应用

1. 电子垃圾

目前，电子垃圾的现象十分严重，造成的环境污染威胁着当地居民的身体健康。然而，电子废弃物中所蕴含的金属，尤其是贵金属，其品位是天然矿藏的几十倍甚至几百倍，回收成本一般低于电子产品回收分类开采自然矿床。有研究分析结果显示，1 t 随意搜集的电子板卡中，可以分离出 143 kg 铜、0.5 kg 金、40.8 kg 铁、29.5 kg 铅、2.0 kg 锡、18.1 kg 镍、10.0 kg 锑[5]。在印制电路板中，最多的金属是铜，此外还有金、铝、镍、铅等金属，其中不乏稀有金属。有统计数据表明，每吨废电路板中含金量达到 1000 g 左右。随着工艺水平提高，每吨废电路板中已能够提炼出 300 g 金，市价约合 3 万元。日本横滨金属公司对报废手机成分进行分析发现，平均每 100 g 手机机身中含有 14 g 铜、0.19 g 银、0.03 g 金和 0.01 g 钯；另外从手机锂电池中还能回收金属锂。该公司通过从报废手机中回收多种贵重金属，获得相当可观的经济效益。

2. 废弃化学电源

化学电源是按电化学方式直接将化学能转换为电能的一种装置。化学电源按活性物质的保存方式可以分为一次电池、二次电池（蓄电池）、超级电容器和燃料电池。随后国家清洁能源普及，报废的二次电池数量巨大，开展电池回收处理大有可为。

3. 冶金废渣

冶金废渣是指冶金工业生产过程中产生的各种固体废弃物。主要指炼铁炉中产生的高炉渣、钢渣，有色金属冶炼产生的各种有色金属渣，如铜渣、铅渣、锌渣、镍渣等，以及从铝土矿提炼氧化铝排出的赤泥和轧钢过程产生的少量氧化铁渣。每炼 1 t 生铁排出 0.3～0.9 t 钢渣，每炼 1 t 钢排出 0.1～0.3 t 钢渣，每炼 1 t 氧化铝排出 0.6～2 t 赤泥。这些废渣中还含有大量的有毒有害的低值金属，如云南曲靖铬渣污染、福建紫金矿业溃坝污染均为典型案例。可采用电化学方法将矿渣中有毒金属离子脱出。

4. 活性污泥脱水

废水经生化处理装置排出的剩余活性污泥，经机械脱水后所形成的泥饼含水率仍高达 80% 以上，而国家要求污泥含水率必须低于 60%。泥饼进一步减量后续处理是非常困难的，因为活性污泥中生物菌细胞内含有大量的水，是机械方法无法脱出的。已有国外文献报道，将污泥置于电场作用下将微生物细胞破壁，挤出细胞内水。

发展建议：

（1）电子垃圾、冶金废渣、废弃化学电源等开展全组分利用资源化，减少或消除废渣产生。

（2）采用电化学方法将活性污泥中的重金属去除，净化后的活性污泥作为有机肥料，或将活性污泥做成各种碳材料。

（五）在土壤修复中的应用

利用电化学方法可以清除土壤或泥浆中的放射性物质、重金属、某些有机化合物或无机化合物。主要反应是阳极放氧和阴极放氢，离子则通过电迁移、对流和扩散在土壤中运动。若是重金属离子，则在阴极沉积而除去，若是有机污染物则在多孔土壤中做电渗流动，然后通过外抽提系统（如离子交换或化学沉淀）加以去除。电化学方法清除污染物的过程包括电迁移、电渗和电泳三种机制。目前，已有人采用电化学方法来去除土壤中的多种重金属、甲苯、二甲苯、酚类化合物和含氯有机溶剂等，但对不溶性有机污染物去除效果不好。

发展建议：研究电化学修复土壤过程的电迁移、电渗和电泳等机制，以及有机污染物降解机理。

（六）电化学节能、降耗的清洁生产工艺

众所周知，化学为整个自然科学的进步、全球经济发展、社会进步和人类生活水平的提高做出了无与伦比的重大贡献，但同时也产生了一些不容忽视的负面效应，如环境污染、生态平衡破坏、农药残留、臭氧层空洞、化学武器、资源浪费等。这些问题严重影响了社会与经济的发展，并造成了一些不必要的资源浪费。“绿色化学工艺”、“清洁生产工艺”及“绿色合成工艺”等对电化学技术提出新的需求。

（1）改变传统的旧工艺、旧方法，取而代之以新的、环境友好的、节能的绿色电化学方法。

（2）探索新的电化学路线，采用无污染的反应途径和工艺，最大限度地减少“三废”。

（3）在安全、节能的反应条件下进行电化学合成过程，推行环境友好技术，实施原材料遴选、产品生成、产品使用、循环再利用全过程控制，不断提高生产效率、资源和能源的利用率，减轻污染负荷，改善环境质量，从而大幅度地提高生产过程的社会和经济效益，实现经济和社会可持续发展。

例如，电镀、电沉积应该发展无氰化物电镀工艺替代氰化物电镀工艺、以无铬钝化工艺替代铬酸盐钝化工艺、以三价铬电镀工艺或电镀合金工艺替代铬酸盐电镀工艺、以无铅电镀工艺替代电镀 Pb-Sn 合金工艺等。在节能降耗方面，改进电镀工艺，降低电镀过程的能源消耗；发展以廉价金属电镀及其合金替代贵金属电镀；发展智能涂料和金属表面薄膜防腐技术。在电化学冶金方面，发展短流程与过程强化电化学增值冶金技术，实现产品纯净化，或赋予多样结构和功能特性；探索冶金－材料一体化变革性电化学冶金技术，开发新型电化学冶金反应器；利用风能，并能余热回收的换热式电解槽，发展可控换热铝电解新技术。

五、电化学表面修饰与加工

电化学过程引入机械工业后所起的节约资源和能源的作用是很明显的，电成型与电加工已成为金属零件铸造和加工的重要方法，也是未来电化学工业发展的一个重要方向。

电化学表面处理与电解加工是电化学工业的重要组成部分。据统计，在美国这部分产值占电化学工业总产值的 20% 以上，仅次于金属和化学品的产值，居第二位。电化学表面处理技术在表面工程“三大技术”（即表面改性技术、薄膜技术和涂镀层技术）中占有重要地位，表面工程是将材料表面与基体一起作为一个系统进行整体设计，使材料表面获得材料本身短缺但又希望具有的性能，如提高防腐蚀性能、改善外观和表面装饰或者使材料表面功能化，提高材料的耐磨、减磨、润滑、反光、导磁、吸热、可焊性或热加工等性能。与表面处理的其他方法［如物理气相沉积（PVD）和化学气相沉积（CVD）］比较，电化学处理方法的优点是设备相对简单，投资较少，因而得到普遍应用。

电化学加工（electrochemical machining）包括电解加工（anodic or electrolytic machining）、电铸（electroforming）和电化学刻蚀（electrochemical etching）

等，电解加工是指利用电化学原理将金属工件作为阳极进行抛光、切割、铣削、扩孔或空腔加工的方法，其操作在特殊的电解装置中进行。电解加工特别适合于硬金属的加工以及传统机械方法难以加工的复杂金属构件（如非常细的孔、带弯曲锥形孔）的制作。电铸是以母模为阴极进行金属电沉积的铸造方法，用于制造模具、金属箔、金属网和各种高度逼真性的电铸产品。

电化学表面处理技术在微系统制造领域具有广阔的应用前景。电化学微构筑技术和约束刻蚀技术都是利用电化学原理制作三维多层微结构或几何图形复杂的三维构件的新技术。

六、电子电镀技术与电子化学品

电子电镀技术是电子元器件制造的核心之一，是将电子信息产业做大做强的物质基础。而电子电镀技术中最重要的就是电子化学品的研究和开发工作。

首先是对电子电镀技术的理论研究，主要涉及以下几方面。

（1）金属和无机非金属化合物（玻璃、陶瓷）、有机树脂、半导体材料（硅、锗）等界面物理化学性质的研究，金属和其他物质的结合力大小直接影响到电子元器件的性能以及可靠性。

（2）金属沉积过程中的物理化学过程以及可控金属电沉积，电结晶核的形成、金属晶粒生长的择优取向、添加剂对金属沉积过程的调控作用机理研究等。

（3）非导体金属化方法的研究。当前在非导电物质上进行金属化的方法比较单一，但无论是溅射、蒸镀等物理方法还是化学镀等方法，都有明显的缺陷和局限性，并不适用于未来电子元器件的制作技术，开发高结合力、高导电性、高可靠性、低成本的非导体金属化方法，是电子电镀技术中一个重要的环节。

电子电镀的应用研究也是非常重要的一个方面，因为电子电镀是一项生产制造技术，需要非常严格的管控，主要包括以下几方面。

（1）功能性添加剂的研究和开发，以及相应的配方设计与应用工作。性能优秀的功能性添加剂在电子电镀技术中起到不可替代的作用，处于研发工作的核心位置。

（2）电子电镀的监控和维护。主要针对在连续生产过程中，镀液中各个组分会因为带入、带出、副反应、杂质影响、消耗等原因发生结构、浓度和配比上的变化，快速、准确地定量分析功能性添加剂就显得尤为重要；另外，如何控制副产物累积以及管控各个组分浓度处于控制范围，也是应用领域中需要长期研究的内容。

七、电化学监测与预警

从当前来看，环境保护问题已经成为一个国家发展的重要问题，是我国以及全世界均重点关注的问题，对环境监测的目标和要求也越来越高，如何实时、准确、原位监测环境污染物，并强化分析测试方法的有效性、灵敏性及便携性，是环境监测的重要所在。对于污染物的分析及监测，常用的方法主要有液相色谱法、气－质联用法、气相色谱法及理化分析法等，这些监测方式的操作过程较为复杂，使用的试剂量较大，无法实现环境现场的监测。

随着近年来的研究，电化学检测方法不断深入，电化学生物传感器的使用也越来越广泛，作为一种结合多种学科的现代化技术，电化学生物传感器在使用中会充分发挥生物分析的特异性，具有较高的灵敏度及稳定性、选择性，且能够有效重现，成本使用较低，是目前环境监测中的有效方式。目前电化学发展现状及特点有以下几点。

（1）研究范围不断扩大，研究尺度逐渐深入分子水平研究的具体体系大为扩展，不再局限于固体金属和碳电极等。从水溶液介质，扩大到非水介质（有机溶剂、熔盐、固体电解质等）；从常温常压扩大到高温高压及超临界状态等极端条件；从对无机化合物的研究逐渐开始了对有机生命体中电化学体系的研究。随着理论的不断发展，人们逐渐意识到对于电化学的研究不能仅仅停留在宏观、唯象和经典统计处理的水平上，只有通过对微观结构的实验及研究，才能更好地掌握电化学反应的机理。

（2）技术手段越来越先进，研究不断提高和创新以电信号为检测手段的传统电化学研究方法持续朝提高检测灵敏度、适应各种极端条件及各种新的数学处理的方向发展。与此同时，电化学现场表面光谱技术、电化学现场波谱技术，以及非现场的表面和界面表征技术，使界面电化学的分子水平研究成为可能。以 STM 为代表的扫描微探针技术得以充分地应用，迅速被发展为电化学现场和非现场显微技术，尤其是电化学现场 STM 和 AFM，为界面电化学的研究提供了技术保障，并朝着力求如实表征电化学体系的方向发展。计算机数字模拟技术和微机实时控制技术在电化学中的应用也正在迅速、广泛地开展。

（3）学科延伸广，应用范围大。当代电化学领域已经比 Bockris 定义的范围又拓宽了许多，实际上还有学者认为电化学的领域更宽。例如，日本的学者小泽昭弥认为，电化学涵盖了电子、离子和量子的流动现象的所有领域，横跨了理学和工学两大方面，从而可将光化学、磁学、电子学等收入“版图”之中。若从宏观和微观两个角度来理解的话，可以认为，宏观电化学是研究电子、离子和量子的流动现象的科学。微观电化学还可以有广义和狭义之分，广义的微观电化学是“研究物质的带电界面上所发生现象的科学”，而狭义的微观电化学则是“研究物质的化学性质或化学反应与电的关系的科学”。

随着传感领域的飞速发展，利用传感技术获取生物信息是生物信息科学发展的必然趋势。电化学生物传感器作为生物传感器中研究最广泛的一个部分，具备高效、灵敏、快速、简单、检测等优势，目前已在工业分析、环境检测、医学监测等领域广泛运用。电化学生物传感器作为一种传感手段，可利用生物反应将其转化为可识别信号或生物信号物质。传感系统首先通过信号转换部件将接收到的非电信号转换为电信号，再将电信号进行放大处理后进行信号的输出，从而达到分析检测目的。由于响应速度快、实验成本低、灵敏度高、选择性好这些优势的存在，电化学生物传感器已然成为热门的研究领域并在最近几年的时间里得到快速发展。由于电化学生物传感器多种多样，所以对于电化学生物传感器的分类方法也有很多。大致可将其分为酶传感器、免疫传感器、DNA 传感器以及对于一些生物小分子进行检测的电化学生物传感器。

国内外研究热点集中在提高选择性、灵敏度，多目标同时测定以及将纳米材料与电化学仪器结合等方面，主要面临的问题有灵敏度低，成本高，商业化。商品化领域的电化学传感器相对少见，远不能满足现如今社会对于电化学生物传感器的要求。这就使得更多的研究者通过引入纳米材料达到信号放大的作用，从而构建更高效、更灵敏的电化学生物传感器用于检测。相信在不久的未来，电化学生物传感器将集中于以下几个方面进行发展。

（1）低廉化：随着新材料技术的不断研究和突破，仿生传感器、光纤传感器、数字传感器等各类新型传感器的研究，可以大大减少贵金属及高成本传感器的使用，从而降低使用成本。

（2）灵敏度和微型化：随着纳米技术的发展，电化学生物传感器的灵敏度将随着尺度的缩小而日益提升，同时仪器的尺寸也将日益降低和减小。

（3）智能化：生物芯片是结合生物信息学、计算机技术、生物技术，通过将生命材料与玻片或者硅片进行结合所制成，属于高通量的DNA分析技术。生物芯片用于环境监测和分析中，能够较快地将对环境、动植物、人体产生危害的微生物、有机化合物进行检测，同时也能够针对保护基因进行筛选，制备对污染源产生有效的治理或者能够有效防治危害的基因工程药品的基因产品。

（4）集成化：随着计算机技术的不断发展，有效地将传感技术与计算机技术进一步集成，从而达到更高灵敏度、更高稳定性、更高寿命和更低成本：对传感器进行性能判断的传统指标包括灵敏度、稳定性、成本、寿命等，对这些指标进行更高的要求也是电化学生物传感领域发展的目标。随着这些性质的不断改善，相信传感器的市场化和商品化问题也会迎刃而解。

第六节　总体战略布局建议

关于总体战略布局，建议国家能够统筹规划，在全国不同区域设置与当地经济发展相适应的工业园区、研究基地、中试基地等，以适应当地经济建设的需要，并且能够有的放矢，减少重复投资、重复建设。鉴于电化学工业急需解决的问题，建议电化学工业在如下几个方面发展实施战略。

（一）环境友好战略

传统电化学工业绝大多数涉及环境问题，尤其相对于环保要求不断提高的趋势，需要依据环保法律法规以及环保发展趋势，加大环保措施及配套技术的应用。以电镀行业为例，在我国电镀作为产品的装饰、防蚀以及功能性等用途，已经成为国民经济发展不可缺少的基础性工业，广泛应用于机械、电子、仪器、仪表、航空航天、军工等领域。据不完全统计，国内电镀企业生产线已超过5000条，处理能力达$3.0\times10^9\,m^2$，年产值达到数百亿元。但是目前电镀行业整体技术水平偏低，生产规模小，企业环保资金投入不足，缺乏科学的企业管理，大多数企业长期处于粗放式生产，厂区布局缺乏合理性。数据显示，我国每年电镀行业排放大量的污染物，包括亿吨量级的废水、万吨量级的固体废物、千万立方米量级的酸性气体等，其中含有大量的重金属离子、有机化合物、无机化合物等有害物质，这些污染物质对生态环境及人类健康将产生广泛而严重的危害。

（二）节能降耗与装备技术升级战略

能耗高、效率低是传统的电化学工业的一个特点。2019 年 1～2 月统计数据显示，中国的钢铁、有色、化工、建材四大行业用电量合计 3023 亿 kW·h，同比增长 2.96%，占全社会用电量的 27.3%。金属冶炼及压延加工业用电量 416 亿 kW·h，其中铝冶炼用电量 337 亿 kW·h。

装备技术水平整体落后于世界先进水平，是我国传统电化学工业的能耗水平偏低的主要原因之一。例如，电解铝电流效率比国外企业低 2%～4%，国外电解槽电流效率一般在 94% 以上，甚至达到 95%～96%，而国内电解槽电流效率在 87%～93%；国内企业电解槽产率低，国外电解槽单位面积平均产能比国内最高水平高出 20% 以上。例如，开发新型、先进的电解铝装备将是“做大”之后“做强”的必由之路。而近年来针对此领域开发了节能型工艺技术，为整个产业的装备技术水平的升级创造了条件。

（三）电化学污染物治理战略

以电化学科学为基础，利用电化学氧化、电化学还原、电絮凝、电渗析、电迁移等电化学手段实现对水、空气、土壤中的污染物进行处理，体现电化学的“治污”效果。

（四）先进的电化学制造与加工战略

发展电合成技术；结合航空航天工业、精密传感器及微机电系统的发展，针对难加工材料复杂零件及微小零件的制造需求，利用高性能电铸技术、精密电解加工技术、微纳电解加工技术等，开展电化学制造技术满足难加工材料的高、精、尖加工需求。

第七节 发展机制与政策建议

电化学工业一直被工业领域关注，在过去的几十年，电化学工业（包括氯碱工业、冶金工业、电镀工业和电化学加工业等）得到了惊人的发展。由于电化学生产日趋复杂化、大型化和自动化，因而对电化学应用的开发、设计、控制和管理提出了新的要求。

一、发展机制

（一）加强政府、工业界和学术界之间的合作，加大对电化学工业的政策支持

根据电化学工业的特点，以产业需求为牵引，支持开展应用基础研究、关键技术开发以及产业示范全链条的系统研究，保持一个强有力的国家级电化学工业创新研究队伍。

（二）确定发展模式和目标

以市场为导向、企业为主体，科技需求为牵引，鼓励电化学技术与传统工业的交叉融合以实现传统产业的绿色化升级改造，建立基础研究、应用研究和技术开发之间的协调机制，建设示范工程，促进科技成果迅速转化为生产力。

（三）重视电化学过程开发

支持高水平的应用基础研究，鼓励原始创新，提高电化学工程学科的研究水平；加强对工程研究的投入，加强设备和科研条件的建设；建立我国电化学工业研发与成果转化平台。

（四）制定科学、公正的科研评价体系，营造良好的科研环境

提供一种氛围，制定一系列政策、法规等来支持和鼓励电化学技术开发。为扭转电化学工业的落后局面，要根据电化学工业发展的特点和规律，重视研究成果的质量和内涵。

（五）加强人才队伍建设，重视综合性人才培养

不仅要重视培养国际视野的学科带头人，而且要重视培养既懂科学研究又具有工程经验，还懂现代企业管理的综合型人才，形成具有国际竞争力的科研队伍。

二、人才培养政策建议

结合上述学科发展需要进行人才（包括本科生、硕士研究生、博士研究生）需求调研，规划人才布局：我国的电化学工业亟须培养工程和管理人才；亟须建立在电化学和电化学工程方面具有良好的理论和实践知识，在研发、工程、工厂设计、施工和开车等方面经验丰富的团队；亟须进行合理的人才布局，建立人才培养机制。

（一）本科生培养

面向全国电化学工业，服务于国民经济建设和电化学工业发展，培养掌握电化学工程及装备的基本规律和原理，具备新产品开发、电化学工艺过程与设备设计、系统优化、生产管理和科学研究能力，能从事电化学工业涉及的化工、轻工、医药、生化、食品、能源、环境等领域的研发、设计、生产和管理工作的工程技术人才。

需要掌握的基本知识技能为：电化学、电化学工程、电化学工艺、应用化学等学科的基本理论和知识；电化学工业中的装置与设备设计方法，电化学过程模拟优化方法；具备新产品、新工艺、新技术和新设备进行研究、开发、设计的初步能力。需要熟悉的相关政策和法规为：国家对化工生产、设计、研究与开发、环境保护等方面的方针、政策和法规；需要了解的发展动向为电化学工程的理论前沿，电化学工业中的新工艺、新技术、新设计的发展动态；需要掌握文献检索、资料查询的基本方法；具备一定的实际工作、科学研究和初步的创新能力。

在培养过程中，特别需要加强基础知识的学习，包括无机化学、有机化学、分析化学、物理化学、材料化学和电化学原理等，在主干课程方面包括化工原理、电极过程动力学、化工热力学、化学反应工程、化工分离、化工设备、环境工程等；在必需的相关基础知识方面包括高等数学、线性代数、

数理统计与概率、电工学、机械制图、计算机基础、计算机语言、管理学和外语等。加强本科生的实践教学，包括化学与化工基础实验，加强电化学基础和电化学工程的基本实验，并通过基础实验、电化学生产的单元操作、生产实习等，实现学生分析问题、解决问题和初步创新能力的培养。在可能的情况下，或者积极创造条件让学生的毕业论文能够结合企业的需要或在企业完成。这样，一方面可以使学校与企业的结合更加紧密，学生对社会的需求更加清楚；另一方面，也迫使教师的科研更好地考虑与企业的结合。长此以往，可以解决科研与实际生产需求的差距。

（二）研究生培养

国家的综合实力和技术水平体现了一个国家的创新能力，一个国家和民族要在未来的竞争中处于优势，必须具备较强的创新能力。而高层次人才的创新水平体现了一个国家的创新能力和创新水平。研究生是国家未来的高层次人才的基础和源地，将会在很大程度上影响未来创新人才的水平，尤其是工学学科的研究生的创新能力的培养。

为了更好地发展我国的电化学工业，必须加强研究生的培养，以适应快速发展的电化学工业的需求，更好地服务于我国的电化学工业。

1. 硕士研究生的培养

培养掌握电化学工程领域扎实的基础理论和系统的专业知识，掌握解决电化学工程问题的先进技术和现代科学技术，具有较高的外语水平和计算机应用能力，具备独立承担电化学工程技术或工程管理能力，能适应我国电化学工业建设需求的应用型、复合型的高层次工程技术和工程管理的较强创新能力的人才。建议学习年限为2～3年。

在培养过程中，需要加强基础理论和相关知识的学习，特别加强在实践中分析问题和解决问题的能力。实行学校与企业共同培养的模式，尽可能以解决企业的问题为课题，以便学生能更好地通过在企业的锻炼和解决实际问题过程中提高能力，成为具有能解决企业实际问题的有较强创新能力的骨干。

2. 博士研究生的培养

系统、深入地掌握本学科的基础理论、专业知识和工程技术，具有坚实、宽广的理论知识体系结构和科学理性的创新思维方法；具有独立地、创新性地从事电化学新产品、新工艺、新设备、新技术的科学研究和专业技术工作的能力；全面了解本学科领域国内外的最新发展动向；对现有知识体系做出独创性的贡献。

在学习过程中，必须加强进行独立科学研究和解决实际问题的能力的培养；特别是创新能力的培养；加强外语的撰写能力和交流能力的培养。作为工科博士研究生，必须与企业合作，解决企业存在的问题，结合国际先进技术，创造性地解决企业的实际困难与问题，真正掌握电化学工业生产的先进技术和先进理念，在电化学生产中具有实际创新的能力，成为电化学工业中的高层次人才。

在研究生培养过程中，对于电化学工业人才的培养，特别是研究生培养方面需要教育部、科技部、国家自然科学基金委员会、各相关学校和企业的实质性支持。

（三）学科和产业研究平台建设规划（学科布局；工程中心、工程实验室、重点实验室、联盟；技术群、产品群、企业群）

随着电化学工业的发展，电化学工业中涉及的设备（包括电解槽等）的自动化、大型化，电化学反应中的选择性和原子经济性的要求越来越高，使得相应的对电极材料等的要求也越来越高；同时，对工程的要求也会越来越高。解决这样的问题，需要有大学或研究机构集中工程技术研究、工程教育、企业合作、技术转移于一体的合作平台。这样的平台是大学或研究机构联系、沟通市场的桥梁和纽带，是具有创新能力的研发基地。

对于电化学工业而言，这样的平台需要由国家电化学工程中心、电化学工程实验室和电化学重点实验室组成。

国家电化学工程中心的主要功能为科学研究与技术开发，作为国家级的研究开发基地。为了更好地进行研究工作和技术开发，建议电化学工程中心以不同的行业分为氯碱工业电化学工程中心、冶金工业电化学工程中心、电镀工业电化学工程中心、精细化工电化学工程中心、环境化学电化学工程中心等。或建立相应的工程实验室，即氯碱工业工程实验室、冶金工业工程实验室、电镀工业工程实验室、精细化工工程实验室、环境化学工程实验室等。

国家重点实验室以基础研究和应用研究为宗旨，承担国家重大科研任务，产出有水平、有影响的科研成果，这是重要的技术源头。电化学工程中心或电化学工程实验室将有较大市场价值的重点科研成果进行后续的工程化研究和系统集成，着力于开发科研成果的转化，探索适应规模生产需要的共性技术、关键技术。

国家电化学工程中心或工程实验室的地域建议分布在目前电化学工业相对较强的地域，如浙江、上海、北京、江苏、福建、东北等区域。

国家工程中心、工程实验室将由政府主导，以高校、研究机构为主体，企业以多种形式参与建设。

围绕电化学工业发达地区，引导建设相应的技术群、产品群和企业群。

坚持走工业化道路，突出企业主体地位和作用，以优势核心企业为龙头，以重大项目为载体，以招商引资为手段，以工业园区为平台，以配套企业为支撑，以名牌产品为牵动，以环境建设为保障，集中配置资源，大力扶植核心企业，创新核心技术，推动产业链横向集聚，纵向延伸，实现发展比较优势与提升竞争优势相结合，改造传统产业与发展新兴产业相结合，扩大产业集群规模，提高产业集群的整体竞争力，从而使我国的电化学工业在技术和水平上都能有突飞猛进的发展，成为国际上具有高水平的电化学工业和技术的强国。

本章参考文献

[1] Bebelis S, Bouzek K, Cornell A, et al. Highlights during the development of electrochemical engineering. Chemical Engineering Research and Design, 2013, 91(10): 1998-2020.

[2] Horn E J, Rosen B R, Chen Y, et al. Scalable and sustainable electrochemical allylic C—H oxidation. Nature, 2016, 533: 77-81.

[3] Badalyan A, Stahl S S. Cooperative electrocatalytic alcohol oxidation with electron-proton-transfer mediators. Nature, 2016, 535: 406-410.

[4] Wang P, Tang S, Lei A. Electrocatalytic oxidant-free dehydrogenative C—H/S—H cross-coupling. Angew Chem Int Ed, 2017, 56: 3009-3013.

[5] 李莉，张维志 . 废旧电脑污染问题及其管理对策 . 再生资源研究，2002，（6）：12-15.

第八章 电化学人力资源发展战略研究

电化学学科既是基础学科又是应用学科，在能源、新材料、环境保护、信息技术和生物医学等方面具有独到的应用优势。特别是在化石能源日趋减少、环境污染日益严重的今天，电化学能源以其高效率、无污染的特点，在化石能源优化清洁利用、可再生能源开发、电动交通、节能减排等人类社会可持续发展的重大领域中发挥着越来越重要的作用。同时，电化学技术在高端芯片制造、高附加值医药化学品合成等国家科技实力竞争激烈的产业中发挥着重要作用。

电化学学科的发展非常迅速，在与各学科前沿领域相结合的过程中，形成了众多交叉学科分支，如能源电化学、生物电化学、固态电化学、熔盐电化学、有机电化学、光电化学、界面电化学、腐蚀电化学、催化电化学、电分析化学、化学修饰电极、超微电极电化学、量子电化学、纳米电化学、谱学电化学等。这些分支学科都有各自的研究领域，但又都建立在电化学基础理论之上。

因其广泛的应用领域和重大应用价值以及多学科交叉的特性，电化学科学与技术领域的从业人员队伍不断壮大，人员组成从原来纯电化学专业的人员逐步拓展到无机化学、材料化学、能源化学、生物化学、高分子化学、信息科学等不同领域和背景的人员。如何合理规划电化学学科人才布局、培养高水平的电化学人才队伍，是电化学学科持续发展的根本保障。本章将对当前电化学领域的人才情况进行系统分析，总结电化学人力资源方面的突出问题，提出合理的人才规划方案，为未来电化学学科的人才布局提供有效的参考。

第一节　电化学人力资源现状

当前，从事电化学相关研究工作的人员队伍不断扩大，成员来自全国各高校、研究院所以及电化学相关的企事业单位。为了统筹推进电化学各层次的人才队伍建设、充分发挥电化学人力资源优势，特开展了我国电化学人力资源现状调查，将从全国电化学大会参会情况、电化学相关研究方向的人才投入、电化学人才库的筹建三个方面进行分析。

一、全国电化学大会参会情况

全国电化学大会是国内规模最大、最具影响力的电化学科学与技术交流平台，第一次全国电化学大会于1963年在吉林长春召开。1988年6月，中国化学会电化学专业委员会成立，第一届委员会成员由田昭武、查全性等18位著名电化学家组成。自此之后，中国化学会电化学专业委员会成为全国电化学大会的主办单位。全国电化学大会每两年举办一次，迄今已举办了二十次。会议所涉及的主题已拓展到电化学基础理论、电化学测试技术与方法、纳米与材料电化学、二次电池、超级电容器、液流电池、燃料电池、电催化、电分析化学、生物电化学、太阳电池及光电化学、资源与环境电化学、有机与工业电化学、腐蚀与电镀等近二十个会议主题，囊括了众多新兴领域和国家发展战略领域。

从近四次全国电化学大会的参会人员地域分布看，全国电化学大会的参会代表主要以高校、科研院所的从业人员为主，同时也有越来越多的企业界代表参会。2019年的第二十次全国电化学大会契合该次电化学大会主题“推进产业发展的电化学”，还特别设立了电化学产业论坛，邀请了31位院士、专家及企业家介绍电化学相关产业现状、前景与挑战，有效地推进了电化学基础研究与产业应用的结合。特别强调的是，参会代表尤其是企业界代表主要来自北京、上海、东南各省份以及东北地区，这是由我国的高校分布和产业发展现状决定的，说明我国电化学学科发展的人力资源布局不均衡，电化学相关产业还需向西北地区扩展。

历经三十多年的发展，电化学专业委员会成员从第一届的18位发展到

2019 年的 126 位，其间共诞生了十余位中国科学院院士和中国工程院院士。与此同时，全国电化学大会的参会人数和投稿数量也逐年增多。

从 1963～2019 年间历次电化学大会的参会情况统计数据（表 8-1）来看，2005 年以前的参会人数虽然是逐渐增加的，但增长趋势较缓慢；2007 年，电化学大会的参会人数显著增加，首次突破千人规模；2013 年、2015 年、2017 年、2019 年参加电化学大会的人数则分别为 2600 人、2000 人、2700 人和 3696 人（实际参会人数超过 4200 人），表明已经有更多领域的科技工作者参与到电化学研究中。

表 8-1　1963～2017 年历次电化学大会的参会情况统计

届次	开会时间	开会地点	投稿数	参会人数
一	1963 年	长春	50	55
二	1981 年 8 月	上海	126	152
三	1984 年 9 月	厦门	180	150
四	1987 年	武汉	—	—
五	1989 年 10 月	济南	392	300
六	1991 年 11 月	天津	—	350
七	1993 年 9 月	长春	—	400
八	1995 年 8 月	厦门	228	—
九	1997 年	泰安	300	—
十	1999 年 10 月	杭州	429	300
十一	2001 年 10 月	南京	500	350
十二	2003 年 11 月	上海	550	600
十三	2005 年 11 月	广州	780	500
十四	2007 年 11 月	扬州	1021	1031
十五	2009 年 12 月	长春	703	—
十六	2011 年 10 月	重庆	1294	1280
十七	2013 年 11 月	苏州	1710	2600
十八	2015 年 8 月	哈尔滨	1796	2000
十九	2017 年 12 月	上海	1899	2700
二十	2019 年 10 月	长沙	2409	3696

从56年间全国电化学大会涉及研究方向的变化来看，基本分成三个阶段。第一阶段的主要研究方向为基础电化学（1963～2005年），包括电化学动力学、热力学、电化学分析、电沉积、电镀、化学电源（铅酸电池、镍氢电池）、腐蚀电化学等；第二阶段的主要研究方向为面向高新技术的电化学（2005～2011年），包括谱学电化学（原位技术）、电催化、纳米电化学和电化学微系统、化学电源（锂电池、超级电容器与其他电池）、工业电化学和电化学工程等；第三阶段的主要研究方向为新能源和低碳经济中的电化学（2011～2019年），包括燃料电池、下一代储能电池及其他化学电源、新型技术（原位电镜、EXAFS等）、光电化学、新型太阳电池等，以及产学研合作与技术转化。这说明，电化学学科发展始终伴随着新技术的应用和国家重大需求，是与时俱进的一门学科。

二、电化学相关研究方向的人才投入

本部分人才名单是基于网络公布的各类人才项目入选名单，筛选出与电化学相关研究方向的人才情况，因涉及学科较多，数据统计尚不完全，仅供参考。

（一）电化学相关领域的中国科学院院士、中国工程院院士

截至2018年底，我国研究方向涉及电化学科学与技术相关领域，入选中国科学院院士、中国工程院院士、海外科学院/研究院院士的人数有23人（表8-2），显示出电化学学科相关领域的科学家取得的卓越成就以及我国电化学学科的重要地位。同时可以看出，电化学学科相关领域院士不仅来自中国科学院，还有部分来自中国工程院，充分说明了电化学学科具有较强的基础与应用结合的交叉特性。在这些优秀科学家的带领下，电化学学科的发展将取得更加优异的成绩。

表8-2　电化学研究领域的院士名单（排名不分先后）

序号	姓名	单位	职务	所在地
1	陈建峰	北京化工大学	中国工程院院士	北京
2	陈立泉	中国科学院物理研究所	中国工程院院士	北京
3	李永舫	中国科学院化学研究所	中国科学院院士	北京
4	刘忠范	北京大学	中国科学院院士	北京

续表

序号	姓名	单位	职务	所在地
5	欧阳明高	清华大学	中国科学院院士	北京
6	万立骏	中国科学院化学研究所	中国科学院院士	北京
7	吴　锋	北京化工大学	中国工程院院士	北京
8	杨裕生	防化研究院第一研究所	中国工程院院士	北京
9	孙世刚	厦门大学	中国科学院院士	福建
10	田昭武	厦门大学	中国科学院院士	福建
11	田中群	厦门大学	中国科学院院士	福建
12	姚守拙	湖南大学	中国科学院院士	湖南
13	董绍俊	中国科学院长春应用化学研究所	第三世界科学院院士	吉林
14	汪尔康	中国科学院长春应用化学研究所	中国科学院院士	吉林
15	杨秀荣	中国科学院长春应用化学研究所	中国科学院院士	吉林
16	陈洪渊	南京大学	中国科学院院士	江苏
17	包信和	中国科学院大连化学物理研究所	中国科学院院士	辽宁
18	李　灿	中国科学院大连化学物理研究所	中国科学院院士	辽宁
19	衣宝廉	中国科学院大连化学物理研究所	中国工程院院士	辽宁
20	张久俊	上海大学	加拿大工程院院士	上海
21	陈　军	南开大学	中国科学院院士	天津
22	查全性	武汉大学	中国科学院院士	武汉
23	曹楚南	浙江大学	中国科学院院士	浙江

（二）国家杰出青年基金项目和教育部长江学者特聘教授入选情况

2008～2017年国家杰出青年科学基金项目入选名单中研究领域涉及电化学科学与技术相关方向的有三十余人（数据来自国家自然科学基金项目统计年度报告，所统计的人才不完全来自化学学科，而是按研究领域与电化学相关原则进行的统计）。入选人员的研究方向按照电分析与生物电化学、电化学基础与研究方法、材料与技术和能源电化学进行粗略划分，各研究方向的人才比例分别为10%、6%、10%和74%。

2008～2017年教育部长江学者特聘教授入选名单中研究领域涉及电化学科学与技术相关方向的约为22名（数据来源于网站上可查询到的每年入选

名单，2013 年和 2017 年尚未查到）。入选人员的研究方向同样按照电分析与生物电化学、电化学基础与研究方法、材料与技术和能源电化学进行粗略划分，各研究方向的人才比例分别为 9%、14%、27% 和 50%。

以上数据表明，我国电化学学科已经培养了一批高端人才，具有一定的人才支撑基础。但是，从各类人才所从事的研究领域来看，近年来受到材料和能源学科蓬勃发展的影响，材料电化学和能源电化学成为我国电化学研究的热门方向，而在电化学基础理论方面的研究力量较薄弱。

三、电化学人才库

由于没有完善的数据支撑，前述电化学人才情况分析可能存在较大偏差和遗漏。为了更加准确地评估我国从事电化学的人才情况，电化学委员会筹备建立电化学人才库，并在中国化学会电化学委员会官网（http://www.electrochemistry-china.net）设立了电化学人才库专栏，旨在梳理我国电化学从业人员的具体情况，为电化学领域的从业人员提供合作与交流的平台，同时为我国电化学相关政策的制定提供建议。

目前，电化学人才库收录的成员主要包括我国从事电化学科学、技术和工程的所有在职人员。电化学人才库成员来源渠道主要有：①由电化学委员会的单位委员通过统计并提交各自单位的电化学从业人员信息，据此录入系统生成的人才库成员名单，现已录入成员一千余人；②电化学人才库已向广大同行开放自由申请，申请人经 2 位专家推荐人成功推荐后方可成功（申请方式见图 8-1）。

电化学人才库暂由电化学委员会进行管理，依据人才库录入的人才信息，管理者可方便地按研究领域、方向、单位、人才类别等关键词统计相关需求的人才数据；人才库成员也可在个人界面有限地查询相关研究方向的人才信息（查询界面见图 8-2），为加强人才库成员之间的合作与交流提供平台。目前电化学人才库尚在进一步完善中，需在保障数据安全的同时最大化地服务于各级管理部门和个人。因此诚挚地希望各位同行专家及时关注，申请或者更新个人信息，并为人才库建设的进一步完善提供宝贵的意见，使其成为并广大电化学工作者查询信息、开展合作交流的有利平台。

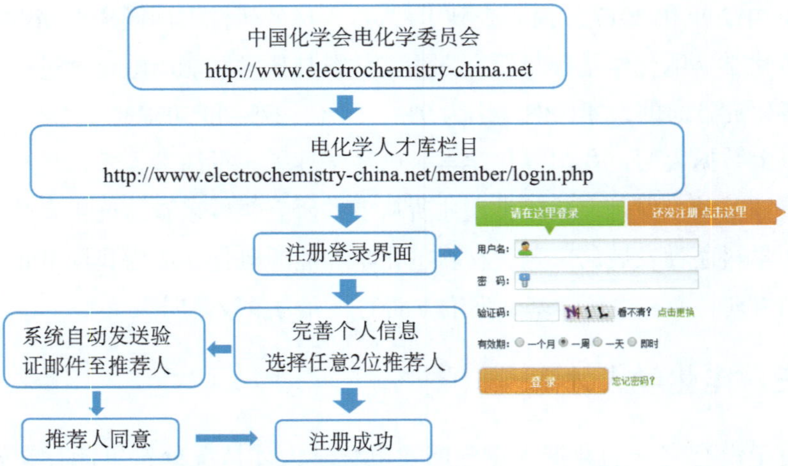

图 8-1 电化学人才库会员申请流程示意图

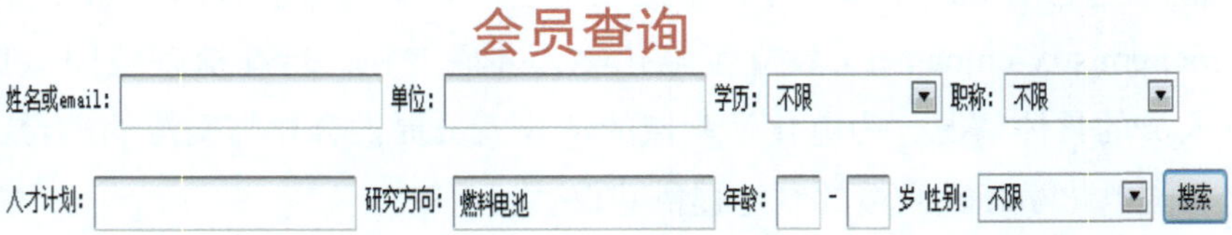

图 8-2 会员查询界面示例

第二节 电化学人才培养建议

电化学学科的未来发展涉及多学科交叉、跨领域合作更加深入的趋势，对未来电化学人才队伍的建设提出更高的要求，需要加强科学普及、提升全民对电化学学科的了解和关注。国家从学科课程体系、本科生 / 研究生培养以及高端人才培育等方面进行顶层设计和整体规划，培养与时俱进的新时代电化学人才队伍。

一、电化学学科课程设置建议

在课程设置方面，建议以电化学专业课程体系为核心主体，兼顾数学、物理、生物、医学、信息、工程等多学科交叉，共建一些外围课程，开拓电化学学生的视野和思路；加强高校之间或高校与科研院所之间的合作教学和联合培养，充分发挥各单位的优势学科资源，以远程网络教学、兴趣讲座开设、交换学生项目等方式进行；建立高校与电化学相关企业的密切合作关系，增加学生的社会实践和企业实习机会，完善从书架到货架的系统训练。

二、本科生 / 研究生培养建议

本科生的培养重在加强专业基础知识的系统学习，包括无机化学、有机化学、分析化学、物理化学、材料化学和电化学原理等，同时增加必需的通用基础知识方面的学习，如高等数学、线性代数、数理统计与概率、电工学、机械制图、计算机基础、计算机语言、管理学和外语等。在组织本科生学习基础理论知识的前提下，还需加强相关实验课程的教学，对本科生进行综合训练。通过增加学科交叉的综合性实验内容，提高学生综合运用知识，解决问题的能力，并培养学生自主研究创新的能力。

研究生的培养是国家未来高层次人才的基础，将在很大程度上影响未来创新人才的水平。研究生需要在学习过程中系统、深入地掌握本学科的基础理论、专业知识和工程技术，具备扎实的理论知识体系结构和科学理性的创新思维能力。全面了解本学科领域国内外的最新发展动向，加强在实践中分析问题和解决问题的能力，为现有电化学科学与技术的发展做出独创性的贡献。

三、高端人才培养建议

新时代电化学高端人才需求是复合型高层次人才，需要通过相关政策的制定，吸引人工智能、大数据、信息技术、生物医学等新兴领域的专业人才进入电化学学科的相关研究工作，培养跨学科的创新型人才。关注致力于基础理论重塑、原创性成果开发等方面的潜力型人才，改进科研评价体制，改善科研工作环境，为高端人才的孵化做好保障。

关键词索引

E

F

G

H

J

L

M

N

P

Q

R

S

T

W

X

Y

Z